云计算开发与应用
新形态丛书

虚拟化
技术与应用

深信服产业教育中心 编著

人 民 邮 电 出 版 社
北 京

图书在版编目（C I P）数据

虚拟化技术与应用 / 深信服产业教育中心编著. -- 北京 : 人民邮电出版社, 2024.8
（云计算开发与应用新形态丛书）
ISBN 978-7-115-63437-5

Ⅰ. ①虚… Ⅱ. ①深… Ⅲ. ①数字技术 Ⅳ. ①TP3

中国国家版本馆CIP数据核字(2024)第002078号

内 容 提 要

本书主要围绕一条主线——虚拟化关键技术展开，融合云计算基础内容、云计算与虚拟化、虚拟化实现技术以及基于 QEMU 和 KVM 的虚拟化实现方式和应用实践。同时，本书还围绕容器虚拟化进行理论深化和实践应用。最后，本书设置虚拟化技术实践，带领读者深入实践，由知方法论到懂实际操作，进而掌握业界主流的虚拟化应用技术。

本书共 6 章，主要内容包括云计算与虚拟化、虚拟化与实现技术、网络虚拟化实现技术、QEMU 与 KVM、容器虚拟化技术基础、虚拟化技术实践。

本书是一本在云计算和虚拟化技术领域独具特色的教材，内容翔实，逻辑清晰，层层递进，知识架构完整，既可以作为计算机相关专业师生的教材，也可以作为 IT 领域云计算相关从业人员的职业技能参考书。

◆ 编　　著　深信服产业教育中心
责任编辑　刘　博
责任印制　陈　犇
◆ 人民邮电出版社出版发行　　北京市丰台区成寿寺路 11 号
邮编　100164　　电子邮件　315@ptpress.com.cn
网址　https://www.ptpress.com.cn
涿州市京南印刷厂印刷
◆ 开本：787×1092　1/16
印张：16　　2024 年 8 月第 1 版
字数：388 千字　　2024 年 8 月河北第 1 次印刷

定价：69.80 元

读者服务热线：(010)81055256　印装质量热线：(010)81055316
反盗版热线：(010)81055315
广告经营许可证：京东市监广登字 20170147 号

前言

数字技术引领的第四次工业革命正席卷全球，重塑着各行各业的供需结构和发展新格局。我国《“十四五”国家信息化规划》指出，“十四五”时期，信息化进入加快数字化发展、建设数字中国的新阶段。到 2025 年，我国包括云计算在内的数字基础设施能力达到国际先进水平。

云计算的发展和应用，大大提升了组织信息化的资源利用率，降低了生产成本，简化了管理和维护流程，提升了生产效能。虚拟化技术作为云计算服务模式的核心组成部分，为云计算的落地提供了灵活的扩展性和适应性。随着数字基础设施能力需求的提升，虚拟化技术也同步进行着自身的演进和创新。

数字化转型的强劲势头，对产业提出了结构化升级的需求，同时也意味着需要培养大量的云计算、虚拟化优秀专家和人才。巨大的人才缺口，急需专业的技术技能型人才补位，助力技术发展和产业升级。为了积极、有效地推动高校和社会各领域的云计算、虚拟化人才综合能力的提升和发展，深信服教学教研中心团队汲取多所高校、多位行业专家的指导思想，编著了本书。

本书以云计算、虚拟化技术的核心方法论与前沿技术实践作为编著理念，围绕虚拟化技术的概念、原理、架构，以及相关工具和产品应用，进行深入浅出的讲解；注重理实结合、学做一体，将云计算领域主流企业的生产和业务场景融入学习过程；帮助读者更好地掌握虚拟化技术并具备应用虚拟化技术的关键能力，为未来的职业发展和技术创新打下坚实基础。本书行文通俗易懂，适合计算机相关专业师生、IT 领域云计算相关从业者阅读和实践。

本书特色如下。

1. 内容体系完整

本书涵盖虚拟化技术的概念、原理、架构以及相关工具和产品的应用。同时，本书侧重阐述实际产业需求和前沿技术应用的有机耦合。结合本书的内容，深信服教学教研中心团队还开发了电子讲义、习题等教辅资料，用于教学、培训等场景，帮助读者更好地了解及掌握虚拟化领域的知识和技能。

2. PBL 式内容体例设计

本书各章以企业实际任务场景（生产工程案例、情景描述）为导入，以本章“学习逻辑”图为铺垫，以多项真实问题为驱动，以技术实践练习为收尾，实现了 PBL（Project-Based Learning，基于项目的学习）的教学方法，帮助读者实现从理论到动手实操的技能转化。

3. 举一反三，保障学习效果

每章后面均附有精心斟酌和编排的习题，通过深入分析和讨论这些习题，读者可加强对每章所学内容的理解。

在此，向所有参与本书编著、审核工作及给予指导的各位专家和老师表示衷心的感谢！

由于本书内容涉及的技术范围较广，难免存在一些不妥之处，敬请广大读者批评指正。

编者

2023 年 12 月

编写团队简介

李洋

深信服副总裁

信息技术新工科产学研联盟理事会理事/网络空间安全工作委员会副主任、全国工业和信息化职业教育教学指导委员会通信职业教育教学指导分委员会委员、人力资源社会保障部技工教育和职业培训教学指导委员会委员、中国计算机行业协会理事会常务理事、产学协同育人与创新论坛专家委员会委员、武汉市网安基地校企联合会副会长、粤港澳大湾区职业教育产教联盟副理事长、重庆邮电大学董事、中国计算机学会高级会员/会员代表。

田皓野

深信服存储产品线副总经理

云与分布式存储专家，通过 CCSSP、CISP、ITIL、ISO 27001 主任内审员等认证，深圳市创新人才，长期深入研究存储产业相关的技术发展趋势，擅长存储相关技术洞察与市场营销，曾多次深入参与 500 强用户的 IT 建设规划与战略咨询，数次代表深信服在国内外会议与峰会上发表演讲。参与编写《分布式存储产业白皮书》《数据存储白皮书》等。

马泽明

深信服云解决方案专家部总经理

深信服资深云解决方案专家，通过 RHCA、OCP 等专业认证。11 年企业级数据中心工作经验，8 年云计算领域工作经验，擅长计算虚拟化、分布式存储、网络虚拟化、容器、云管理平台等云计算技术，对双活、容灾、数据库等技术有深度理解，为国内众多中大型客户提供相关的数据中心解决方案，在集团内部长期负责产品技术评审、内部专家培训培养等工作。

刘雁

深信服云产品规划部总经理

深信服云计算资深专家，10 余年耕耘于云计算技术领域，擅长虚拟化、云计算相关技术，对虚拟化技术发展路线有较深研究，长期从事虚拟化、云计算等产业实践工作，在规划设计前瞻性产品方面具有丰富经验，并长期跟踪前沿技术，洞察发展趋势。

严波

深信服教学教研中心主任

深信服安全服务认证专家（SCSE-S），通过 CISP、CISAW、CCNP 等认证。网络安全等级保护体系专家、网络安全高级咨询顾问、中国网络空间安全协会会员、中国软件评测中心数据安全产业专家委员会委员、中国计算机行业协会数据安全专业委员会委员。擅长企业安全架构、等级保护体系建设、数据安全体系建设、协议分析、渗透测试评估、云安全等技术方向。参与编写《等级保护测评员国家职业技能标准》《三法一例释义》《网络空间安全工程技术人才培养体系指南 3.0》《全球数据安全治理报告》《云数据中心建设与运维 职业技能等级标准（2021 年 1.0 版）》《网络安全运营平台管理 职业技能等级标准（2021 年 1.0 版）》。担任暨南大学、深圳大学、东华理工大学、深圳信息职业技术学院等多所院校的客座教授、产业导师。

石岩

深信服技术认证中心主任

深信服安全服务认证专家（SCSE-S）、中央网络安全和信息化委员会办公室培训中心、中国网络空间安全协会、中国科学院信息工程研究所特聘专家讲师。全国工商联人才中心产教融合示范实训基地项目专家，中国计算机行业协会数据安全专业委员会委员。擅长网络安全、渗透测试评估、系统安全、虚拟化等技术方向。参与编写国家网络安全标准 GB/T 42446—2023《信息安全技术 网络安全从业人员能力基本要求》《三法一例释义》《等级保护测评员国家职业技能标准》《全球数据安全治理报告》《云数据中心安全建设与运维 职业技能等级标准（2021 年 1.0 版）》《云数据中心建设与运维 职业技能等级标准（2021 年 1.0 版）》《网络安全运营平台管理 职业技能等级标准（2021 年 1.0 版）》。担任暨南大学、深圳大学等多所院校的客座教授、产业导师。

傅先全

深信服教学教研中心副主任

深信服云计算认证专家（SCCE-C），通过 CCSSP、ITSS 等认证。擅长企业信息化建设、云平台架构设计、大数据开发、企业项目管理等技术方向。在院校学科建设、人才培养、项目科研、职业技能人才认证等方面具备丰富的产教融合体系建设与组织经验，多次参与省级计算机类赛事的竞赛命题、赛前培训、竞赛评判及技术保障等工作。曾任职于知名通信行业国企、国内知名教育集团，担任云平台资深架构师、IT 课程总监及名师团金牌讲师，具备 10 余年云计算、大数据项目实践与教学研发、授课经验。参与编写《云数据中心建设与运维 职业技能等级标准（2021 年 1.0 版）》《<网络空间安全工程技术人才培养体系指南>之“云安全”培养方案共建》。

黄浩

深信服教学教研中心副主任

深信服安全服务认证专家（SCSE-S），通过 CISSP、ITIL V3 Foundation、ISO 27000、CDSP

等认证，中国计算机行业协会数据安全专业委员会委员。擅长 DDoS 攻击防御、企业安全架构、取证溯源、应急响应、密码学、容器安全等技术方向，目前已为多个企业、政府部门、援外项目等提供网络安全培训服务，对企业网络安全框架设计、业务逻辑安全与防御体系有深刻认识。参与编写 4 项国家级职业技能标准和《三法一例释义》《全球数据安全治理报告》《<网络空间安全工程技术人才培养体系指南>之“云安全”培养方案共建》。担任华南理工大学、暨南大学、深圳信息职业技术学院等多所院校的客座教授、产业导师。

袁泉

深信服教学教研中心　校企融合教研负责人

深信服安全服务认证专家（SCSE-S），通过 HCNA（Security）、HCAI（Security）、HCNA（R&S）、HCAI（R&S）等认证，中国计算机行业协会数据安全专业委员会委员，擅长 TCP/IP 协议、网络安全防护体系架构、计算机网络管理、运维与安防实践、容器虚拟化等技术方向。目前已为多个高校、企业、政府部门提供网络安全相关技术培训服务。曾参与 3 项省级网络安全类赛事的竞赛命题、赛前培训、竞赛评判、技术保障等工作。曾任职于国防科技大学信息通信学院，具备 10 余年的教学科研和企业项目实战经验。参与编写《全球数据安全治理报告》《网络安全评估职业技能等级标准》《网络安全运营平台管理 职业技能等级标准（2021 年 1.0 版）》《云数据中心安全建设与运维 职业技能等级标准（2021 年 1.0 版）》《云数据中心建设与运维 职业技能等级标准（2021 年 1.0 版）》。担任暨南大学、东华理工等多所院校的客座教授、产业导师。

熊亮

深信服教学教研中心　高级讲师

深信服云计算认证专家（SCCE-C），通过 HCIE（Datacom）、HCIE（Cloud）、CCSSP、CCSK、AWS 解决方案架构师等认证，擅长企业级云网络架构、云架构设计、云容灾等技术方向，多次为高校、央/国企、援外项目提供分布式存储架构实践、云计算架构深度解析、私有云架构设计、MPLS VPN 骨干网络架构设计等技术方向的培训服务。参与编写《云数据中心建设与运维 职业技能等级标准（2021 年 1.0 版）》《<网络空间安全工程技术人才培养体系指南>之“云安全”培养方案共建》。

目　　录

第 1 章

云计算与虚拟化

随着技术的发展，云计算已经成为企业调整和推动业务目标的工具。然而，利用云计算解决实际问题并不简单，目前市场还不够规范，不同的IT专业人士对基于云的模型和框架有着不同的定义和说明，这增加了人们的困惑。企业需要详细计划每一步，以知识为基础来决定项目该怎样以及在什么程度上继续进行。在云计算项目的每个阶段中，企业的业务目标都必须是具体的和可衡量的，这将用于验证项目范围、方法和总体方向。从企业的角度理解而非厂商的角度云计算，可以使企业获得更加清晰的认知，从而决定项目中哪些部分确实与云相关，以及哪些部分与业务需求相关。这些信息有助于企业建立标准来筛选云产品和服务供应商，使其能将注意力放在最有潜力来帮助企业成功的云产品与服务供应商上。

当今，大型企业的数据中心需要管理和维护数以千计的服务器、存储设备和网络设备，以保证企业的业务正常运行。然而，这些设备的利用率并不高，很多时候只有一小部分的资源被使用，而大部分的资源则处于闲置状态。某企业IT工程师提出了一个新的想法：通过虚拟化等核心技术达到企业业务云化的目的，这样就可以将闲置的资源整合起来，形成一个虚拟化的资源池，供企业内部的各个部门使用。这样一来，不仅可以提高资源的利用率，还可以降低企业的IT成本。随着时间的推移，企业的数据中心变得更加高效、灵活、安全，可以根据业务需求随时调整资源的分配，提高业务的响应速度和可靠性。同时，企业的IT成本也能得到有效的控制。

云计算和虚拟化技术的优势在于提高资源利用率、降低IT成本、提高业务响应速度和可靠性，以及提高企业的安全性。只有不断学习和应用新技术，企业才能跟上时代的步伐，保持竞争优势。

云计算战略价值在全球范围内持续提升，全球云计算市场稳定增长，云计算产业竞争日益激烈，新一轮竞争全面开启，云计算技术不断推陈出新，助力产业高质量发展。我国云计算的发展迅猛，全国积极构建新一代信息技术等一批新的增长引擎，打造具有国际竞争力的数字产业集群。云计算是信息技术发展和服务模式创新的集中体现，是信息化发展的重大变革和必然趋势，是信息时代国际竞争的制高点和经济发展新动能的助燃剂。

本章学习逻辑

本章学习逻辑如图1-1所示。

本章学习任务

1. 了解云计算的由来、定义。
2. 了解云计算的发展阶段、关键技术、体系结构、部署模型和服务模式。
3. 了解虚拟化的概念和优势，虚拟化技术的发展历史、分类和主流技术。
4. 掌握云计算与虚拟化的关系，了解虚拟化技术在云计算中的应用。
5. 了解虚拟化技术未来的发展趋势和展望。

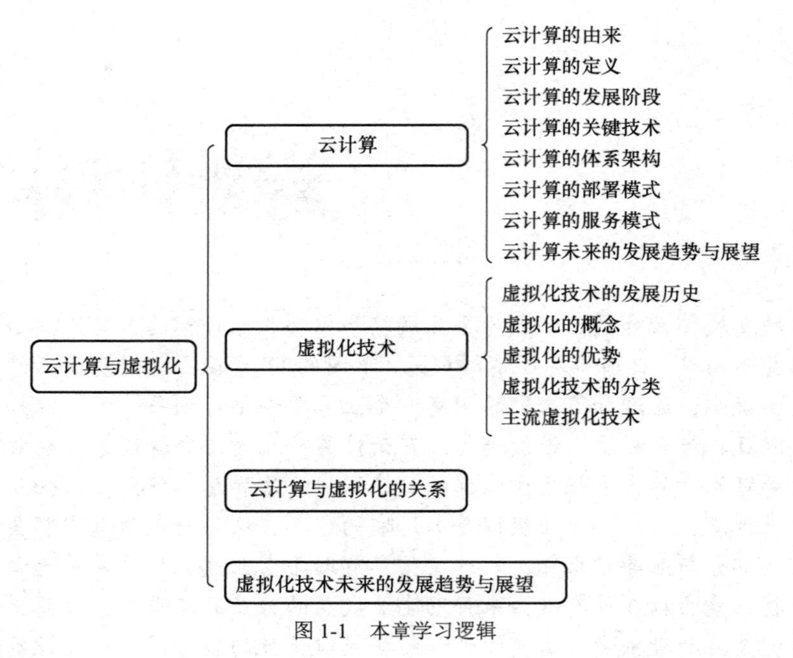

图 1-1　本章学习逻辑

1.1　云计算

云计算是当前互联网技术领域的热点之一，它通过虚拟化技术和分布式计算技术，将计算、存储、网络等资源和服务进行集中管理和分配，使用户可以根据需要随时获取所需的资源和服务。云计算的出现，提高了 IT 资源的利用率，为企业和个人提供了更加便捷、高效的计算服务。同时，云计算也是支撑着互联网中几乎所有的上层数据处理系统的基石，无论是大数据还是人工智能，以及其他各类应用场景，几乎都需要依托云计算提供的基础设施来运行。

那么什么是云呢？云指的是一种特殊的 IT 环境，旨在远程提供可扩展和可测量的 IT 资源。如图 1-2 所示，在云计算正式成为 IT 产业的一部分之前，云符号作为 Internet 的代表，出现在各种基于 Web 架构的规范和主流文献中。现在，云符号则专门用于表示云环境的边界。需要注意的是，云和 Internet 是不同的概念。云是一种特殊的 IT 环境，具有有限的边界，而 Internet 则提供对多种 Web 资源的开放接入。云通常是私有的，对其提供的 IT 资源的访问也是需要计量的，而 Internet 主要提供对基于内容的 IT 资源的访问。此外，虽然云通常基于 Internet 协议和技术，但并非必须基于 Web。云可以基于任何允许远程访问其 IT 资源的协议。因此，云和 Internet 虽然有相似之处，但也有明显的区别。

图 1-2　云符号

1.1.1　云计算的由来

云计算的由来有很多种说法，但最早使用“云计算”一词的商业计划文档出现在 1996 年的康柏公司内部。然而，真正让云计算成为一个商业化的概念并推动其发展的是亚马逊公司在 2006 年推出的亚马逊网络服务（Amazon Web Service，AWS）。AWS 最初提供的云计算服务包括亚马逊弹性计算云和 S3，如今已经发展成为业界广泛使用的各类计算、网络、存储、内容分发、数据库、大数据管理与应用等的服务。此外，Sun Microsystems 在 2006 年 3 月推出的 SunGrid 也是一种公有云网格计算服务，采用了按使用量计费的计费模式。越来越多地应用云计算已经成为当今 IT 行业的重要趋势，它为企业提供了更加灵活、高效、安全的资源和服务。云计算的发展可以分为 4 个阶段。

云计算作为第三次 IT 行业变革的重要驱动力，通过其独特的特点和能力，引领了数字化转型和创新的浪潮。

（1）第一次 IT 行业变革发生在 20 世纪 50 年代至 70 年代，这一阶段计算机出现并普及。这一阶段的计算机主要用于科学计算和数据处理，被广泛应用于科学研究、军事项目和政府办公等领域。计算机的出现极大地提高了数据处理和计算能力，推动了信息技术的发展。

（2）第二次 IT 行业变革发生在 20 世纪 80 年代至 90 年代，这一阶段个人计算机开始普及、互联网开始兴起。此阶段，个人计算机的成本下降，操作系统和应用软件的发展使得个人计算机更加易用。同时，互联网的兴起和普及使得信息的传递和共享变得更加便捷和全球化。这一阶段的 IT 行业变革极大地改变了人们的生活方式和工作方式，推动了数字化时代的到来。

（3）第三次 IT 行业变革，主要体现为云计算、大数据、人工智能和物联网等新兴技术的发展。此阶段，云计算提供了弹性和可扩展的计算资源；大数据使得海量数据的处理和分析成为可能；人工智能技术赋予计算机更强大的智能和学习能力；物联网连接了各种设备和传感器，实现了物与物之间的互联互通。这一阶段的 IT 行业变革正在推动数字化转型和创新，改变着各行各业的商业模式和运营方式。

云计算的发展从技术维度可以分为以下 4 个阶段。

电厂模式：这是云计算发展的起点。电厂模式类似公共事业公司集中提供电力，利用电厂的规模效应，来降低电力的价格，并让用户使用电力更方便，且无须维护和购买任何发电设备。云计算提供商将计算资源作为一种服务提供给用户，用户可以按需使用这些服务，并根据使用量付费。

效用计算：在 20 世纪 60 年代，由于计算设备的价格昂贵，业界开始关注计算设备的共享和协作。通过将分散的计算设备组合成一个虚拟的计算网络，用户可以共享和利用这些资源，以满足更大规模的计算需求。但当时整个 IT 行业还处于发展初期，互联网等技术还不够成熟和普及。

网格计算：网格计算是一种将一个需要巨大计算能力才能解决的问题分解成多个小部分，并将这些部分分配给多台低性能计算机处理，然后将这些计算结果综合起来以解决整个问题的方法。尽管网格计算在理论上是一种有潜力的方法，但在商业模式、技术和安全性方面存在一些挑战，这导致它在工程界和商业界并没有取得预期的成功。

云计算：云计算的核心理念与效用计算和网格计算非常相似，都是希望将 IT 技术像使用电力一样变得方便和成本低廉。然而，与效用计算和网格计算不同的是，云计算在需求方面已经取得了一定规模，并且在技术方面也基本成熟。云计算提供商通过虚拟化和分布式计算架构等技术，提供基础设施、平台和软件等各种服务。

1.1.2 云计算的定义

云计算作为一种独特的 IT 服务模式，其本质特征在 CSA（Cloud Security Alliance，云安全联盟）提出的“Security Guidance for Critical Areas of Focus in Cloud Computing V3.0”中有精确的阐述：“云计算本质上是一种服务提供模型，通过这种模型可以随时、随地、按需地通过网络访问共享资源池的资源，包括计算资源、网络资源、存储资源等，这些资源能够被动态地分配和调整，在不同用户之间灵活地划分。凡是符合这些特征的 IT 服务都可以称为云计算服务。”

同时，美国国家标准与技术研究院（National Institute of Standards and Technology，NIST）提出了一个标准，即“NIST Working Definition of Cloud Computing/NIST 800-145”。该标准指出，标准的云计算需要具备 5 个基本元素，包括通过网络分发服务、自助服务、可衡量的服务、灵活调度和资源池化。此外，该标准还将云计算按照服务模式分为软件即服务、平台即服务和基础设施即服务 3 类，按照部署模式分为公有云、私有云、社区云和混合云 4 种。NIST 云计算基本架构如图 1-3 所示。

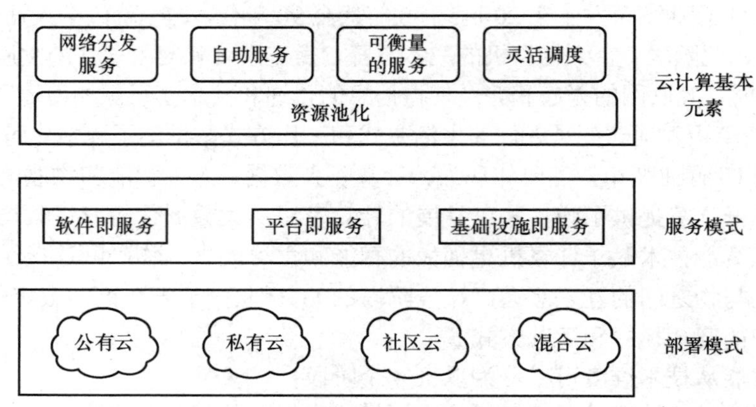

图 1-3　NIST 云计算基本架构

1.1.3　云计算的发展阶段

云计算的发展从商业维度可以简要地总结为 3 个阶段，如图 1-4 所示。

图 1-4　云计算的发展阶段

（1）云计算的早期阶段（20 世纪 60 年代至 20 世纪 90 年代中期）：计算机科学家 John McCarthy（约翰・麦卡锡）在 1961 年提出了效用计算的概念，ARPANET 项目的首席科学家 Leonard Kleinrock（伦纳德・克兰罗克）在 1969 年表示计算机应用将成为一种全新的、重要的产业的基础。20 世纪 90 年代中期开始，大众已经开始以各种形式使用基于 Internet 的计算机应用。

（2）云计算的雏形阶段（20 世纪 90 年代中期至 2006 年）：1999 年，Salesforce 推出了开创性的“软件即服务”模式，迅速风靡整个技术行业，即第一代 SaaS 服务。2002 年，亚马逊公司内部开始启动云计算项目，这是一项免费的服务业务，其允许企业用户在自己的网站上加入亚马逊官网的功能，该业务的早期版本旨在帮助开发人员“构建应用程序和工具，使他们能够将亚马逊官网许多独特功能整合到自己的网站中”。在这个阶段，“云”这个术语已经开始在网络行业中出现。

（3）云计算的商业化阶段（2006 年至今）：2006 年，亚马逊正式推出了 AWS，并向全球开放。在推出之初，AWS 的主要服务包括弹性计算云（Elastic Compute Cloud，EC2）、简单存储服务（Simple Storage Service，S3）和亚马逊云数据库服务（Amazon Relational Database Service，RDS）等，这是第一代 IaaS 服务，是云计算领域的重要里程碑。在随后的几年中，谷歌推出的谷歌应用引擎（Google App Engine）即第一代 PaaS 服务，进一步推动了云计算的发展。随着云计算的不断发展，越来越多的企业开始采用云计算来满足不同的需求，云计算也逐渐成为一种新的计算模式。

1.1.4 云计算的关键技术

谈到云计算的关键技术，有 4 个是非常重要的，即虚拟化技术、大容量分布式存储技术、并行编程模型和大规模数据管理技术。下面我们对这些技术进行大致的介绍。

（1）虚拟化技术：虚拟化技术是云计算的核心技术之一，它可以将物理资源（如 CPU、内存、存储等）虚拟化成多个逻辑资源，从而实现资源的共享和动态分配。常见的虚拟化技术包括全虚拟化、半虚拟化、容器虚拟化技术等。

（2）大容量分布式存储技术：云计算需要处理大量的数据，因此需要一种高效的存储技术来存储和管理数据。大容量分布式存储技术可以将数据分散存储在多个节点上，从而提高数据的可靠性和可扩展性。常见的大容量分布式存储技术包括 Hadoop 分布式文件系统（Hadoop Distributed File System，HDFS）、Ceph、GlusterFS 等。

（3）并行编程模型：并行编程模型技术可以将计算任务分解成多个子任务，并行执行这些子任务，从而提高计算效率。常见的并行编程模型包括 MapReduce、MPI 等。其中，MapReduce 是一种分布式计算模型，可以将大规模的数据集划分成多个小数据集，然后在多个计算节点上并行处理这些小数据集，将结果合并得到最终结果。MPI（Message Passing Interface，消息传递接口），可以在多个计算节点之间传递消息，从而实现并行计算。

（4）大规模数据管理技术：大规模数据管理技术可以帮助云计算系统高效地管理和处理数据，包括数据存储、备份、恢复、迁移等。其中，数据备份指将数据复制到多个节点上，以提高数据的可靠性；数据恢复指在数据丢失或损坏时恢复数据；数据迁移指将数据从一个节点迁移到另一个节点，以实现数据的动态调度和负载均衡。

1.1.5 云计算的体系架构

云计算的体系结构由 5 个部分组成，分别为资源层、平台层、应用层、用户访问层和管理层。云计算的本质是通过网络提供服务，所以其体系架构以服务为核心，具体如图 1-5 所示。

（1）资源层提供基础架构层面的云计算服务，这些服务可以提供虚拟化的资源，从而隐藏物理资源的复杂性。物理资源指的是物理设备，如服务器等。服务器服务指的是操作系统环境，如 Linux 集群等。网络服务指的是网络处理功能，如防火墙、VLAN、负载等。存储服务为用户提供存储功能。

（2）平台层为用户提供对资源层服务的封装，使用户可以构建自己的应用。中间件服务为用户提供可扩展的消息中间件或事务处理中间件等服务。数据库服务提供可扩展的数据库处理的能力。

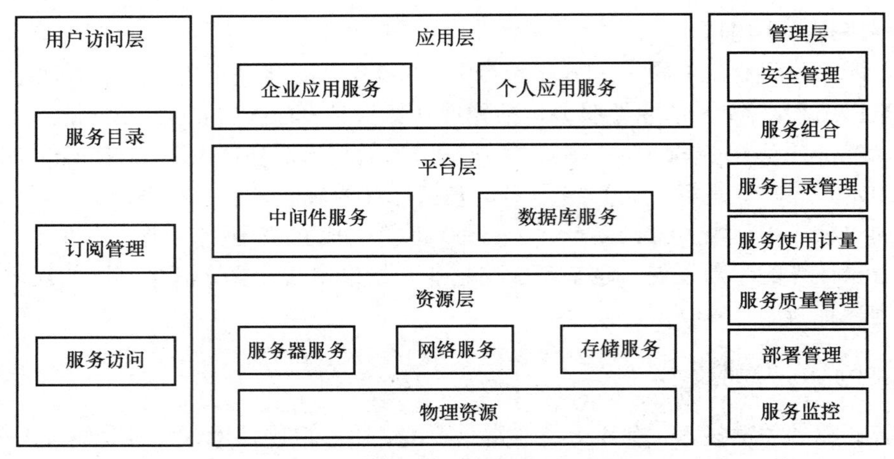

图 1-5　云计算的体系架构

（3）应用层提供软件服务。企业应用服务是指面向企业的用户的服务，如财务管理、客户关系管理、商业智能等。个人应用服务指面向个人用户的服务，如电子邮件发送、文本处理、个人信息存储等。

（4）用户访问层提供便于用户使用云计算服务的各种支撑服务，每个层次的云计算服务都需要相应的访问接口。服务目录是一个服务列表，用户可以从中选择需要使用的云计算服务。订阅管理是提供给用户的管理功能，用户可以查阅自己订阅的服务，或者终止订阅的服务。服务访问是针对每个层次的云计算服务提供的访问接口，针对资源层的访问接口可能是远程桌面或者 X Window，针对应用层的访问接口可能是 Web。

（5）管理层是云计算体系架构的关键组成部分，它提供了一系列重要的管理功能，包括安全管理、服务组合、服务目录管理、服务使用计量、服务质量管理、部署管理和服务监控等。提供这些功能的目的是确保云计算环境的安全性，提供多样化的服务组合，方便用户查找和选择服务、统计服务使用情况、监控和调整服务质量，以及高效部署和稳定运行服务。通过这些管理功能，用户可以获得安全、高效、可靠的云计算服务体验。

1.1.6　云计算的部署模式

云计算部署模式是指不同的云环境类型，主要以所有权、大小和访问方式来区分。常见的云计算部署模式有 4 种，具体如图 1-6 所示。

（1）公有云：由第三方云提供商拥有的可公共访问的云环境。公有云里的 IT 资源通常是按照事先描述好的云交付模型提供的，需要付费才能提供给云用户，或者是通过其他途径商业化的。云提供商负责创建和持续维护公有云及其 IT 资源。公有云主要的优劣势及应用场景描述如下。

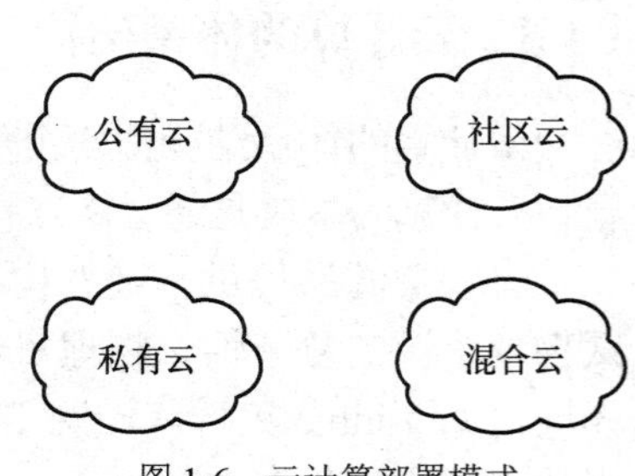

图 1-6　云计算部署模式

优势 1：灵活性高，云用户可以根据需求随时增加或减少资源。

优势 2：节省成本，云用户无须购买和维护硬件设备。

优势 3：云用户可以享受云提供商提供的安全性和可靠性保障。

优势 4：云用户可以快速部署应用程序和服务。

劣势 1：会带来安全性和隐私性问题，云用户的数据和应用程序可能会被其他用户访问。

劣势 2：云用户可能会受到云提供商的限制和监管。

劣势 3：云用户的程序或者被提供的服务可能会受到云提供商的服务中断或故障的影响。

应用场景 1：公有云适用于需要快速部署和扩展应用程序和服务的场景。

应用场景 2：公有云适用于需要高灵活性和成本效益的场景。

应用场景 3：公有云适用于需要短期使用大量计算资源的场景。

（2）私有云：由一个组织单独拥有的云环境。私有云使得组织把云计算技术当作一种手段，可以集中访问不同部分、位置或部门的 IT 资源。当私有云处于受控的环境中时，通常的安全问题都不适用。私有云的使用会改变组织和信任边界的定义和应用。私有云环境的实际管理可以由内部或者外部的人员来实施。私有云主要的优劣势及应用场景描述如下。

优势 1：私有云可以满足组织对安全性和隐私性的要求。

优势 2：私有云可以满足组织对 IT 资源的集中管理和控制的要求。

优势 3：私有云可以满足组织对定制化和个性化服务的要求。

劣势 1：云用户需要购买和维护硬件设备，成本较高。

劣势 2：云用户可能会受到组织内部的资源竞争和利益分配问题的影响。

劣势 3：云用户可能会受到组织内部的技术和管理能力的限制。

应用场景 1：私有云适用于需要满足组织对安全性和隐私性的要求的场景。

应用场景 2：私有云适用于需要满足组织对 IT 资源的集中管理和控制的要求的场景。

应用场景 3：私有云适用于需要满足组织对定制化和个性化服务的要求的场景。

（3）社区云：类似于公有云，只是它的访问被限制为特定的云用户社区。社区云可以由社区成员或提供具有访问限制的公有云的第三方云提供商共同拥有。社区用户成员通常会共同承担定义和发展社区云的责任。社区成员不一定能够访问或控制云中的所有 IT 资源。除非社区允许，否则社区外的组织通常不能访问社区云。社区云主要的优劣势及应用场景描述如下。

优势 1：云用户可以享受公有云的高灵活性和成本效益，隐私和安全也能够得到保护。

优势 2：社区云可以满足特定云用户社区的需求。

优势 3：社区云可以共享资源和知识，促进社区成员之间的合作和创新。

劣势 1：云用户可能会受到社区成员之间的信任和合作关系的影响。

劣势 2：云用户可能会受到社区成员之间的资源竞争和利益分配问题的影响。

应用场景 1：社区云适用于需要保护用户隐私和安全的场景。

应用场景 2：社区云适用于需要共享资源和知识的场景。

应用场景 3：社区云适用于其他特定云用户社区的场景。

（4）混合云：由两个或者更多不同云部署模型组成的云环境。例如，云用户可能会选择把处理敏感数据的云服务部署到私有云上，而将其他不敏感的云服务部署到公有云上。混合云主要的优劣势及应用场景描述如下。

优势 1：云用户可以根据不同的需求选择不同的云部署模型，实现更好的资源利用和成本控制。

优势 2：混合云可以满足不同应用程序和服务的不同安全性和隐私性要求。

优势 3：混合云可以满足不同部门和业务的不同 IT 资源需求。

劣势 1：需要仔细考虑和规划，管理和安全方面的挑战较大。

劣势 2：混合云可能会受到不同云部署模型之间的集成和互操作性问题的影响。

劣势 3：混合云可能会受到不同云提供商之间的服务质量（Quality of Service，QoS）和可靠性的差异的影响。

应用场景 1：混合云适用于需要根据不同的需求选择不同的云部署模型的场景。

应用场景 2：混合云适用于需要满足不同应用程序和服务的不同安全性和隐私性要求的场景。

应用场景 3：混合云适用于需要满足不同部门和业务的不同 IT 资源需求的场景。

1.1.7 云计算的服务模式

云交付是云服务提供商提供的一种具体的、事先打包好的 IT 资源组合，云计算有 3 种常见的服务模式：基础设施即服务（Infrastructure as a Service，IaaS）、平台即服务（Platform as a Service，PaaS）和软件即服务（Software as a Service，SaaS）。这 3 种模型是互相关联的，其中一种的范围可以包含另一种。

IaaS 是一种以基础设施为中心的、由 IT 资源组成的、自我包含的 IT 环境，可以通过基于云服务的接口和工具访问和管理。在 IaaS 环境中，云用户可以从更高层次控制其资源配置和使用。IaaS 提供的 IT 资源通常是虚拟化的，并打包成包，使在运行时扩展和定制基础设施变得简单。虚拟服务器是 IaaS 环境中的核心和主要的 IT 资源，云用户可以根据自己的需求选择不同的虚拟服务器配置。不同云提供商提供的 IaaS 产品中，IT 资源的类型和品牌也有所不同，云用户需要根据自己的需求选择合适的 IaaS 产品。

PaaS 是一种构建在 IaaS 之上的云计算服务模式，它不仅提供了预定义的“就绪可用”环境，还提供了业务软件的运行环境。个人网站常常使用的“虚拟主机”实际上就属于 PaaS 的范畴。相对于 IaaS，PaaS 只给予了云用户较低等级的控制权。PaaS 面向的用户是没有能力或者不愿意维护一个完整运行环境的开发人员和企事业单位，通过使用 PaaS，他们可以从烦琐的 IaaS 环境搭建中抽身出来，将更多的精力投入业务软件的开发中。比较常见的 PaaS 有很多，如下所示。

（1）Google App Engine：谷歌公司提供的 PaaS，支持多种编程语言和开发框架，包括 Java、Python、Go 和 Node.js 等。

（2）Microsoft Azure：微软公司提供的云计算平台，包括 PaaS、IaaS 和 SaaS，支持多种编程语言和开发框架，包括 Java、.NET、Node.js 和 Python 等。

（3）AWS Elastic Beanstalk：亚马逊公司提供的 PaaS，支持多种编程语言和开发框架，包括 Java、.NET、Node.js 和 Python 等。

（4）OpenShift：红帽公司提供的 PaaS，支持多种编程语言和开发框架，包括 Java、Ruby、Python 和 PHP 等。

SaaS 是一种成熟、知名度较高的云计算服务模式，其目标是将业务运行的后台环境放入云端，通过轻量级的客户端（通常是 Web 浏览器）向最终用户提供服务。这样，最终用户只需要按需向云端请求服务，而无须在本地维护任何基础架构或软件运行环境。这种模式使软件的使用和管理变得更加简单和便捷，同时也减少了企业的 IT 成本。SaaS 和 PaaS 的区别在于它们的定位和服务对象不同。SaaS 是面向最终用户的云计算服务，用户无须关心底层的技术细节，只需要通过 Web 浏览器等客户端访问云端提供的应用程序即可。而 PaaS 则是面向开发人员的云计算服务，它提供了一系列的开发工具和平台，使得开发人员可以在云端构建、部署和管理自己的应用程序。如果一个 PaaS 用户通过 Web 方式向外分发其服务，那么该用户提供的就是 SaaS，但这并不是 PaaS 的主要服务场景。比较常见的 SaaS 提供的云服务有很多，如下所示。

（1）AWS：提供云计算、存储、数据库等云服务。

（2）Oracle ERP Cloud：提供企业资源计划（Enterprise Resource Planning，ERP）云服务。

（3）Salesforce：提供客户关系管理（Customer Relationship Management，CRM）和 ERP 等云服务。

1.1.8 云计算未来的发展趋势与展望

云计算是一种快速发展的技术，其未来的发展趋势和展望如下。

（1）多云和混合云：多云和混合云是指企业使用多个云服务提供商的云计算服务，或者同时使用公有云和私有云的混合云策略。多云和混合云可以帮助企业更好地管理和控制云计算资源，以满足不同的业务需求和数据安全性要求。例如，企业可以将敏感数据存储在私有云中，将非敏感数据存储在公有云中，以提高数据的安全性和可用性。多云和混合云将成为云计算的主流趋势。

（2）人工智能和机器学习：人工智能和机器学习是指利用计算机算法和模型来模拟人类的智能和学习能力。云计算可以提供强大的计算和存储能力，以支持大规模的数据分析和机器学习算法的训练。例如，企业可以使用云计算来训练自然语言处理模型、图像识别模型等人工智能模型，以提高业务效率，提升用户体验。云计算将成为人工智能和机器学习的重要基础设施。

（3）容器化和微服务：容器化和微服务是指将应用程序拆分成多个小的、独立的组件，以提高应用程序的可移植性、可扩展性、灵活性和可维护性。容器化可以将应用程序打包成容器，以便在不同的云计算环境中运行，而微服务可以将应用程序拆分成多个小的、独立的组件，以便更好地管理和维护应用程序。例如，企业可以使用容器化和微服务来构建云原生应用程序，以提高应用程序的可靠性和可维护性。容器化和微服务将成为云计算的重要发展方向。

（4）边缘计算：边缘计算是指将计算和存储资源放置在离用户近的地方，以提高应用程序的响应速度和可靠性，更好地处理实时数据和提供个性化的服务。例如，企业可以使用边缘计算来构建智能家居、智能工厂等应用程序，以提高用户体验和业务效率。边缘计算将成为云计算的重要补充。

（5）安全和隐私：安全和隐私是指保护用户数据和隐私。云计算需要提供更加安全和可靠的服务，以保护用户的数据和隐私。例如，云计算需要提供数据加密、身份认证、访问控制等安全机制，以保护用户数据的安全性和可用性。安全和隐私将成为云计算的重要挑战。

（6）5G 技术：5G 技术是指第五代移动通信技术，可以提供更快的网络速度和更低的延迟，以支持更加复杂和高效的云计算应用，从而提高云计算的可靠性、可用性和响应速度，满足不同的业务需求和用户需求。例如，5G 技术可以支持智能交通、智能医疗、智能制造等应用程序，以提高社会生产力和生活质量。5G 技术将成为云计算的重要驱动力。

整体来讲云计算的发展前景非常广阔，需要不断地创新和发展，以满足不同的业务需求和用户需求。

1.2 虚拟化技术

近年来，随着服务器虚拟化技术的普及，IT 基础设施的部署和管理方式发生了全新的变化。虚拟化技术为 IT 管理员提供了高效便捷的管理体验，同时也提高了 IT 资源利用率，减少了能源消耗。每一次软件的更新都会带来新的需求，从操作系统到应用程序，这些需求通常是更多的数据存储、更强大的处理能力和更大的内存容量。虚拟化技术的出现使得我们可以将单台物理计算机虚拟化为多台独立的虚拟计算机（虚拟机），从而有效地节省了服务器和工作站的成本。如图 1-7 所示，将多台服务器的应用整合到一台服务器上的多个虚拟机上运行。无论是在硬件资源还是在成本效益方面，虚拟化技术都为我们提供了更多的选择和更高的灵活性。

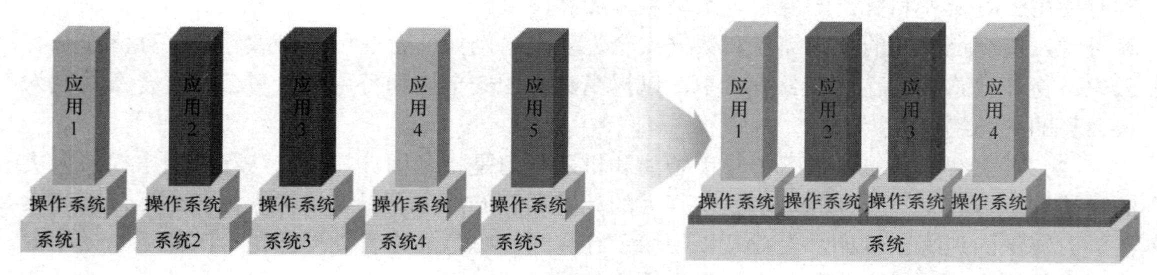

图 1-7　虚拟化资源整合

思考：假设拥有 3 台物理服务器，每台服务器有不同的特定用途。1 台用作邮件服务器，1 台用作 Web 服务器，最后 1 台用于运行企业内部传统应用。尽管每台服务器仅使用了大约 30%的计算容量（这只是它们潜能的一小部分），然而，由于传统应用对企业内部运营至关重要，必须保留这些应用独立运行在第 3 台服务器上。过去的做法是在单独的服务器上运行单独的任务，但这种方式会导致资源浪费和成本增加，如图 1-8 所示。

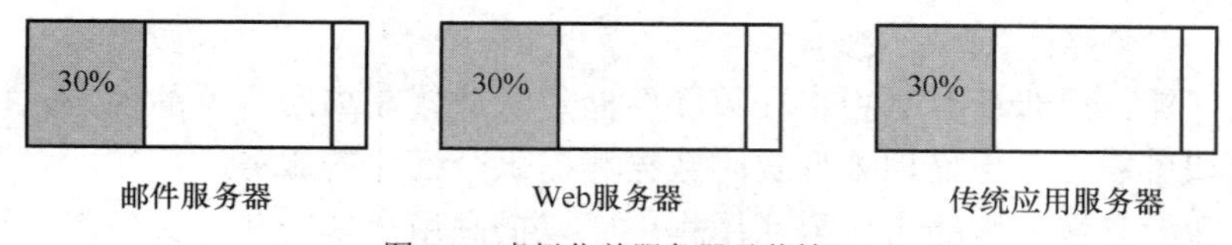

图 1-8　虚拟化前服务器承载情况

通过使用虚拟化技术，可以将邮件服务、Web 服务和传统应用分别部署在虚拟机中，从而实现多任务共享一台物理服务器的目的。虽然仍然使用相同的硬件，但可以更有效地利用资源。可以将每个虚拟机隔离开来，从而保证各个任务之间的安全性。这样一来，服务器的使用率将从 30%提高至 60%，如图 1-9 所示，甚至提高至 90%。这种方式可使目前空闲的服务器用于其他任务或停用，从而降低散热量和维护成本，提高 IT 基础设施的效率和灵活性。

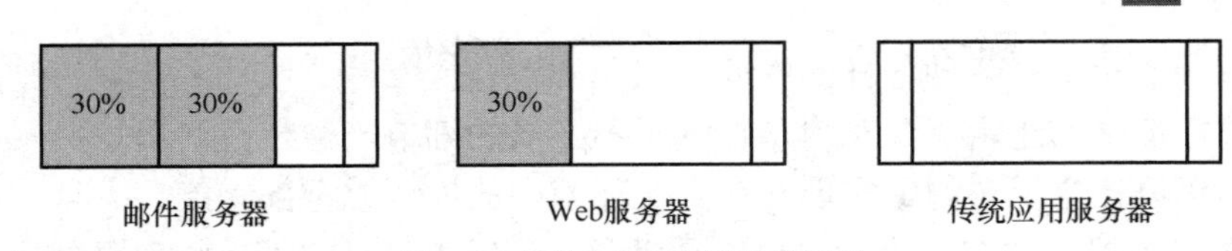

图 1-9 虚拟化后服务器承载情况

1.2.1 虚拟化技术的发展历史

虚拟化技术的发展历史是计算机技术发展历史的重要组成部分。自 20 世纪 50 年代虚拟化概念提出以来，虚拟化技术在不断发展和完善。从 IBM 公司在 20 世纪 60 年代实现大型机上的虚拟化商用，到 Java 虚拟机的出现，再到目前基于 x86 体系结构的服务器虚拟化技术的蓬勃发展，虚拟化技术已经成为计算机技术中不可或缺的一部分。

20 世纪 60 年代，IBM 开发了 CP-40 操作系统，在不同用户和应用之间实现了时间和内存共享。虽然当时这种虚拟化的理念并没有得到广泛应用，但是这奠定了今天虚拟化技术的基础。

在 20 世纪 70 年代末，大型机成为主要的计算资源，在多个用户和应用程序之间共享大型机的计算能力开始变得有意义。然而，随着价格相对低廉的 PC 的出现，企业可以部署和管理自己的计算基础架构，虚拟化在当时并没有成为一种主流技术。

直到 20 世纪 90 年代，互联网革命带来了通过服务器集群来托管各类应用程序和数据库、提供各种基于互联网的服务的普遍需求。同时，创新的硬件使得 CPU 的效率更高，内存访问速度更快、价格更低、存储容量更大，高速网络还能提供更高的吞吐量。硬件性能的提升可以使应用使用专用服务器，并且随着这些应用的需求增长，集群中服务器的数量越来越多，但这些服务器的利用率相当低。随着提高硬件利用率、减少电力消耗、节省空间并减少布线需求的增多，虚拟化技术开始受到重视。虚拟化技术可以在共享服务器之上整合应用，降低成本，同时无须改写应用、无须改变终端用户使用习惯。在这个时间段还出现了一些额外需求，如不同应用之间更严格的隔离、基于流量的负载均衡、应用的弹性和高可用性。虚拟化技术很快成熟并满足了这些新需求。

第一个在x86平台上实现的虚拟化产品是VMware公司在1999年发布的VMware Workstation，2001 年它又发布了用于服务器市场的 VMware ESX 产品。其他虚拟化产品也如雨后春笋般涌现出来，如微软公司的 Hyper-V、Oracle 公司的 VirtualBox，以及 Xen 和 KVM（Kernel-base Virtual Machine，基于内核的虚拟机）等开源虚拟化解决方案。2005 年 Intel 和 AMD 公司相继发布了新的处理器，为硬件辅助虚拟化提供了 CPU 支持。Intel 公司的 VT-x 和 AMD 公司的 AMD-V 技术将虚拟化技术提升到了新的高度。

总之，虚拟化技术的发展是一个不断适应计算资源需求和可用性驱动环境的过程。虚拟化技术的出现和发展，为企业提供了更高效、更灵活、更可靠的 IT 基础设施，它成为现代企业 IT 架构中不可或缺的一部分。

1.2.2 虚拟化的概念

虚拟化是一个广泛而变化的概念，因此为它指定一个清晰准确的定义并不是一件容易的事情。目前虚拟化已经产生了多种定义，但它们都阐述了 3 层含义。

（1）虚拟化的对象是各种各样的资源。

（2）经过虚拟化的逻辑资源对用户隐藏了不必要的细节。

（3）用户可以在虚拟环境中实现其在真实环境中的部分或全部功能。

IBM 公司对虚拟化的定义是：虚拟化是资源的逻辑表示，它不受物理限制。在这个定义中，资源的范围很广，可以是各种硬件资源，如 CPU、内存等，也可以是各种软件环境，如操作系统、文件系统、应用程序等。

从广义上理解，虚拟化技术是一种 IT 资源管理、优化技术，是将计算机上的各种资源（如 CPU、内存、存储空间、网络适配器等）进行抽象、转换，分配给一个或者多个虚拟计算环境使用，实现 IT 资源的动态分配、灵活调度和跨域共享，从而提高 IT 资源利用率。

从狭义上理解，虚拟化技术是将一台计算机虚拟为多台逻辑计算机，在一台计算机上同时运行多台逻辑计算机，每台逻辑计算机都是独立的，它们的工作互不影响，从而提高计算机的工作效率。

虚拟化技术的主要目标是简化 IT 资源的表示、访问和管理，并为这些资源提供标准接口，以减小 IT 基础设施变化对用户的影响。虚拟化技术可以降低资源用户与资源具体实现之间的耦合程度，让用户不再依赖于资源的某种特定实现。

1.2.3 虚拟化的优势

在传统的物理架构下，软硬件紧密耦合，资源无法共享和动态调配，系统配置往往根据业务峰值来制定，这导致资源利用率低、灵活性差、结构僵化等问题。而虚拟化技术可将软硬件解耦，逻辑抽象出硬件资源，实现资源的共享和动态调配，从而提高资源利用率、灵活性和可扩展性等。

虚拟化前后对比如图 1-10 所示，虚拟化的优势如下。

（1）提高资源利用率。在虚拟化前，每个应用程序都需要独立的硬件资源，例如独立的服务器、独立的操作系统、独立的存储设备等。这种方式会导致硬件资源的浪费，因为每个应用程序都需要独立的硬件资源，而这些资源在大部分时间并没有被充分利用。而在虚拟化后，计算资源被抽象成虚拟机，每个虚拟机都可以独立运行一个应用程序。虚拟机之间是相互隔离的，它们共享物理硬件资源，但是每个虚拟机都认为自己独占了这些资源。这种方式可以大大提高硬件资源的利用率，因为多个应用程序可以共享同一组硬件资源。

（2）提高资源利用的灵活性和可扩展性。在虚拟化前，如果需要增加一个新的应用程序，就需要购买新的硬件资源、安装新的操作系统等。而在虚拟化后，只需要创建一个新的虚拟机，就可以在其中运行新的应用程序，这样可以大大缩短应用程序的部署时间。同时，虚拟化还可以提供更好的可移植性，因为虚拟机可以在不同的物理硬件上运行，这样可以避免应用程序与特定硬件相关性强的问题。

（3）提高系统的可靠性和安全性。虚拟化通过隔离不同的应用程序和提供快速备份和恢复功能来避免应用程序之间的相互影响和恶意软件的传播和攻击。

（4）提高管理效率。虚拟化通过集中管理虚拟机来简化管理工作，减少管理成本和人力资源的浪费。

总之，虚拟化技术是一种非常重要的 IT 资源管理和优化技术，可以为企业和个人带来更高效、更灵活、更安全的 IT 资源管理和使用方式。虚拟化技术的应用可以提高 IT 资源利用率、减少能源消耗、降低成本、提高管理效率等，为企业和个人带来了更多的选择和更强的灵活性。

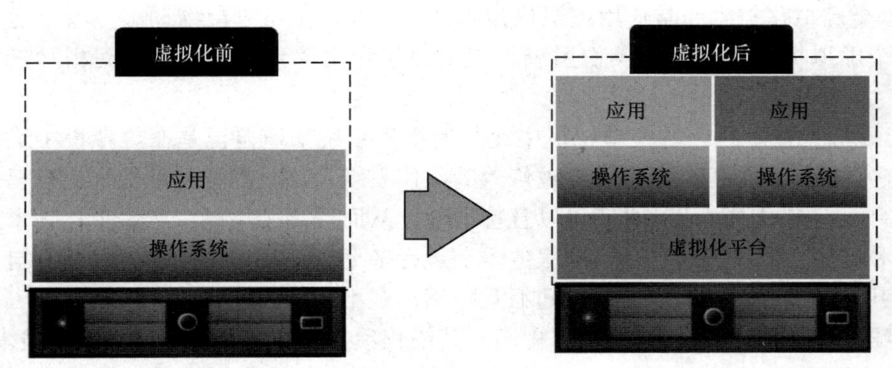

图 1-10　虚拟化前后对比

1.2.4　虚拟化技术的分类

虚拟化技术经过多年的发展，已经成为一个庞大的技术家族，其技术种类繁多，实现的应用也自成体系。我们可以按照虚拟化实现方法、虚拟化实现机制、虚拟化架构模型以及虚拟化应用领域 4 个维度对虚拟化技术进行分类，如图 1-11 所示。

图 1-11　虚拟化技术分类维度

（1）按照虚拟化实现方法分类，虚拟化技术可以分为软件虚拟化技术和硬件辅助虚拟化技术。

① 软件虚拟化是指在操作系统层面上实现虚拟化，通过在虚拟机和宿主机之间添加一个虚拟化层，来模拟一个完整的虚拟化环境。软件虚拟化的优点是可以在没有硬件支持的情况下实现虚拟化，但是由于需要在操作系统层面上进行虚拟化，因此会带来一定的性能损失。常见的软件虚拟化技术包括 VMware Workstation、VirtualBox、QEMU 等。

② 硬件辅助虚拟化是指在硬件层面上实现虚拟化，通过在 CPU 中添加虚拟化指令集，来提高虚拟化的性能和效率。硬件辅助虚拟化的优点是可以在硬件层面上实现虚拟化，可以提高虚拟化的性能和效率，但是由于需要硬件支持，因此不是所有的 CPU 都支持硬件辅助虚拟化。常见的硬件辅助虚拟化技术包括 Intel VT-x 和 AMD-V 等。在使用这些技术的虚拟化软件中，常见的有 VMware ESXi、Hyper-V 等。

（2）按照虚拟化实现机制分类，虚拟化技术可以分为全虚拟化技术、半虚拟化技术和容器虚拟化技术。

① 全虚拟化技术是一种在虚拟机中运行的操作系统不知道自己是在虚拟机中运行的虚拟化技术。它支持在虚拟机中运行多种操作系统，这些操作系统都认为自己是在物理服务器上运行的。全虚拟化技术通常使用虚拟机技术实现，可以在同一台物理服务器上运行多个虚拟机，每个虚拟机都有自己的操作系统、应用程序和文件系统，它们之间相互隔离，互不干扰。

② 半虚拟化技术是一种在虚拟机中运行的操作系统知道自己是在虚拟机中运行的虚拟化技术。它支持在虚拟机中运行多种被修改的操作系统，这些操作系统都知道自己是在虚拟机中运行的，它们与虚拟化层之间可以直接通信，从而提高了性能。半虚拟化技术通常使用虚拟机技术实现，可以在同一台物理服务器上运行多个虚拟机，每个虚拟机都有自己的操作系统、应用程序和文件系统，它们之间相互隔离，互不干扰。

③ 容器虚拟化技术是一种将应用程序及其依赖项打包成一个容器的虚拟化技术。容器虚拟化技术可以在同一台物理服务器上运行多个容器，每个容器都有自己的文件系统、网络和进程空间，但是它们共享同一个操作系统内核。容器虚拟化技术可以提高应用程序的可移植性和兼容性，同时也可以提高服务器的利用率和灵活性。

（3）按照虚拟化架构模型分类，虚拟化技术可以分为裸金属架构、寄居架构和混合架构。

① 裸金属架构是一种直接在物理服务器上运行虚拟机的虚拟化技术。在裸金属架构中，虚拟机监控器（Virtual Machine Monitor，VMM）直接运行在物理服务器的硬件上，虚拟机则运行在 VMM 之上。裸金属架构可以提供接近于原生性能的虚拟化环境，但是需要支持硬件辅助虚拟化技术。裸金属架构如图 1-12 所示。

② 寄居架构是一种在操作系统之上运行虚拟机的虚拟化技术。在寄居架构中，VMM 运行在操作系统之上，虚拟机则运行在 VMM 之上。寄居架构可以实现更好的资源隔离和管理，但是需要操作系统的支持，同时也会带来一定的性能损失。寄居架构如图 1-13 所示。

③ 混合架构是一种将裸金属架构和寄居架构相结合的虚拟化技术。在混合架构中，VMM 直接运行在物理服务器的硬件上。混合架构中 VMM 只负责 CPU 和内存虚拟化，I/O 设备的虚拟化由 VMM 和特权级操作系统共同完成。

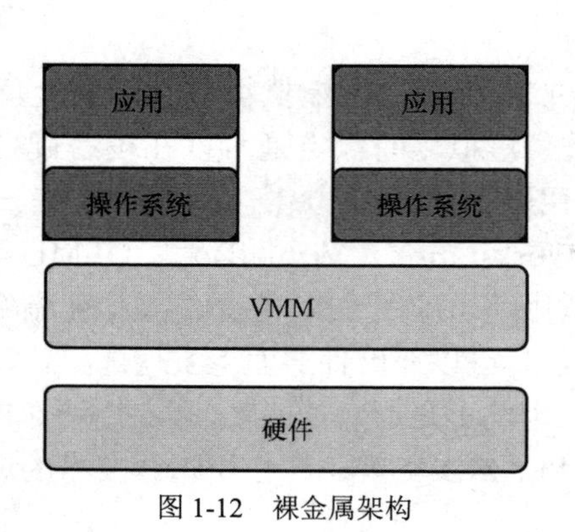

图 1-12 裸金属架构

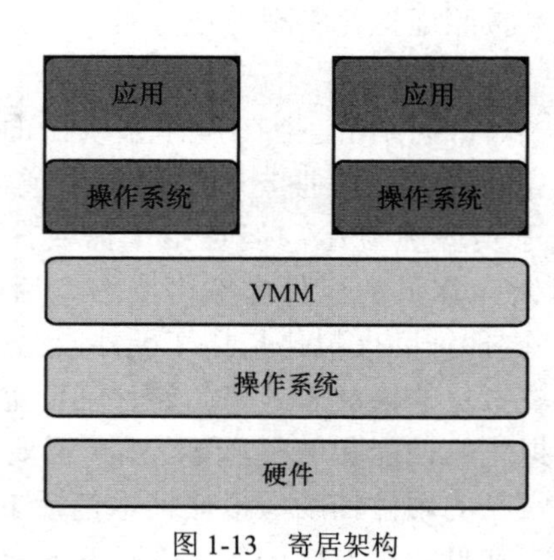

图 1-13 寄居架构

这 3 种架构的优缺点具体如表 1-1 所示。

表 1-1 3 种架构的优缺点

架构类型	优点	缺点
裸金属架构	（1）性能接近于原生架构，因为 VMM 直接运行在物理服务器的硬件上，不需要操作系统的干预 （2）可以支持更多的操作系统和应用程序，因为 VMM 可以直接访问物理服务器的硬件资源 （3）可以提供更好的安全性和隔离性，因为虚拟机之间是完全隔离的	（1）需要支持硬件辅助虚拟化技术，否则无法运行 VMM （2）部署和管理比较复杂，需要专业的技术人员进行配置和维护 （3）不支持动态资源分配和管理，需要手动配置虚拟机的资源
寄居架构	（1）部署和管理比较简单，可以使用操作系统的管理工具进行配置和维护 （2）支持动态资源分配和管理，可以根据需要调整虚拟机的资源 （3）可以实现更好的资源隔离和管理，因为虚拟机之间是通过操作系统进行隔离的	（1）性能比裸金属架构的略差，因为 VMM 需要运行在操作系统之上 （2）可能会受到操作系统的限制，例如操作系统的内存限制和文件系统限制 （3）可能会受到操作系统的安全漏洞影响，例如操作系统的漏洞可能会影响到所有运行在宿主机上的虚拟机
混合架构	可以同时享受裸金属架构和寄居架构的优点，例如可以提供接近于原生性能的虚拟化环境，同时也可以实现更好的资源隔离和管理	（1）部署和管理比较复杂，需要专业的技术人员进行配置和维护 （2）可能会受到操作系统的限制和安全漏洞的影响，需要进行适当的安全措施

（4）按照虚拟化应用领域分类，虚拟化技术可以分为服务器虚拟化技术、存储虚拟化技术、网络虚拟化技术、桌面虚拟化技术、应用程序虚拟化技术和平台虚拟化技术。

① 服务器虚拟化技术是一种将一台物理服务器划分为多个虚拟机的虚拟化技术。它可以使多个虚拟机在同一台物理服务器上运行，从而提高服务器的利用率和灵活性。服务器虚拟化技术通常使用虚拟机技术实现，可以在同一台物理服务器上运行多个虚拟机，每个虚拟机都有自己的操作系统、应用程序和文件系统，它们之间相互隔离，互不干扰。

② 存储虚拟化技术是一种将多个存储设备虚拟化为一个逻辑存储设备的虚拟化技术。它可以提高存储资源的利用率和可管理性，同时也可以提高数据的可靠性和可用性。存储虚拟化技术通常使用存储虚拟化器实现，存储虚拟化器可以将多个存储设备虚拟化为一个逻辑存储设备，从而使应用程序可以访问逻辑存储设备而不需要知道实际的存储设备。

③ 网络虚拟化技术是一种将物理网络设备虚拟化为多个逻辑网络设备的虚拟化技术。它可以提高网络资源的利用率和可管理性，同时也可以提高网络的可靠性和可用性。网络虚拟化技术通常使用网络虚拟化器实现，网络虚拟化器可以将物理网络设备虚拟化为多个逻辑网络设备，从而使应用程序可以访问逻辑网络设备而不需要知道实际的网络设备。

④ 桌面虚拟化技术是一种将多个虚拟桌面运行在一台物理计算机上的虚拟化技术。桌面虚拟化技术可以将多个用户的桌面环境隔离开，从而提高桌面资源的利用率，简化桌面管理和配置，同时也可以提高桌面的安全性和可靠性。

⑤ 应用程序虚拟化技术是一种将应用程序和其依赖的库文件打包成一个独立的虚拟化容器，从而可以在不同的操作系统和环境中运行的虚拟化技术。应用程序虚拟化技术可以简化应用程序的部署和管理，同时也可以提高应用程序的可移植性和安全性。

⑥ 平台虚拟化技术是一种将整个操作系统和应用程序打包成一个独立的虚拟化容器，从而可以在不同的硬件和操作系统中运行的虚拟化技术。平台虚拟化技术可以简化应用程序的部署和管理，同时也可以提高应用程序的可移植性和安全性。

1.2.5 主流虚拟化技术

虚拟化技术种类繁多，维基百科列举的已超过 60 种，其中基于 x86（CISC）体系的有 50 余种，也有基于 RISC 体系的。下面简要介绍几种当前应用较为广泛的虚拟化技术：VMware 的 vSphere、思杰的 XenServer、微软的 Hyper-V、KVM 和 Docker。

（1）VMware 的 vSphere：VMware 的 vSphere 是一套服务器虚拟化解决方案，其核心组件为 VMware ESXi。ESXi 是一款可以独立安装和运行在裸机上的系统，与其他 VMware Workstation 软件不同的是，它不再依存于宿主操作系统。在 ESXi 安装好以后，可以通过 vSphere Client 远程连接控制，在 ESXi 服务器上创建多个虚拟机，再为这些虚拟机安装好 Linux/Windows Server 系统，使之成为能提供各种网络应用服务的虚拟服务器。ESXi 可以从内核级支持硬件辅助虚拟化，运行于其中的虚拟服务器在性能与稳定性上不亚于普通的硬件服务器，而且更易于管理与维护。

（2）思杰的 XenServer：思杰的 XenServer 是一款开源的虚拟化平台，通过它可以在一台物理服务器上运行多个虚拟机。XenServer 支持多种操作系统，包括 Windows、Linux 和 Solaris 等。XenServer 的虚拟化技术基于 Xen Hypervisor，它可以将物理服务器的资源划分至多个虚拟机中，每个虚拟机都可以独立运行自己的操作系统和应用程序。XenServer 还提供了一些高级功能，如动态内存管理、虚拟机快照等。

（3）微软的 Hyper-V：微软的 Hyper-V 是一款虚拟化平台，通过它可以在 Windows Server 操作系统上运行多个虚拟机。Hyper-V 支持多种操作系统，包括 Windows、Linux 和 FreeBSD 等。Hyper-V 的虚拟化技术基于 Windows Hypervisor，它可以将物理服务器的资源划分至多个虚拟机中，每个虚拟机都可以独立运行自己的操作系统和应用程序。Hyper-V 还提供了一些高级功能，如动态内存管理、虚拟机快照等。

（4）KVM：KVM 是一款开源的虚拟化平台，通过它可以在 Linux 操作系统上运行多个虚拟机。KVM 的虚拟化技术基于 Linux 内核，通过它可以将物理服务器的资源划分至多个虚拟机中，每个虚拟机都可以独立运行自己的操作系统和应用程序。KVM 支持多种操作系统，包括 Windows、Linux 和 FreeBSD 等。KVM 还提供了一些高级功能，如动态内存管理、虚拟机快照等。

（5）Docker：Docker 是一款开源的容器化平台，通过它可以在一台物理服务器上运行多个容器。Docker 的容器化技术基于 Linux 内核，通过它可以将物理服务器的资源划分到多个容器中，每个容器都可以独立运行自己的应用程序。Docker 支持在多种操作系统部署，包括 Windows、Linux 和 macOS 等。Docker 还提供了一些高级功能，如容器快照等。

1.3 云计算与虚拟化的关系

虚拟化和云的理念虽然相似，但在本质上存在差异。虚拟化是一项技术，通过将单个物理硬件系统抽象为多个模拟环境或专用资源来创建可用环境。而云是一种环境，能够抽象、汇集和共享整个网络中的可扩展资源。

简而言之，虚拟化是一项技术，而云更多的是指一种环境。云通常用于云计算，即在系统中运行工作负载。云基础架构可以包含各种裸机、虚拟化或容器软件，用于抽象、汇集和共享整个网络中的可扩展资源，从而创建云环境。这种架构使用户能够独立于公共、私有和混合环境。稳定的操作系统（如 Linux）是云计算的基础。

通过虚拟化，VMM 监视物理硬件，并将机器中的资源抽象为虚拟化环境。这些资源可以是处理能力、存储空间或基于云的应用程序，其中包括部署所需的所有运行时代码和资源。然而，仅有虚拟化还不能称为云环境。要创建云，虚拟化只是其中的一种选择。云环境可以通过访问内部网或互联网来实现虚拟化，但这不是唯一的方式。只有在向中央池分配虚拟资源的情况下，才能被定义为“云”。通过管理软件，可以有效管理在云中使用的基础设施、平台、应用程序和数据。引入一层自动化工具，用于替代或减少人工操作的可重复指令和流程，以提供云的自助服务组件。如果某 IT 系统满足以下条件，则可以说它已经建立了云。

（1）其他计算机可以通过网络访问该 IT 系统。

（2）包含 IT 资源存储库。

（3）可以快速配置和扩展。

总而言之，云计算是一种由多种规则和方法组合而成的模型，它能够通过任何网络向用户提供按需计算、网络和存储基础架构资源、服务、平台和应用。这些资源、服务、平台和应用等都来自云。简单来说，云是一个由管理和自动化软件组成的虚拟资源池，旨在通过自助服务门户来帮助用户按需访问其中的资源，同时支持自动扩展和动态资源分配。而虚拟化是云计算的核心技术之一，通过虚拟化技术，用户可以在一个物理硬件系统上创建多个模拟环境或专用资源。一种被称为“Hypervisor”的软件可以直接连接到硬件，将系统划分为不同的、独立的安全环境，也就是虚拟机。VMM 的作用是将计算机资源与硬件分离，并合理分配资源，这对虚拟机来说非常重要。表 1-2 所示为云计算和虚拟化的对比。

表 1-2　云计算和虚拟化的对比

	云计算	虚拟化
定义	模型	技术
目的	汇集并自动分配虚拟资源以供按需使用	基于 1 个物理硬件系统创建多个模拟环境
用途	针对多种用途为用户群组提供不同资源	针对具体用途为特定用户提供打包资源
配置	基于模板	基于镜像
使用寿命	数小时至数月（短期）	数年（长期）
成本	私有云：CAPEX（资本支出）高、OPEX（运营支出）低。 公共云：CAPEX 低、OPEX 高	CAPEX 高、OPEX 低
可扩展性	横向扩展	纵向扩展
工作负载	无状态	有状态
租赁	多个租户	单一租户

1.4　虚拟化技术未来的发展趋势与展望

近年来，我国在云计算、虚拟化技术方面取得了明显的发展成果和显著的服务效果。为了充分挖掘云计算虚拟化技术的服务潜力，其未来的发展应该重视以下趋势。

1. 开放化趋势

云计算虚拟化的服务平台将向开放化方向发展。当前使用的基础平台是封闭式架构的，容易出现不兼容的问题，难以为异构性的虚拟机系统提供支持，也无法满足开放合作的需求。因此，在未来的发展中，云计算虚拟化的服务平台将转向开放性架构，各个厂家的虚拟机系统可以在开放性架构平台中共同使用，各个应用厂商也可以根据自身需求，在基于云计算虚拟化的开放性架构平台中丰富系统的应用模式。

2. 标准化趋势

云计算虚拟化技术的发展将趋向标准化。目前我国在云计算虚拟化技术方面使用的连接协议主要有 RDP（Remote Desktop Protocol，远程桌面协议）和 FAP（File Access Protocol，文件访问协议），这些协议的应用会导致终端兼容性变得更加复杂，虽然它们可以支持多种客户端软件的运行，但会限制操作过程的选择性和替代性，不利于提供高质量的服务。因此，在未来的发展中，连接协议将朝着标准化的方向发展，有效解决多种连接协议的终端兼容性较差的问题，使终端和云平台能够基于统一标准互相协调，用户可以自由选择，形成良好的产业链模式。

3. 私有化趋势

公有云的数据安全性较低，经常受到各种因素的影响而出现安全问题，无法确保数据的安全性，甚至会发生严重的信息泄露和篡改。而私有云在应用过程中可以为用户提供高质量和安全的服务，用户可以在云计算虚拟化平台中设置私有云的密码，数据安全性较高，可以有效预防信息泄露和篡改等问题。

4. 硬件化趋势

硬件化趋势主要体现在虚拟化客户端方面。目前使用的桌面虚拟化技术还无法满足客户的体验需求，PC 在富媒体方面缺乏硬件辅助虚拟化部分的支持，例如 3D、视频和动画制作等，缺乏硬件辅助虚拟化系统从而无法提供高质量的服务。因此，在未来的发展过程中，为了提供更好的服务，云计算虚拟化技术的终端芯片将加强对虚拟化技术的支持，利用硬件辅助的形式为富媒体相关的用户提供良好的体验，特别是在智能手机等终端设备方面，可以形成硬件辅助的支持，为云计算虚拟化技术在智能手机等终端的应用提供良好的条件。

本章小结

本章主要介绍了云计算和虚拟化技术的相关知识，包括云计算的定义、关键技术、部署模型、服务模式、优劣势和应用场景，以及虚拟化技术的优势、分类等。

通过学习本章内容，读者可以了解云计算和虚拟化技术的基本概念、原理和应用，掌握其在实际应用中的优势。

本章习题

一、单项选择题

1．下列关于云计算的特征描述错误的是（　　）。

A．云计算提供按需自助服务　　　　B．云计算具有弹性可扩展性
C．云计算提供资源池共享　　　　　D．云计算只能通过公共云提供服务

2．以下哪种云服务模型只提供基础设施的租用和管理（　　）。
A．IaaS　　B．Paas　　C．SaaS　　D．Faas

3．以下哪个选项最适合描述 SaaS（软件即服务）模型（　　）。
A．提供基础设施的租用和管理　　　B．提供平台和开发工具
C．提供完整的软件应用服务　　　　D．提供以函数为单位的服务模型

4．私有云部署模型的一个主要优势是（　　）。
A．节省成本，云用户无须购买和维护硬件设备
B．灵活性高，云用户可以按需增减资源
C．云用户业务可能会受到云提供商的服务中断或故障的影响
D．可以提供更高的安全性和数据隐私保护

二、多项选择题

1．云计算的优势包括（　　）。
A．节约成本　　B．自助服务　　C．高可扩展性　　D．资源池化

2．以下属于目前典型云计算服务模型的是（　　）。
A．软件即服务　　B．系统即服务　　C．平台即服务　　D．基础设施即服务

3．下列（　　）是云计算的部署模型。
A．公有云　　B．私有云　　C．混合云　　D．社区云

4．下列对公有云描述正确的是（　　）。
A．节省成本，云用户无须购买和维护硬件设备
B．灵活性高，云用户可以按需增减资源
C．可以提供更高的安全性和数据隐私保护
D．云用户可能会受到云提供商的限制和监管

三、简答题

1．请简要描述云计算的定义和特点。
2．云计算的部署模型有哪些？
3．请简要描述云计算与虚拟化的关系。

▶▶▶ 第 2 章

虚拟化实现技术

某企业是一家专注于智能化信息技术产品和服务的研发、生产和销售的高新技术企业。由于公司业务增长迅速，数据中心很快就变得拥挤不堪，IT 团队超负荷工作来维护每个部门的服务器，所以他们要寻找可以提高其 IT 资源利用率、简化管理运维的方法。

企业的运维工程师向公司管理层提出了计算虚拟化技术，通过这种技术，公司可以更好地管理 IT 基础设施。它可以给公司带来的主要价值如下。

（1）节省资源。通过使用虚拟化技术，公司 IT 团队可以将物理服务器的利用率提高至少 50%。这种技术将多个应用程序和操作系统运行在单个服务器上，可减少物理服务器的数量，同时降低其他成本，例如服务器维护成本等，让部门运营更加高效。

（2）提高灵活性。随着公司业务增长，部门和项目的需求也不断变化。在这种情况下，虚拟化技术可为公司提供灵活性。通过在虚拟机上调整应用程序和资源的分配，公司可以更快地响应变化，而无须为新应用程序构建单独的服务器。此外，随着公司业务规模的扩大，还可以使用负载均衡来调整虚拟机的分配，以更好地处理其峰值负载。

（3）提高安全性。通过将多个应用程序和操作系统运行在单个服务器上，采用虚拟化技术比使用单独的物理服务器更加安全。虚拟化技术为安全管理提供更强的灵活性，消除了对某些关键硬件的依赖，有助于降低风险。虚拟化也可以为公司提供备份和恢复数据的简单方法和更短的恢复时间。

既然虚拟化技术能够实现企业的业务价值，助力企业成长，那么它是怎么实现的呢？让我们一探究竟吧！

本章学习逻辑

本章学习逻辑如图 2-1 所示。

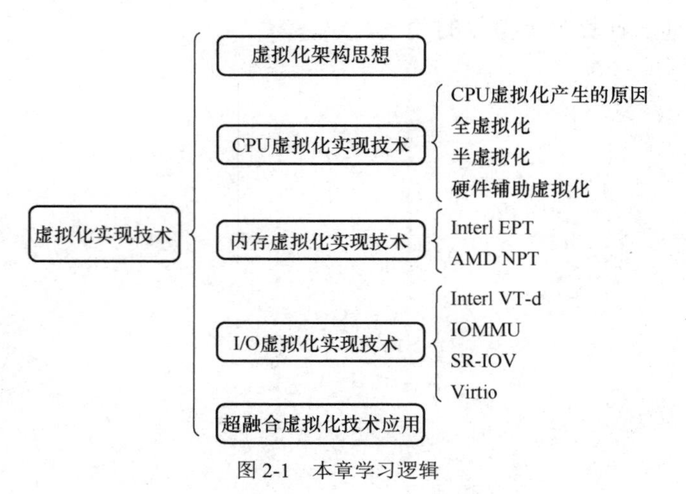

图 2-1　本章学习逻辑

本章学习任务

1. 了解虚拟化架构思想及相关专业术语。
2. 了解 CPU 虚拟化产生的原因。
3. 掌握 Intel VT-x 的 CPU 虚拟化实现技术原理及应用。
4. 了解 AMD-v 的 CPU 虚拟化实现技术原理。
5. 掌握 Intel EPT 和 AMD NPT 内存虚拟化实现技术原理及应用。
6. 了解 Intel VT-d、IOMMU、SR-IOV 虚拟化实现技术原理。
7. 掌握 Virtio 的 I/O 虚拟化实现技术。
8. 熟悉虚拟化技术在超融合上的应用。

2.1 虚拟化架构思想

虚拟化的核心思想就是利用虚拟化技术将一台物理计算机（物理机）虚拟化为一台或者多台逻辑独立的虚拟计算机（虚拟机）。如图 2-2 所示，使用虚拟化技术后，虚拟机 1 和虚拟机 2 的操作系统可以完全不同，运行环境也可以完全独立，操作系统可以互不影响地在一台物理机上同时运行。同时我们可以使用虚拟化软件提供对硬件设备的抽象和虚拟机的管理，目前对这样的软件，我们经常通过以下两个专业术语进行描述，这两个专业术语不做严格的区分。

（1）虚拟机监控器（Virtual Machine Monitor，VMM）：负责对虚拟机提供硬件设备的抽象，为客户的操作系统提供运行环境。

（2）虚拟化平台（Hypervisor）：负责虚拟机的管理，它直接运行在硬件之上，因此它的功能实现直接受底层体系结构的约束。

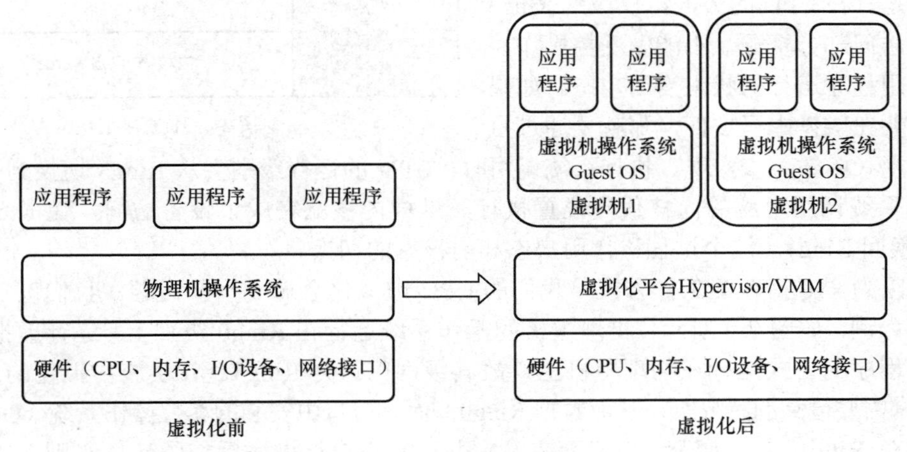

图 2-2　虚拟化示意

为了进一步学习虚拟化技术，我们可以先了解两个指令：特权指令与敏感指令。

（1）特权指令：系统中操作和管理关键系统资源的指令，这些指令只有在最高特权级别上能够正确运行。如果在非最高特权级别上运行，处理器会引发一个异常，并将控制权转交给系统软件。在这种情况下，处理器会切换到最高特权级别，以便系统软件执行必要的操作和管理任务。

（2）敏感指令：虚拟化环境中操作特权资源的指令，包括修改虚拟机的运行模式或者物理机的状态的指令，例如读写时钟、中断寄存器的指令；访问存储保护系统、地址重定位系统的指令及所有的 I/O 指令。

根据 Popek 和 Goldberg 的定义，指令集支持虚拟化的前提是：所有敏感指令都是特权指令。很可惜 x86 指令集不能满足这个前提。

2.2 CPU 虚拟化实现技术

CPU 虚拟化实现的主要目的就是将单个物理 CPU 虚拟成多个虚拟 CPU 供虚拟机使用，并且由 VMM 提供对虚拟 CPU 的管理。CPU 虚拟化是 VMM 中最重要的部分之一，访问内存或者执行 I/O 的指令都需要依赖于 CPU 虚拟化才能正确地实现。

2.2.1 CPU 虚拟化产生的原因

x86 作为世界上最流行的处理器架构之一，从 1978 年发展到现在已经有超过 40 年的历史了。该架构提供 4 个特权级别给操作系统和应用程序来访问硬件，分别为 Ring0、Ring1、Ring2 和 Ring3，具体如图 2-3 所示。其中，Ring 是指 CPU 的运行级别，Ring0 是最高运行级别，特权级别从高到低排序应该为：Ring0、Ring1、Ring2、Ring3。

操作系统作为硬件平台上最重要的软件之一。其内核通常运行在 CPU 最高特权级上，可以直接访问硬件和内存，我们称操作系统内核运行的状态为内核态；主机的应用程序通常运行在 CPU 的最低特权级别 Ring3 上，只能访问部分资源，不能做受控操作，我们称应用程序运行的状态为用户态。如果应用程序要在磁盘中写文件，那就要通过执行系统调用（函数）来实现。执行系统调用时，CPU 的运行级别会从 Ring3 切换到 Ring0，并跳转到系统调用对应的内核代码位置执行，这样内核就完成了设备访问，完成之后再从 Ring0 切换回 Ring3。这个过程称作用户态和内核态的切换。

Ring3	用户态（Application）
Ring2	
Ring1	
Ring0	内核态（OS Kernel）

图 2-3　特权级别

正是因为 x86 指令的工作方式，我们的 CPU 虚拟化会遇到一些问题。我们以一个宿主机的架构为例，如图 2-4 所示。物理主机的操作系统运行在 Ring0 级别上，运行虚拟机的软件以应用程序的方式运行在物理主机上，故其级别应该为 Ring3。在实施虚拟化的过程中，VMM 通常需要最高的特权级，从而占据 Ring0；而虚拟机中安装的客户操作系统（Guest OS）只能运行在 Ring1 上，对于虚拟机而言，它并不知道自己操作系统的运行级别，所以仍然会执行一些只能在 Ring0 级别执行的特权指令；由于它没有执行权限，所以会执行出错。这时 VMM 就需要避免这类事情的发生，虚拟机可以通过 VMM 实现客户中央处理器（Guest CPU）对硬件的访问。根据实现原理的不同，虚拟机主要有 3 种实现技术，分别是全虚拟化、半虚拟化和硬件辅助虚拟化。此外，还有容器虚拟化，其实现方式不同于虚拟机，这里暂时不讲。

<table>
<tr><td rowspan="3">Ring3</td><td rowspan="3">用户态
（Application）</td><td>Ring3</td><td>虚拟机用户态
口袋助理</td><td>虚拟机用户态
口袋助理</td></tr>
<tr><td>Ring1</td><td>虚拟机A
操作系统
（Guest OS）</td><td>虚拟机B
操作系统
（Guest OS）</td></tr>
<tr><td>Ring0</td><td colspan="2">VMM</td></tr>
<tr><td>Ring2</td><td colspan="4"></td></tr>
<tr><td>Ring1</td><td colspan="4"></td></tr>
<tr><td>Ring0</td><td colspan="4">宿主机操作系统内核态（OS Kernel）</td></tr>
<tr><td colspan="5">硬件（CPU、内存、I/O设备）</td></tr>
</table>

图 2-4 宿主机的架构

2.2.2 全虚拟化

在全虚拟化的情况下，可以采用二进制翻译的技术来解决 Guest OS 特权指令的问题。如图 2-5 所示，VMM 工作在 Ring0，Guest OS 工作在 Ring1。当 Guest OS 按照 Ring0 级别产生特权指令时，Guest OS 产生的每一条指令都会被 VMM 截取，VMM 捕获到每一条指令后，模拟翻译成宿主机平台的指令，然后交给实际的物理平台执行，并将执行结果返回给 Guest OS，从而实现 Guest OS 在非 Ring0 级环境下对特权指令的执行。

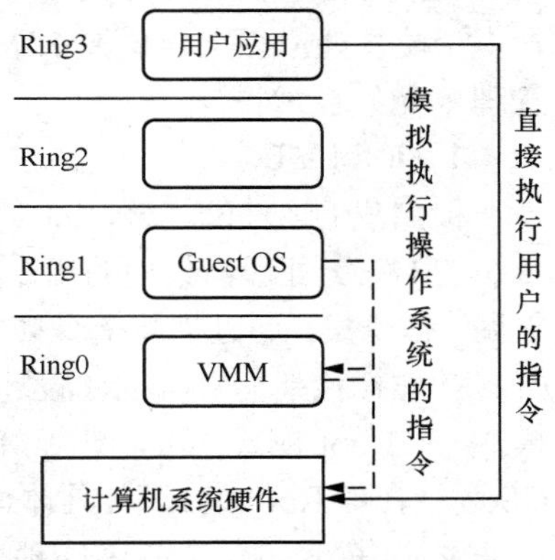

图 2-5 二进制翻译的虚拟化过程

基于二进制翻译技术实现的 CPU 虚拟化比较适用于虚拟化 CPU 和本地物理 CPU 的指令集不同的应用场景。由于 VMM 需要对捕获到的 Guest OS 特权指令进行模拟翻译，所以需要较高的性能开销，但是在执行虚拟化时，我们并不需要对 Guest OS 进行代码修改，其可移植性和兼容性都比较好。

2.2.3 半虚拟化

半虚拟化的主要思想是不需要在程序运行过程中通过 VMM 进行相关的操作，它可以直接对 Guest OS 进行修改，将不能执行的特权指令操作调用以超级调用（HyperCall）的形式进行改写，通过超级调用直接和底层的虚拟化层 VMM 来通信。VMM 同时也提供了超级调用接口来进行其他关键内核操作，比如内存管理、中断和时间保持，具体实现过程如图 2-6 所示。

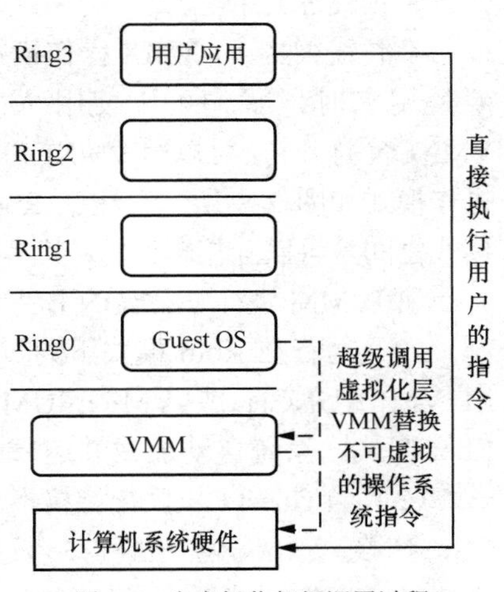

图 2-6 半虚拟化超级调用过程

半虚拟化最大的优点之一就是能够极大地提升虚拟机的性能，使得虚拟机 Guest OS 的运行能够获得与在本地物理 CPU 运行时一样的性能，但是由于需要对 Guest OS 进行改动，所以它只能支持开源操作系统，并且改动后的操作系统只能和特定的 VMM 绑定，其兼容性和可移植性都较差。半虚拟化的方案主要适用于为 Guest OS 提供与底层物理 CPU 一致的硬件环境，早期的 Xen 就是采用这种方式的 CPU 虚拟化技术。

2.2.4 硬件辅助虚拟化

硬件辅助虚拟化技术就是在 CPU、内存及 I/O 设备等硬件中加入专门针对虚拟化的支持，使得系统软件可以更加容易、高效地实现虚拟化功能。2005 年后，CPU 厂商 Intel 和 AMD 开始支持硬件辅助虚拟化技术。它们通过对部分虚拟化使用到的软件技术进行硬件化来提高系统的性能，典型的就是 Intel VT（Virtualization Technology，虚拟化技术）和 AMD SVM（Secure Virtual Machine，安全虚拟机）技术。

Intel VT 是 Intel 在 CPU 层面上提供的硬件辅助虚拟化技术的总称，它主要包含在 CPU 虚拟化上提供的 VT-x 技术、在内存虚拟化上提供的 EPT（Extended Page Table，扩展页表）技术、在 I/O 设备虚拟化上提供的 VT-d 技术。

AMD SVM 是 AMD 在 CPU 层面上提供的硬件辅助虚拟化技术的总称，它主要包含在 CPU 上提供的 AMD SVM 技术、在内存上提供的 NPT（Nested Page Table，嵌套页表）技术、在 I/O 设备虚拟化上提供的 IOMMU（Input/Output Memory Management Unit，输入输出内存管理单元）技术。

1. Intel VT-x

根据我们之前的了解，Intel VT-x 是 Intel 为处理器提供的虚拟化技术。该技术实际上就是在传统的 IA-32 处理器架构的指令集基础上扩展了一套 VMX（Virtual Machine Extension，虚拟机扩展）指令集，通过扩展指令集来支持虚拟化操作，为 IA-32 处理器架构虚拟化提供了硬件支持。在虚拟化架构上，Intel 设计了 VT-x，提出了 VMX 模式，即为 CPU 增加了一种新的执行模式——Root 模式，可以让 VMM 运行在 Root 模式下，而 Root 模式运行在 Ring0 下，Guest OS 运行在非 Root 模式下，具体过程如图 2-7 所示。在非 Root 模式下，所有不能被虚拟化的敏感指令都将被重新定义，以达到正常运行敏感指令的目的，在根模式下，所有指令的行为并没有发生改变，都能正常运行。

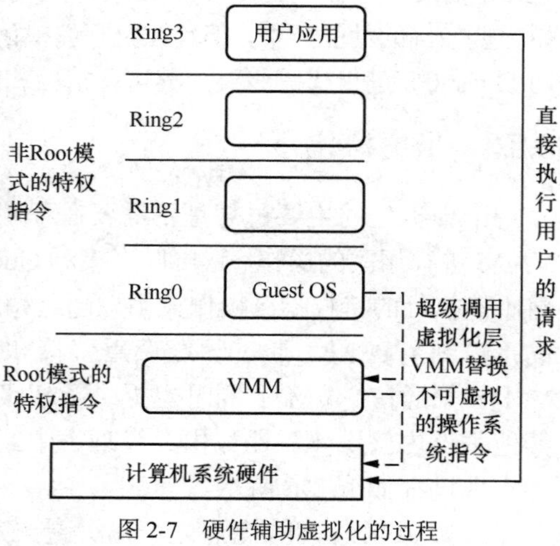

图 2-7　硬件辅助虚拟化的过程

在传统架构中，VMX 操作模式是关闭的。当需要使用它时，我们可以使用 VMX 提供的指令 VMXON 打开它，可以用 VMXOFF 来关闭它。VMX 操作模式如图 2-8 所示。注意 Root 模式和非 Root 模式之间是可以互相转换的，其具体操作过程如下。

（1）VMM 执行 VMXON 指令进入 VMX 模式。

（2）运行在 Root 模式下的 VMM 通过显式调用 VMLAUNCH 或 VMRESUME 指令切换到非 Root 模式，系统自动加载并运行 Guest OS，该过程叫 VM-Entry。

（3）当 Guest OS 执行特权指令时通过 VMCALL 调用 VMM 的服务，系统自动挂起 Guest OS，切换到 Root 模式执行，该过程叫 VM-Exit。VMM 根据触发 VM-Exit 的原因做出处理，接着又会切换到非 Root 模式。

（4）如果决定关闭 VMX 模式，执行 VMXOFF 即可。

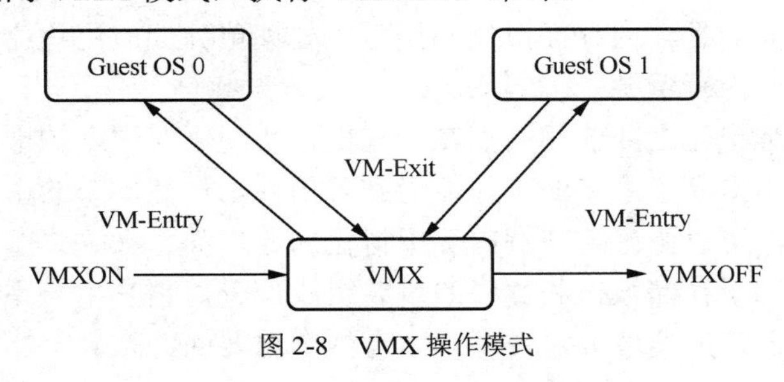

图 2-8 VMX 操作模式

2. AMD-v

AMD-v 技术是对 x86 处理器架构的一组硬件扩展和硬件辅助虚拟化技术。AMD-v 和 Intel VT-x 提供的大多数技术都比较相似，但是名称可能不同，比如 Intel VT-x 将存放虚拟机状态和控制信息的数据结构称为 VMCS，而 AMD-v 则将其称为 VMCB。此外 AMD-v 和 Intel VT-v 在实现上对 VMM 而言是不兼容的。

2.3 内存虚拟化实现技术

内存虚拟化实现的目标是通过将物理服务器的内存资源划分给多个虚拟机使用，最大限度地利用物理内存并提高系统的内存效率。具体来说，内存虚拟化实现技术有以下优点。

（1）更高的资源利用率：通过将物理内存划分为多个虚拟机的虚拟内存，内存虚拟化实现技术可以将不同虚拟机的内存资源灵活分配，从而最大限度地利用整个物理服务器的内存资源。

（2）更高的工作能力和可扩展性：内存虚拟化实现技术可以让虚拟机在相对独立的内存空间内运行，使虚拟机的工作能力得到极大的提升。此外，通过动态调整内存资源，内存虚拟化实现技术还可以使系统拥有更高的可扩展性。

（3）更高的灵活性和可移植性：内存虚拟化实现技术可以让虚拟机对软件和操作系统的支持更加灵活。这意味着内存虚拟化实现技术能够降低软件开发和迁移的门槛，从而增强系统的可移植性。

（4）更高的安全性：内存虚拟化实现技术采用完全隔离的方式实现虚拟机之间的隔离，从而降低系统被攻击的风险。此外，内存虚拟化实现技术还能够为虚拟化环境提供更加严密的安全策略和高效的安全管理。

（5）更高的可用性和容错能力：内存虚拟化实现技术能够实现虚拟机之间的隔离，因此某台虚拟机的故障不会影响其他虚拟机，提高了系统的可用性和容错能力。

2.3.1 内存虚拟化概述

早期计算机的内存非常有限，每个应用程序都需要占用一部分物理内存，因此很容易导致内存空间的竞争和浪费。为了解决这个问题，虚拟内存出现了，它相当于对物理内存进行虚拟化处理，为每个进程提供虚拟的内存空间。虚拟内存的出现保证了进程之间的内存空间相互独立，不会互相干扰。这一机制实现的关键是内存管理单元（Memory Management Unit，MMU），它可以将虚拟地址映射成相应的物理地址，从而实现虚拟内存。

虚拟化软件也可以实现对内存的虚拟化。内存虚拟化是指将物理服务器的内存资源虚拟化为多个虚拟机的内存，从而使多个虚拟机可共享物理内存，并能够灵活地分配和调整内存资源。与虚拟内存不同的是，内存虚拟化不仅可以处理单独的应用程序，而且可以处理整个操作系统和应用程序的内存资源。

虚拟内存和内存虚拟化之间的相同点在于它们都实现了对内存的虚拟化和分离，以避免资源浪费和冲突问题，提高了系统的工作能力和可用性。虽然本节的主题是内存虚拟化，但从虚拟内存开始学习，可以更好地理解内存虚拟化的原理和意义。

内存是计算机中用于存储数据和程序的重要组成部分，它是由一系列物理存储单元组成的。我们可以从操作系统的角度看待内存，它有两个重要的特点。

（1）内存都是从物理地址 0 开始的。

（2）内存地址都是连续的，或者说至少在一些大的粒度上连续。

对于普通的物理机上的进程而言，每个进程都有自己的虚拟地址空间，其中的每个页面都被映射到物理内存中的某个页面。内存页表就是记录这种映射关系的数据结构。当进程访问虚拟地址时，操作系统会根据内存页表将其转换为物理地址，然后进行访问。所以操作系统需要维护内存页表，其中记录了应用所使用的虚拟地址到实际物理内存地址的映射，如图 2-9 所示。

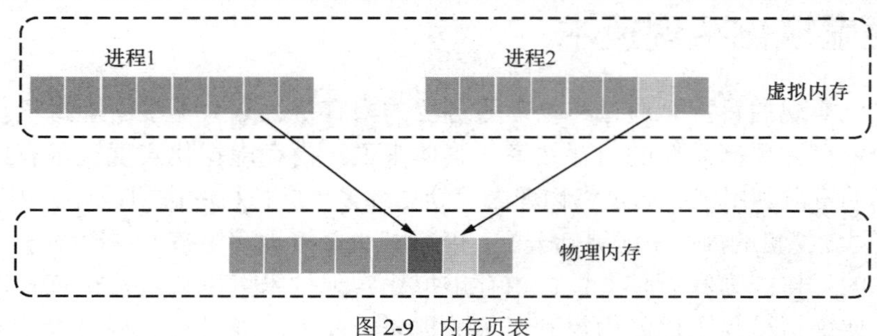

图 2-9　内存页表

Guest OS 不知道自己运行在虚拟化环境中，因此它认为自己可以直接访问物理内存，而 VMM 需要管理多个虚拟机，是物理内存的真实拥有者。为了满足 Guest OS 对内存的访问，则必须对物理内存进行虚拟化，内存虚拟化面临着如下问题。

（1）物理地址 0 只有一个，没有办法满足多个 Guest OS 内存地址从 0 开始的需求。

（2）使用内存分区的方式将物理内存分配给多个 Guest OS 使用，虽然可以保证虚拟机的内存访问是连续的，但是内存的使用效率较低。

为了解决这些问题，内存虚拟化引入了客户机物理地址（简称 GPA），所以客户操作系统看到的是虚拟的 GPA，当其访问时，指令目标地址就是 GPA。引入 GPA 之后，内存虚拟化的主要任务就是处理以下两个方面的问题。

（1）实现空间地址的虚拟化，维护宿主机物理地址（简称 HPA）和 GPA 之间的映射关系。

（2）截获客户机对 HPA 的访问，并记录映射关系，将其转化成 HPA。

我们可以从一台物理服务器的角度分析内存虚拟化。如图 2-10 所示，物理服务器经过虚拟化之后，

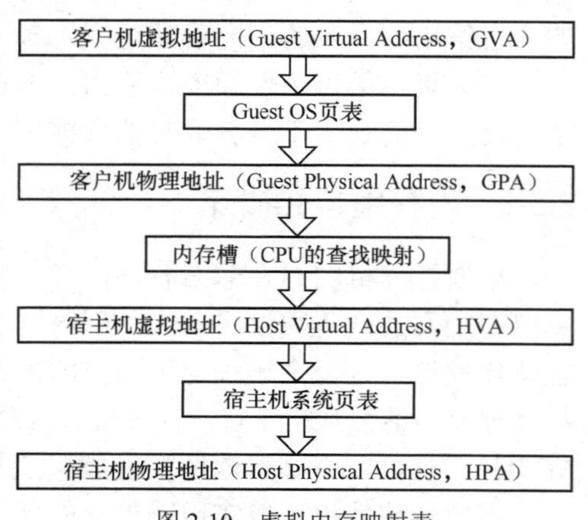

图 2-10　虚拟内存映射表

VMM 需要维护由 HVA 到 GPA 的内存页表，同时 Guest OS 也会有自己的页表。那么此时从 Guest OS 发出的内存请求，可以通过地址转换来支持空间地址的虚拟化，即 GVA→GPA→HVA→HPA，其中 GVA→GPA 的转换通常由 Guest OS 通过 VMCS 中客户机状态域 CR3 寄存器指向的页表来决定，而 GPA→HVA→HPA 的转换是由 VMM 来决定的。由于进行多次转换，所以这个过程就会产生大量的性能消耗，甚至会发生故障。

内存虚拟化目标是保证内存空间的合理分配、管理、隔离，以及高效可靠地使用。内存虚拟化技术可分为 3 类，全虚拟化、半虚拟化和硬件辅助内存虚拟化。全虚拟化技术原理为每个客户机系统维护一个影子页表，影子页表记录 GVA 与 GPA 的映射关系，VMM 将影子页表提交给 CPU 的内存管理单元 MMU 进行地址转换，客户机系统的内存页表无须改动。半虚拟化技术采用页表写入法，为每个客户机系统创建一个页表并向虚拟化层注册，客户机系统运行过程中 VMM 不断管理和维护该页表，确保客户机系统能直接访问到合适的地址。硬件辅助内存虚拟化技术中的 Intel EPT/AMD NPT 是内存管理单元 MMU 的扩展，是属于 CPU 硬件的特性，通过硬件辅助方式实现 GVA 到 HPA 的转换，系统开销更低，性能更高。

内存虚拟化是一种虚拟化技术，它允许多个虚拟机共享物理主机的内存资源。在内存虚拟化中，虚拟机可以访问虚拟内存，而不直接访问物理内存。虚拟内存是由 VMM 创建和管理的，它将虚拟机的内存映射到物理内存上。内存虚拟化的主要目的是提高系统的资源利用率和灵活性。通过共享物理内存，多个虚拟机可以在同一台物理主机上运行，从而减少硬件成本和能源消耗。此外，内存虚拟化还可以提供更强的灵活性，因为虚拟机可以根据需要动态分配和释放内存资源。

2.3.2 Intel EPT

Intel EPT 技术是一种通过使用硬件支持内存虚拟化的技术，它可以提高虚拟机的工作能力和安全性。在传统的虚拟化中，虚拟机使用的内存是由 VMM 分配的，不直接访问物理内存。这种方式会导致性能下降，因为每次访问内存都需要经过 VMM 的转换。而 Intel EPT 技术可以将虚拟机的内存映射到物理内存上，从而避免了这种转换，提高了虚拟机的性能。Intel EPT 技术通过引入扩展页表来实现映射，即通过扩展页表来实现虚拟地址到物理地址的转换。当虚拟机访问内存时，CPU 会使用扩展页表来将虚拟地址转换为物理地址，从而避免了 VMM 的转换，减小了整个内存虚拟化所需的代价。

Intel EPT 技术的实现原理可以分为两个部分：扩展页表的构建和扩展页表的使用。扩展页表是由 VMM 构建的，它包含虚拟地址到物理地址的映射关系。扩展页表的构建过程如下。

（1）VMM 需要获取虚拟机的内存布局信息，包括虚拟地址空间的大小、虚拟地址空间的起始地址、物理地址空间的大小等。

（2）VMM 根据虚拟地址空间的大小和物理地址空间的大小计算出扩展页表的大小，并分配相应的内存空间。

（3）VMM 将虚拟地址空间划分为若干个页，每个页的大小为 4KB 或 2MB。对于每个页，VMM 需要确定它对应的物理页框的地址。

（4）VMM 将虚拟地址空间中的每个页与物理地址空间中的对应页框建立映射关系，并将这些映射关系存储到扩展页表中。

当虚拟机访问内存时，CPU 会使用扩展页表将虚拟地址转换为物理地址。扩展页表的使用过程如下。

（1）虚拟机发出内存访问请求，包括虚拟地址和访问类型（读或写）。

（2）CPU 使用虚拟地址的高位来查找扩展页表，找到对应的扩展页表项。

（3）CPU 使用虚拟地址的低位来查找物理地址，找到对应的物理页框。

（4）CPU 将访问请求转换为对物理地址的访问，并执行相应的操作。

例如，假设 Guest OS 页表和扩展页表都是 4 级页表，CPU 完成一次转换的过程如图 2-11 所示，工作过程如下。

（1）CPU 查找客户机状态域 CR3 指向的 L4 页表。CPU 通过扩展页表来实现客户机状态域 CR3 中 GPA→HVA→HPA 的转换。

（2）CPU 根据 GVA 和 L4 页表的内容，获取 L3 页表的 GPA，之后 CPU 要通过扩展页表实现 L3 的 GPA→HVA→HPA 的转换。

（3）同理，CPU 会依次查找 L2、L1 页表，最后获得 GVA 对应的 GPA，然后通过查询扩展页表获得 HPA。

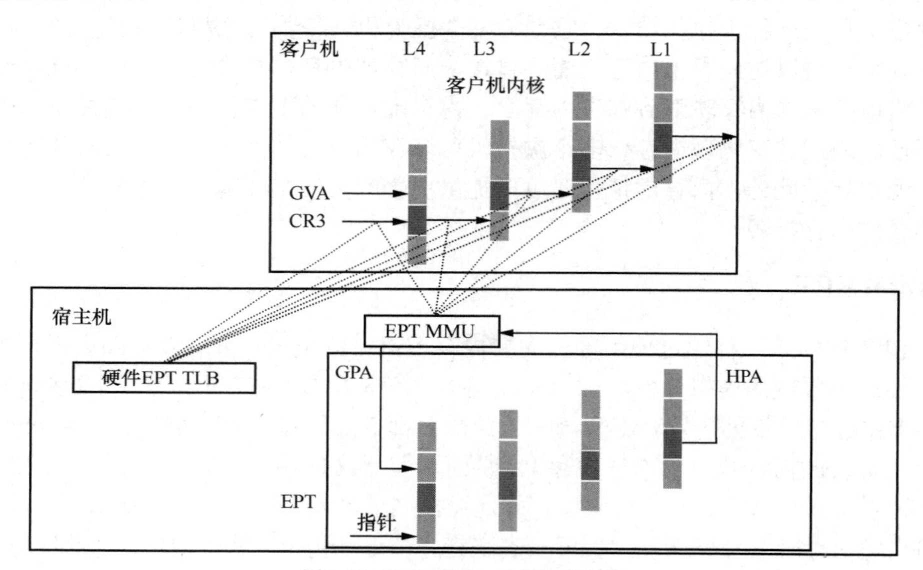

图 2-11 CPU 完成一次转换的过程

注意，在 GPA→HPA 的转换过程中，如果由于一些因素导致客户机退出，产生扩展页表异常，这种情况的处理过程为：将引起异常的 GPA 映射到对应的 GVA，然后为其分配新的物理页，最后更新扩展页表，建立异常的 GPA→HPA 的映射。

了解了 Intel EPT 技术，对于它的特点我们总结如下。

（1）提高虚拟机的性能：Intel EPT 技术可以将虚拟机的内存映射到物理内存上，避免 VMM 的转换，从而提高虚拟机的性能。

（2）提高虚拟机的安全性：Intel EPT 技术可以将虚拟机的内存隔离起来，防止虚拟机之间或虚拟机与宿主机之间的内存交叉访问，从而提高虚拟机的安全性。

（3）支持大内存：Intel EPT 技术支持大内存，可以将虚拟地址空间映射到物理地址空间的任意位置。

（4）扩展页表的构建需要消耗一定的时间和内存资源，可能会影响虚拟机的启动时间和性能。

（5）Intel EPT 技术只能在支持 Intel VT-x 虚拟化技术的 CPU 上使用，不支持其他 CPU 架构。

Intel EPT 技术可以应用于各种与虚拟化相关的场景，包括服务器虚拟化、桌面虚拟化、云计算等。

2.3.3 AMD NPT

AMD NPT 技术是 AMD 公司推出的一种硬件辅助虚拟化技术，可以用于提高虚拟机的工作能力和安全性。

AMD NPT 的实现原理比较容易理解。通过前面的学习，我们知道每个虚拟地址都需要转换成物理地址才能被访问，AMD NPT 技术通过使用嵌套页表来实现虚拟地址到物理地址的转换。嵌套页表是 AMD NPT 技术的核心，嵌套页表是一种二级页表结构，包括两个部分：一级页表和二级页表。一级页表和二级页表都是由硬件自动创建和维护的，一级页表存储虚拟地址到二级页表的映射关系，而二级页表则存储虚拟地址到物理地址的映射关系。当虚拟机访问一个虚拟地址时，硬件会首先查找一级页表，找到对应的二级页表，然后查找二级页表，找到对应的物理地址。如果没有找到对应的物理地址，则会触发缺页异常，操作系统会将缺失的页面从磁盘读取到内存中，并更新嵌套页表。

AMD NPT 技术通过虚拟化指令来实现虚拟机的管理和控制。虚拟化指令包括 VMRUN、VMLOAD、VMSAVE 等，它们可以用于实现虚拟机和物理机的切换，并控制虚拟机的运行状态。例如，VMRUN 指令可以用于启动虚拟机，VMLOAD 指令可以用于将虚拟机的状态加载到 CPU 中，VMSAVE 指令可以用于将虚拟机的状态保存到内存中。

在嵌套页表中，宿主机的寄存器是 nCR3（nested CR3），客户机的寄存器是 gCR3（guest CR3），客户机页表由客户机创建，存储在客户机的物理内存中，负责 GVA→GPA 的映射，由 gCR3 索引；嵌套页表由宿主机创建，存储在宿主机的物理内存中，负责 GPA→HPA 的映射，由 nCR3 索引；当使用 GVA 时，会自动调用两层页表，即客户机页表和嵌套页表，将 GVA 转换成 HPA，具体实现原理如图 2-12 所示。

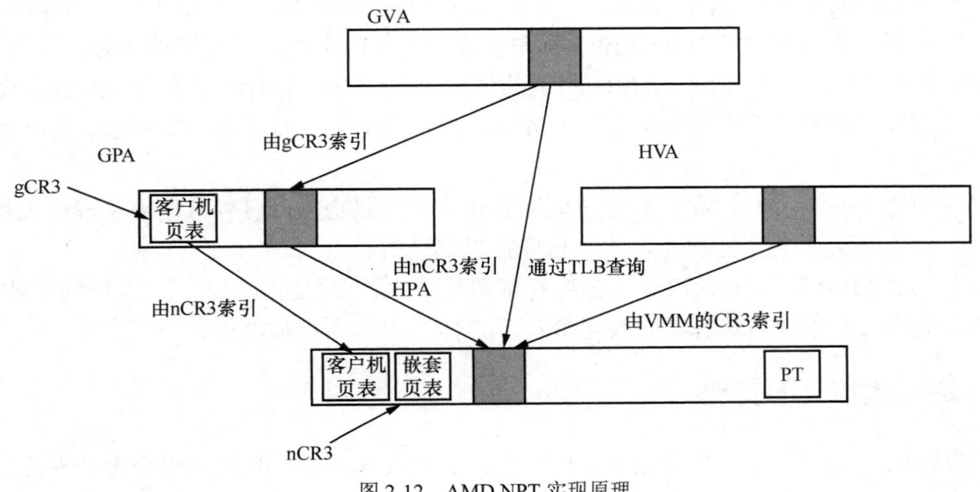

图 2-12 AMD NPT 实现原理

AMD NPT 技术利用硬件辅助进行内存虚拟化，它具有如下特点。

（1）提高虚拟机的工作能力：AMD NPT 技术可以减少虚拟机访问内存时的开销，提高虚拟机的工作能力。

（2）提高虚拟机的安全性：AMD NPT 技术可以用于隔离虚拟机内存，防止虚拟机之间的恶意代码互相干扰。

（3）支持更多的虚拟机：AMD NPT 技术可以支持更多的虚拟机运行在同一台物理机上，提高资源利用率。

（4）AMD NPT 技术需要硬件和软件的支持。

AMD NTP 内存虚拟化技术在云计算、虚拟化、大规模数据中心等领域都有广泛的应用。

（1）在云计算的服务提供商中，例如 AWS、Azure、Google Cloud 等都使用了 AMD NPT 技术来提高虚拟机的工作能力和安全性。

（2）在虚拟化领域中，AMD NPT 技术可以用于隔离虚拟机内存，防止虚拟机之间互相干扰，例如 VMware、Hyper-V 等虚拟化软件都使用了 AMD NPT 技术。

（3）大规模的数据中心（例如谷歌、微软等）都使用了 AMD NPT 技术，可以有效地提高资源利用率，降低构建数据中心的成本。

（4）在虚拟桌面领域中，例如思杰、VMware Horizon 等虚拟桌面软件都使用了 AMD NPT 技术，提高资源利用率，降低构建虚拟桌面的成本。

AMD NPT 技术与 Intel EPT 技术尽管都可以实现内存虚拟化，但还是有一些区别，具体如下。

（1）实现方式不同。AMD NPT 通过修改页表实现内存虚拟化。AMD NPT 将虚拟地址映射到物理地址的过程分为 2 个步骤：首先，将虚拟地址映射到中间地址；然后将中间地址映射到物理地址。这种方式可以减小页表的大小，提高内存访问的效率。Intel EPT 通过在物理地址和虚拟地址之间建立映射表实现内存虚拟化。Intel EPT 将虚拟地址映射到物理地址的过程分为 3 个步骤：首先，将虚拟地址映射到中间地址；然后，将中间地址映射到物理地址；在将中间地址映射到物理地址的过程中，还需要进行权限检查。这种方式可以提高内存访问的安全性和效率。

（2）支持的硬件平台不同。AMD NPT 只支持 AMD 处理器，而 Intel EPT 只支持 Intel 处理器。这是因为 AMD NPT 和 Intel EPT 都是处理器内部的实现，需要硬件支持。

（3）性能不同。一般来说，AMD NPT 的性能比 Intel EPT 的略好，因为 AMD NPT 使用了更少的硬件资源来实现内存虚拟化。此外，AMD NPT 还支持更多的虚拟机，可以提高系统的可扩展性。

（4）功能不同。AMD NPT 支持虚拟机的迁移和快照功能，可以方便地管理虚拟机。而 Intel EPT 则支持更多的安全功能，如防止虚拟机逃逸等。

总之，AMD NPT 和 Intel EPT 都是内存虚拟化技术，它们的实现方式、支持的硬件平台、性能和功能都有所不同。选择哪种技术取决于具体的应用场景和需求。

2.3.4 内存虚拟化的管理

在虚拟化环境中，内存是保证虚拟机工作性能的关键因素。我们可以合理管理虚拟化内存，尽可能提高虚拟机的性能和内存利用率。内存虚拟化的管理可按照管理类型进行分类，具体如下。

（1）内存资源管理：内存虚拟化技术可以将物理内存划分为多个虚拟内存，因此需要对虚拟内存进行管理。内存资源管理的主要任务包括分配虚拟内存、回收虚拟内存、调整虚拟内存大小等。

（2）内存性能管理：内存虚拟化技术可以提高系统的可扩展性和灵活性，但会对系统的性能产生影响，因此，需要对内存性能进行管理。管理内存性能的主要任务包括监控内存使用情况、优化内存访问、调整内存分配策略等。

（3）内存安全管理：内存虚拟化技术可以提高系统的安全性，但也会带来新的安全问题，因此，需要对内存安全进行管理。管理内存安全的主要任务包括防止虚拟机逃逸、保护虚拟机之间的隔离、检测和防止内存攻击等。

（4）内存容错管理：内存虚拟化技术可以提高系统的容错性，但也会带来新的容错问题，因此，需要对内存容错进行管理。管理内存容错的主要任务包括备份虚拟内存、恢复虚拟内存、检测和修复内存错误等。

（5）内存监控和分析：内存虚拟化技术可以提高系统的可管理性，但也会带来新的管理问题，因此，需要对内存进行监控和分析。管理内存的监控和分析的主要任务包括监控内存使用情况、分析内存性能、检测内存错误等。

为了提高内存的利用率，减少内存的浪费，降低虚拟化系统的建设成本和提高系统的灵活性，我们会用到内存复用技术，内存复用技术是指在服务器物理内存一定的情况下，通过综合运用内存复用单项技术（如内存共享、内存置换、内存气泡技术等）对内存进行分时复用。内存复用技术可使虚拟机内存规格总和大于服务器内存规格总和，增大服务器中虚拟机的密度。

（1）内存共享：如图 2-13 所示，虚拟机之间共享同一物理内存空间（A 图块），此时虚拟机仅对内存做只读操作；当虚拟机需要对内存进行写操作时，开辟另一内存空间（B 图块），并修改映射。

（2）内存置换：如图 2-14 所示，虚拟机长时间未访问的内存内容被置换到存储磁盘中，并建立映射关系，当虚拟机再次访问该内存内容时置换回来。

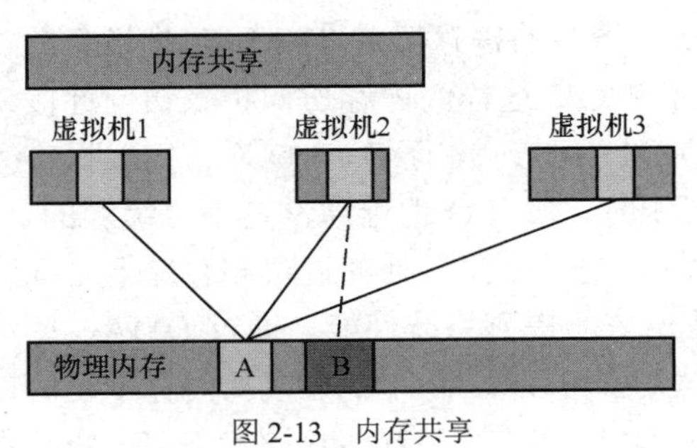

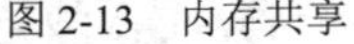
图 2-13　内存共享

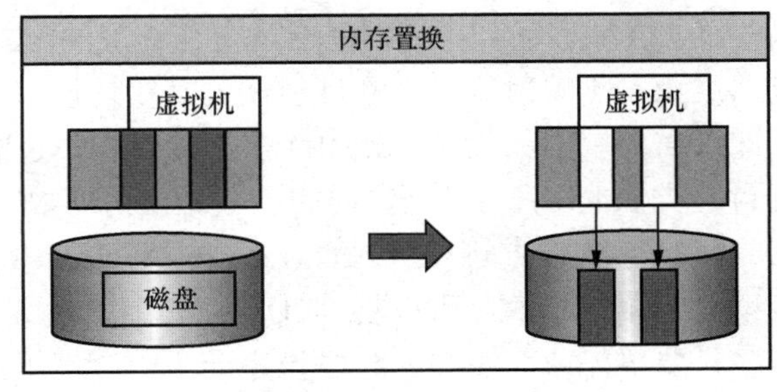

图 2-14　内存置换

（3）内存气泡：如图 2-15 所示，Hypervisor 通过内存气泡将空闲的虚拟机内存释放给内存使用率较高的虚拟机，从而提升内存利用率。内存气泡技术可以提高虚拟机 1 内存的利用率，减小虚拟机 2 内存的负载。

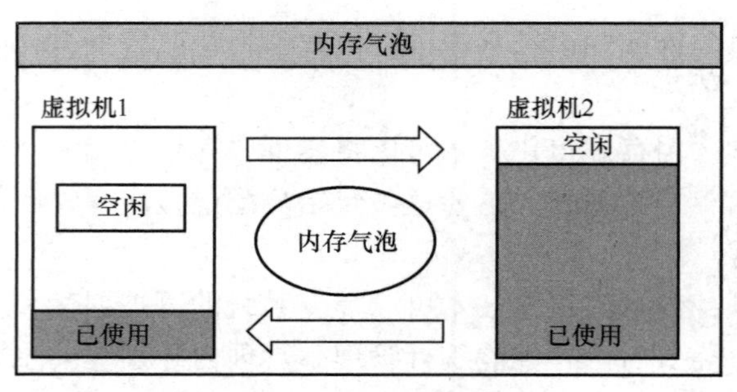

图 2-15　内存气泡

2.4　I/O 虚拟化实现技术

I/O 虚拟化的主要目的是在虚拟化环境中实现可靠和高效的 I/O 资源管理。在虚拟化环境中，多个虚拟机之间共享物理 I/O 资源，如果没有 I/O 虚拟化机制，就会出现不同虚拟机之间相互干扰、I/O 资源浪费、I/O 性能下降等问题。I/O 虚拟化技术可以分为 3 类，全虚拟化、半虚拟化和硬件辅助 I/O 虚拟化。全虚拟化技术通过对磁盘、网卡等 I/O 设备模拟，每次 I/O 通过异常陷入（Trap）到 VMM 来执行，例如 VMWare ESXi。半虚拟化技术通过前端 Front-end 和后端 Back-end 驱动的方式实现，例如 Xen，在 Domain U（Guest OS）中安装前端 I/O 驱动，同时在管理特权虚拟机 Domain 0 中安装后端 I/O 驱动。硬件辅助 I/O 虚拟化是指通过硬件加速技术，VMM 将 I/O 设备分配给特定 Guest OS，数据直接写入设备，减少 VMM 参与 I/O 处理，提升了性能。例如 Intel VT-d 与 AMD IOMMU。

2.4.1　I/O 架构

在正式介绍 I/O 虚拟化之前我们需要对 I/O 架构有一些了解，计算机的任务可以分为 CPU 运算和 I/O 操作两种。I/O 操作是指 CPU 访问外部设备的方法，通过访问设备的寄存器和随机存储器（Random Access Memory，RAM）来完成对设备的访问和操作。在 x86 架构中，I/O 操作可以分为两种：PortI/O 和 MMIO。PortI/O 通过 I/O 端口访问设备寄存器，x86 CPU 有 65536 个 8 位的 I/O 端口，使用 IN/OUT 指令访问端口时，CPU 通过一个特殊的管脚标识这是一次 I/O 端口访问。MMIO 通过内存访问的形式访问设备的寄存器或 RAM，它把设备的寄存器或 RAM 映射到物理地址空间的某段地址，使用 MOV 这样的内存访问指令访问此段地址即可访问映射的设备。MMIO 是一种更加先进的 I/O 访问方式，而 PortI/O 通常需要操作系统封装类似 inb()、outb()这样的函数。在访问 I/O 资源时，MMIO 地址通常是不可缓存的。

直接存储器访问（Direct Memory Access，DMA）是一种允许外部设备和存储器之间直接读写数据的技术，可以将 CPU 从 I/O 操作中解放出来，提高系统性能。通过 DMA，驱动程序只要事先或在需要的时候设定一个内存地址，设备就可以绕开 CPU 直接从内存中复制或读取数据。根据发起者的不同，DMA 可以分为同步 DMA 和异步 DMA。同步 DMA 由软件发起，一般用于设备驱动，通知设备发起 DMA 操作。异步 DMA 由设备发起，一般用于设备将数据直接复制到事先设定好的内存地址中。现在很多设备支持一种称为“分散-聚合”的 DMA 机制，允许驱动向设备提供不连续的物理内存。驱动通过一组内存描述符向设备提供一片不连续的内存区域，但从微观的角度看，DMA 操作访问的仍然是连续的物理内存。

PCI-e 总线是一种通用的总线，它可以用于各种平台，具有速度快、支持动态配置和独立于 CPU 架构等特点。如图 2-16 所示，PCI-e 总线采用树形结构，以 HOST-PCI 桥为根，以其他 PCI-PCI 桥、PCI-ISA 桥和直接接 PCI-e 总线的设备为节点。通过桥，PCI-e 总线可以很容易地被扩展，并且与其他总线相互挂接，构成整个系统的总线网络。

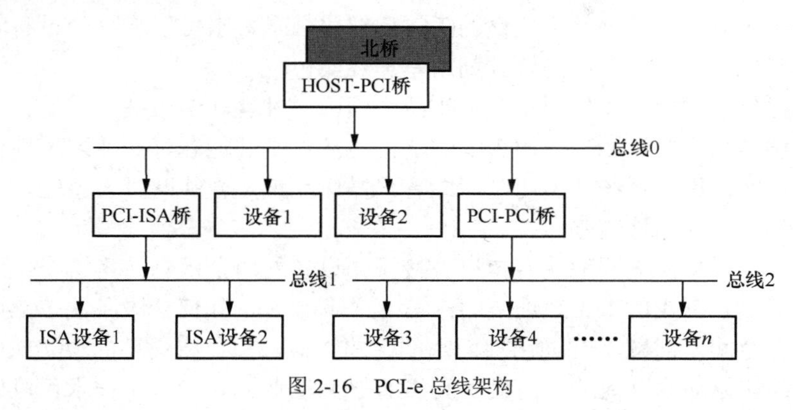

图 2-16 PCI-e 总线架构

设备在 PCI-e 总线上的地址由设备标识符表示。如图 2-17 所示，设备标识符包括 Bus、Device 和 Function 3 个字段。Bus 字段代表设备所在的总线号，系统中最多有 256 条总线。Device 字段表示设备号，代表在 Bus 所表示的总线上的某个设备。Function 字段表示功能号，标识具体设备上的某个功能单元。一个独立的 PCI 设备上最多有 8 个功能单元。设备标识符可以缩写为 BDF，当程序通过 BDF 访问某个设备时，先通过 Bus 字段选定特定的总线，再根据 Device 字段选定特定的设备，最后通过 Function 字段选定特定的功能单元。

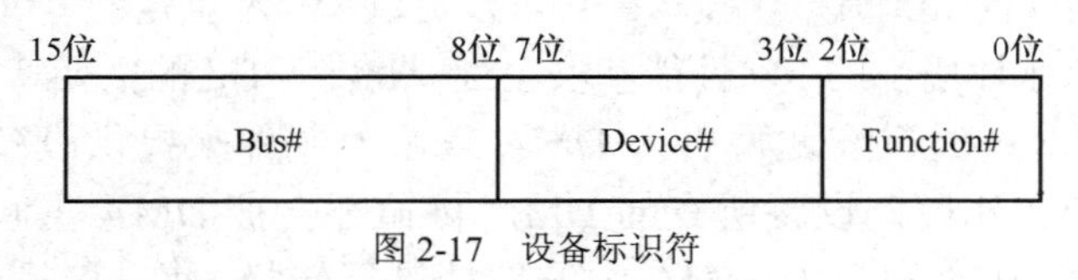

图 2-17 设备标识符

总之，PCI-e 总线具有很多优点。通过设备标识符可以方便地定位设备在 PCI-e 总线上的位置，为系统的管理和维护提供便利。

2.4.2 I/O 虚拟化概述

在现实生活中，可用的物理资源往往是有限的，虚拟机的个数往往会比实际的物理设备个数要多。为了提高资源的利用率，满足多个虚拟机操作系统对外部设备的访问需求，VMM 必须通过 I/O 虚拟化的方式来实现资源的复用，让有限的资源能被多个虚拟机共享。为了达到这个目的，VMM 需要截获虚拟机操作系统对外部设备的访问请求，通过软件模拟出真实的物理设备的效果，这样，虚拟机看到的实际上只是一个虚拟设备，而不是真正的物理设备。这种模拟的方式就是 I/O 虚拟化的一种实现方式。

I/O 虚拟化是指将物理设备的 I/O 资源虚拟化为多个虚拟机实例，从而提高资源利用率、降低成本、提高可靠性等。I/O 虚拟化的实现技术主要包括以下几种。

（1）Intel VT-d：Intel VT-d 是 Intel 提供的一种硬件辅助虚拟化技术，它可以将物理设备的 I/O 资源直接分配给虚拟机，从而提高 I/O 性能和可靠性。

（2）AMD IOMMU：AMD IOMMU 是 AMD 提供的一种硬件辅助虚拟化技术，它可以将物理设备的 I/O 资源直接分配给虚拟机，从而提高 I/O 性能和可靠性。

（3）SR-IOV：SR-IOV 是一种基于硬件的 I/O 虚拟化技术，它可以将物理设备的 I/O 资源虚拟化为多个虚拟机实例，从而提高资源利用率和性能。

（4）Virtio：Virtio 是一种基于软件的 I/O 虚拟化技术，它可以将物理设备的 I/O 资源虚拟化为多个虚拟机实例，从而提高资源利用率和性能。

在 I/O 虚拟化技术中，我们通常会关注两个指标：性能和通用性。性能指标主要是指虚拟机中的 I/O 性能是否接近物理机的 I/O 性能，越接近则性能越好。而通用性指标则主要是指虚拟化技术对客户操作系统的透明度，即客户操作系统是否能够“无感知”地使用虚拟化技术，透明度越高则通用性越强。

为了满足相关需求，需要解决客户机直接操作设备的两个问题。第 1 个问题是，如何让客户机直接访问设备真实的 I/O 地址空间；第 2 个问题是，如何让设备的 DMA 操作直接访问客户机的内存空间。问题 1 和通用性面临的问题类似，需要将设备的 I/O 地址空间告诉客户操作系统，并让驱动通过地址访问设备真实的 I/O 地址空间。VT-x 技术可以解决第一个问题，允许客户机直接访问物理的 I/O 空间。而 Intel 的 VT-d 技术提供了 DMA 重映射技术，可以帮助 VMM 的实现者解决第二个问题。

本章会介绍 4 种主要的 I/O 虚拟化实现技术——Intel VT-d、IOMMU、SR-IOV、Virtio。

2.4.3 Intel VT-d

Intel VT-d（Intel Virtualization Technology for directed）是 Intel 提供的一种 I/O 虚拟化技术，它是一种硬件辅助的 I/O 虚拟化技术。它可以提供 DMA 重定向、I/O 设备隔离和安全性等功能，以提高虚拟化环境下的 I/O 性能和安全性。Intel VT-d 的主要特点如下。

（1）DMA 重映射：通过在北桥引入 DMA 重映射硬件来提供设备重映射和设备直接分配的功能，使用 VT-d 后，设备所有的 DMA 传输都会被 DMA 重映射硬件截获。根据设备对应的 I/O 页表，硬件可以对 DMA 中的地址进行转换，使设备只能访问规定的内存，也就是可以将设备的 DMA 操作重定向到虚拟机所分配的内存空间，从而避免设备对主机内存的非法访问。图 2-18 所示是未使用 VT-d 的和使用 VT-d 的内存访问情况，未使用 VT-d 时，设备的 DMA 可以访问整个物理内存；使用 VT-d 后，设备只能访问指定的物理内存。

（2）I/O 设备隔离：通过将 I/O 设备分配给虚拟机，可以实现 I/O 设备的隔离，从而提高虚拟化环境下的安全性。

（3）安全性：通过 DMA 重定向和 I/O 设备隔离等功能，可以提高虚拟化环境下的安全性，避免设备对主机内存的非法访问和 I/O 设备之间的干扰。

在虚拟化环境下，设备对于系统中运行的软件是一无所知的，因此在进行 DMA 时，设备只能从驱动告知的“物理地址”复制或读取数据。然而，在虚拟化环境下，客户机使用的是 GPA，而设备进行 DMA 时需要用机器物理地址（Machine Physical Address，MPA），因此如何在进行 DMA 时将 GPA 转换成 MPA 就成了关键问题。这个问题通常无法通过软件截获设备的 DMA 操作来解决，而 Intel VT-d 技术提供的 DMA 重映射就是为解决这个问题而提出的。通过 DMA 重映射硬件，可以截获设备的 DMA 请求，并将 DMA 地址转换为虚拟机所分配的内存地址，从而实现虚拟机对设备的直接访问。同时，通过 I/O 页表和 IOMMU 等组件，可以实现虚拟机的 I/O 地址空间和物理地址空间之间的映射，从而提高虚拟化环境下的安全性和可靠性。

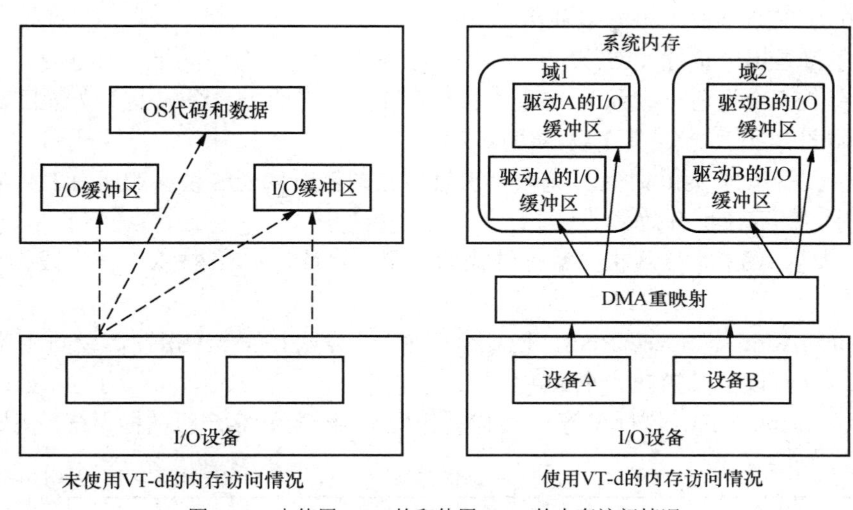

图 2-18　未使用 VT-d 的和使用 VT-d 的内存访问情况

在 PCI-e 总线中，可以通过 BDF 来定位任何一条总线上的任何一个设备。使用 VT-d 时，DMA 总线传输也需要使用 BDF 来标识 DMA 操作发起者。除了 BDF 之外，VT-d 还提供两种数据结构来描述 PCI 架构，分别是根条目和上下文条目。根条目用于描述 PCI-e 总线的根节点，而上下文条目则用于描述 PCI 设备的地址空间和访问权限等信息。这些数据结构可以帮助系统管理和维护 PCI-e 总线，提高系统的可靠性和安全性。

根条目是一种数据结构，用于描述 PCI-e 总线。每一条 PCI-e 总线都对应一个根条目，而 PCI 架构最多支持 256 条总线，因此最多有 256 个根条目。这些根条目一起构成一张根条目表。通过这张表，系统可以对每一条总线进行描述和管理。根条目表的存在，使得系统中的每一条 PCI-e 总线都能够被准确地定位和描述。如图 2-19 所示，根条目的主要字段如下。

（1）P：存在位。P 为 0 时条目无效，来自根条目所代表的总线的所有 DMA 传输被屏蔽；P 为 1 时，根条目有效。

（2）CTP（Context Table Pointer，上下文表指针）：指向上下文条目表。

127位　64位
保留（0）
63位　HAW　HAW-1　12位　11位　1位　0位
保留（0）　CTP　保留（0）　P

图 2-19　根条目的结构

图中字段说明如下。

0 位：表示根条目的偏移量，用于指向根条目的起始位置。

1 位：表示保留（Reserved）字段的偏移量，用于指向保留字段的位置。

11 位：表示 CTP 字段的偏移量，用于指向 CTP 字段的位置。

12 位：表示保留字段的偏移量，用于指向保留字段的位置。

HAW：表示 Hardware Autonomous Width 字段，用于指示 PCI 设备支持的最大数据传输宽度。

HAW-1：表示 Hardware Autonomous Width Minus One 字段，值是 HAW 字段的值减 1。

63 位：表示保留字段，暂时未使用。

保留（0）：保留字段，暂时未使用。

上下文条目是用来描述 PCI 设备的，每个设备都有一个对应的上下文条目。一条 PCI-e 总线上最多有 256 个设备，因此有 256 个上下文条目，它们一起组成上下文条目表。上下文条目的结构如图 2-20 所示，其主要字段如下。

（1）P：存在位。P 为 0 时条目无效，来自对应条目所代表的设备的所有 DMA 传输被屏蔽；P 为 1 时，表示条目有效。

（2）T：表示 ASR 字段所指的数据结构的类型。目前，VT-d 技术中该字段为 0，表示多级页表。

（3）ASR（Address Space Root，地址空间根）：实际上是一个指针，指向 T 字段所代表的数据结构，目前该字段指向一个 I/O 页表。

（4）DID（Domain ID，域标识符）：可以看作用于唯一标识客户机的标识符，例如 GuestID。

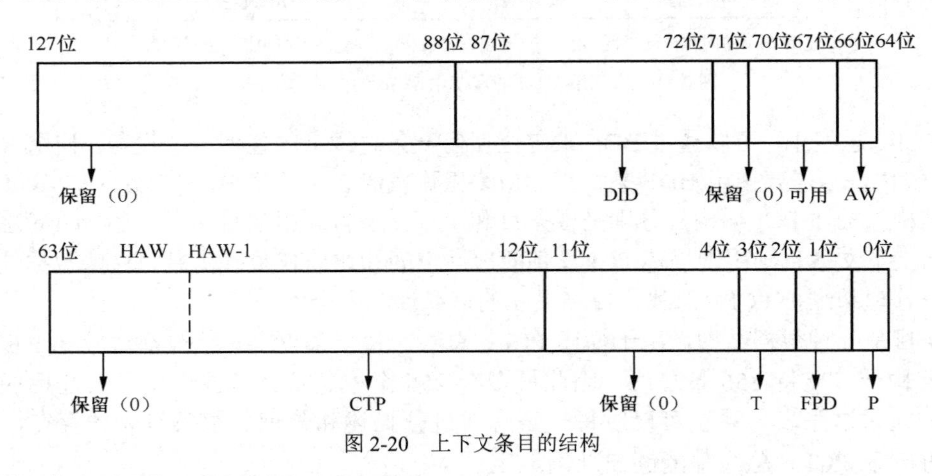

图 2-20　上下文条目的结构

根条目和上下文条目构成的目录结构如图 2-21 所示，具体实现步骤如下。

（1）当 DMA 重映射硬件捕获到一个 DMA 传输时，它会通过 BDF 中的 Bus 字段找到对应的根条目表，从根条目的 CTP 字段中获取上下文条目表。

（2）通过 BDF 中的{dev: func}索引上下文条目表，找到发起 DMA 传输的设备对应的上下文条目。

（3）从上下文条目的 ASR 字段中获取该设备对应的 I/O 页表。

经过这 3 个步骤，DMA 重映射硬件就可以进行地址转换了。这样，VT-d 技术可以覆盖平台上所有的 PCI 设备，并对它们的 DMA 传输进行地址转换。

I/O 页表是一种硬件机制，是 DMA 重映射硬件进行地址转换的核心，用于在 DMA 操作中进行地址转换。与 CPU 中的嵌套页表和扩展页表类似，I/O 页表也是一种映射表，用于将设备发出的物理地址转换为系统内存中的虚拟地址。这样，设备就可以直接访问系统内存，而无须经过 CPU 的介入，从而提高系统性能。与 CPU 使用的页表不同的是，I/O 页表的基地址不能通过 CR3 寄存器直接获取。而 VT-d 需要使用根条目和上下文条目来获取设备对应的 I/O 页表。这些条目包含 I/O 页表的基地址和其他相关信息，以便进行地址转换。I/O 页表支持不同的页面大小，较常见的是 4KB 页面。在地址转换过程中，硬件会使用查页表机制，将设备发出的物理地址转换为系统内存中的虚拟地址。整个地址转换过程对于设备和上层软件来说都是透明的，它们不需要知道地址转换的具体细节，只需要使用虚拟地址即可。总之，I/O 页表是一种重要的硬件机制，它可以提高系统性能，减少 CPU 的介入，同时保证设备和上层软件的透明性。VT-d 是获取 I/O 页表基地址的重要手段。

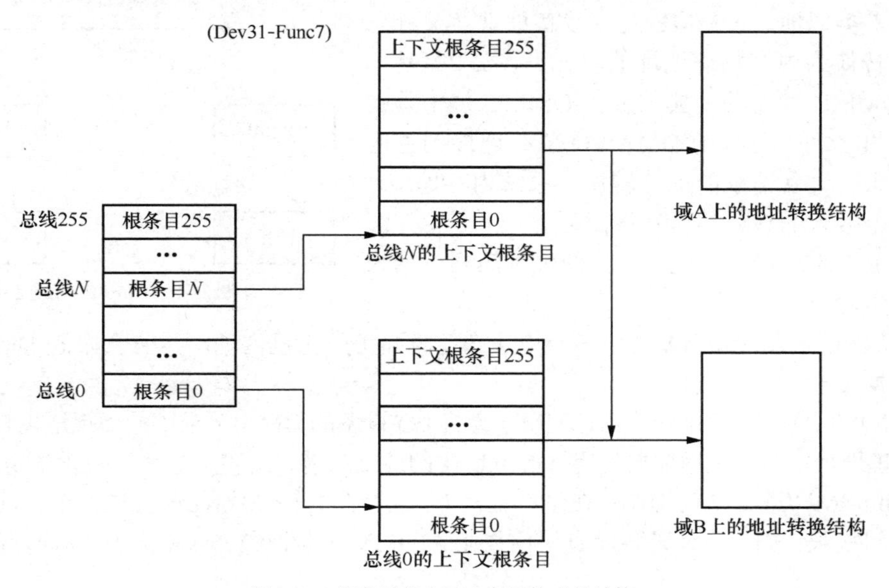

图 2-21 根条目和上下文条目构成的结构

VT-d 硬件使用了大量的缓存来提高效率，其中和地址转换相关的缓存称为输入输出转译后备缓冲器（Input/Output Translation Lookaside Buffer，IOTLB），类似于 CPU 中的 TLB。此外，VT-d 硬件还提供了上下文条目表来管理设备的地址转换，软件修改 I/O 页表或上下文条目表时，需要负责对缓存进行刷新。VT-d 提供了 3 种粒度的刷新操作，包括全局刷新、客户机粒度刷新和局部刷新，全局刷新会使整个 IOTLB 或上下文条目表中的所有条目无效；客户机粒度刷新会使 IOTLB 或上下文条目表中与指定客户机相关的地址条目或上下文条目无效；局部刷新对于 IOTLB 来说称为 Domain vPage Selective Invalidation，会使指定客户机某一地址范围内的页面映射条目无效，对于上下文条目表来说，称为 Device Selective Invalidation，会使和某个指定设备相关的上下文条目无效。

硬件可以实现上述 3 种刷新粒度的操作中的一种或多种，而系统软件并不知道自己发起的刷新操作被硬件使用哪一种粒度的刷新操作完成。因此，系统软件需要在修改 I/O 页表或上下文条目表时，根据需要进行相应的刷新操作，以确保地址转换的正确性和一致性。同时，系统软件还需要注意不要频繁地进行刷新操作，以免影响系统性能。

Intel VT-d 是一种硬件辅助虚拟化技术，可以提高 I/O 虚拟化的性能、可靠性、安全性和灵活性。它可以应用于云计算、虚拟桌面、数据库服务器、虚拟网络、虚拟存储等相关场景和应用程序中。通过硬件加速和虚拟化，VT-d 可以提高图形处理、音频处理、磁盘 I/O、存储 I/O 等方面的性能，同时提高虚拟机之间的隔离性和安全性。总之，VT-d 在 I/O 虚拟化中的应用非常广泛，有助于提高系统的工作能力和可靠性，同时降低成本和复杂度。

2.4.4 IOMMU

输入输出内存管理单元（Input/Output Memory Management Unit，IOMMU）是一个 MMU，用于管理对系统内存的设备访问。IOMMU 的名称和 MMU 的很相似，它们的功能也非常相似。MMU 是将 CPU 虚拟地址转换为内存物理地址的硬件单元。类似地，IOMMU 是将设备地址（又称总线地址）转换为内存物理地址的单元。图 2-22 是一张解释 IOMMU 功能的经典图片。IOMMU 位于外围设备和主机之间，可以把 DMA I/O 总线连接到主内存上，将来自设备请求的地址转换为系统内存地址，并检查每个接入的设备的读写权限。

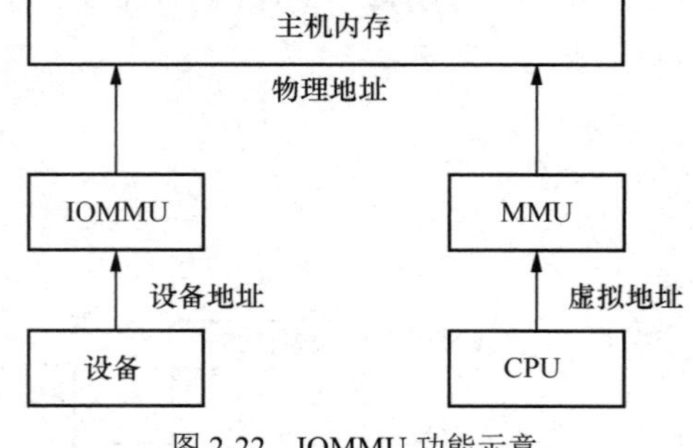

图 2-22　IOMMU 功能示意

对于 IOMMU 的工作过程，我们可以简要概括为以下 4 个步骤。

（1）I/O 设备发起 DMA 请求：当 I/O 设备需要访问主机内存时，它会发起 DMA 请求，请求将数据传输到主机内存中。

（2）IOMMU 进行地址转换：IOMMU 会将 I/O 设备的 DMA 请求中的虚拟地址转换为主机内存的物理地址。这个过程需要使用 IOMMU 中的地址映射表，将虚拟地址映射到物理地址上。

（3）IOMMU 进行访问控制：在进行地址转换的同时，IOMMU 还会检查 I/O 设备对主机内存的访问权限。如果 I/O 设备没有访问权限，IOMMU 会拒绝 DMA 请求，从而保护主机内存的安全。

（4）数据传输：一旦 IOMMU 完成地址转译和访问控制，I/O 设备就可以将数据传输到主机内存中，或者从主机内存中读取数据。

IOMMU 通过地址转译和访问控制来保护主机内存免受 I/O 设备的恶意访问。它可以将 I/O 设备的虚拟地址映射到主机内存的物理地址上，并控制 I/O 设备对主机内存的访问权限。这样可以提高系统的安全性，防止 I/O 设备对主机内存进行非法访问。

在虚拟化中，地址转译和访问控制的结合让 IOMMU 具有重要价值，具体如下。

（1）转译和保护：IOMMU 是一种硬件级别的地址转译和访问控制技术，用于降低 I/O 虚拟化的开销。它的作用是将每个设备分配到一个保护域，并定义每个 I/O 页表的转译和访问权限。通过将所有设备分配到相同保护域中的一个特定客户操作系统，VMM 可以创建一系列地址转译和访问限制，以确保特定客户操作系统中运行的所有设备都能够安全地进行地址转译和访问。IOMMU 将页表转译缓存在一个 TLB 中，缓存密钥包括保护域和设备请求地址。对于不在缓存密钥中的地址，IOMMU 会继续查看设备相关的 I/O 页表。VMM 使用 IOMMU 控制哪些系统页表对每个设备是可见的，并明确指定每个页表的读写、访问权限。IOMMU 提供的转译和访问控制功能可以完全利用用户代码操作设备，而不需要内核模式驱动程序。中断处理程序仍需要在内核模式下运行，可以创建一个有限制的、包括中断处理程序的内核模式驱动程序，或者利用用户代码控制设备。

（2）直接访问：IOMMU 可以让 VMM 更有效地虚拟化 I/O 设备，因为它允许 VMM 直接将真实设备分配给客户操作系统。如果没有 IOMMU，VMM 将充当客户操作系统的模拟设备，并将客户请求转换为真实驱动程序请求。有了 IOMMU，VMM 可以创建 I/O 页表，将系统物理地址映射到 CPA，并为客户操作系统创建一个保护域，从而让客户操作系统正常运行。针对真实设备编写的驱动程序将作为客户操作系统的一部分运行，而不需要进行修改或感知底层转译。客户 I/O 交易通过 IOMMU 的 I/O 映射被独立出来，从而减少了设备模拟和转译层的开销，同时允许本机驱动程序直接配合设备。然而，IOMMU 不支持系统内存需求页表，因为外围设备不能被告知重试操作，这可能导致 DMA 传输失败。因此，VMM 需要通过 IOMMU 支持外围设备。

2.4.5 SR-IOV

单根 I/O 虚拟化（Single Root I/O Virtualization，SR-IOV）是由 PCI-SIG 组织定义的 PCI-e 规范的扩展规范 *Single Root I/O Virtualization and Sharing Specification*，目的是通过提供一种标准规范，为虚拟机提供独立的内存空间、中断、DMA 数据流。这个规范定义了一个标准机制，它可以实现多个虚拟机共用同一物理资源并支持设备直接分配资源，也就是实现多个设备的资源共享，它继承了 Passthrough I/O 技术，绕过 VMM 直接发送和接收 I/O 数据，同时还利用 IOMMU 减少了内存保护和内存地址转换的开销。SR-IOV 定义的 PCI-e 设备虚拟化技术的标准机制，是“虚拟通道”的一种技术实现，用于将一个 PCI-e 设备虚拟成多个 PCI-e 设备，每个虚拟 PCI-e 设备都具有自己的 PCI-e 配置空间，可同物理 PCI-e 设备一样为上层软件提供服务，工作场景如图 2-23 所示。

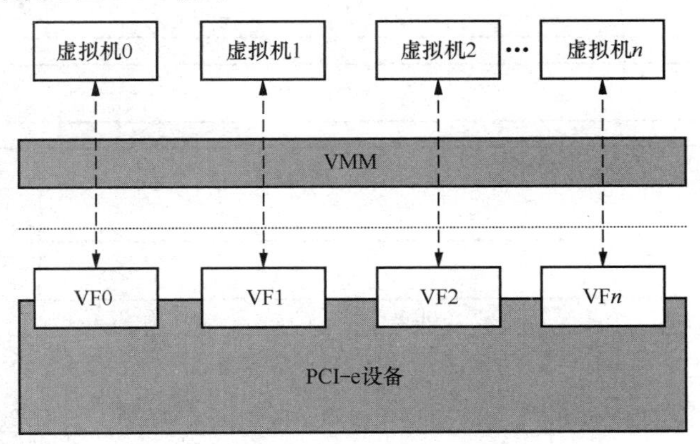

图 2-23　工作场景

SR-IOV 虚拟出来的通道分为 2 个类型，如图 2-24 所示。

物理功能（Physical Function，PF）：管理 PCI-e 设备在物理层面的通道功能，可以看作一个完整的 PCI-e 设备，包含 SR-IOV 的功能结构，具有管理、配置 VF 的功能。

虚拟功能（Virtual Function，VF）：管理 PCI-e 设备在虚拟层面的通道功能，即仅包含 I/O 功能，VF 之间共享物理资源。VF 是一种裁剪版的 PCI-e 设备，仅允许配置自身的资源，虚拟机无法通过 VF 对 SR-IOV 网卡进行管理。所有的 VF 都是通过 PF 衍生而来的，有些型号的 SR-IOV 网卡最多可以生成 256 个 VF。

SR-IOV 的实现模型包含 3 个部分，即 PF 驱动、VF 驱动和 SR-IOV 管理器（IOVM），SR-IOV 实现模型如图 2-25 所示。

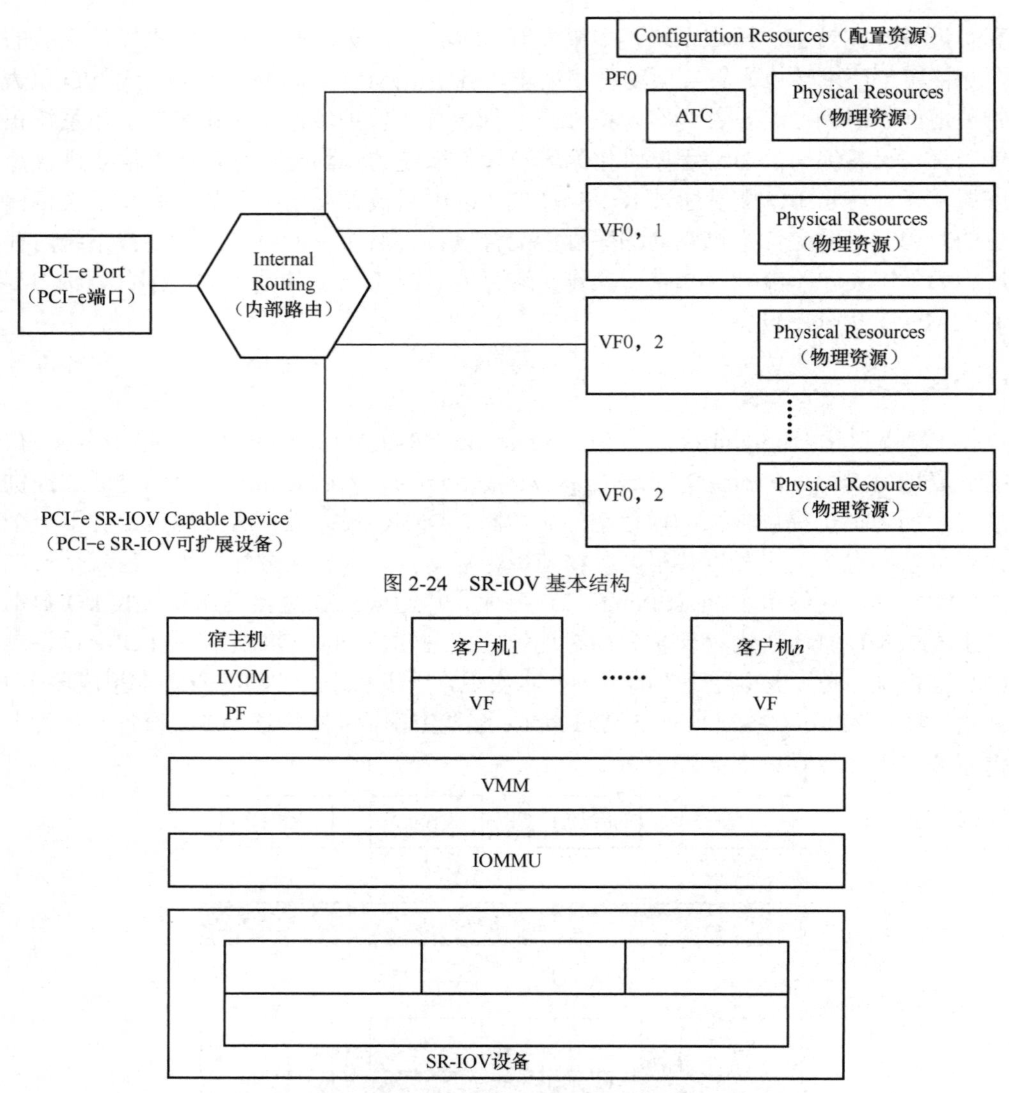

图 2-24　SR-IOV 基本结构

图 2-25　SR-IOV 实现模型

（1）PF 驱动运行在宿主机中，可以直接访问 PF 的所有资源，比如创建和管理 VF，设置 VF 数量，全局启动或停止 VF 等，还可以进行设备的配置，确保从 PF 或者 VF 传输的数据可以有正常的路由。

（2）VF 驱动是运行在客户机上的普通驱动，只有操作相应 VF 的权限，主要用来在客户机和 VF 之间直接完成 I/O 操作，包括数据包的发送和接收。

（3）IVOM 运行在宿主机上，用于管理 PCI-e 拓扑的控制点，以及每一个 VF 的配置空间。它为每一个 VF 分配完整的虚拟配置空间，客户机能够像普通设备一样模拟和配置 VF，因此宿主机操作系统可以正确地识别并配置 VF。当 VF 被宿主机正确识别和配置后，它们才会被分配给客户机，然后在客户操作系统中被当作普通的 PCI 设备初始化和使用。

SR-IOV 设备的配置步骤如下。

（1）确认硬件支持：确认网卡和主板是否支持 PCI-e SR-IOV 规范；确认基本输入输出系

统（Basic Input/Output System，BIOS）是否支持 SR-IOV，需要在 BIOS 中开启 SR-IOV 支持。

（2）安装并配置 PF 驱动：例如安装 ixgbevf 驱动，设置 VF 数量、全局启动或停止 VF 等。

（3）安装并配置 VF 驱动：例如安装 ixgbe 驱动，设置 VF 的 MAC 地址、IP 地址等。

（4）安装并配置 SR-IOVM：例如安装 Intel SR-IOVM，为每一个 VF 分配完整的虚拟配置空间。

（5）分配 VF 给客户机：在宿主机上使用 SR-IOVM 将 VF 分配给客户机；在客户操作系统中安装 VF 驱动，例如 ixgbe 驱动；在客户操作系统中配置 VF 驱动，例如设置 VF 的 MAC 地址、IP 地址等。

以上是 SR-IOV 设备的使用过程，需要对 PF 驱动、VF 驱动和 SR-IOVM 进行配置和管理，确保硬件和软件都能够正确地支持 SR-IOV，并且 VF 能够被正确地分配给客户机使用。

具有 SR-IOV 功能的设备具有如下优势。

（1）提高设备性能：由于每个虚拟网卡都可以直接访问物理网卡的硬件资源，因此可以避免虚拟交换机的性能瓶颈，从而提高网络性能；可以避免虚拟机之间的数据包冲突和竞争，从而提高虚拟化性能；可以避免虚拟机之间的数据包窃听和篡改，从而提高安全性；可以避免虚拟机之间的数据包丢失和重传，从而提高可靠性；可以根据实际需求动态地调整虚拟网卡的数量和带宽，从而提高灵活性。

（2）提高可扩展性：系统管理员可以利用 SR-IOV 技术，将一个物理网卡划分为多个虚拟网卡，从而达到多个低带宽设备的效果；通过 VF 隔离带宽，每个虚拟网卡都可以独立地进行数据包的处理和转发，从而模拟出多个隔离的物理设备。

2.4.6 Virtio

Virtio 是一种用于虚拟化环境的 I/O 虚拟化技术，它是半虚拟化 Hypervisor 中位于设备之上的抽象层，主要用于提高虚拟机的工作能力和可靠性。Virtio 技术的核心思想是将虚拟机和宿主机之间的 I/O 操作进行优化，从而减少虚拟机和宿主机之间的数据传输和处理时间。该技术最早由澳大利亚程序员鲁斯蒂·拉塞尔（Rusty Russell）开发，用来支持自己的 Lguest 虚拟化解决方案。

Virtio 为设备模拟提供了一个通用的前端，从而实现接口标准化，使得虚拟机可以与宿主机之间的 I/O 设备进行通信。现在很多虚拟机都采用了 Virtio 半虚拟化驱动来提高性能，例如 KVM 和 Lguest 等。Virtio 的基本架构如图 2-26 所示。

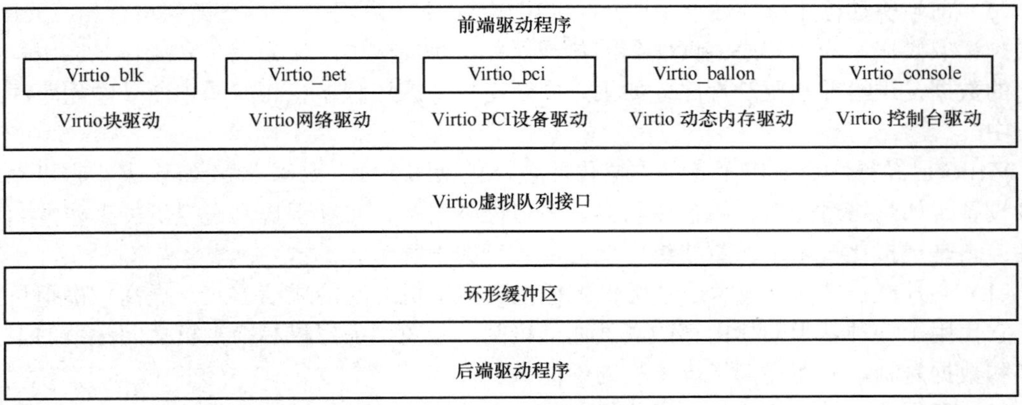

前端驱动程序

Virtio_blk	Virtio_net	Virtio_pci	Virtio_ballon	Virtio_console
Virtio块驱动	Virtio网络驱动	Virtio PCI设备驱动	Virtio 动态内存驱动	Virtio 控制台驱动

Virtio虚拟队列接口

环形缓冲区

后端驱动程序

图 2-26 Virtio 的基本架构

Virtio 的基本架构包含前端驱动程序、Virtio 虚拟队列接口、数据传输、后端驱动程序，它们的基本描述如下。

（1）前端驱动程序（Front-End Driver）即 virtio_blk、virtio_net、virtio_pci、virtio_ballon 和 virtio_console，是运行在虚拟机中的驱动程序，它负责将 I/O 请求发送给 Virtio 设备，并处理 Virtio 设备的完成通知。

（2）后端驱动程序（Back-End Driver）负责接收来自前端驱动程序的 I/O 请求，并将它们发送给实际的物理设备。后端驱动程序通过 Virtio 虚拟队列接口接收来自前端驱动程序的 I/O 请求，并将它们转换为实际的物理设备操作。完成操作后，后端驱动程序将响应发送回前端驱动程序。

（3）Virtio 虚拟队列接口是前端驱动程序和后端驱动程序之间的通信接口。它通过共享内存区域来传输数据和控制信息，从而实现高效的数据传输和处理。Virtio 虚拟队列接口包括两个队列：一个用于传输 I/O 请求，另一个用于传输响应。前端驱动程序和后端驱动程序通过这两个队列进行通信。

（4）Virtio 使用环形缓冲区来传输数据，这个缓冲区可以保存多个 I/O 请求，然后一次性交给后端驱动程序处理。这样可以避免每个 I/O 请求都单独处理，从而提高数据传输的效率。同时，使用环形缓冲区还可以减少数据传输的开销，因为它可以保存多个请求，然后将这些请求一次性传输给后端驱动程序处理，从而减少数据传输的次数。最终，后端驱动程序会将这些请求转换为实际的物理设备操作，并调用宿主机中的设备驱动来实现物理上的 I/O 操作。这样就可实现批量处理，提高 Hypervisor 信息交换的效率。

通过上面的介绍，我们很容易就能明白 Virtio 的实现过程，具体如下。

（1）前端驱动程序向后端驱动程序发送请求，包括设备的配置信息请求和 I/O 请求。设备的配置信息包括设备的类型、设备的特性等，I/O 请求包括读写操作、中断请求等。

（2）后端驱动程序接收到请求后，将请求保存在环形缓冲区中。环形缓冲区是一个循环队列，用于保存请求和处理结果。

（3）后端驱动程序处理完请求后，将处理结果写入环形缓冲区中。处理结果包括读取的数据、写入的数据、中断的请求等。

（4）前端驱动程序轮询环形缓冲区，获取后端驱动程序的处理结果。如果有新的处理结果，前端驱动程序将其读取出来，并保存在缓冲区中。

（5）前端驱动程序将处理结果返回给应用程序，应用程序根据处理结果进行相应的操作。如果是读取操作，应用程序将读取到的数据保存在缓冲区中；如果是写入操作，应用程序将写入的数据发送给前端驱动程序；如果是中断请求，应用程序将相应的中断处理程序注册到系统中。

Virtio 已经被广泛应用于各种虚拟化环境，包括 KVM、Xen、VMware 等。它可以用于多种设备，如网络适配器、磁盘控制器、串口控制器等，有助于提高虚拟机的工作能力和可靠性。它是虚拟化技术中的重要组成部分，具有如下优势。

（1）高性能：Virtio 技术通过优化虚拟机和宿主机之间的通信方式，提高了虚拟机的性能。它使用了一种基于共享内存的高效通信机制，避免了虚拟机和宿主机之间频繁的上下文切换和数据复制，从而提高了虚拟机的性能。

（2）确保兼容性、稳定性和可靠性：Virtio 技术通过提供标准化的设备驱动程序接口，确保虚拟机和宿主机之间的兼容性和稳定性；它还提供了一些高级功能，如数据校验、错误检测和纠正等，有助于确保虚拟机的可靠性。

（3）简化管理：Virtio 技术通过标准化设备驱动程序接口，简化了虚拟化环境的管理和维护。它可以帮助管理员更轻松地管理虚拟机和宿主机之间的通信，减少了管理和维护的成本。

2.5 超融合虚拟化技术应用

通过上面的介绍，读者应该对虚拟化技术有了一些基本的了解，这些虚拟化技术被广泛地运用在企业的信息化建设中。下面将以超融合云平台为例，谈谈虚拟化实现技术的典型应用。在本节中我们并不关注技术本身在超融合平台上的实现原理，而是通过学习来加深对这些技术的认识。

2.5.1 认识超融合

既然我们要谈及超融合上的一些虚拟化技术的应用，那么我们就需要了解什么是超融合。

超融合是一种 IT 基础架构构建方式，其核心思想是使用通用硬件和软件定义来实现 IT 基础架构的各项服务，包括计算、存储、网络、安全、管理等，并且将这些服务都部署在统一的平台上。现在超融合平台厂商比较多，比如华为、深信服、新华三、联想等，本节将以深信服的超融合为案例进行描述。

深信服超融合定位云平台的软件与硬件，聚焦服务器、虚拟化、云数据中心的交付。深信服超融合基础架构仅需通用的服务器和交换机硬件，利用软件定义技术构建计算、存储、网络、安全和管理的统一资源池，替代复杂的传统烟囱式架构，实现基础架构的极简化。超融合一体机如图 2-27 所示。

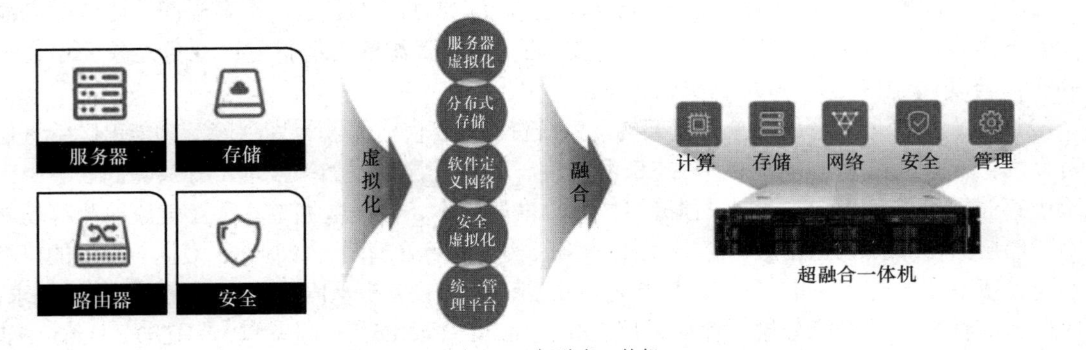

图 2-27 超融合一体机

深信服超融合的产品组件分为计算虚拟化 aSV、存储虚拟化 aSAN、网络虚拟化 aNET 以及安全虚拟化 aSEC，如图 2-28 所示。这些组件的相关功能如下。

（1）计算虚拟化 aSV：aSV 通过对物理资源、虚拟资源、业务资源进行统一管理，为客户的应用系统提供高性能、高安全性、高可靠性的计算服务，构建高度可用、按需服务的虚拟数据中心。

（2）存储虚拟化 aSAN：深信服自研的分布式文件存储系统提供面向虚拟化及云环境的

软件定义存储能力。其条带化、AI缓存算法、存储分卷、双活等存储特性，可以满足各行业的关键业务的存储需求。

（3）网络虚拟化 aNET：aNET 提供完整的逻辑网络和安全性扩展功能，其中包括虚拟交换、路由、防火墙、监控和排障功能，可提升数据中心的敏捷性、安全性及可扩展性。

（4）安全虚拟化 aSEC：可实现安全资源的统一管理、灵活部署、弹性伸缩，保证用户业务的安全性、可靠性及敏捷性。

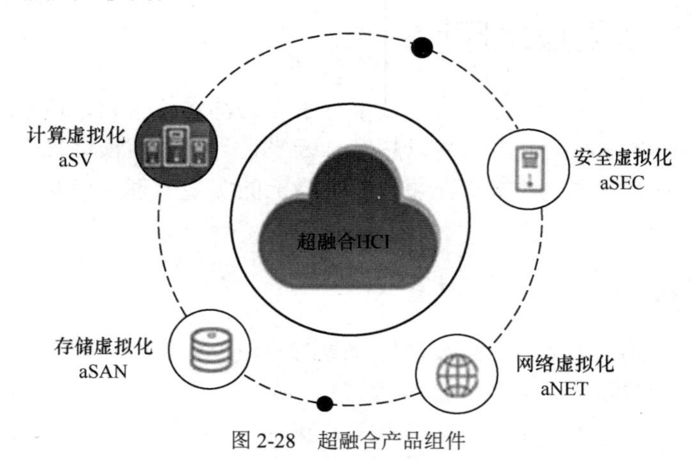

图 2-28 超融合产品组件

深信服超融合是一款功能强大、性能高效、安全性高的产品，具有管理虚拟机全生命周期、保证平台高性能、保证业务高可靠、监控告警、安全防护等多方面的功能，具备极简、可靠、高性能、高安全性的产品特性。

（1）极简：架构极简，深信服超融合提供统一的管理运维平台，简化整个数据中心的业务管理与运维工作；运维极简，深信服超融合平台功能具有模板化与可视化的特点，虚拟网络实现“所画即所得”，可快速完成业务部署、资源编排和运维管理；扩容极简，通过横向添加 x86 服务器深信服超融合即可实现计算、存储、网络资源的无缝扩容；业务迁移简单，一键操作，自动化迁移工具帮助用户轻松上云。

（2）可靠：管理层可靠，分布式架构、系统资源自保障、资源预留保障等功能保障管理层的可靠性；计算层可靠，高可用、动态资源调度、动态资源热添加等技术，有效降低业务中断风险；存储层可靠，aSAN 分布式存储架构、数据多副本、快速数据重建和亚健康检测等功能保障存储层的可靠性；网络层可靠，aNET 网络架构可保障管理面、控制面、数据转发面的可靠性，同时使用分布式交换机、网络接口故障自恢复、NFV 设备等从网络层满足业务可靠性需求。

（3）高性能：高性能分层，存储采用 SSD（Solid State Disk，固态盘）+HDD（Hard Disk Drive，硬盘驱动器）架构，将 SSD 发挥至物理性能极限，大幅提升存储性能，单虚拟机性能可达 20 万 IOPS［IOPS（I/O Operations Per Second）是每秒输入/输出操作次数］以上；对数据库业务进行深度性能优化，Oracle RAC（Real Application Clusters，实时应用集群）性能测试可达 40 万 TPM［TPM（Transactions Per Minute）是每分钟事务数］；提供重要虚拟机功能，优先满足计算和存储的资源需求，确保核心生产业务高性能运行。

（4）高安全性：风险预警，通过 vAF 和 SIP 提供强大的综合安全风险监控功能，能够帮助用户直观了解网络中存在的风险，实时分析漏洞威胁，并对安全事件告警通报，让运维管理人员更加了解网络安全状态；立体防护，深信服超融合平台内置分布式防火墙、虚拟机沙箱、WAF（Web Application Firewall，Web 应用防火墙）等安全机制，有效提高平台安全级别，而且深信服超融合平台深度集成了下一代防火墙、无代理杀毒软件、数据库审计等安全模块，构建 L4～L7 的全面安全防护能力；安全合规，创新的云安全资源池实现东西向租户安全隔离和南北向业务安全保护，并满足等保合规的需求。

2.5.2 超融合 vCPU 配置与实现

vCPU 是指虚拟中央处理器，是一种在虚拟化环境中使用的虚拟 CPU。它是由虚拟化软件模拟出来的，可以在虚拟机中运行操作系统和应用程序。vCPU 可以分配给虚拟机，以便在物理服务器上运行多个虚拟机。在云计算环境中，vCPU 是云服务器实例的计算资源之一，通常以 vCPU 核数的形式提供。vCPU 的数量和性能直接影响虚拟机的工作能力和可用性。

在深信服超融合上，关于 vCPU 的相关实现，我们可以从 6 个方面进行概述，分别为 vCPU 配置资源评估、非统一内存访问 vNUMA、HOST CPU、CPU 超配、CPU 独占以及 CPU 频率限制。

（1）vCPU 配置资源评估。我们在计算虚拟环境中客户所需 vCPU 资源数量时，应当遵循两个原则。原则一：单个服务器上所有虚拟机 vCPU 数量建议不超过服务器物理 CPU 总线程的 2 倍。原则二：单个虚拟机的 vCPU 数量最大可配置为集群内最大 CPU 主机的物理总线程数。

以服务器［CPU：8 核 16 线程×2（Intel(R) Xeno(R) CPU E5-2630 v3 @2.4.0GHZ）］为例，可以看到该服务器有 2 个物理 CPU，每个 8 核 16 线程，物理 CPU 总线程为 32，则建议配置总 vCPU 个数不超过 64；单个该服务器上虚拟机最大允许配置 32 个 vCPU。

需要注意，随着 vCPU 数量的增加，性能并不会线性提升，而是呈对数提升的趋势。一般情况下，较少 vCPU 就可能满足需求的虚拟机，不要配置超过需要的 vCPU 个数。如图 2-29 所示，配置虚拟插槽数和每个插槽的核数参数时，虚拟插槽数不要超过物理 CPU 个数，每个插槽的核数也不要超过物理 CPU 单个 CPU 线程数。对于小虚拟机（配置资源少于主机的 1/4），最佳的 vCPU 配置是 1（插槽数）×1（核数）、1 × 2、1 × 4、1 × 8，vCPU 核数不要超过物理 CPU 核数（这里的物理 CPU 核数就是服务器显示的线程数）。如果配置 2 × N，就涉及 Guest NUMA 调度，情况复杂很多，系统默认把 CPU 平分到 2 个 NUMA 节点，但内存还在一边，这样就会有一半的 CPU 远程访问内存。

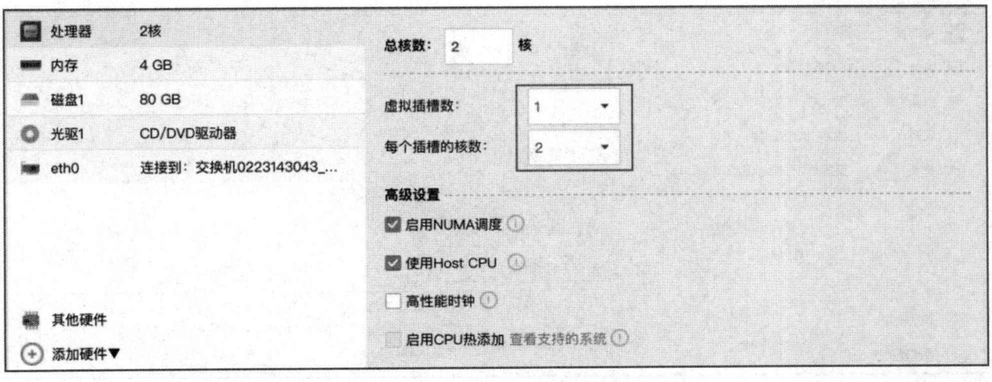

图 2-29 虚拟机 vCPU 配置界面

如果一台主机只运行一台虚拟机，要想把这台虚拟机的性能配置到最高，把物理 CPU 核数（服务器的总线程数）减 8 作为虚拟机 vCPU 核数，比如 16 × 2 核的主机，虚拟机配置为 2 × 12 核。

（2）非统一内存访问 vNMUA。CPU 访问本地内存的速度远高于访问远端内存的速度，使用 NUMA 技术最大限度地利用本地内存，减少远程内存的访问。如图 2-30 所示，启用 NUMA 调度后，平台会把虚拟机的 vCPU 绑定到物理 CPU，其内存也绑定到 vCPU 对应的本地内存，这样做的好处是能保证 vCPU 的本地内存访问不会跨 NUMA 节点，相比跨 NUMA 节点访问内存，可提升 20%的性能。不启用 NUMA 调度，vCPU 根据系统调度，哪个物理 CPU 空闲就分配 vCPU 到哪个物理 CPU，vCPU 会在不同的物理 CPU 之间来回切换，但内存一旦分配 vCPU 位置就固定了，所以 vCPU 访问内存可能跨 NUMA 节点远程访问。在深信服超融合平台中，推荐默认启用 NUMA 调度，在绝大部分场景下对虚拟机性能都有提升。

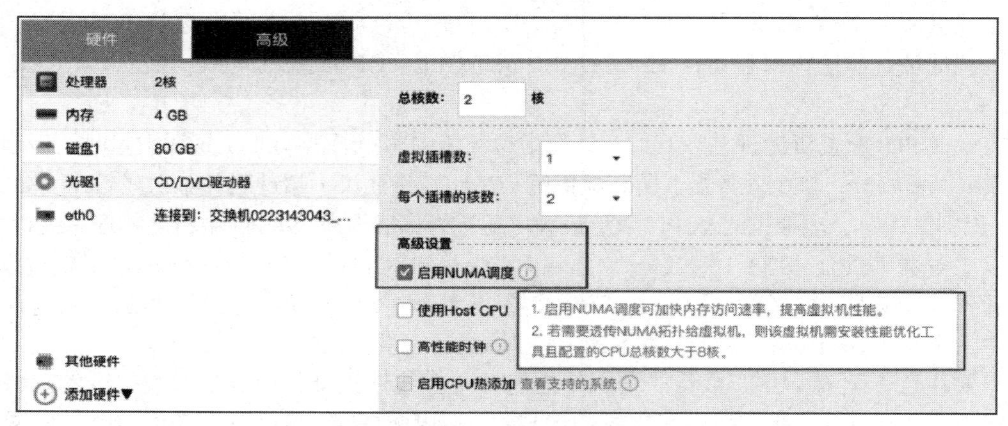

图 2-30　虚拟机启用 NUMA 调度

（3）HOST CPU。如图 2-31 所示，使用 HOST CPU 功能，虚拟机将使用主机 CPU 的指令集，这有利于提升 CPU 计算性能。在深信服超融合平台上，如果物理主机使用的是 AMD 的 CPU，则物理主机上开启的虚拟机默认会直接使用 HOST CPU。如果物理主机使用的是 Intel 的 CPU，则物理主机上开启的虚拟机默认不使用 HOST CPU，使用的是虚拟化的 CPU 模型 core2duo（Intel(R) Core(TM)2 Duo CPU T7700 @ 2.40GHz），其好处是使用通用 CPU 指令集，兼容性好，当虚拟机热迁移到其他主机时，不会因为两台物理主机的 CPU 不一样而出现问题。

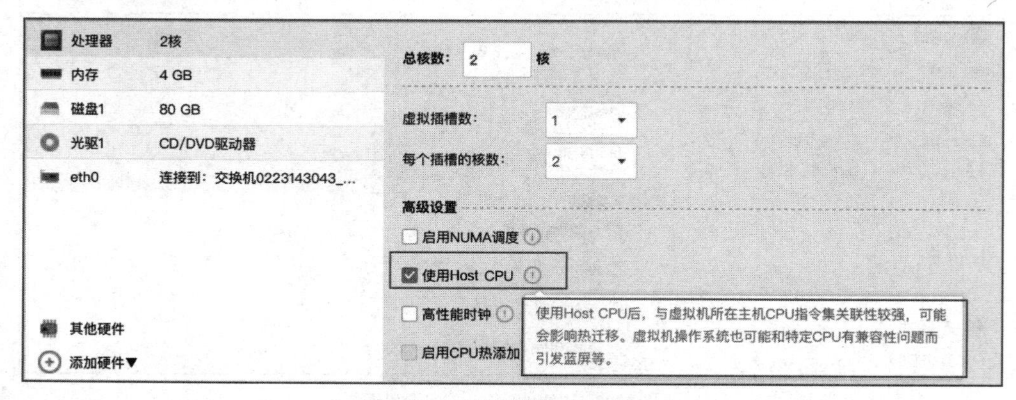

图 2-31　虚拟机开启 HOST CPU

在深信服超融合的最佳实践中，推荐默认不使用 HOST CPU，只有当虚拟机计算性能不足时，才使用 HOST CPU 来提升性能。如果集群中所有主机的 CPU 都是同型号的，比如 Intel E5-2650 v4，而且后续集群增加主机，也会使用相同型号的 CPU，就可以使用 HOST CPU 来提升性能。

（4）CPU 超配。服务器虚拟化的一大优势就是能提高资源利用率，充分利用 CPU、内存和存储资源，IT 管理员在规划业务上云时，需要根据当前业务资源需求对它们进行评估。通常情况下，为了提高资源利用率，避免虚拟机内部业务繁忙时互相竞争 CPU 导致性能下降，在深信服超融合平台上 CPU 超配比例最佳实践是 200%，如图 2-32 所示。CPU 超配计算公式：总可配置 CPU = 物理 CPU 逻辑线程数（逻辑 CPU）× 超配比例（可配置 CPU 包含系统资源占用和虚拟机可配置资源）。

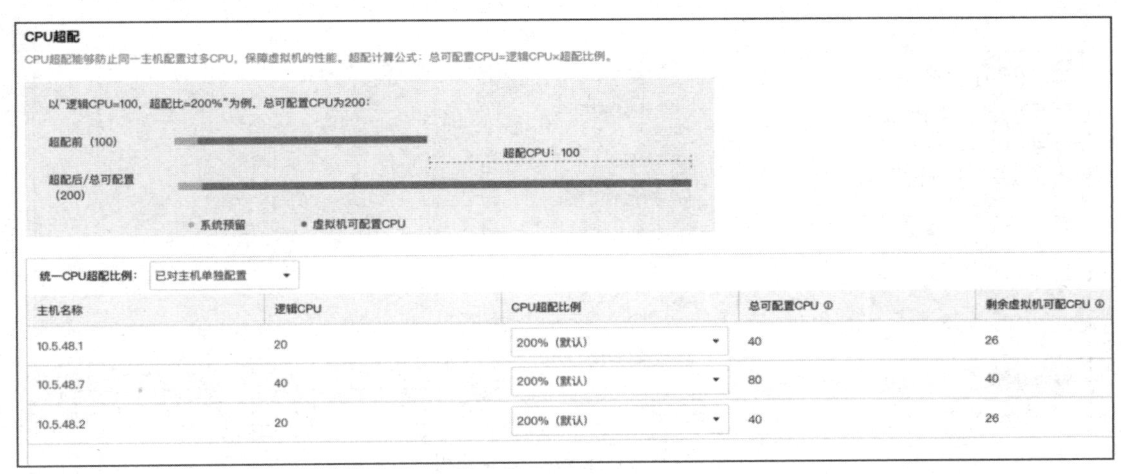

图 2-32　CPU 超配比例

在深信服的超融合平台中，系统会预留一定数量的 CPU，这些 CPU 是固定占用的，每台服务器占用 8 个逻辑 CPU（vCPU 线程）。虚拟机在启动时会对可配置 CPU 进行校验，若资源不足则会开机失败。HCI 平台的 CPU 超配比例为推荐的 200%，支持设置为“无限制”，即不为 CPU 设置超配限制。

（5）CPU 独占。CPU 独占功能使虚拟机的 vCPU 独占其使用的物理 CPU 线程，此时其他虚拟机的 vCPU 将不会被调度到该线程。此功能默认是不启用的，启用此功能，可以保证虚拟机在极限情况下的稳定性，但将会降低物理 CPU 的实际利用率，深信服超融合最佳实践建议对计算性能要求较高的虚拟机启用 CPU 独占功能。CPU 独占功能启用界面如图 2-33 所示。

（6）CPU 频率限制。为了防止普通虚拟机由于中毒等导致 CPU 使用率过高，进而影响其他正常业务的运行，为了保障其他虚拟机的资源正常使用，深信服超融合平台中可以通过限制对 CPU 资源的使用频率，保障其他虚拟机的正常使用。CPU 频率限制功能启用界面如图 2-34 所示。

系统会根据历史报表的使用频率平均值进行限制 CPU 频率值的推荐，虚拟机至少运行一周才能给出推荐值，推荐值取最近 1 个月的报表平均使用频率（考虑关机情况，过滤掉 0）。

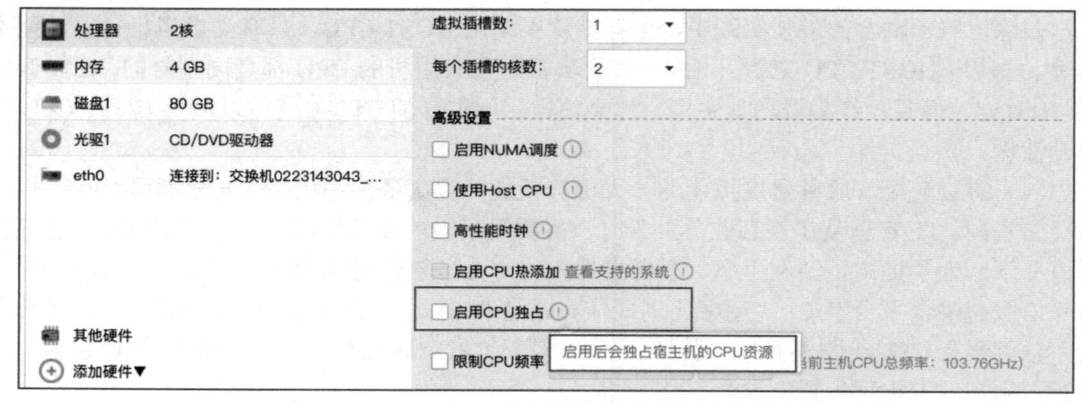

图 2-33　CPU 独占功能启用界面

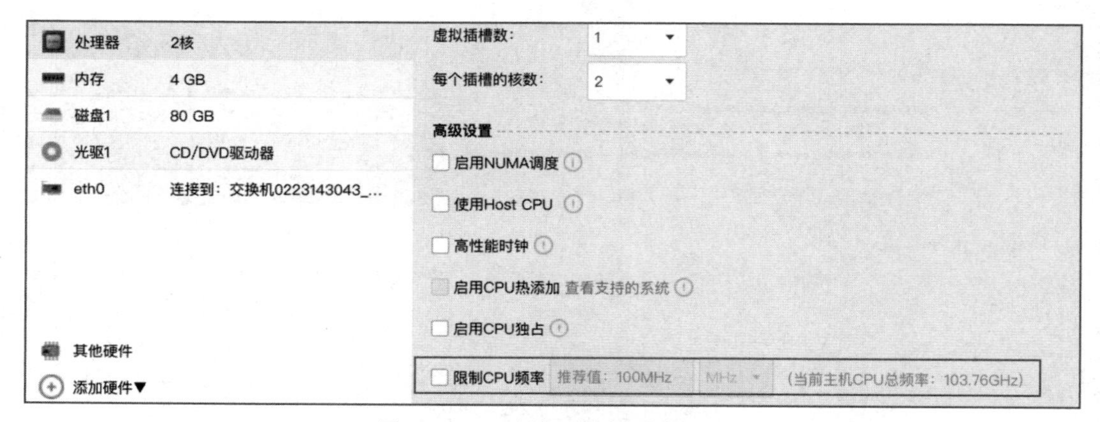

图 2-34　CPU 频率限制功能启用界面

2.5.3　超融合内存配置与实现

在深信服超融合平台上，虚拟机的内存用于存储虚拟计算机的操作系统、应用程序和数据，以便虚拟计算机可以快速访问和处理它们。为虚拟机配置的内存，代表的是虚拟机系统最大可使用的内存。虚拟机启动后，操作系统及软件在分配内存并往里面写入数据时，物理主机才为虚拟机按需分配物理内存，所以虚拟机实际使用的物理内存一般都小于为它配置的内存。注意：在深信服超融合平台上为虚拟机配置的内存，不能超过集群中单台物理主机的最大物理内存，否则会没有主机能启动虚拟机。深信服超融合平台为了更加高效地利用物理主机的内存资源，完成了内存回收、内存超配和大页内存 3 个方面的相关实现。

（1）内存回收

如图 2-35 所示，在深信服超融合平台中，默认是启用内存回收机制（简称内存回收）的。启用内存回收的好处是可以大幅提升资源使用率，以便启动更多虚拟机。在虚拟机运行过程中，其内存使用率会根据程序的实际内存使用情况而定，这与物理主机的内存使用情况并不完全一致。但是，虚拟机的内存页一旦映射到物理内存中，就会消耗掉相应的物理内存。如果不进行内存回收，虚拟机占用的物理内存只会增加，不会减小。因此，启用内存回收可以动态地分配和释放内存空间，从而更加高效地利用物理主机的内存资源。在 Windows 系统启动时，全部内存会被置 0，这样就必须在物理主机上分配全部内存，而不是按需分配。但是，虚拟机系统启动后，可以根据实际需要动态地分配和释放内存空间，从而更加高效地利用物理主机的内存资源。当物理主机内存使用率达到 65%时，对开启的虚拟机，会启用内存回收，将已经释放的内存空间在物理主机上取消映射，从而释放物理内存，以供其他虚拟机使用。需要注意的是，在虚拟机上进行内存回收操作需要安装 Sangfor Tools 虚拟机性能优化工具。

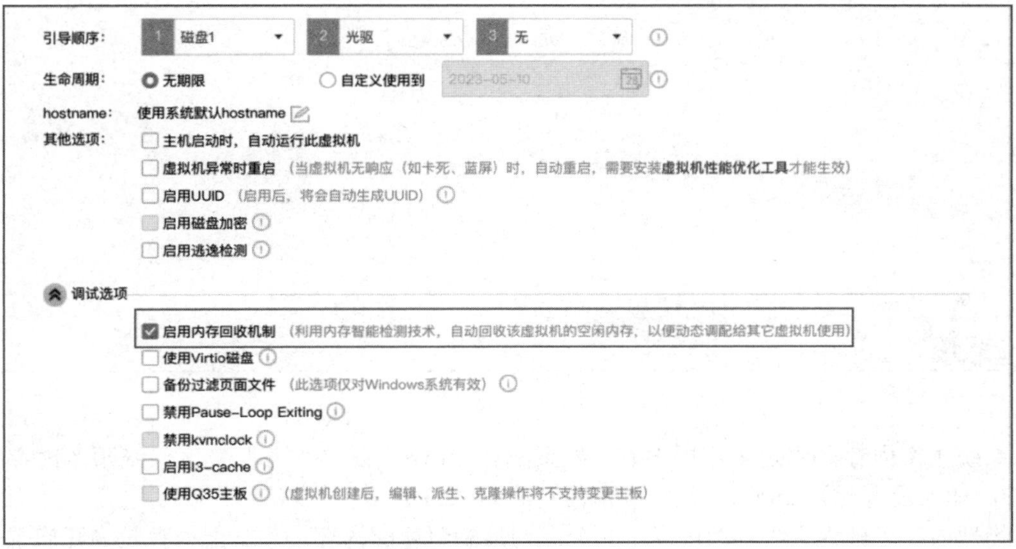

图 2-35 内存回收

虚拟机内存被回收后，如果又要大量分配内存，就要重新从物理主机分配物理内存。相比不启用内存回收的虚拟机，多了一个内存分配的过程，性能会稍有降低，但影响不大。启用内存回收的好处是可以大幅提升资源使用率，启动更多虚拟机，所以默认是启用的。但是，对于一些频繁申请释放大量内存的系统，建议不启用内存回收。对于一些大 I/O 吞吐的业务系统，如医疗 PACS（Picture Archiving and Communicating System，影像存储与传输系统）等，也建议不启用内存回收。对于一些数据库类的虚拟机，如 Oracle 等，也建议不启用内存回收。

（2）内存超配

内存超配的主要作用是提高物理主机内存的利用率，内存超配是指在虚拟化环境下，将虚拟机的内存配置超过物理主机实际可用内存的一种技术。通过它可以在不增加物理主机内存的情况下，启动更多的虚拟机。在实际应用中，很多虚拟机的内存利用率并不是 100%，而是在一定范围内波动。因此，可以通过内存超配技术，将虚拟机的内存配置超过物理主机实际可用内存，从而更加高效地利用物理主机的内存资源。当虚拟机的内存使用率较低时，可以将其内存超配给其他虚拟机使用，从而提高物理主机内存的利用率。需要注意的是，内存超配技术需要根据实际情况使用，虚拟机的内存配置不能超过物理主机实际可用内存的上限，否则会导致虚拟机性能下降或者系统崩溃。因此，在使用内存超配技术时，需要根据实际情况进行评估和配置，以保证系统的稳定性和性能。在深信服超融合平台的最佳实践中推荐内存不超配。

内存超配如图 2-36 所示。我们可以将整个内存空间分为系统预留内存、物理内存以及超配内存。

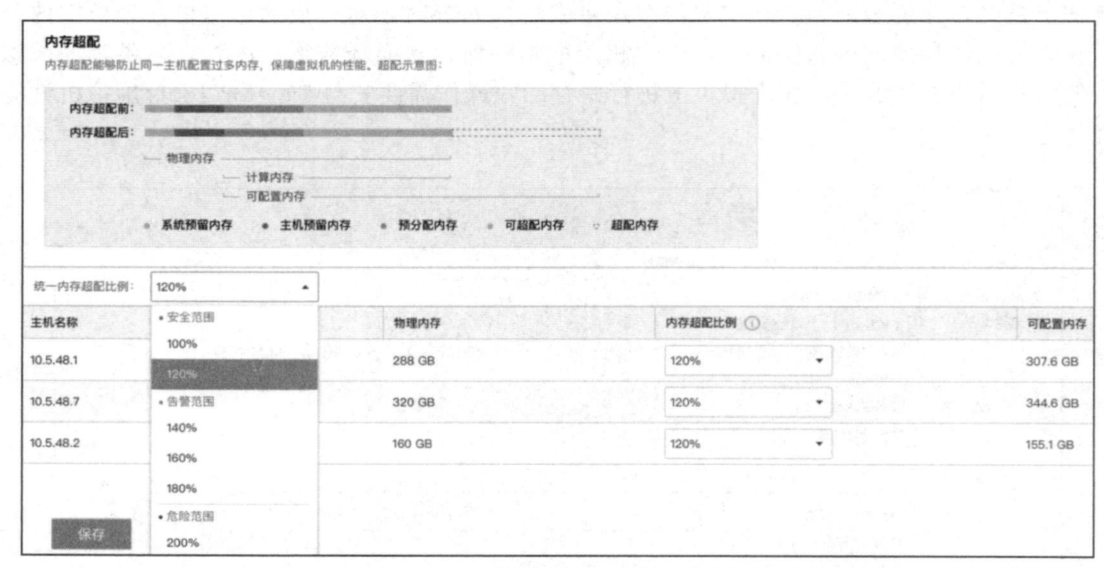

图 2-36　内存超配

系统预留内存是固定占用的内存，如果配备 aSAN，在重压力场景下系统预留内存约为 32GB，如果没有配置 aSAN，系统预留内存约为 12GB。

物理内存可分为主机预留内存、预分配内存和可超配内存。预分配内存是为开启了大页内存的虚拟机预留的内存。除系统预留内存、主机预留内存和预分配内存外的物理内存可动态分配，称为可超配内存。分配超过物理内存的部分称为超配内存。

可配置内存是可以配置给虚拟机的内存。可配置内存 = 预分配内存 + 可超配内存 + 超配内存。

内存的超配会对虚拟机的性能产生一定的影响，特别是在极端情况下，即虚拟机实际使用的内存远超过了物理主机内存，这时会大量使用交换分区，交换分区的读写速度比内存慢很多，可能会导致虚拟机卡顿。因此，为了保证虚拟机的性能，内存不要超配，所有开启的虚拟机配置内存不要超过物理主机内存的 90%。这样可以避免虚拟机因为内存超配而导致的性能问题。

（3）大页内存

大页内存是一种可以提高系统性能的有效手段，特别是对于消耗内存超过 32GB 的系统，使用大页内存可以显著提高内存访问效率，减少内存访问的次数，从而提高系统的性能。在深信服的超融合平台上，对于这类系统，推荐使用大页内存。普通虚拟机默认情况下是不开启大页内存的，但是可以在虚拟机配置中开启，这样虚拟机启动时，为虚拟机分配的都是大页物理内存。虚拟机操作系统内部开不开启大页内存都可以，但是对于数据库系统，推荐在客户操作系统内也开启大页内存，这样可以获得最佳的性能表现。大页内存的开启界面如图 2-37 所示。

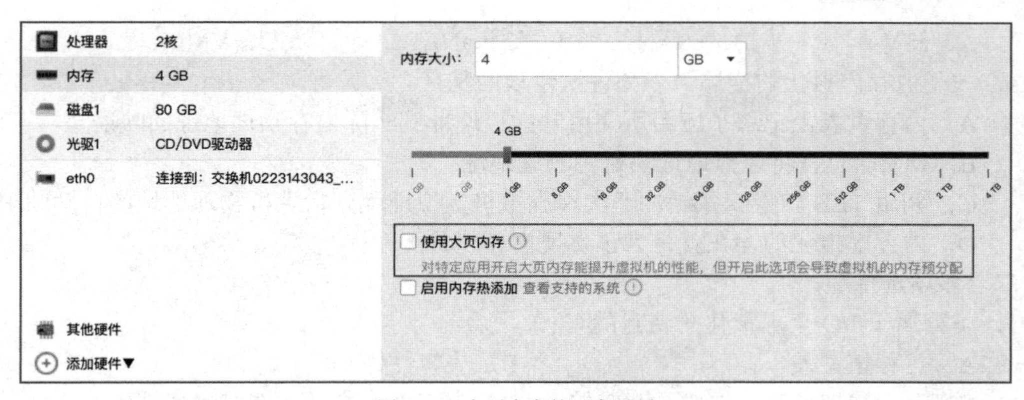

图 2-37 大页内存的开启界面

本章小结

本章通过介绍计算虚拟化实现技术及其应用，探讨了如何最大限度地发挥计算机资源的潜力，提高资源利用率和运行效率。其中，CPU 虚拟化是虚拟化的核心，其实现技术主要包括全虚拟化、半虚拟化和硬件辅助虚拟化，而硬件辅助虚拟化技术 VT-x 和 AMD-V 可以提高虚拟机的性能。

此外，本章还介绍了内存虚拟化实现技术和 I/O 虚拟化实现技术，它们可以在保证隔离性的同时提升计算机性能，满足不同应用场景的需求。

最后，本章还提到了超融合虚拟化技术应用，通过介绍虚拟化技术在超融合平台上的运用，可以让读者能够更加深切地感受到虚拟化技术在现代计算机系统中具有广泛的应用前景，可为企业提供更加高效、安全、可靠的计算资源服务，对实现数字化转型这一目标具有重要意义。

本章习题

一、单项选择题

1．下列关于 CPU 虚拟化技术说法错误的是（ ）。

A．全虚拟化是通过 VMM 对敏感特权指令进行拦截和模拟

B．全虚拟化相对于半虚拟化来说，兼容性和可移植性较差

C．半虚拟化通过修改 Guest OS 来完成内核调用

D．半虚拟化整体上降低了虚拟化层的消耗

2．下列关于内存虚拟化的描述错误的是（ ）。

A．内存虚拟化是将真实的物理内存，通过虚拟化技术，虚拟出一个虚拟的内存空间

B．虚拟机的内存用来作为客户虚拟机的物理内存

C．地址空间并不是真正的物理地址空间，它只是宿主机虚拟地址空间在客户机地址空间的一个映射

D．虚拟机地址空间所对应的物理地址空间都是连续的

3．在深信服超融合上实现计算虚拟化的组件是（ ）。

A．aSV　　B．aSAN　　C．aNET　　D．VMM

4．关于内存虚拟化的描述，下列说法错误的是（　　）。

A．内存页表上记录了应用所使用的虚拟地址到实际内存物理地址的映射

B．MMU 负责将虚拟地址映射为物理地址

C．利用 TLB 转换查找缓冲器实现虚拟机虚拟地址到宿主机物理地址的自动映射

D．内存虚拟化的存在就是为了实现内存超分配

二、多项选择题

1．下列属于 I/O 全虚拟化的特点的有（　　）。

A．可移植性差　　B．兼容性好

C．上下文切换时，造成的开销较大　　D．上下文切换时，造成的开销较小

2．下列属于计算虚拟化范畴的有（　　）。

A．CPU 虚拟化　　B．内存虚拟化　　C．硬盘虚拟化　　D．I/O 虚拟化

3．下列关于 I/O 虚拟化前后端模型的描述，正确的是（　　）。

A．返回的 I/O 请求不会经过 VMM 处理，直接传递给前端驱动

B．后端驱动能够与硬件进行交互，将 VM 的数据进行分时分通道处理

C．前端驱动通过 VMM 提供的接口将数据转发到后端驱动

D．VMM 截获客户 OS 对网络的访问请求，然后通过软件的方式来模拟真实设备的效果

三、简答题

1．请简述计算虚拟化的分类及原理。

2．请简述 CPU 全虚拟化与半虚拟化的区别。

3．请简述 vCPU 和物理 CPU 之间的关系。

第 3 章

网络虚拟化实现技术

随着业务的迅速发展，某企业的数据中心在运维层面上面临的问题也逐渐增多，其中最棘手的一个问题就是网络资源的管理和扩容。传统网络的局限性导致其难以满足业务快速扩展的需求，同时也不易管理和调整业务。为了解决这个问题，IT 部门考虑引入网络虚拟化技术，特别是 SDN 和 NFV 技术的结合。通过 SDN 技术的网络控制层和 NFV 的网络功能虚拟化层，可以建立基于转控分离的网络架构，实现网络硬件和软件的分离，使网络能够更好地适应不同的业务需求。利用 NFV 技术，可以将网络功能转化为独立运行的虚拟机，提高网络的灵活性和隔离性并通过 SDN 技术进行灵活组合和调度。这样一来，网络架构变得更加灵活，当需要调整网络结构或者重分配网络资源时，可以轻松地对网络规格和结构进行取舍，以适应业务的需求变化。同时，NFV 也使网络变得更加安全。在传统网络架构中，存在单点故障和安全漏洞，容易引发网络问题，造成数据泄露及业务中断。但在 NFV 架构中，网络被拆分为独立的虚拟机，能够实现网络功能隔离，从而降低安全风险。

通过 SDN 和 NFV 的结合，运用 SDN 控制器和 NFV 技术的资源管理和调度优化功能，该企业能够更加稳定地发展，减少了网络性能瓶颈导致的业务中断问题。此外，SDN 和 NFV 的引入也极大地提高了整个数据中心运维的效率和性能。网络保障和优化能力的提高，让该企业顺利地应对了创新业务领域中快速变化的业务发展需求，从而提高了整个企业的竞争力。

总之，通过这个案例，我们可以清楚地了解网络虚拟化技术的重要性，以及其在企业中解决网络资源管理和扩容问题时所起的巨大作用。引入 SDN 和 NFV 技术，企业得以更高效、更安全地开展业务，从而更好地满足客户的需求。接下来，我们开启本章的网络虚拟化实现技术学习之旅吧。

本章学习逻辑

本章学习逻辑如图 3-1 所示。

本章学习任务

1. 理解网络虚拟化技术的重要性。
2. 了解网络虚拟化技术的主要标准和架构，如 OpenFlow、SDN、ETSI 的 NFV 参考架构等。
3. 了解 SDN 技术的网络架构。
4. 了解 OpenFlow 的关键组件和消息类型。
5. 掌握 OpenFlow 在不同应用场景下的应用。
6. 了解 OpenStack 网络及其网络架构，特别是 OpenStack Neutron。
7. 了解 NFV 与 SDN 的区别和联系。

8. 了解 NFV 的体系结构和部署方式。

9. 了解 NFV 在不同应用场景下的应用。

10. 了解厂商的 SDN 解决方案。

11. 了解容器网络的基本知识，如网络命名空间、Docker 网络虚拟化、容器网络模式等。

12. 了解深信服网络虚拟化 aNET 技术及其商业应用，感知网络虚拟化实现技术的特点和魅力。

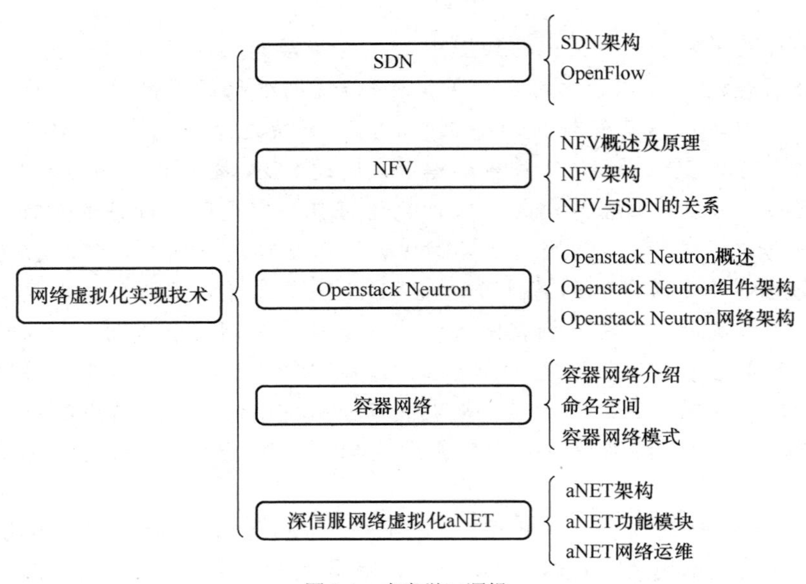

图 3-1　本章学习逻辑

3.1　网络虚拟化概述

在数字化时代，网络虚拟化已成为网络技术领域中最为热门的话题之一。网络虚拟化是一种将单一的物理网络资源转化为多个虚拟网络资源的技术，它通过将物理网络资源拆分成多个虚拟网络资源来提高网络资源的利用率，并为用户提供更灵活的网络配置和管理。

当企业规模逐渐扩大，网络系统也变得越来越复杂而且难以维护，网络虚拟化可以解决这一问题，它可以用更少的物理网络资源来支持更多的虚拟网络，从而为企业节省成本。此外，网络虚拟化也可以优化网络环境，使企业更快地部署应用程序，达到更高的效率，加强企业间的竞争力。

网络虚拟化涉及多个领域，包括网络设备虚拟化、虚拟链路、虚拟网络和虚拟交换机等。这些技术可以通过软件定义网络（Software Defined Network，SDN）、网络功能虚拟化（Network Function Virtualization，NFV）、Linux 网络虚拟化以及容器网络等来实现。SDN 可以帮助我们以更新的方式构建和管理网络，降低网络管理的难度和网络故障的风险；NFV 可以将网络功能转化为通用计算资源，从而提高网络服务的灵活性和可扩展性；而 Linux 网络虚拟化则通过用户空间协议栈和虚拟网卡等技术，实现高性能和可编程网络虚拟化，增强网络的弹性和隔离性。

在实践中，网络虚拟化有多种应用场景，如下所示。

（1）在数据中心或私有云等网络基础设施场景中，网络虚拟化可以将多个物理服务器整合为一个逻辑服务器，以更好地利用资源和管理成本。

（2）在企业网络中，网络虚拟化可以实现各种应用程序快速、安全和可靠的互联，使管理网络更加容易。在公有云和 IaaS 中，网络虚拟化可以让用户按需购买和使用网络资源，帮助企业快速扩展业务。网络虚拟化可以为企业带来巨大的价值，包括提高网络资源利用率、加强网络安全性和稳定性、降低网络管理和运营成本、快速部署和管理应用程序等。因此，在数字化时代，较为深入地了解网络虚拟化将会给我们提供很多帮助。

3.2 SDN

SDN 起源于 2006 年美国斯坦福大学的 Clean Slate 研究课题，2009 年尼克·麦克考恩（Nick McKeown）教授正式提出了 SDN 的概念。SDN 的出现是为了解决传统网络架构存在的种种问题。传统网络架构采用分布式的网络控制方式，因此网络的部署和维护非常困难。传统网络架构存在以下问题。

（1）配置复杂：在传统网络中，配置和管理网络设备需要大量的人力和物力，而且往往需要采用相对复杂的命令行或图形用户界面（Graphical User Interface，GUI）。

（2）管理困难：由于网络规模、拓扑节点和设备类型的不断增加，网络管理变得越来越困难，特别是跨越多个层次、多个安全区域的管理难度显著增加。

（3）硬件单一：传统网络设备通常只能执行预定义的操作，而且这些操作和功能通常也只是为了特定的网络需求而设计的，这就导致网络设备的灵活性有限，而且需要使用大量的专门硬件设备。

（4）拓扑复杂：在传统网络架构中，网络设备和拓扑通常是分布式的，这就意味着网络管理人员需要面对复杂的网络拓扑结构，分析和解决问题变得更加困难。

（5）难以适应新应用和服务的需求：传统网络对于新型应用和服务的支持存在瓶颈，网络升级和更新非常困难。

SDN 的出现正是为了解决这些问题。通过 SDN 将网络控制面和数据面分离，衍生出了可编程网络架构的概念，这使网络设备变得更加灵活、安全和易于维护。SDN 控制器负责集中管理和控制网络，网络设备只负责数据传输。这种架构有效解决了传统网络中数据面和控制面耦合的问题，提升了网络的可编程性、可控性和灵活性，可以帮助网络管理人员更好地满足新型应用和服务的发展需求，具体模型如图 3-2 所示。

SDN 这种新型的网络架构，其核心理念是通过将网络控制面与数据面分离，实现网络控制面的集中控制，为网络应用的创新提供良好的支撑。它具有 3 个典型的特征，即转控分离、集中控制和开放可编程接口。

（1）转控分离：SDN 的转控分离解决了传统网络中逻辑控制和数据转发之间的高度耦合的问题，其特征是将控制面和数据面分离开来，控制面由核心控制器负责，数据面由网络设备负责，使得网络设备能够快速应对控制器的指令或策略，网络的部署和维护更加自由和灵活。

（2）集中控制：SDN 的集中控制特征是指网络的控制权被集中到一个核心的控制器上，控制器对整个网络进行配置、管理。网络设备与控制器之间的交互通过标准化的通信协议进行，网络设备只负责数据处理，而控制器负责整个网络的策略制定和控制管理，控制器通过集中控制对网络进行协同控制和优化，提高网络的管理效率和性能。

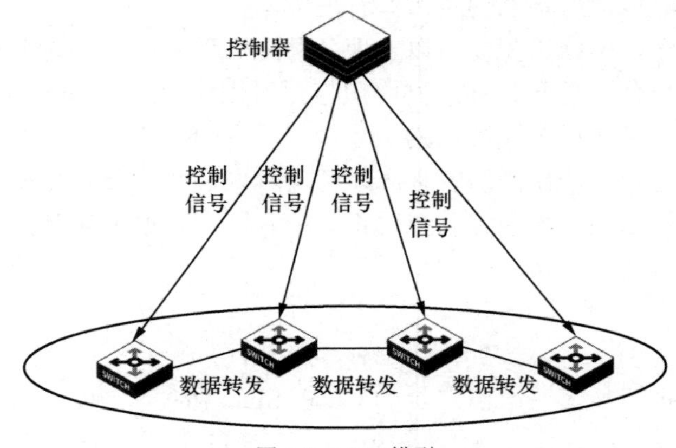

图 3-2 SDN 模型

（3）开放可编程接口：SDN 的开放可编程接口特征是指 SDN 控制器提供了开放的编程接口，允许开发者根据应用场景和需求对网络进行编程，实现网络自主管理和自我优化。通过这种开放的编程接口，SDN 技术可以更好地满足新的应用和服务需求，为网络的创新和发展提供支撑和保障。

SDN 提供了一种新的网络架构方式，完全颠覆了传统网络架构的思维模式，为网络应用的创新和发展注入了新的生机和活力，其所带来的高灵活性、可控性和可靠性等优势为企业和用户提供了更多创新和发展的可能性。其相对于传统网络的主要优点如下。

（1）高灵活性：SDN 的控制面和数据面分离，使网络设备变得更加灵活、可编程。控制器可以根据网络应用的需求，控制整个网络进行适配和优化。

（2）高可控性：SDN 的集中控制特征使得网络管理人员能够对网络行为进行更精确的控制。网络管理人员可以直接在控制器上修改网络策略，而不需要对每台网络设备都进行设置，管理工作量大大减少。

（3）高可靠性：SDN 的控制器能够实时监测、分析网络流量并操控网络，可以快速修复网络故障或处理网络安全事件。这种集中控制能力显著提升了网络的可靠性和响应速度。

（4）高安全性：SDN 对于网络安全策略的执行方式也有所改变。网络管理人员可以直接在控制器上设置网络安全策略和流量处理规则，从而有效遏制网络攻击和恶意流量。

（5）高成本效益：SDN 提供了更加灵活和低成本的网络架构，SDN 可通过软件配置 SBC（Session Border Controller，会话边界控制器）的地址，简化网络和减少大规模修改，从而降低网络运营成本。

（6）高可扩展性：SDN 灵活和可编程的特性，使得网络呈现更高的可扩展性，可以快速部署新的应用和服务。

3.2.1 SDN 架构

SDN 不是一项具体的技术，而是一种网络设计理念。SDN 可分为控制面和数据面 2 个部分，控制面负责对网络进行控制和管理，数据面则负责收发数据。SDN 架构由 5 个部分构成，包括网络设备、南向接口、控制器、北向接口和应用服务。网络设备位于转发面；南向接口用于控制器和网络设备之间的通信；控制器是核心组成部分，用于控制网络设备进行数据处理和转发；北向接口用于控制器和应用之间的通信；应用是为用户提供各种实际服务的应用程序，具体架构如图 3-3 所示。

图 3-3 SDN 架构

（1）网络设备：位于转发面，可以是硬件交换机、虚拟交换机或其他物理设备，所有的转发表项都存储在其中，用户数据报文在其内部处理和转发。

（2）南向接口：控制面和数据面之间的接口，南向接口最好是标准化的，这样可以让软件摆脱硬件的约束，做到应用为“王”。

（3）控制器：SDN 中的核心组成部分，是提供应用程序接口（Application Program Interface，API）和控制硬件设备的关键，控制器可以控制多台设备，可以由多个控制器控制一台设备。

（4）北向接口：控制面和应用面之间的接口，目前该接口尚未标准化。

（5）应用：要为用户提供的服务，包括负载均衡、安全、监测、网络性能的管理和检测、拓扑发现等很多服务，这些服务最终可以以应用的方式表现出来，代替传统的网络管理软件进行网络控制和管理。

SDN 的网络部署方式主要有 2 种，分别为 Underlay 网络和 Overlay 网络。其中，Underlay 网络是物理网络，由物理设备和物理链路组成，包括交换机、路由器、防火墙，以及与负载均衡、入侵检测、行为管理等相关的多种设备，其具体架构如图 3-4 所示。这些设备通过特定的链路连接起来，形成一个传统的物理网络。传统的网络设备对数据包的转发都基于硬件进行，这样构建出来的 Underlay 网络也存在一些问题。

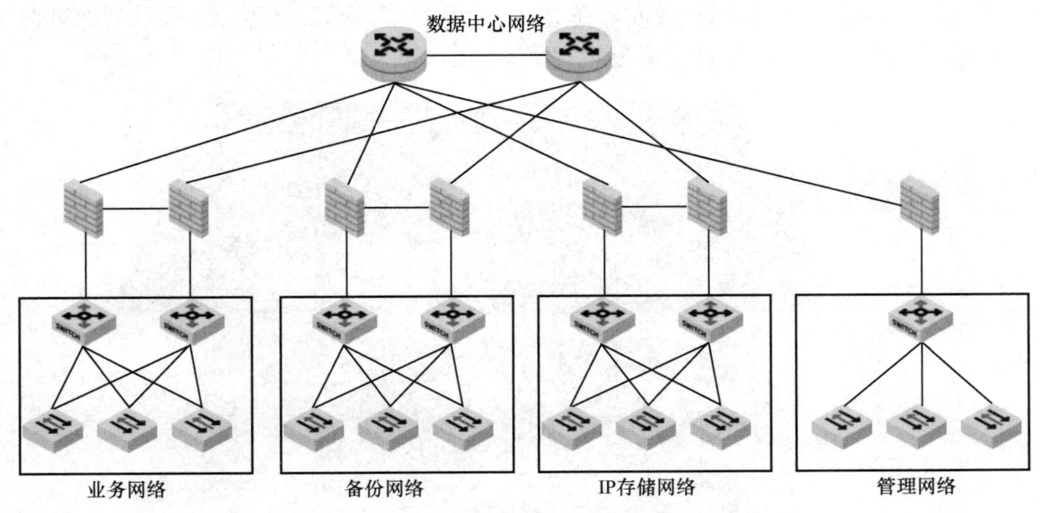

图 3-4 Underlay 网络架构

（1）依赖性强问题：由于硬件设备根据目的 IP 地址进行数据包的转发，所以它对传输路径的依赖性非常强，也较难实现多路径转发，无法融合多个底层网络来实现负载均衡。

（2）变更成本高问题：新增或变更业务需要对现有底层网络连接进行修改，重新配置的过程十分耗时、耗力。

（3）安全性低问题：传统的底层网络架构并不能满足私密通信的安全性要求，这在互联网环境下尤其突出。

（4）管理复杂问题：在进行网络切片和网络分段等操作时，难以做到网络资源的按需分配，网络管理的复杂度也相应增加。

为了解决这些问题，Overlay 网络逐渐成为一个受欢迎的解决方案。这种网络部署方式利用虚拟网络在物理基础架构上构建虚拟网络，从而在底层物理网络的基础上实现更为灵活和高效的网络部署和管理。Overlay 网络可以通过添加虚拟设备和逻辑链路来扩展网络，从而解决 Underlay 网络中存在的依赖性强问题和变更成本高问题。在 Overlay 网络中，虚拟网络之间相互独立，实现了网络的安全隔离；同时也方便进行网络资源的按需配置和分配，从而实现更为高效和灵活的网络管理。

Overlay 其实就是一种隧道技术，VXLAN、NVGRE 及 STT 是典型的 3 种隧道技术，它们都通过隧道技术实现大二层网络，将原生态的二层数据帧报文进行封装后通过隧道进行传输。总之，通过 Overlay 技术，我们在对物理网络不做任何改造的情况下，通过隧道技术在现有的物理网络上创建一个或多个虚拟网络，可有效解决物理数据中心，尤其是云数据中心存在的诸多问题，实现数据中心的自动化和智能化。Overlay 网络架构如图 3-5 所示。Overlay 网络有如下几个主要的优点。

（1）Overlay 网络可以按照需求建立不同的虚拟拓扑组网，无须对底层网络做出修改。

（2）Overlay 网络支持网络切片与网络分段。Overlay 网络将不同的业务分割开来，可以实现网络资源的最优分配。

（3）Overlay 网络通过加密手段可以保护私密流量在互联网上的通信。

（4）Overlay 网络的流量传输不依赖特定线路。Overlay 网络使用隧道技术，可以灵活选择不同的底层链路，使用多种方式保证流量的稳定传输。

（5）Overlay 网络支持多路径转发。在 Overlay 网络中，流量从源传输到目的地可选择多条路径，从而实现负载分担，最大限度地利用线路的带宽。

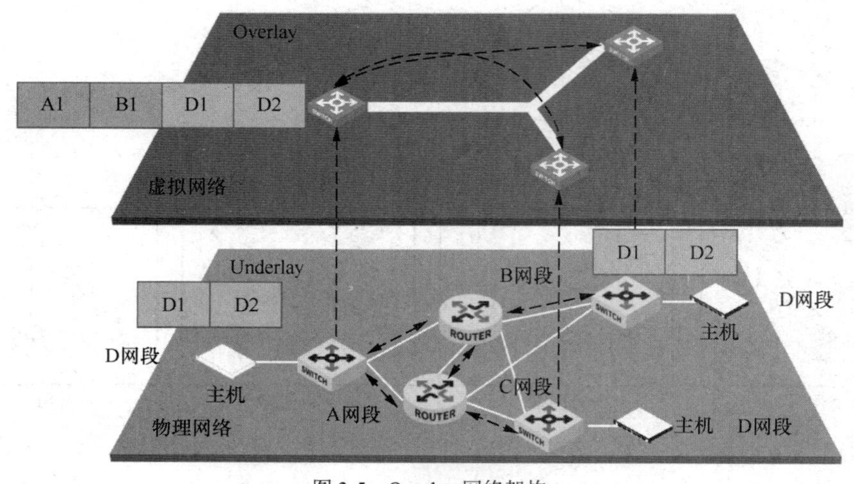

图 3-5　Overlay 网络架构

在 SDN 中，Underlay 网络和 Overlay 网络有各自的应用场景和优点。Underlay 网络主要用于实现物理网络，包括交换机、路由器等设备和物理链路的连接和数据传输。Underlay 网络中，网络设备和链路的调度、故障检测、与其他数据中心网络的互联等工作是由网络设备本身来完成的，而控制器的作用仅限于对 Underlay 网络中的网络设备和链路进行监控、信息收集、故障检测和统计分析等操作。因此，Underlay 网络适用于需要传输大量数据和对物理链路进行控制的场景，如数据中心、企业内部网络等。

与之相比，Overlay 网络是构建在物理基础架构之上的虚拟网络，可实现更为灵活和高效的网络部署和管理。Overlay 网络通过在现有的物理网络上创建一个或多个虚拟网络，在对物理网络不做任何改造的情况下，解决了物理数据中心，尤其是云数据中心存在的依赖性强问题、变更成本高问题、安全性低问题和管理复杂问题等。Overlay 网络可以按需求建立不同的虚拟拓扑组网，支持网络切片与网络分段；可以将不同的业务分割开来，实现网络资源的最优分配。Overlay 网络通过加密手段可以保护私密流量在互联网上的通信，并且其流量传输不依赖特定线路。Overlay 网络使用隧道技术，可以灵活选择不同的底层链路，使用多种方式保证流量的稳定传输，并且支持多路径转发。因此，Overlay 网络适用于需要隔离不同虚拟网络、优化底层物理网络资源、按需配置和分配网络资源的场景，如云计算、虚拟化环境等。

在 SDN 中，Underlay 网络和 Overlay 网络形成一种分层架构，有助于充分利用网络资源，提高数据传输的效率和安全性。Underlay 网络主要负责物理设备和物理链路的控制和传输，Overlay 网络主要负责虚拟网络和虚拟设备的管理和部署。Overlay 网络通过控制器动态地配置网络流表，可实现虚拟网络与 Underlay 网络的转换，从而实现底层物理网络资源的优化利用，使得不同虚拟网络之间相互隔离，保证虚拟网络之间的安全性。这样的分层架构使得 SDN 更加灵活、安全和高效，满足 SDN 更高效、安全和灵活的应用场景需求。

3.2.2 SDN 南向协议

SDN 南向协议是 SDN 架构中控制器和交换机之间用于进行通信和交互的标准化接口协议。它允许控制器通过南向协议将应用层的请求下发到交换机的数据层，并且使交换机能够向控制器上报拓扑信息和状态。南向协议的出现促进了控制器向分布式的数据面进行编程控制，实现了网络控制面和数据面的分离，为网络流量的控制和优化提供了更高的可编程能力。

SDN 架构将网络的控制面和数据面分离，使得控制器可以对分布式的数据面进行编程控制。南向协议提供的可编程能力决定了 SDN 可编程能力的水平，因此南向协议是 SDN 中最核心、最重要的接口标准之一。

SDN 南向协议分为狭义 SDN 南向协议和广义 SDN 南向协议，如图 3-6 所示。狭义 SDN 南向协议指的是具有数据面可编程能力的南向协议，例如 OpenFlow 协议。OpenFlow 协议可以通过下发流表项来对数据面设备的网络数据处理逻辑进行编程控制，实现可编程定义的网络。除了 OpenFlow 协议，还有 POF 和 P4 等协议，这两者被归为完全可编程的南向协议，因为它们不仅拥有数据面可编程能力，还拥有相对通用的抽象能力，支持数据面和控制面的软件定义。

广义 SDN 南向协议分为 3 种类型。第一种是仅具有数据面配置能力的南向协议，例如 OF-Config、OVSDB、NET-CONF 等。它们主要完成对设备资源的配置，属于 OpenFlow 等狭义 SDN 南向协议的补充。第二种是针对广义 SDN 架构的南向协议，例如 ACI 架构的 OpFlex 协议。OpFlex 支持远程控制器下发策略，指导数据转发设备实现网络策略。但由于 OpFlex 协议只传输网络策略，不能规定其具体实现方式，因此其可编程能力比较弱。第三种是已经广泛应用的南向协议，例如 PCEP 和 XMPP。PCEP 最初被广泛用于 TE（Traffic Engineering，流量工程）领域，在 SDN 出现后也被用于 SDN 框架，它们都具有可编程能力，但不是专门为 SDN 而设计的。XMPP 被应用于许多场景，例如网络聊天，它被应用于 SDN 只是因为其功能适合携带南向数据，所以被归类为广义 SDN 南向协议。

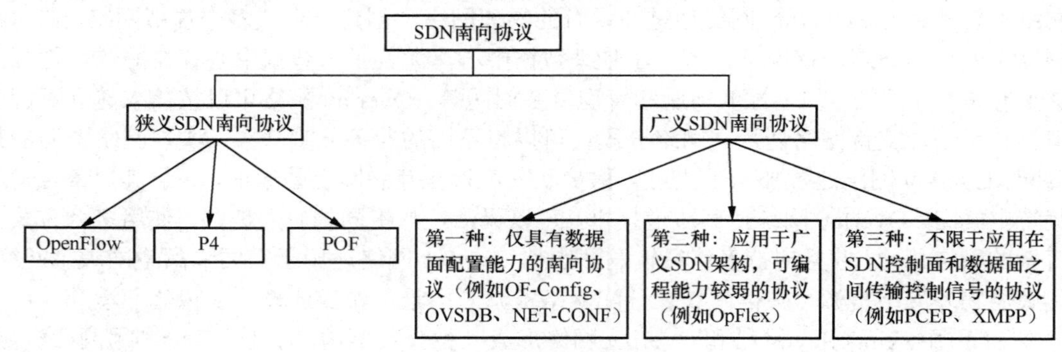

图 3-6　SDN 南向协议分类

3.2.3　南向协议之 OpenFlow 概述

OpenFlow 协议最早由美国斯坦福大学的 Clean Slate 计划资助的 Ethane 项目开始部署，旨在创新企业网络架构。2008 年，Nick McKeown 教授发表了一篇重要论文，其标题为“OpenFlow: Enabling Innovation in Campus Networks”，正式将 OpenFlow 引入人们的视野。随后，OpenFlow 成为标准化组织 ONF（Open Networking Foundation，开放网络基金会）主推的南向协议之一。经过多年的发展，OpenFlow 已成为 SDN 的主流南向协议之一，其发展历程充分体现了 SDN 的核心思想——数据转发与逻辑控制分离，以及网络设备的可编程性和灵活性。OpenFlow 在发展历程中，经历了多个版本的演进，从最初的 OpenFlow 1.0 到编写本书时的 OpenFlow 1.8 甚至更高级的版本，其功能和性能不断增强，提供了更多的控制和管理功能，OpenFlow 的部分发展历程如图 3-7 所示。

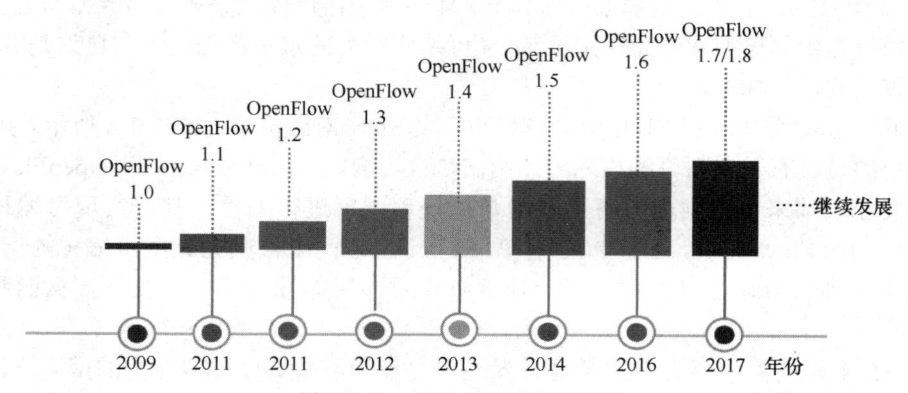

图 3-7　OpenFlow 的部分发展历程

OpenFlow 的设计基于网络中“流”的概念。在传统网络中，网络设备对数据分组的处理是独立的，这降低了数据分组的处理效率。而 OpenFlow 引入了“流”的概念，将一次通信产生的数据分组的共同特征抽象成一个“流”，使网络设备能够统一处理这些数据分组，从而提高了数据分组的处理效率。OpenFlow 协议提供了接口，使控制器可以根据某次通信中“流”的第一个数据分组的特征，对数据面设备（OpenFlow 交换机）部署策略，从而实现灵活的网络转发平面策略。

我们该怎么理解 OpenFlow 协议呢？OpenFlow 协议是 SDN 控制器和网络设备之间的通信协议之一，被视为 SDN 通信协议的标准，类似于互联网中的 TCP/IP。它是一种数据链路层的网络通信协议，可以控制交换机和路由器的转发平面，影响数据包的转发路径。相比于传统的访问控制列表（Access Control List，ACL）和路由协议，OpenFlow 协议允许更复杂的流量管理，可以实现更灵活的网络控制。同时，OpenFlow 协议还允许不同供应商使用一个简单、开源的协议远程管理交换机，以降低网络管理的复杂度和成本。OpenFlow 协议的核心思想是将数据面和控制面分离，通过远程控制网络交换机的数据包转发表，改变数据包的转发路径。具体来说，OpenFlow 协议允许控制器向交换机下发流表项，指定数据包的匹配条件和对应的处理动作，从而实现对网络流量的精细控制。

总之，OpenFlow 协议为 SDN 提供了一种灵活、可编程的网络控制方式，可以帮助网络管理员更好地管理和优化网络性能。

3.2.4 OpenFlow 架构

OpenFlow 架构是 SDN 的核心架构之一，它通过将数据面和控制面分离，实现网络控制的灵活性和可编程性。OpenFlow 的整体架构由 OpenFlow 网络设备（OpenFlow 交换机）、控制器（OpenFlow 控制器）、用于连接设备和控制器的安全通道（Secure Channel）以及 OpenFlow 流表组成。其中，OpenFlow 交换机和 OpenFlow 控制器是组成 OpenFlow 架构的实体，要求能够支持安全通道和 OpenFlow 表项。OpenFlow 架构如图 3-8 所示。

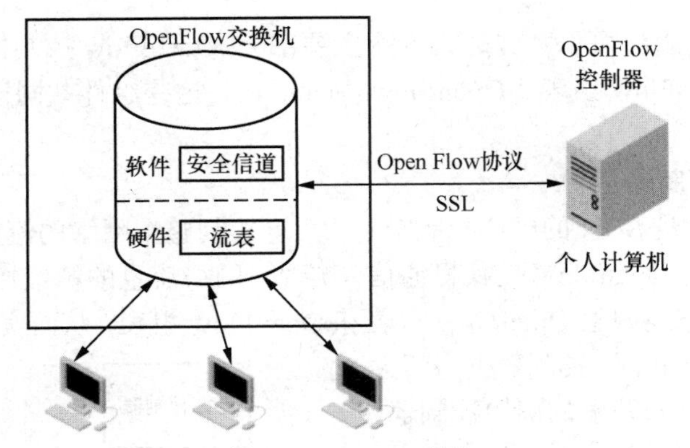

图 3-8 OpenFlow 架构

从宏观角度来看，人们关心 SDN 技术，要归功于 ONF，该组织致力于推动 SDN 技术的发展和应用。具体来说，ONF 提出了一些常见的 SDN 定义，其中包括以下 3 个方面。OpenFlow 运行架构如图 3-9 所示。

（1）控制面和数据面的分离。在 SDN 中，控制面在逻辑上为集中式的控制器系统，负责控制网络中的数据流。而数据面则由交换机等网络设备组成，负责实际的数据转发和处理。通过将控制面和数据面分离，SDN 可以实现网络控制的灵活性和可编程性。

（2）标准协议用于实时状态。在 SDN 中，控制器和网络组件代理程序之间使用的一个标准协议（例如 OpenFlow 协议）用于实时状态。OpenFlow 协议定义了控制器和交换机之间的通信方式，包括消息格式、消息类型、消息处理方式等。通过 OpenFlow 协议，控制器可以实时获取网络设备的状态信息，从而实现对网络流量的精细控制。

（3）可扩展的 API 机制。SDN 还提供了可扩展的 API 机制，通过这个机制，可以集中检视并且提供网络可编程性。SDN 的 API 机制可以让开发者自由地编写控制器应用程序，实现对网络流量的灵活控制。同时，SDN 的 API 机制还可以让网络管理员根据实际需求，自定义网络控制策略，从而更好地管理和优化网络性能。

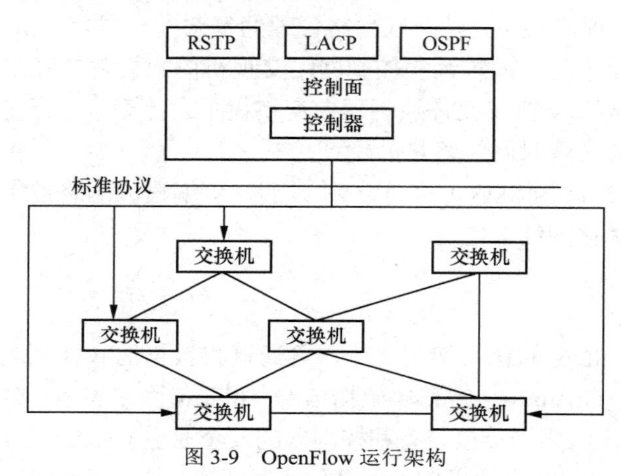

图 3-9　OpenFlow 运行架构

3.2.5　OpenFlow 的关键组件

OpenFlow 的关键组件可以大致分为 5 个主要部分：OpenFlow 控制器、OpenFlow 交换机、OpenFlow 流表、OpenFlow 组表、OpenFlow Meter 表。这些组件共同协作，实现了 SDN 的核心功能。

1. OpenFlow 控制器

OpenFlow 控制器是 SDN 的中心控制节点，负责控制整个网络的流量。OpenFlow 控制器通过 OpenFlow 协议与 OpenFlow 交换机通信，实现对网络流量的精细控制。控制器可以根据网络流量的特征，动态地调整 OpenFlow 流表和 OpenFlow 组表，从而实现对网络流量的灵活控制。目前主流的 OpenFlow 控制器分为两大类，即开源控制器和厂商开发的商用控制器，如图 3-10 所示。

开源控制器
商用控制器
OpenFlow控制器分类

图 3-10　OpenFlow 控制器分类

关于一些开源控制器，我们需要做如下了解。

（1）NOX 控制器：常用的开源 SDN 控制器，基于 Python 编写，具有灵活、易用、可扩展等特点。NOX 控制器是早期的 SDN 控制器之一，由 Nicira Networks 开发，后来被 VMware 收购。NOX 控制器采用事件驱动的编程模型，可以通过 Python 或 C++编写控制器应用程序。NOX 控制器支持 OpenFlow 1.0 和 OpenFlow 1.3 协议，可以实现对网络流量的灵活控制和管理。

（2）POX 控制器：NOX 控制器的一个分支，由 Nepi 团队开发，采用 Python 编写，具有灵活、易用、可扩展等特点。POX 控制器支持 OpenFlow 1.0 和 OpenFlow 1.3 协议，可以实现对网络流量的灵活控制和管理。POX 控制器还提供了一些常用的控制器应用程序，如 Hub、Learning Switch、Firewall 等，可以快速搭建 SDN。NOX 和 POX 控制器都是开源的，可以在 GitHub 上获取其源代码。它们都具有灵活、易用、可扩展等特点，可以满足不同场景下的 SDN 控制需求。同时，由于它们都采用 Python 编写，因此可以快速开发和部署控制器应用程序，提高 SDN 的管理效率和灵活性。

（3）OpenDaylight：一个基于 Java 的开源 SDN 控制器，由 Linux 基金会主持开发。它支持多种南向协议，如 OpenFlow、NETCONF、BGP 等，同时也支持多种北向协议，如 REST API、Java API 等。OpenDaylight 提供了丰富的插件机制，可以快速扩展和定制控制器功能。

（4）Ryu：一个基于 Python 的开源 SDN 控制器，由日本 NTT 公司开发。它支持 OpenFlow 协议，同时也支持其他南向协议，如 NETCONF、OF-config 等。Ryu 提供了丰富的控制器应用程序，如 Hub、Learning Switch、Firewall 等，可以快速搭建 SDN。

（5）Floodlight：一个基于 Java 的开源 SDN 控制器，由 Big Switch Networks 开发。它支持 OpenFlow 协议，同时也支持其他南向协议，如 NETCONF、OVSDB 等。Floodlight 提供了丰富的插件机制，可以快速扩展和定制控制器功能。

（6）ONOS：一个基于 Java 的开源 SDN 控制器，由 ON.Lab 主持开发。它支持多种南向协议，如 OpenFlow、NETCONF、P4 等，同时也支持多种北向协议，如 REST API、Java API 等。ONOS 提供了丰富的插件机制，可以快速扩展和定制控制器功能。

关于一些厂商的控制器，我们也可以做如下了解。

（1）Cisco ACI：思科公司的 SDN 解决方案，包括 ACI 基础设施和 APIC 控制器。ACI 基础设施包括 Nexus 交换机、APIC 控制器、ACI Fabric 等，可以实现网络虚拟化、自动化和安全性。APIC 控制器提供了丰富的 API 和 GUI，可以快速部署和管理 SDN。

（2）Agile Controller：华为公司的 SDN 解决方案，包括 Agile Controller 和 SDN 应用。Agile Controller 提供了丰富的南向接口和北向接口，支持多种南向协议，如 OpenFlow、NETCONF、BGP 等，同时也支持多种北向协议，如 REST API、Java API 等。SDN 应用包括网络虚拟化、网络安全、网络优化等，可以满足不同场景下的 SDN 需求。

（3）Juniper Contrail：Juniper Networks 公司的 SDN 解决方案，包括 Contrail Networking 和 Contrail Cloud。Contrail Networking 提供了丰富的南向接口和北向接口，支持多种南向协议，如 OpenFlow、NETCONF、BGP 等，同时也支持多种北向协议，如 REST API、Python API 等。Contrail Cloud 提供了基于 OpenStack 的云管理平台，可以快速部署和管理 SDN。

（4）VMware NSX：VMware 公司的 SDN 解决方案，包括 NSX Manager 和 NSX Controller。NSX Manager 提供了丰富的 API 和 GUI，可以快速部署和管理 SDN。NSX Controller 提供了丰富的南向接口和北向接口，支持多种南向协议，如 OpenFlow、NETCONF、BGP 等，同时

也支持多种北向协议，如 REST API、Python API 等。

开源和商用 SDN 控制器都是实现 SDN 的关键组件，它们的主要区别在于开发者和商业模式。开源 SDN 控制器是由社区开发和维护的，这些控制器具有开放的架构和丰富的插件，可以满足不同场景下的 SDN 需求。开源 SDN 控制器的优点是免费、开放、灵活，可以自由定制和扩展。但是，开源 SDN 控制器的缺点是缺乏商业支持和保障，可能存在安全和稳定性等方面的问题。商用 SDN 控制器是由厂商开发和维护的，这些控制器具有丰富的功能和性能，可以满足不同场景下的 SDN 需求。商用 SDN 控制器的优点是有商业支持和保障、稳定性和安全性高、易于集成和管理。但是，商用 SDN 控制器的缺点是需要付费、闭源、定制和扩展受限。总的来说，开源 SDN 控制器适合对成本敏感、需要灵活定制和扩展的场景，而商用 SDN 控制器适合对稳定性和安全性要求高、需要商业支持和保障的场景。在选择 SDN 控制器时，需要根据实际需求和预算做出选择。

2. OpenFlow 交换机

OpenFlow 交换机由硬件平面上的 OpenFlow 表项和软件平面上的安全通道构成。OpenFlow 表项为 OpenFlow 的关键组成部分，由控制器下发来实现控制面对转发平面的控制，OpenFlow 交换机通过 OpenFlow 协议与 SDN 控制器进行通信，实现对网络流量的控制和管理。OpenFlow 交换机中包含多个 OpenFlow 表，用于存储流表项和流量匹配规则，每个表都有一个优先级，用于确定流量匹配的顺序。控制器可以向交换机下发流表项和控制命令，实现网络流量的控制和管理。OpenFlow 交换机与控制器的关系如图 3-11 所示。

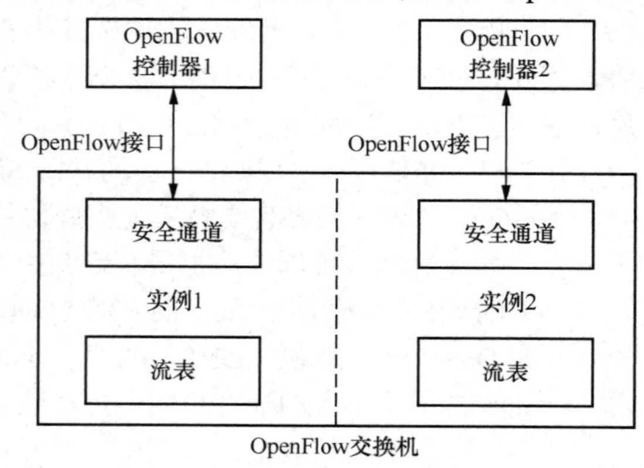

图 3-11 OpenFlow 交换机与控制器的关系

3. OpenFlow 流表

OpenFlow 流表是交换机用于存储流表项的表，在 OpenFlow 1.0 版本中仅有一个流表，即单流表。由于单流表可以支持的程序逻辑太简单，无法满足复杂的业务逻辑需求，所以在 OpenFlow 1.1 版本中就提出了多级流表的概念。流表通常由以下几个字段组成。

（1）匹配字段：用于匹配数据包的各种属性，例如源 IP 地址、目的 IP 地址、协议类型、端口号等。

（2）动作字段：用于指定交换机对匹配到的数据包应该执行的操作，例如转发到指定端口、丢弃、修改数据包头部等。

（3）优先级字段：用于指定流表中规则的优先级，当多个规则匹配同一个数据包时，优先级高的规则会被优先执行。

（4）统计字段：用于记录流表中规则的匹配次数、字节数、包数等统计信息，方便网络管理员进行流量监控和分析。

OpenFlow 流表可以分为多个表，每个表可以包含多个流表项。交换机在处理数据包时，会按照流表的优先级顺序依次匹配流表项，直到匹配到符合条件的流表项为止。如果没有匹配到任何流表项，则交换机会根据默认规则进行处理。OpenFlow 流表是交换机中的一个重要组成部分，它用于存储流量转发规则，控制交换机对数据包的处理。

4. OpenFlow 组表

OpenFlow 组表（可简称组表）用于将多个动作组合成一个组，以便在流表中引用。组表可以在交换机中实现多种功能，例如负载均衡、多路径路由、多播等。组表的关键字段主要包括以下 4 个。

（1）Group ID（组标识符）：用于标识组表中的组，是唯一的整数。

（2）Group Type（组类型）：用于指定组的类型，主要包括以下 4 种。

All（全部）：将数据包发送到组中的所有成员。

Select（选择）：从组中的成员中选择一个进行处理。

Indirect（间接）：将数据包发送到组中的一个成员，由该成员进行处理并返回结果。

Fast Failover（快速故障转移）：将数据包发送到组中的第一个可用成员，如果该成员出现故障，则将数据包发送到下一个可用成员。

（3）Group Buckets（组成员）：用于指定组中的成员，每个成员包含一个或多个动作。组成员可以是端口、组、流表等。

（4）Group Action（组动作）：用于指定组表中的动作，包括以下 4 种。

Group（组）：将数据包发送到指定的组中进行处理。

Output（输出）：将数据包发送到指定的端口。

Set-Field（设置字段）：修改数据包头部的某个字段。

Push-Pop（压入/弹出）：压入或弹出数据包头部的某个字段。

5. OpenFlow Meter 表

用于测量流量，并根据流量的大小进行限速或限流。Meter 表可以在交换机中实现多种功能，例如与流量控制、QoS 等相关的功能。Meter 表的主要关键字段包括以下 4 个。

（1）Meter ID（Meter 标识符）：用于标识 Meter 表中的 Meter，是一个唯一的整数。

（2）Meter Bands（Meter 计量带）：用于指定 Meter 表中的 Meter 计量带，每个 Meter 计量带包含一个或多个动作。Meter 计量带可以是 Drop、DSCP Remark、Experimenter 等。

（3）Meter Type（Meter 类型）：用于指定 Meter 的类型，包括以下几种。

Drop（丢弃）：将数据包丢弃。

DSCP Remark（DSCP 标记）：修改数据包头部的 DSCP 字段。

Experimenter（实验者）：执行自定义的动作。

（4）Meter Flags（Meter 标志）：用于指定 Meter 的标志，包括以下几种。

KBPS（Kbit/s）：限制速率以 Kbit/s 为单位。

PKTPS（pps）：限制速率以 pps（包/秒）为单位。

BURST（突发）：指定允许的最大突发大小。

STATS（统计）：启用 Meter 的统计信息。

以上就是我们对 OpenFlow 的主要组件的了解，OpenFlow 协议的关键组件共同协作，实现了 SDN 的核心功能，为网络管理和控制提供了更加灵活、高效的方式。

3.2.6 OpenFlow 消息类型

OpenFlow 协议定义了控制器和交换机之间的通信协议，包括交换机和控制器之间的消息格式和交换机的行为。OpenFlow 报文是 OpenFlow 协议中的基本通信单元，用于在控制器和交换机之间传递信息。OpenFlow 的报文分为 Controller-to-Switch、Asynchronous 和 Symmetric 三大类，如图 3-12 所示。Controller-to-Switch 报文主要由控制器初始化并发送给交换机，Asynchronous 类型的报文是交换机异步上报给控制器的报文，而 Symmetric 类型的报文则是无须等待对方请求、双方都可以任意发送的报文。

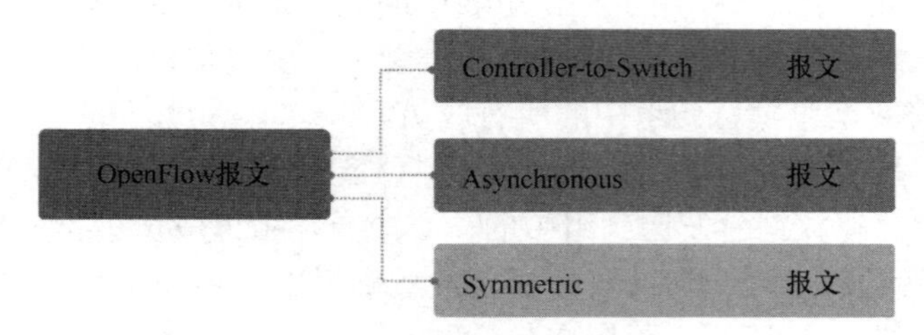

图 3-12 OpenFlow 报文三大类

Controller-to-Switch 报文由 Controller 发起、Switch 接收并处理消息，这些消息主要用于 Controller 对 Switch 进行状态查询和修改配置等管理操作，不需要交换机进行响应。Controller-to-Switch 报文的常见消息类型如表 3-1 所示。

表 3-1 Controller-to-Switch 报文的常见消息类型

消息类型	作用
Features	控制器通过向交换机发送 Features 消息，请求交换机身份和基本能力信息，且交换机必须对此类消息进行应答
Configuration	控制器设置或查询交换机上的 Configuration 消息，交换机仅需要应答查询消息
Modify-State	控制器通过发送 Modify-State 消息管理交换机流表项和端口状态等内容
Read-State	Read-State 消息用于实现控制器收集交换机上的各种信息，包括配置、统计等信息
Packet-Out	用于实现控制器通过交换机指定端口转发数据包
Barrier	用于实现控制器确保消息依赖满足，或接收完成操作的通知
Role-Request	用于实现控制器设置或查询安全通道的角色信息。当交换机连接多个控制器时，此类消息是非常有用的
AsynchronousConfiguration	用于针对从安全通道接收到的异步信息添加额外的控制器或查询控制器。此类消息通常在安全通道建立时执行，且在交换机连接多个控制器时非常有用

Asynchronous 报文是由交换机异步发送给控制器的报文，无须等待控制器请求。交换机通过报文告知控制器新数据包的到达和交换机状态的改变。Asynchronous 报文的常见消息类型如表 3-2 所示。

表 3-2 Asynchronous 报文的常见消息类型

消息类型	作用
Packet-in	将数据包发送给控制器，对于所有通过匹配流表项或者 Table Miss 后转发到控制器端口的报文，均要通过 Packet-in 消息发送到控制器
Flow-Removed	当 OFPFF_SEND FLOW__REM 标志位被置位时，交换机将会在流表项失效时通知控制器流表项被移除的消息。触发流表项失效的原因可以是控制器主动删除或者流表项超时
Port-Status	当端口配置或者状态发生变化时，用于告知控制器端口状态发生改变

Symmetric 报文可以由控制器和交换机双方任意一方发送，无须得到对方的许可或者邀请。它主要用于建立连接、检测对方是否在线。Symmetric 报文的常见消息类型如表 3-3 所示。

表 3-3 Symmetric 报文的常见消息类型

消息类型	作用
Hello	用于在交换机和控制器之间的 OpenFlow 通道建立初期，协商版本等内容
Echo	Echo Request/Reply 可以由交换机和控制器任意一方发出。每个 Request 报文都需要一个 Reply 报文回复。其主要用于保持连接的活性，但同时也支持携带消息内容，可用于时延或带宽测试
Error	用于交换机或控制器，告知对方错误，一般而言，多被用于交换机以告知控制器请求发生的错误
Experimenter	提供 OpenFlow 报文功能范围之外功能的标准方式，可以用于实验场景

以上是对 OpenFlow 报文的基本介绍，接下来我们介绍一下常见的报文交互过程，具体的交互过程如图 3-13 所示。

（1）控制器与交换机建立传输控制协议（Transmission Control Protocol，TCP）连接。

（2）控制器与 OpenFlow 交换机之间相互发送 Hello 消息，用于协商双方的 OpenFlow 版本号。在双方支持的最高版本号不一致的情况下，协商的结果将以较低的 OpenFlow 版本为准。如果双方协商不一致，还会产生 Error 消息。

（3）控制器向 OpenFlow 交换机发送 Features Request 消息，请求 OpenFlow 交换机上传自己的详细参数。OpenFlow 交换机收到请求后，向控制器发送 Features Reply 消息，详细汇报自身参数，包括支持的缓冲区数目、流表数以及异步请求等。

（4）控制器向交换机发送 Flow Mod 报文，指示交换机如何处理数据包。交换机根据 Flow Mod 报文中的匹配条件，匹配到数据包后，根据指示进行处理，如转发、丢弃、修改等。

（5）交换机向控制器发送 Packet_In 报文，表示有数据包未匹配到流表项，需要控制器进行处理。

（6）控制器向交换机发送 Packet_Out 报文，交换机根据 Packet_Out 报文中的指示进行处理，如转发、丢弃、修改等。

（7）控制器向交换机发送 Flow Stats Request 报文，获取交换机中流表项的统计信息。

（8）交换机向控制器发送 Flow Stats Reply 报文，包含流表项的统计信息。

（9）控制器向交换机发送 Port Stats Request 报文，获取交换机中端口的统计信息。

（10）交换机向控制器发送 Port Stats Reply 报文，包含端口的统计信息。

（11）控制器向交换机发送 Barrier Request 报文，等待交换机处理完之前的所有请求。

（12）交换机处理完之前的所有请求后，向控制器发送 Barrier Reply 报文。

（13）控制器向交换机发送 Echo Request 报文，测试连接是否正常。

（14）交换机回复 Echo Reply 报文，测试连接正常。

（15）控制器向交换机发送关闭连接的请求，交换机回复关闭连接的确认报文。

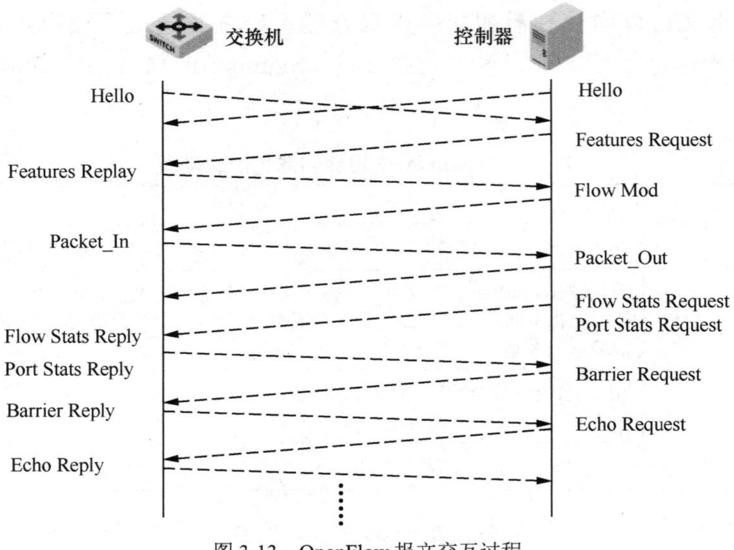

图 3-13　OpenFlow 报文交互过程

3.2.7　OpenFlow 应用场景

随着 OpenFlow/SDN 概念的发展和推广，其研究和应用场景得到了不断拓展。OpenFlow/SDN 的应用场景多种多样，具体涉及应用场景如图 3-14 所示。

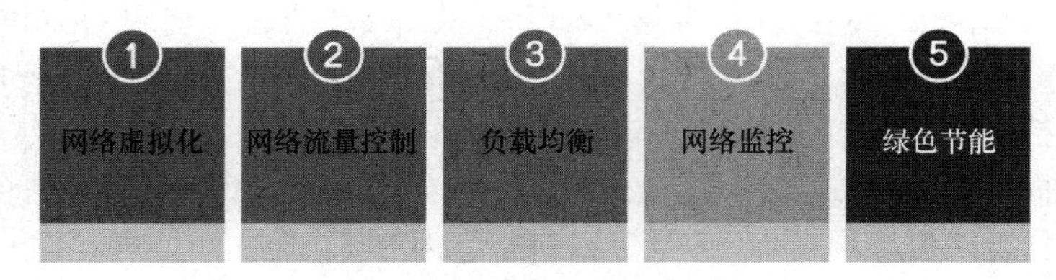

图 3-14　OpenFlow 应用场景

（1）**网络虚拟化**。OpenFlow 可以用于实现虚拟化网络，使得不同的虚拟机可以在同一物理网络上运行，而且彼此之间互不干扰。OpenFlow 可以通过控制器来管理虚拟网络，例如创建、删除、修改虚拟网络，以及为虚拟网络分配带宽等。

（2）**网络流量控制**。OpenFlow 可以用于实现网络流量控制，例如限制某些应用程序的带宽，或者防止 DDoS（Distributed Denial of Service，分布式拒绝服务）攻击等。OpenFlow 可以通过控制器来控制网络流量，例如设置流量限制、过滤流量、重定向流量等。

（3）**负载均衡**。OpenFlow 可以用于实现负载均衡，例如将网络流量分配到不同的服务器上，从而提高网络性能和可靠性。OpenFlow 可以通过控制器来管理负载均衡，例如设置负载均衡策略、监控服务器负载等。

（4）**网络监控**。OpenFlow 可以用于实现网络监控，例如实时监测网络流量、识别网络攻击等。OpenFlow 可以通过控制器来管理网络监控，例如设置监控策略、分析网络流量等。

（5）**绿色节能**。当今数据中心和云计算环境中，如何降低运营成本是一个重要的研究课题。传统的网络设备在运行时通常会消耗大量的能源，而且由于网络负载的不均衡，很多设备可能处于空闲状态，这导致了能源的浪费和运营成本的增加。OpenFlow 的动态路由算法 ElasticTree 可以根据网络负载情况，动态调整网络拓扑结构，从而实现资源的动态分配和绿色节能。具体来说，ElasticTree 可以根据网络负载情况，选择性地关闭或挂起部分网络设备，从而降低能耗和运营成本。这种动态路由算法可以帮助数据中心和云计算环境实现绿色节能和降低运营成本的目标。

OpenFlow 的应用场景非常广泛，它可以帮助实现网络的可编程性和灵活性，从而提高网络的性能、可靠性和安全性。同时，OpenFlow 还可以与 NFV 等网络技术结合使用，从而进一步提高网络的灵活性和可管理性。

3.3 NFV

NFV 是一种新兴的技术，它正在改变网络的设计、部署和管理方式，使得网络产业向更加接近虚拟化、远离定制的硬件和预装软件的方式进行转变。随着时间的推移，数据通信网络和设备已经得到很大程度的发展和改良，但是网络仍然难以满足不断变化的市场需求。网络产业正面临一系列新的需求和挑战，它们主要来自基于云的服务，比如需要一个更好的基础架构支持服务和需求，使得工作效率变得更高。NFV 可以帮助网络产业应对这些挑战，通过将网络功能虚拟化，使得网络更加灵活、可扩展和易于管理。NFV 可以提高网络的吞吐量和降低延迟，从而更好地支持超大规模的数据中心、物联网等应用。因此，了解 NFV 的作用和需求，以及解决其面临的挑战，对于网络产业的发展至关重要。

3.3.1 NFV 概述

随着云计算和虚拟化技术的不断发展，NFV 已成为网络领域的热门话题。NFV 旨在将传统网络设备（如路由器、交换机、防火墙等）的功能从专用硬件中解耦出来，转化为软件运行在通用服务器上，从而实现网络功能的灵活部署、快速调整和高效管理。NFV 的作用是降低网络设备成本、提高网络灵活性和可扩展性，同时加速网络服务的创新和部署。

传统网络设备由硬件和软件组成，成本高且难以满足快速变化的网络需求。而 NFV 将网络的部分功能从硬件中解耦出来，使得网络功能可以在通用服务器上运行，从而降低了网络设备成本，提高了网络灵活性和可扩展性。NFV 的实现需要依赖虚拟化技术，包括虚拟机、容器、虚拟交换机等，通过虚拟化技术可以实现网络功能的快速部署和调整。同时，NFV 还需要支持自动化管理和编排，以便快速响应网络需求和变化。

在传统网络架构中，网络设备通常是由硬件和软件组成的一体化设备，功能固定、成本高、维护复杂。而在 NFV 的架构中，网络功能设备被虚拟化为软件模块，运行在标准的商用服务器上，可以根据需要进行部署、调整和删除，从而实现网络的灵活性和可定制化。NFV 的统一虚拟化平台可以支持多种不同的网络功能，可以根据需要动态地部署、调整和删除网络功能，从而实现网络的灵活性和可定制化。同时，这个平台可以利用商用服务器的高性能和低成本，实现网络功能的高效性和低成本化，传统软硬件一体化设备与统一虚拟化平台对比如图 3-15 所示。总之，NFV 的统一虚拟化平台具有功能灵活、成本低、维护简单等优点，是未来网络的发展方向之一。

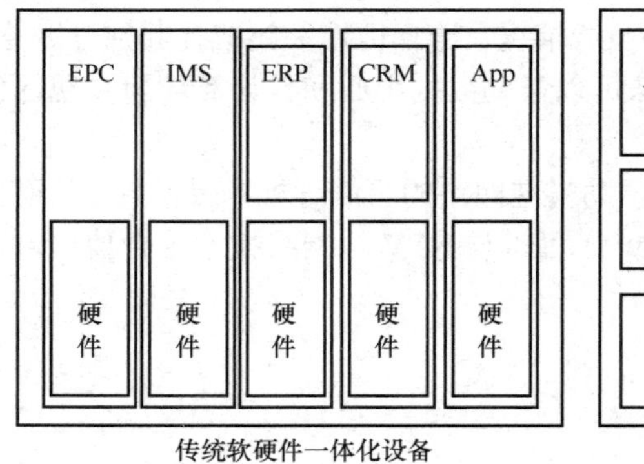

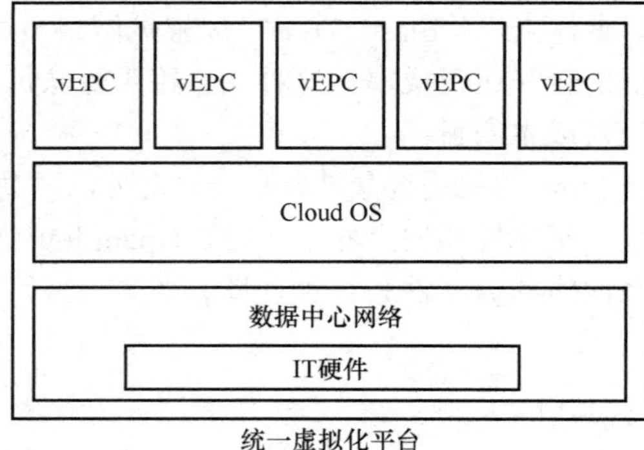

图 3-15　传统软硬件一体化设备与统一虚拟化平台对比

NFV 与服务器虚拟化非常相似，但它将虚拟化的范围扩展到了网络设备。NFV 允许生态系统管理、提供、监视和部署网络虚拟化实体。通过 NFV，网络功能可以在任何通用的硬件上实现，提供基本的计算、存储和数据传输资源。虚拟化技术已经相当成熟，可以独立于物理设备，让使用商用产品的硬件提供 NFV 的基础架构成为可能。

3.3.2　NFV 的架构起源

传统网络设备的架构是基于硬件和软件的定制化设计，它们之间紧密耦合。相比之下，NFV 采用通用、共享的硬件平台，使得厂商可以开发运行在这些硬件之上的软件，并创建多个用于管理的接口。这种架构的设计可以使不同厂商之间的软件兼容性得到保证，同时也可以使网络设备更加灵活、可扩展和易于管理。为了实现这种架构，NFV 需要标准化定义这些接口，以确保不同厂商之间的兼容性。因此，NFV 架构是一种基于软件的、开放的、标准化的网络架构，它可以帮助网络产业更好地满足不断变化的市场需求。

在 2012 年的 SDN OpenFlow World Congress 大会上，由一些主要的电信运营商组成的联盟提出了 NFV 这一概念，强调了网络运营商所面临的挑战，包括新设备的设计上的改变，部署成本和物理约束，需要专业知识来管理和操作新的专有硬件和软件等。为了应对这些挑战并提高效率，NFV 利用标准的 IT 虚拟化技术，将多种网络设备类型整合到行业标准的高容量服务器、交换机和存储设备上，这些设备可以位于数据中心、网络节点和最终用户的场所。为了实现这一目标并定义一组规范，传统网络厂商和以网络为中心的方法论就有可能向 NFV 架构转型。在这个背景下，7 个领先的电信运营商成立了欧洲电信标准组织（European Telecommunications Standards Institute，ETSI）的互联网规范组（Internet Specification Group，ISG），致力于定义能够使厂商定制硬件设备的网络功能以虚拟化方式实现的需求和架构。这个小组按照解耦合、灵活性和动态操作这 3 个关键标准来提出他们的建议，建立了一个整体架构，定义了架构中多个不同的焦点区域，这个架构就是 ETSI 架构。

3.3.3　NFV 的 ETSI 架构

NFV ETSI 架构是基于解耦合、灵活和可动态操作这 3 个关键标准建立的，它定义了整个 NFV 系统的架构和各个模块的功能。根据 ETSI 的定义，NFV 架构包含 3 个主要的模块，分别是基础架构模块、虚拟化功能模块和 NFV 管理与编排模块。其中，基础架构模块是整个架构的基础，包括加载虚拟机的硬件、使虚拟化成为可能的软件，以及虚拟化资源的归类；虚拟化功能模块使用 NFVI 提供的虚拟机，通过在这些虚拟机之上加载软件来实现虚拟网络功能；管理和编排模块是一个单独的模块，与网络功能虚拟化基础设施（Network Function Virtualization Infrastructure，NFVI）、虚拟网络功能（Virtual Network Function，VNF）模块交互，NFV ETSI 架构如图 3-16 所示。

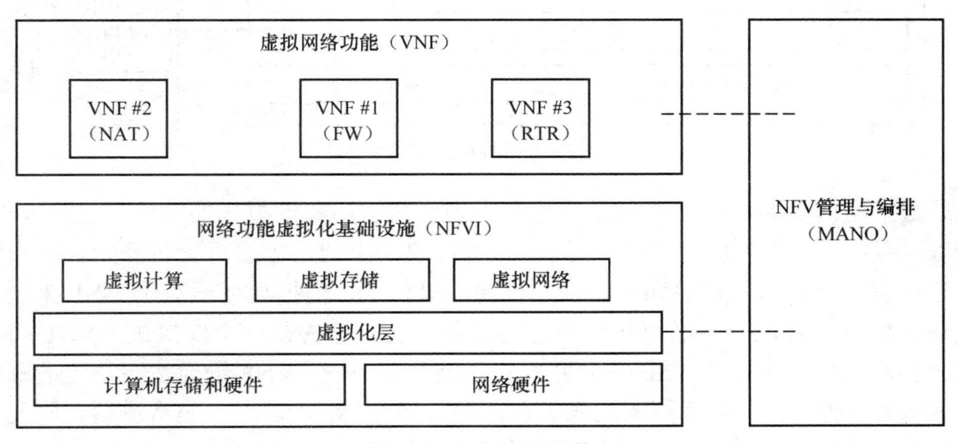

图 3-16 NFV ETSI 架构

NFV ETSI 架构中，VNF 模块实现了虚拟网络设备的功能，可以独立部署或以多个 VNF 的组合部署。NFVI 模块作为整个架构的基础，提供了基础设施，使用 COTS 硬件作为一个共有的资源池，并将资源切分为多个子集，按照 VNF 的分配需要，创建虚拟化的计算、存储和网络资源池。而 NFV 管理与编排（NFV Management And Orchestration，MANO）模块则负责管理所有基础架构模块的资源，并可以对分配给其管理的 VNF 进行资源的创建、删除和管理。这些模块共同构成了 NFV 架构，为标准化和开发工作提供了基础。同时，MANO 模块可以实现对这些实体的完整的可视性，并且负责管理它们，使得 MANO 成为运营和计费系统上收集数据的最合适的接口之一。这样的架构设计可以实现灵活、可扩展和自动化的功能模块，为 NFV 的发展奠定了坚实的基础。

3.3.4 理解 NFV ETSI 架构

NFV ETSI 架构包含多个模块，每个模块都有自己的职责。其中，MANO 是由虚拟化基础架构管理（Virtualized Infrastructure Management，VIM）、虚拟网络功能管理（Virtualized Network Function Management，VNFM）和 NFV 编排器（NFV Orchestrator，NFVO）3 个功能模块组成的。这个架构定义了各个模块之间的连接点，以及它们在交互、通信和协调工作时的模式。为了方便理解，这些模块被组合成了层级，并对每个层级进行了详细的论述。

（1）基础架构层。NFV ETSI 架构中的基础架构模块是 VNF 的基础，它由物理硬件资源、虚拟化层和虚拟资源组成。硬件资源分为计算、存储和网络 3 类，可以使用集群计算技术在主机之间形成资源池。虚拟化层与硬件设备资源池直接交互，同时虚拟化层还是连接物理硬件的接口，使硬件可以为 VNF 提供可用的虚拟机。为了管理 NFVI，ETSI 定义了 VIM，它负责控制 NFVI 资源，并与其他管理功能模块一起确定需求，再通过管理基础架构资源满足这些需求。VIM 可以直接管理硬件资源，完全知晓硬件的使用情况，对其操作属性和性能属性也完全可视。基础架构层架构如图 3-17 所示。

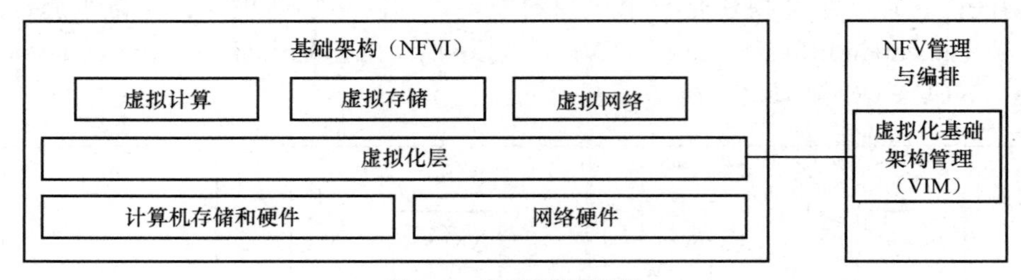

图 3-17　基础架构层架构

（2）虚拟网络功能层。虚拟网络功能层是实现网络功能虚拟化的关键，包括 VNF 模块和 VNFM 模块。VNF 模块是 VNF 和网元管理模块的组合，需要进行再开发，使得它可以运行在任何有足够计算、存储和网络接口资源的硬件上。虚拟化环境对于 VNF 来说是透明的，人们希望将其看成一个通用的硬件，而实际上运行它的是一个虚拟机。VNF 可以单独或者组合实现网络服务，当一组 VNF 共同实现网络服务时，VNF 需要按照特定的顺序处理数据。这被称为 VNF 转发流程图或服务链。服务链在 NFV 世界中非常重要。网元管理模块 EM 是另一个功能模块，旨在实现对一个或多个 VNF 的管理。它为 VNFM 在对 VNF 的运维和管理上提供了代理，以在这方面的管理上与 VNF 进行交互。虚拟网络功能层架构如图 3-18 所示。

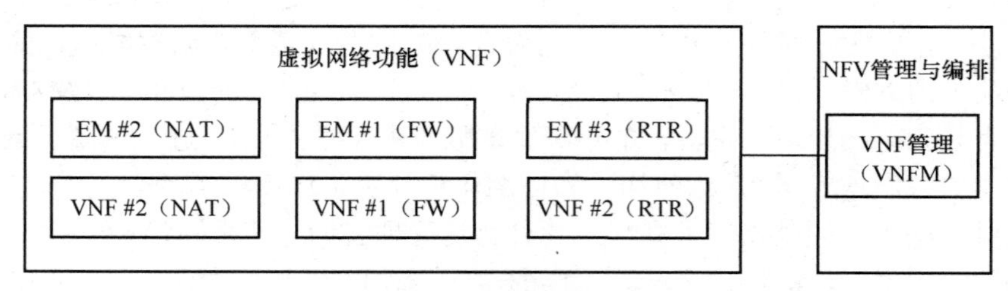

图 3-18　虚拟网络功能层架构

（3）管理与编排层。当网络架构从物理设备转向虚拟设备时，用户不需要改变已经为运营支撑系统和业务支撑系统部署的管理工具和应用。这意味着运维团队可以继续使用熟悉的管理系统来管理网络运营和业务，并且可以使用通过 VNF 实现的管理系统来替代当前管理系统。但是现有的 OSS/BSS（Operation Support System/Business Support System，运营支撑系统/业务支撑系统）没有充分获得 NFV 的优点，因此厂商可以加强并改进现有管理系统，以使用 NFV 管理功能模块，并充分利用 NFV 的各种优势。如果现有的 OSS/BSS 无法管理 NFV 这样的开放平台，可以使用另一个功能模块 NFVO。它可以对现有 OSS/BSS 进行扩展，并对操作层面、VNFI 和 VNF 的部署进行管理。NFVO 在整个架构中发挥着决定性的作用，它会忽略端到端的服务部署，从全局分析服务虚拟化，并与 VIM 和 VNFM 的相关信息进行通信，以更好地实现服务。NFVO 对于 VNF 为了实现服务实例而形成的网络拓扑有着可视性。因此，现有的 OSS/BSS 仍然能为系统管理带来价值，并且在架构中仍然占有一席之地。运营和编排层架构如图 3-19 所示。

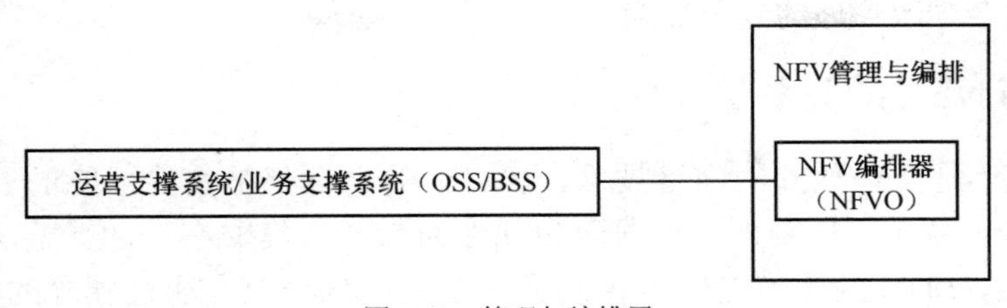

图 3-19 管理与编排层

NFV 架构的定义旨在消除互操作性挑战，实现规范化和降低挑战的难度。该架构中定义的功能模块和参考点具有明确的目的和功能范围，并且依赖关系和通信路径被参考点定义，这是一种开放和标准化的方法。这使得厂商可以独立开发功能，并将其部署到其他厂商开发的相关功能模块中，从而实现以异构的方式部署 NFV 模式。这使得服务提供商可以灵活地选择不同厂商的功能模块，而不必被硬件或软件所限制。然而，NFV 并不能解决不同厂商实现的 VNF 之间的更高层协议之间的互操作性问题，但标准化过程已经被制定。NFV 和 SDN 相互弥补彼此的不足，虽然 NFV 架构已经建立完成，但我们仍然需要在实现 NFV 架构模块的标准化上继续努力。

3.3.5 NFV 的优势与困境

NFV 是一种新型的网络架构，它将网络功能从专用硬件中解耦出来，转移到通用服务器上，从而实现网络功能的虚拟化。虽然 NFV 具有许多优势，但也存在一些困境。NFV 的优势可以体现在以下 5 个方面。

（1）灵活性和可扩展性：NFV 可以根据需要动态地分配和配置网络功能，从而实现网络的灵活性和可扩展性。

（2）成本效益：NFV 可以降低网络设备的成本，因为它可以使用通用服务器来代替专用硬件。

（3）高可用性：NFV 可以实现网络功能的冗余和负载均衡，从而提高网络的可用性。

（4）快速部署：NFV 可以快速部署新的网络功能，从而缩短网络功能的开发和部署时间。

（5）简化管理：NFV 可以简化网络功能的管理，因为它可以使用通用的管理工具来管理网络功能。

NFV 的困境主要体现在性能、安全、互操作性、标准化以及管理问题上，具体如下。

（1）性能问题：NFV 的性能可能会受到通用服务器的限制，因为通用服务器可能无法提供与专用硬件相同的性能。

（2）安全问题：NFV 可能会面临安全问题，因为它使用通用服务器来代替专用硬件，这可能会增大网络的攻击面。

（3）互操作性问题：NFV 可能会面临互操作性问题，因为不同厂商的 NFV 实现可能不兼容。

（4）标准化问题：NFV 的标准化仍然不完善，这可能会导致不同厂商的 NFV 实现之间存在差异。

（5）管理问题：NFV 的管理可能会面临挑战，因为它需要使用通用的管理工具来管理网络功能，这可能会导致管理的复杂性增加。

3.3.6 SDN 与 NFV 的关系

SDN 和 NFV 是 2 种独立的网络技术，但它们的目标都是实现网络的灵活性和可编程性。传统的网络设备中，控制面、数据面和硬件面都紧密集成在一起，无法灵活部署新型服务和更改功能。SDN 的重点是实现控制面与转发面的分离，通过独立的控制面来管理、控制和监控转发面，从而实现网络的灵活性和可编程性。SDN 和 NFV 可以相互促进并协同应用，提供灵活、可扩展、有弹性且敏捷的网络部署机制。可以通过 VNF 以及将控制面与转发面分离等方式将 SDN 原理应用于 NFV，从而实现新型网络环境。应用程序可以为 SDN 与 NFV 的协同工作提供黏合剂，最大限度地发挥这 2 种技术的优势，从而实现按需扩展、优化、部署以及提升速度等方面的云扩展需求。SDN 与 NFV 协同工作具体如图 3-20 所示。

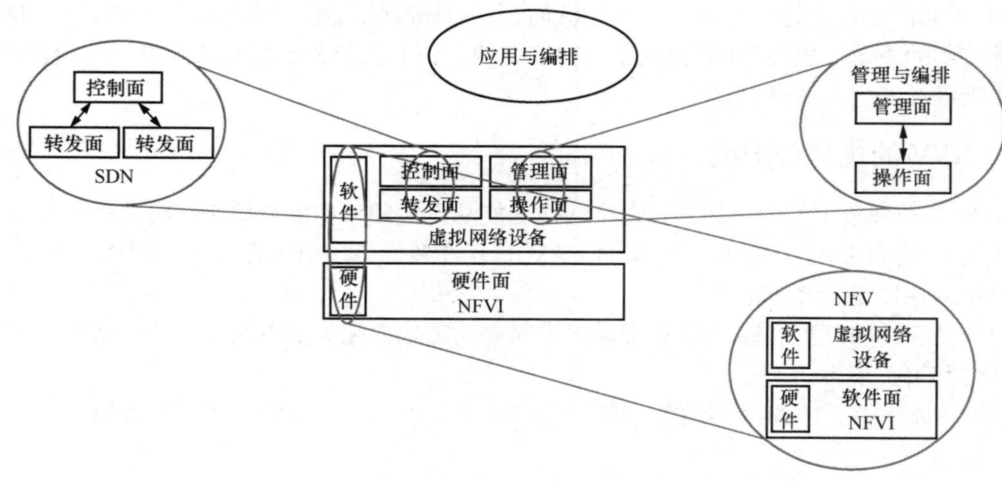

图 3-20　SDN 与 NFV 协同工作

SDN 与 NFV 高度互补，但并不互相依赖，NFV 可以在没有 SDN 的情况下进行虚拟化和部署。NFV 与 SDN 的关系如图 3-21 所示，NFV 与 SDN 的对比如表 3-4 所示。

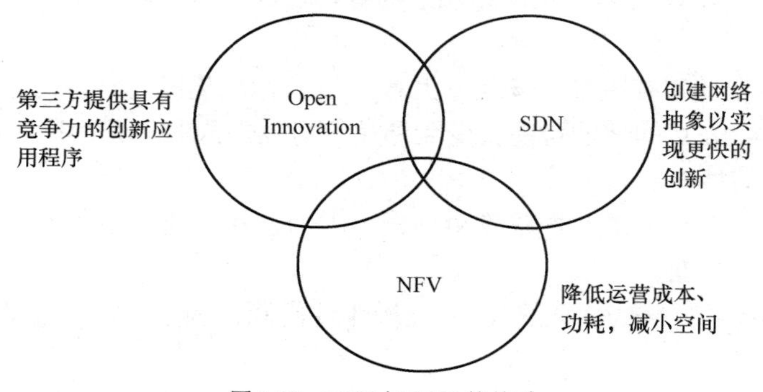

图 3-21　NFV 与 SDN 的关系

表 3-4 NFV 与 SDN 对比

类型	SDN	NFV
核心思想	转发面与控制面分离，控制面集中，网络可编程化	将网络功能从原来专用的设备移到通用设备上
针对场景	校园网、数据中心、云平台	运营商网络
针对设备	商用服务器和交换机	专用服务器和交换机
初始应用	云资源调度和网络	路由器、防火墙、网关、CDN、广域网加速器
通有协议	OpenFlow	暂无
标准组织	ONF	ETSI ISG

3.4 OpenStack 网络

OpenStack 网络是一种开源的云计算平台，它提供了一种虚拟化网络的方式，使得用户可以在云环境中创建、管理和使用虚拟网络资源。OpenStack 网络是一个模块化的系统，它由多个组件构成，这些组件协同工作，提供了完整的网络服务。

3.4.1 OpenStack Neutron 概述

OpenStack Neutron（简称 Neutron）是 OpenStack 云计算平台中的一个重要网络服务模块，它提供了 OpenStack 云计算环境下的虚拟网络管理功能，为 OpenStack 云计算平台中的虚拟机提供了高效的网络连接和通信能力。其主要作用是将物理网络转换为虚拟网络，通过将物理网络设备抽象为虚拟网络设备，将虚拟机连接到虚拟网络中，实现虚拟机之间的通信和虚拟机与外部网络的连接。这样，用户可以轻松地创建、管理和配置虚拟网络，实现更加灵活和高效的云计算服务。Neutron 具有以下价值。

（1）提供丰富的网络服务。Neutron 提供了虚拟网络、路由器、防火墙、负载均衡器、虚拟专用网络等丰富的网络服务，可以满足用户不同的网络需求。

（2）支持多种网络类型。Neutron 支持 Flat、VLAN、GRE、VXLAN 等多种网络类型，可以根据用户的需求进行选择和配置，实现更加灵活和高效的云计算服务。

（3）支持复杂拓扑结构、租户灵活组网。Neutron 支持复杂的网络拓扑结构和租户灵活组网，可以满足用户的不同网络需求。

（4）支持服务与后端技术解耦，方便引入 SDN 等新技术。Neutron 的服务与后端技术解耦，可以方便地引入 SDN 等新技术，实现更加高效和灵活的网络服务。

（5）提供可扩展框架。Neutron 提供了可扩展的框架，可以方便地扩展和定制网络服务，满足用户的不同需求。

（6）提供告警网络服务。Neutron 提供了告警网络服务，包括 Router、LB、VPN、FW 等，可以保护虚拟机免受网络攻击，实现更加安全的云计算服务。

（7）持续快速发展，厂商热情支持。Neutron 作为 OpenStack 云计算平台中的一个重要组成部分，得到了众多厂商的热情支持，持续快速发展，为用户提供更加高效、灵活和安全的云计算服务。

总之，对于 OpenStack 云计算平台来说，Neutron 具有提供丰富的网络服务、支持多种网络类型、提供可扩展框架、提供告警网络服务等优点，可以满足用户的不同网络需求，为用户提供更加高效、灵活和安全的云计算服务。

3.4.2 OpenStack Neutron 组件架构

Neutron 是 OpenStack 中的一个复杂的网络服务，它由 Neutron Server 和各种各样的 Agent（代理）组成，具体架构如图 3-22 所示。在计算节点上创建虚拟机时，会存在虚拟交换机（OVS）进行网络服务，而 OVS 的配置由 Neutron Server 的相应 Plugin 来支持创建及管理。同时，计算节点上也会有自己的 OVS 配置 Agent。

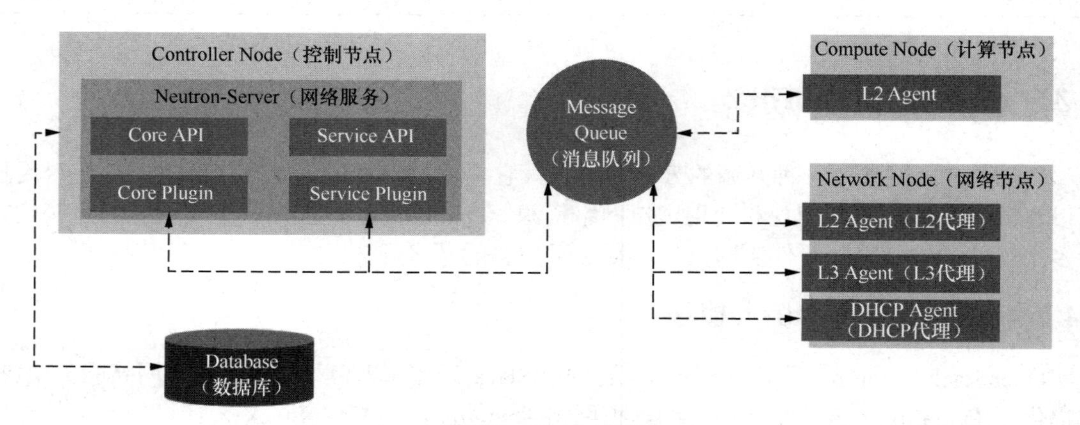

图 3-22 Neutron 架构

Neutron 的架构是基于插件的，不同的插件提供不同的网络服务，它主要包含如下组件。

（1）Neutron Server：对外提供网络 API，并调用 Plugin 处理请求。

（2）Plugin：处理 Neutron server 的请求，维护网络状态，并调用 Agent 处理请求。

（3）Agent：处理 Plugin 的请求，调用底层虚拟或物理网络设备实现各种网络功能。

Neutron 和各种组件通过消息队列组成一个子系统。Neutron Server 使用消息队列与其他 Agent 交换消息，但是这些消息队列不会用于 Neutron Server 与其他 OpenStack 组件（如 Nova）的消息交换。Neutron 的架构中还有一些重要的组件，包括 L2 Agent、L3 Agent、DHCP Agent 和数据库。以下是这些组件的相关作用描述。

（1）L2 Agent 负责连接端口（Port）和设备，使它们处于共享的广播域（Broadcast Domain），通常运行在 Hypervisor 上。

（2）L3 Agent 负责连接 Tenant 网络到数据中心或 Internet，在真实的部署环境中，一般需要多个 L3 Agent 同时运行。

（3）DHCP Agent 用于自动配置虚拟机网络。

（4）数据库用于存放 OpenStack 的网络状态信息，包括 Network、Subnet、Port、Router 等。

综上所述，Neutron 是一个复杂的网络服务，由多个组件组成，它们通过消息队列进行交互，以提供可扩展的网络架构，使用户可以创建和管理虚拟网络和网络服务。

3.4.3 OpenStack 的网络架构

Neutron 整体网络分为内部网络和外部网络，其中内部网络包含管理网络和数据网络，外部网络包含公共网络和 API 网络，如图 3-23 所示。

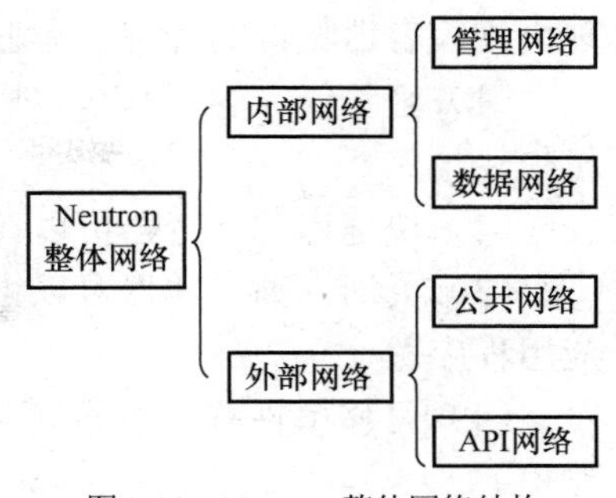

图 3-23 Neutron 整体网络结构

在实际部署 OpenStack 云平台时，通常需要根据实际需求来选择和配置不同类型的网络。例如，管理网络和 API 网络通常需要在所有节点上都可用，以便 OpenStack 各组件之间可以进行内部通信，租户可以访问 OpenStack API。数据网络和外部网络则需要根据实际需求来配置，以便虚拟机和数据可以进行内部通信和外部访问。Neutron 网络关系如图 3-24 所示。

（1）管理网络：用于 OpenStack 各组件之间的内部通信，以及管理和控制 OpenStack 云平台的各个组件。例如，Nova 组件需要与 Neutron 组件进行通信。

（2）数据网络：用于 OpenStack 云平台中虚拟数据之间的通信，以及实现虚拟机之间的通信和虚拟机与虚拟存储之间的数据传输。

（3）公共：也称狭义的外部网络，用于实现虚拟机和外部网络之间的通信。公共网络通常使用物理网络设备来实现，例如交换机和路由器。

（4）API 网络：暴露所有的 OpenStack API 给租户们，包括 OpenStack 网络 API。

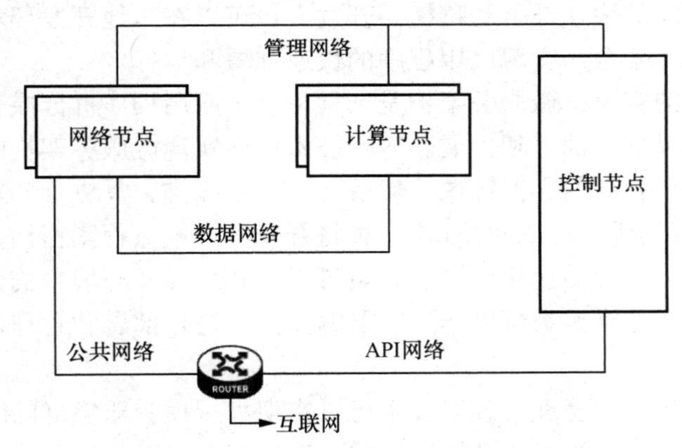

图 3-24 Neutron 网络关系

一般情况下，租户通过 API 网络访问 OpenStack API，以创建和管理虚拟机、虚拟存储和虚拟网络。当租户创建虚拟机时，OpenStack 会使用管理网络和数据网络来创建和管理虚拟机和虚拟存储。当虚拟机需要访问外部网络时，OpenStack 会使用外部网络来实现虚拟机和外部网络之间的通信。当虚拟机之间需要通信时，OpenStack 会使用数据网络来实现虚拟机之间的通信。当 OpenStack 需要管理和控制各个组件时，OpenStack 会使用管理网络来实现各个组件之间的通信。

3.5 容器网络

在云时代，集群处理能力成为企业竞争的重要因素，虚拟化技术应用越来越广泛，容器技术是一种轻量级虚拟化技术，可以实现快速部署、高效管理和持续交付，提高应用程序的可靠性和可扩展性。容器技术可以将应用程序及其依赖项打包成独立的运行环境，也可以实现大规模容器集群的管理。容器技术的主要优点如下。

（1）轻量级：容器与宿主机共享操作系统内核，不需要额外的虚拟化层，因此它比虚拟机更轻量。

（2）快速启动：容器可以在几秒内启动，比虚拟机启动速度更快。

（3）灵活性高：容器可以根据应用需求进行灵活配置，支持多种操作系统、编程语言和应用程序。

（4）可移植性强：容器可以在不同的平台和环境中运行，实现应用程序的快速部署和移植。

容器技术的实现需要借助 Linux 内核提供的多种技术，主要技术如下。

（1）网络命名空间：可简称命名空间，用于隔离进程、网络、文件系统、用户等资源。

（2）控制组：用于限制进程的资源（如 CPU、内存、磁盘等）使用。

（3）联合文件系统：用于将多个文件系统合并成一个文件系统，实现容器的文件系统隔离。

（4）容器运行时：用于启动和管理容器，如 Docker、Kubernetes 等。

容器技术支持较多的应用场景，主要包括以下应用场景。

（1）应用程序的快速部署和移植：容器技术可以将应用程序及其依赖项打包成独立的运行环境，实现应用程序的快速部署和移植。开发人员可以在本地开发环境中构建容器镜像，然后将镜像上传到容器平台，实现应用程序的快速部署和运行。

（2）微服务架构的实现：微服务架构是一种将一个应用程序拆分成多个小型服务的架构模式，每个服务都可以独立部署和扩展。容器技术可以实现微服务架构的部署和管理，每个微服务可以打包成一个独立的容器镜像，然后通过容器编排工具进行部署和管理。

（3）DevOps 流程的优化：DevOps 是一种将开发和运维流程紧密结合的开发模式，容器技术可以实现 DevOps 流程的优化。开发人员可以在本地开发环境中构建容器镜像，然后将镜像上传到容器平台。运维人员可以通过容器编排工具进行部署和管理，实现快速迭代和持续交付。

（4）大规模容器集群的管理：容器技术可以实现大规模容器集群的管理，容器编排工具可以自动管理容器的部署、扩展、升级和监控。容器平台可以提供负载均衡、自动伸缩等功能，具有高可用性，可实现容器集群的高效管理和运维。

3.5.1 容器网络介绍

容器网络是指在容器内部实现网络通信的技术。容器网络的实现需要借助 Linux 内核提供的网络虚拟化技术，主要包括命名空间、虚拟以太网设备和虚拟网络交换机等。容器网络的优点如下。

（1）隔离性好：每个容器都有自己的命名空间，可以独立配置网络参数，实现网络隔离。

（2）灵活性高：容器网络可以根据应用需求进行灵活配置，支持多种网络模式，如桥接模式、主机模式、Overlay 网络等。

（3）可扩展性强：容器网络可以通过网络插件进行扩展，支持多种网络插件，如 Calico、Flannel、CNI 等。

容器网络的实现方式有多种，其中比较常见的包括以下 4 种。

（1）容器内部网络：容器内部的进程可以通过本地网络接口进行通信，这种方式简单易用，但容器之间的网络隔离性较差。

（2）容器间网络：容器之间可以通过虚拟网络接口进行通信，这种方式可以实现容器之间的网络隔离，但需要额外的网络配置和管理。

（3）容器与宿主机网络：容器可以通过宿主机的网络接口与其进行通信，这种方式可以实现容器与宿主机的连接，但容器之间的网络隔离性较差。

（4）容器与外部网络：容器可以通过外部网络接口进行通信，这种方式可以实现容器与外部网络的连接，但需要额外的网络配置和管理。

容器网络的实现需要考虑多个因素，包括网络隔离性、安全性、性能、可扩展性等。容器网络是容器化环境中非常重要的一部分，它可以为容器提供网络连接和通信，同时也可以提高容器的可移植性和可扩展性。

3.5.2 命名空间

命名空间是 Linux 内核的一个重要特性，它为容器虚拟化提供了强大的支持。通过命名空间，每个容器都可以拥有自己独立的操作系统环境，包括内核、文件系统、网络、进程号、用户号、进程间通信等资源，从而实现容器之间的相互隔离。为了实现虚拟化，除了要限制内存、CPU、网络、硬盘、存储空间等资源外，还需要实现文件系统、网络、进程号、用户号、进程间通信等的相互隔离。Docker 容器在启动时，会调用 setNamespaces()方法来完成对各个命名空间的配置，从而实现容器之间的隔离。随着 Linux 系统对命名空间功能的完善，现在已经可以实现这些功能，让进程在彼此隔离的命名空间中运行，虽然进程仍在共用同一个内核和某些运行时环境，但是它们彼此是不可见的，并且认为自己是独占系统的。Docker 将不同命名空间的网络设备连接起来，具体如图 3-25 所示。

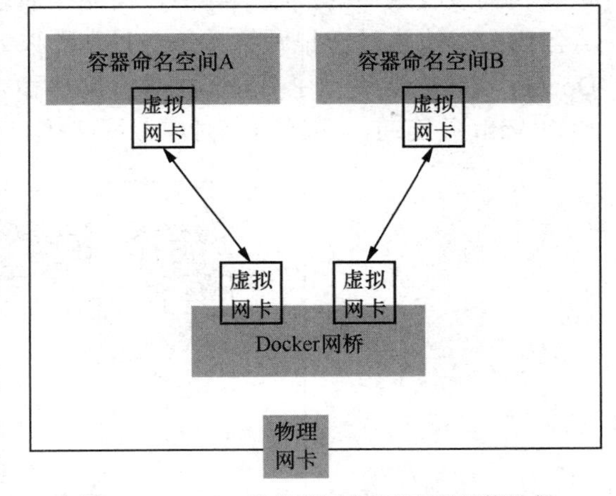

图 3-25　Docker 连接不同命名空间的网络设备

不同命名空间中的进程号可以相互隔离，但是网络端口仍然共享本地系统的端口。为了实现网络隔离，可以使用命名空间。一个命名空间为进程提供一个完全独立的网络协议栈的视图，包括网络设备接口、IPv4/IPv6 协议栈、IP 路由表、防火墙规则、套接字等，从而实现容器的网络隔离。Docker 采用虚拟网络设备的方式，将不同命名空间的网络设备连接到一起。在宿主机上，Docker 会创建多个虚拟网桥，如默认的网桥 Docker0，容器中的虚拟网卡通过网桥进行连接。可以使用 docker network ls 命令查看当前 Docker 系统中的网桥，结果如图 3-26 所示。

```
[[root@localhost ~]# docker network ls
NETWORK ID     NAME     DRIVER   SCOPE
13f666732c91   bridge   bridge   local
505430d9dc5b   host     host     local
d78c95fe497e   none     null     local
[root@localhost ~]# ▌
```

图 3-26　查看当前 Docker 系统中的网桥

brctl 是 Linux 系统中的一个工具，用于管理 Linux 系统中的网桥。网桥是一种网络设备，可以将多个网络接口连接在一起，形成一个虚拟的网络。Docker 在启动时会创建一个名为 Docker0 的网桥，用于连接 Docker 容器和宿主机的网络。使用 brctl 命令可以查看 Docker0 网桥上连接的虚拟网络接口的信息，具体如图 3-27 所示。

```
[root@localhost ~]# brctl show
bridge name     bridge id               STP enabled     interfaces
docker0         8000.02422bbc717d       no              veth05595a5
```

图 3-27　查看虚拟网络接口的信息

3.5.3　Linux 中的 Docker 网络虚拟化

Docker 的本地网络实现利用了 Linux 上的命名空间和虚拟网络设备，其中 Veth pair 是重要的概念。为了实现网络通信，机器至少需要一个网络接口与外界相通，并可以收发数据包。如果不同子网之间要进行通信，还需要额外的路由机制。Docker 中的网络接口默认都是虚拟网络接口，虚拟网络接口的最大优势之一是转发效率极高。这是因为 Linux 通过在内核中进行数据复制来实现虚拟网络接口之间的数据转发，即发送接口的发送缓存中的数据包将被直接复制到接收接口的接收缓存中，而无须通过外部物理网络设备进行交换。对于本地系统和容器内系统来说，虚拟网络接口跟正常的以太网卡相比并无区别，只是它的速度要快得多。Docker 容器网络利用了 Linux 的虚拟网络技术，在本地主机和容器内分别创建一个虚拟网络接口 Veth 并连通，这样的一对虚拟网络接口叫作 Veth pair，具体如图 3-28 所示。

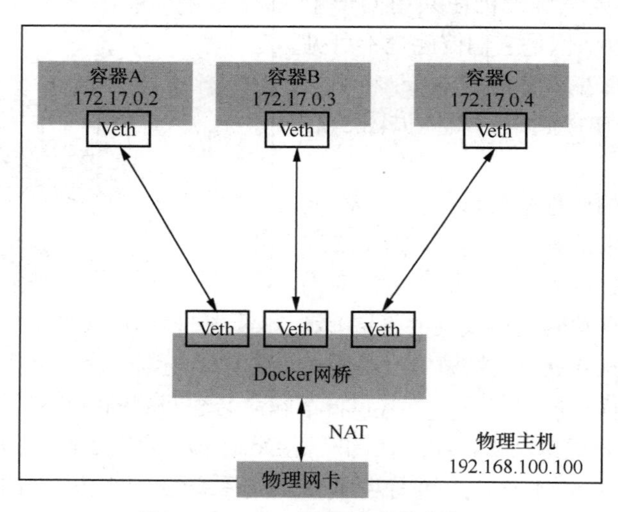

图 3-28　Docker 容器网络的基本实现

以图 3-28 所示的 Docker 容器网络的基本实现为例，一般 Docker 容器网络的创建过程如下。

（1）当我们创建一个新的容器时，Docker 会自动为该容器创建 Veth pair，其中一端连接到本地主机，另一端连接到新容器的命名空间中。

（2）本地主机一端的虚拟网络接口只会连接到默认的 Docker0 网桥指定的网桥上，并且会有一个以 Veth 开头的唯一名称，例如 Veth1234。

（3）容器一端的虚拟网络接口会被放到新创建的容器中，并且会被命名为 Eth0。这个接口只在容器的命名空间中可见，也就是说，只有容器内部的进程才能够访问和使用这个接口。

（4）Docker 会从网桥可用地址段中获取一个空闲地址，并将其分配给容器的 Eth0 接口。例如，网桥的地址段是 172.17.0.0/16，那么容器的 Eth0 接口可能会被分配到 172.17.0.2 这个地址。同时，Docker 还会配置默认路由网关为 Docker0 网桥的内部接口 Docker0 IP 地址。例如，如果 Docker0 网桥的 IP 地址是 172.17.42.1/16，那么容器的默认路由网关就会被配置为 172.17.42.1。完成这些配置之后，容器就可以使用它所能看到的 Eth0 虚拟网卡来连接其他容器和访问外部网络。

3.5.4 容器网络模式

在使用 docker run 命令启动容器时，我们可以通过–net 参数来指定容器的网络模式。–net 参数有 5 个可选值：Bridge、None、Container、Host 和用户自定义网络。

（1）Bridge 模式是 Docker 默认的网络模式，它会在 Docker 网桥 Docker0 上为每个容器创建一个新的网络栈。在这种模式下，Docker 会为每个容器分配一个 IP 地址，并将容器连接到 Docker0 虚拟网桥上。容器之间可以通过 Docker0 网桥进行通信，也可以通过 Iptable nat 表配置与宿主机进行通信。

（2）None 模式会将新容器放到隔离的网络栈中，但是不进行任何网络配置。这意味着容器将拥有独立的命名空间，但是没有任何网络设置，如分配 Veth pair 和网桥连接，配置 IP 地址等。在 None 模式下，容器之间无法直接通信，也无法与宿主机进行通信。如果需要让容器与外部网络通信，需要手动配置容器的网络设置，如分配 IP 地址、设置路由等。

（3）Container 模式会让 Docker 将新建容器的进程放到一个已存在容器的网络栈中，新容器进程有自己的文件系统、进程列表和资源限制，但会和已存在的容器共享地址和端口等网络资源，两者的进程可以直接通过环回接口通信。在 Container 模式下，新建的容器不会创建自己的网卡，也不会配置自己的 IP 地址，而是和一个指定的容器共享 IP 地址和端口范围。这意味着，多个容器可以共享同一个命名空间，它们可以直接通过环回接口进行通信，而不需要进行网络配置。在 Kubernetes 中，Pod 就是多个容器共享一个命名空间。这意味着，Pod 中的所有容器都可以直接通过本地主机进行通信，而不需要进行网络配置。同时，Pod 中的所有容器共享同样的 IP 地址和端口范围，这使得它们可以方便地进行服务发现和负载均衡。

（4）Host 模式会让 Docker 不将容器网络放到隔离的命名空间中，即不要容器化容器内的网络。这意味着容器使用本地主机的网络，它拥有完全的本地主机接口访问权，容器进程跟主机其他 Root 进程一样可以打开低范围的端口，也可以访问本地网络服务（比如 D-bus），还可以让容器做一些影响整个主机系统的操作，比如重启主机。因此使用这个模式的时候要非常小心。如果进一步使用–Privileged=True 参数，容器甚至会被允许直接配置主机的网络栈。这意味着容器可以直接访问主机的网络设备，也可以配置主机的网络参数，甚至可以重启主机。因此，这个模式只有在必要的情况下才使用。在 Host 模式下，容器和宿主机共享命名空间。容器将不会虚拟出自己的网卡，也不会配置自己的 IP 地址等，而是使用宿主机的 IP 地址和端口。这意味着容器可以直接访问宿主机上的网络服务，也能直接进行通信，而不需要进行网络配置。

（5）用户自定义网络模式。用户可以自行用 Network 相关命令创建一个网络，之后将容器连接到指定的已创建的网络。这些网络配置选项在 Docker 中非常重要，可以帮助我们更好地管理容器的网络通信。

关于这 5 种容器网络模式，其优缺点及应用场景如表 3-5 所示。

表 3-5　5 种容器网络模式的优缺点及应用场景

容器网络模式	优点	缺点	应用场景
Bridge 模式	（1）容器之间相互隔离，安全性较高 （2）可以通过 Docker 内置的 DNS 服务进行容器之间的通信 （3）可以通过端口映射将容器内部的服务暴露给外部网络	（1）容器之间通信需要通过网桥进行转发，性能较差 （2）需要手动进行端口映射，管理较为烦琐	适用于需要多个容器相互通信的场景，比如微服务架构中的服务间通信
None 模式	容器不会创建任何网络接口，安全性较高	（1）容器之间无法相互通信。 （2）容器无法访问外部网络	适用于需要容器与外部网络完全隔离的场景，比如安全测试、隔离环境等
Host 模式	（1）容器可直接使用主机的网络，性能较高 （2）可以直接访问主机上的网络服务，方便快捷	（1）容器和主机共享同一个命名空间，安全性较低 （2）容器可以直接访问主机上的网络设备，安全风险较高	适用于需要容器直接访问主机网络的场景，比如网络监控、网络测试等
Container 模式	容器可以共享另一个容器的命名空间，方便快捷	（1）容器之间共享命名空间，安全性较低 （2）容器之间的通信需要通过共享的命名空间进行转发，性能较差	适用于需要多个容器共享命名空间的场景，比如多个容器共享同一个数据库服务
用户自定义网络模式	（1）可以为容器分配独立的 IP 地址，方便管理 （2）可以通过 Docker 内置的 DNS 服务进行容器之间的通信 （3）可以通过容器名称进行容器之间的通信	需要额外的配置和管理，较为复杂	适用于需要自定义网络的场景，比如多个容器之间的通信、容器与外部网络的通信等

3.5.5　基于 Bridge 模式的容器网络通信案例

从之前的内容中，我们已经了解到容器网络的一些基本知识，接下来我们将学习基于 Bridge 模式的两个容器之间的通信案例。

某公司正在开发一个分布式应用程序，该程序由多个容器组成，容器基于 CentOS 7.x 系统，每个容器都运行着不同的服务。为了使这些容器能够相互通信，我们将使用 Docker 的 Bridge 容器网络模式来创建一个容器网络，并测试容器 APP1 和容器 APP2 之间的通信。该容器网络的逻辑环境拓扑如图 3-29 所示。

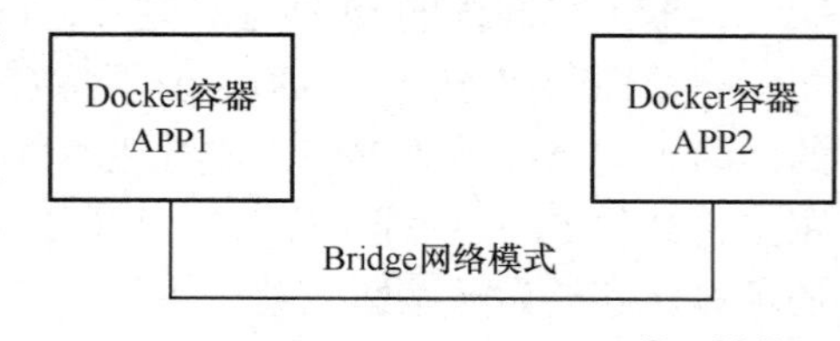

图 3-29　容器网络的逻辑环境拓扑

要完成该案例，我们可以分为 5 个步骤进行，具体如下所示。

（1）使用命令 docker network create -d bridge sangfor 构建名为 sangfor 的 Bridge 模式的容器网络，具体如图 3-30 所示。

```
[root@localhost ~]# docker network create -d bridge sangfor
9437e98175b699889d685497613f195ec6a34b8f29bfa6abcd9c1d358c20bd08
[root@localhost ~]#
```

图 3-30 构建容器网络

（2）查看网络信息。

① 使用 docker network ls 查看所有网络信息，具体如图 3-31 所示。

```
[root@localhost ~]# docker network ls
NETWORK ID     NAME      DRIVER    SCOPE
e50af3c8c882   bridge    bridge    local
505430d9dc5b   host      host      local
d78c95fe497e   none      null      local
9437e98175b6   sangfor   bridge    local
```

图 3-31 查看所有网络信息

② 使用 docker inspect 网络 ID，查看名称为 sangfor 的网络的详细信息，具体如图 3-32 所示。我们可以看到该网络的子网为 172.18.0.0/16，网关为 172.18.0.1。

```
[root@localhost ~]# docker inspect 9437e98175b6
[
    {
        "Name": "sangfor",
        "Id": "9437e98175b699889d685497613f195ec6a34b8f29bfa6abcd9c1d358c20bd08",
        "Created": "2023-07-24T06:40:16.121081074-04:00",
        "Scope": "local",
        "Driver": "bridge",
        "EnableIPv6": false,
        "IPAM": {
            "Driver": "default",
            "Options": {},
            "Config": [
                {
                    "Subnet": "172.18.0.0/16",
                    "Gateway": "172.18.0.1"
                }
            ]
        },
        "Internal": false,
        "Attachable": false,
```

图 3-32 查看 sangfor 网络的详细信息

（3）基于 CentOS 镜像以及 sangfor 网络创建两个容器，容器名称分别为 APP1 和 APP2，具体如图 3-33 所示。

```
[root@localhost ~]# docker run -it --name APP1 --network sangfor centos
[root@eac02e69ff64 /]# [root@localhost ~]#
[root@localhost ~]# docker run -it --name APP2 --network sangfor centos
[root@2e5509da1b1d /]# [root@localhost ~]#
[root@localhost ~]# docker ps
CONTAINER ID   IMAGE                 COMMAND         CREATED          STATUS          PORTS                                       NAMES
2e5509da1b1d   centos                "/bin/bash"     10 seconds ago   Up 10 seconds                                               APP2
eac02e69ff64   centos                "/bin/bash"     45 seconds ago   Up 44 seconds                                               APP1
a417a4c1fdbc   portainer/portainer   "/portainer"    19 months ago    Up 3 minutes    0.0.0.0:9000->9000/tcp, :::9000->9000/tcp   portainer
[root@localhost ~]# _
```

图 3-33 创建容器

（4）查看两个容器的 IP 地址。

① 查看 APP1 容器的 IP 地址，如图 3-34 所示，可以看到其 IP 地址为 172.18.0.2。

```
[[root@localhost ~]# docker exec -it eac02e69ff64 /bin/bash
[[root@eac02e69ff64 /]# ip addr
 1: lo: <LOOPBACK,UP,LOWER_UP> mtu 65536 qdisc noqueue state UNKNOWN group default qlen 1000
     link/loopback 00:00:00:00:00:00 brd 00:00:00:00:00:00
     inet 127.0.0.1/8 scope host lo
        valid_lft forever preferred_lft forever
 29: eth0@if30: <BROADCAST,MULTICAST,UP,LOWER_UP> mtu 1500 qdisc noqueue state UP group default
     link/ether 02:42:ac:12:00:02 brd ff:ff:ff:ff:ff:ff link-netnsid 0
     inet 172.18.0.2/16 brd 172.18.255.255 scope global eth0
        valid_lft forever preferred_lft forever
[[root@eac02e69ff64 /]# _
```

图 3-34　查看 APP1 容器的 IP 地址

② 查看 APP2 容器的 IP 地址，如图 3-35 所示，可以看到其 IP 地址为 172.18.0.3。

```
[[root@2e5509da1b1d /]# ip addr
 1: lo: <LOOPBACK,UP,LOWER_UP> mtu 65536 qdisc noqueue state UNKNOWN group default qlen 1000
     link/loopback 00:00:00:00:00:00 brd 00:00:00:00:00:00
     inet 127.0.0.1/8 scope host lo
        valid_lft forever preferred_lft forever
 31: eth0@if32: <BROADCAST,MULTICAST,UP,LOWER_UP> mtu 1500 qdisc noqueue state UP group default
     link/ether 02:42:ac:12:00:03 brd ff:ff:ff:ff:ff:ff link-netnsid 0
     inet 172.18.0.3/16 brd 172.18.255.255 scope global eth0
        valid_lft forever preferred_lft forever
[[root@2e5509da1b1d /]#
```

图 3-35　查看 APP2 容器的 IP 地址

（5）在 APP1 和 APP2 容器内，互相使用 ping 命令检查连通性。

① 在 APP1 内使用 ping 命令，检查其与 APP1 的连通性，结果如图 3-36 所示，即连通正常。

```
[[root@eac02e69ff64 /]# ping APP2
PING APP2 (172.18.0.3) 56(84) bytes of data.
64 bytes from APP2.sangfor (172.18.0.3): icmp_seq=1 ttl=64 time=0.071 ms
64 bytes from APP2.sangfor (172.18.0.3): icmp_seq=2 ttl=64 time=0.113 ms
64 bytes from APP2.sangfor (172.18.0.3): icmp_seq=3 ttl=64 time=0.090 ms
64 bytes from APP2.sangfor (172.18.0.3): icmp_seq=4 ttl=64 time=0.091 ms
64 bytes from APP2.sangfor (172.18.0.3): icmp_seq=5 ttl=64 time=0.088 ms
^Z
[1]+  Stopped                 ping APP2
[[root@eac02e69ff64 /]#
```

图 3-36　检查 APP1 与 APP2 的连通性

② 在 APP2 内使用 ping 命令，检查其与 APP2 的连通性，结果如图 3-37 所示，即连通正常。

```
[[root@2e5509da1b1d /]#ping APP1
PING APP1 (172.18.0.2) 56(84) bytes of data.
64 bytes from APP1.sangfor (172.18.0.2): icmp_seq=1 ttl=64 time=0.089 ms
64 bytes from APP1.sangfor (172.18.0.2): icmp_seq=2 ttl=64 time=0.108 ms
64 bytes from APP1.sangfor (172.18.0.2): icmp_seq=3 ttl=64 time=0.076 ms
64 bytes from APP1.sangfor (172.18.0.2): icmp_seq=4 ttl=64 time=0.093 ms
64 bytes from APP1.sangfor (172.18.0.2): icmp_seq=5 ttl=64 time=0.133 ms
^Z
[1]+  Stopped           _       ping APP1
```

图 3-37　检查 APP2 与 APP1 的连通性

在这个案例中，我们学习了如何使用 Docker 创建一个容器网络，并且我们使用了 Docker 的 Bridge 网络模式来将两个容器连接到同一个网络。从实践的结果可以得出两个容器之间能够正常通信，达到了本次实践的目的。

3.6 深信服网络虚拟化 aNET

深信服网络虚拟化 aNET 是一种基于 SDN 和 NFV 技术的网络虚拟化解决方案。aNET 网络虚拟化是深信服的一项核心技术，被广泛应用于深信服的多个产品中，它具有以下特点。

（1）虚拟化网络资源：aNET 可以将物理网络资源虚拟化为多个虚拟网络资源，从而实现网络资源的灵活分配和管理。管理员可以根据业务需求创建多个虚拟网络，每个虚拟网络可以拥有独立的拓扑结构、IP 地址空间和安全策略。

（2）灵活的网络拓扑：aNET 可以实现灵活的网络拓扑，管理员可以根据业务需求创建任意拓扑结构的虚拟网络，例如星形、环形、树形等。

（3）安全隔离：aNET 可以实现虚拟网络之间的安全隔离，每个虚拟网络可以拥有独立的安全策略，从而保证虚拟网络之间的安全性。

（4）灵活的网络服务：aNET 可以实现灵活的网络服务，管理员可以根据业务需求为每个虚拟网络配置不同的网络服务，例如路由、防火墙、负载均衡等。

（5）高可靠性和高性能：aNET 可以实现高可靠性和高性能，它支持网络链路冗余和负载均衡，从而保证网络的高可靠性和高性能。

网络虚拟化 aNET 负责集群虚拟网络的配置管理和数据转发等工作，以及控制虚拟化资源之间的通信。在架构设计上，aNET 遵循广义 SDN 准则，属于基于主机 Overlay 的软 SDN 架构，其能力范围在虚拟网络层面。aNET 设计的整体思路基于管控分离、横向扩展，主要分为管理面、控制面、转发面。aNET 通过引入集群化、持久化等技术提供了高可用能力；通过无状态、外置缓存等技术，提供了高性能、易扩展的能力。aNET 网络功能如图 3-38 所示。

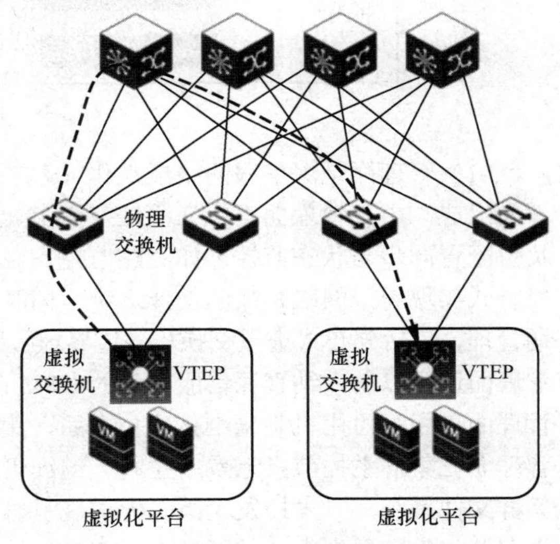

图 3-38 aNET 网络功能

3.6.1 aNET 架构

aNET 提供丰富的虚拟网元组件，如分布式虚拟交换机、边界虚拟路由器、边界虚拟交换机，并提供“所画即所得”的网络编排功能，用户可享受高效、简单的云网络拓扑搭建体验。

（1）在安全能力上，aNET 集成深信服积累的安全能力，以 NFV 的方式按需配置保护云业务，并针对多虚拟机共同运行的云环境提供分布式防火墙能力，为虚拟网络提供与物理网络一样的安全保障。

（2）在可靠性上，aNET 虚拟交换机分布式机制和虚拟路由器主备双实例机制保障了虚拟网络的可靠性，并提供丰富的网络监控项，如从业务网络会话数到个性化的物理网络接口监控指标，帮助用户及时发现与定位故障。

（3）在网络转发性能上，aNET 采用高性能的应用层网络转发方案，使用 DPDK（Data Plane Development Kit，数据面开发套件）进行数据包的收发。针对与金融、期货等相关的对网络时延要求很高的客户，aNET 提供了低时延网络转发方案，提供高性能的网络转发能力。

aNET 由管理面、控制面、转发面组成，通过标准化和解耦的接口进行各平面的通信。aNET 同时提供丰富的运维监控功能，其功能架构如图 3-39 所示。

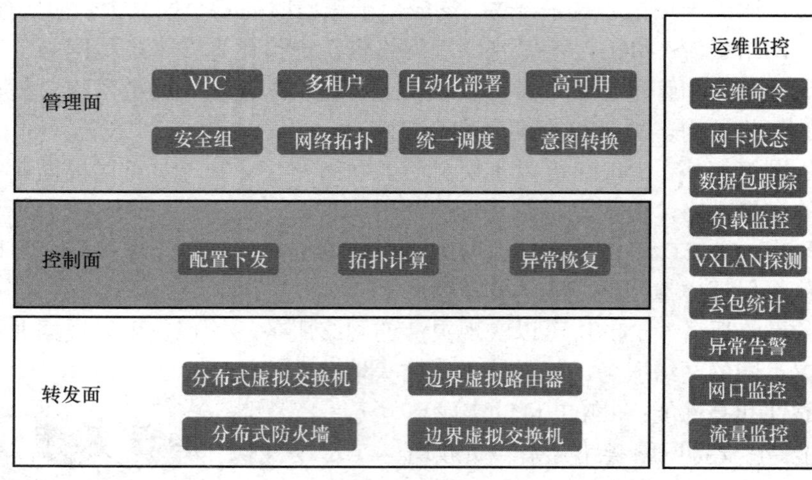

图 3-39　aNET 的功能架构

（1）管理面是深信服网络虚拟化 aNET 的一个重要组成部分，它由中央管理面和本地管理面组成。中央管理面运行在主控节点上，本地管理面运行在集群所有主机上。本地管理面负责配置同步与状态监控，如心跳监控等。管理面提供了便捷的运维功能，用户可以通过拖曳方式实现虚拟网络拓扑的便捷运维。同时，管理面支持对虚拟网络基本组件进行全生命周期管理，包括分布式虚拟交换机、边界虚拟路由器、分布式防火墙和边界虚拟交换机。此外，管理面还可以统一纳管深信服提供的 NFV 设备，提供自动化部署和全生命周期管理等功能。管理面采用高可用机制来维护成员关系，集群主控故障时，集群会自动推选主控，将 aNET 管理面在集群主控节点上重新拉起，继续管理 aNET 的控制面和数据面。同时，管理面使用集群文件系统，当主控发生故障无法恢复时，集群文件系统通过多副本机制保障其他节点上均存储一份数据副本，重新拉起的 aNET 管理面从集群文件系统获取配置即可。管理面的高可靠性保证了 aNET 的稳定运行。

（2）aNET 控制面由自研的中央控制面和本地控制面组成。中央控制面运行在控制节点上，负责下发由管理面转化的配置，并将配置同步到不同节点中的本地控制面。中央控制面是无状态的，单集群的情况下只有主控节点存在中央控制面，多集群的情况下所有控制节点都存在中央控制面。MySQL 和 Redis 是有状态的，在单集群情况下，MySQL 是主备运行，Redis 是单实例运行；多集群情况下，MySQL 是主备运行，Redis 是主从运行。通过 Raft 一致性协议保证配置一致性，在控制节点宕机时，控制集群仍然可以正常工作，此时集群通过重新选举出控制节点，保障集群处于 3 个控制节点的高可用状态。如果此时故障的控制节点为主控节点，控制面与管理面一样采用集中式控制方案，复用集群模块推选主控节点，然后在主控节点中拉起中央控制面。通过各个计算和网络节点的网络代理模块主动上报机制，中央控制器恢复对当前每个计算和网络节点的实时状态掌握，保障控制面的高可靠性。

（3）aNET 转发面采用了基于 DPDK 开发框架的设计，针对数据 I/O 密集型网络应用程序进行优化。与通用操作系统不同，aNET 的数据面能够公平地对待网络应用程序和非网络应用程序，同时实现高 I/O 吞吐量。aNET 支持专有网卡和通用网卡，对于 Intel 和 Mellanox 的 10GB 高性能网卡，aNET 采用 DPDK PMD 高性能方案，对于其他网卡，aNET 采用通用方案保证硬件兼容性。此外，aNET 还在应用层简化了重写转发流的过程，使得数据面更加稳定。这些优化措施使得 aNET 的数据面能够更好地满足高性能网络应用程序的需求，提高网络的稳定性和可靠性。

3.6.2 aNET 功能模块概述

aNET 架构相关模块运行在不同类型的节点上，管控分离，横向扩展，通过相互关联实现集群虚拟网络的连通以及虚拟网络的管理、编排，其功能模块如图 3-40 所示。

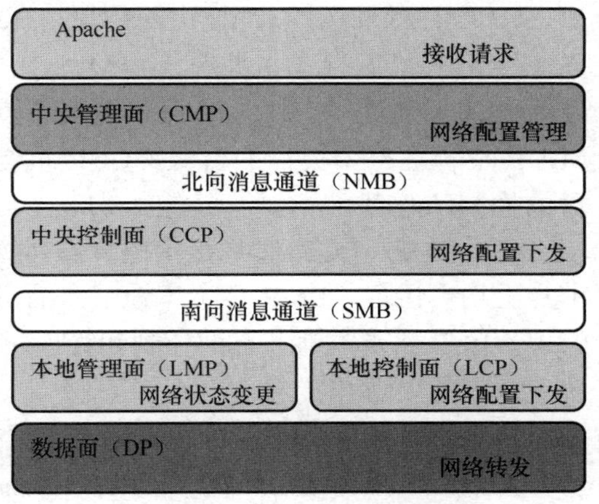

图 3-40 aNET 功能模块

（1）中央管理面（Center Management Plane，CMP）是深信服 HCI（Hyper-Coverged Infrastructure，超融合基础设施）提供网络 RESTful API 的唯一入口，运行在控制节点上。用户可以通过 CMP 实现对所有虚拟网络拓扑以及虚拟网络基本组件（如分布式虚拟交换机、分布式防火墙和边界虚拟路由器等）全生命周期的管理。CMP 还能够统一纳管所有深信服提供的 NFV 设备，提供对 NFV 组件的自动化部署、全生命周期管理等功能。为了提高 CMP 的管理效率和用户体验，深信服对其进行了整理和优化。CMP 提供了直观易用的管理界面，用户可以通过界面进行各种管理操作，如创建、删除、修改虚拟网络拓扑和组件等。此外，CMP 还支持自动化部署和生命周期管理，能够帮助用户快速部署和管理 NFV 组件，提高管理效率和可靠性。

（2）本地管理面（Local Management Plane，LMP）是深信服 HCI 的重要组成部分，运行在计算节点上，主要负责管理计算节点上的虚拟网络资源状态和事件。LMP 提供虚拟网络资源的状态管理功能，包括查询和修改虚拟网络资源状态，同时还提供虚拟网络事件上报功能，例如提供虚拟网络资源状态给报表服务、告警服务查询等。

（3）中央控制面（Center Control Plane，CCP）是深信服 HCI 的重要组成部分，运行在控制节点上，主要负责接收 LMP 下发的配置，并将配置下发到集群中指定的物理节点。CCP 通过计算，对配置应当下发到哪些物理节点进行决策，然后将配置下发到相应的物理节点上。

（4）本地控制面（Local Control Plane，LCP）是深信服 HCI 的重要组成部分，运行在计算节点上，主要负责接收 CCP 下发的配置，并将配置转换后下发到 DP。同时，LCP 还能够从 CCP 缓存中拉取配置，以确保配置的及时性和准确性。

（5）数据面（Data Plane，DP）是深信服 HCI 的重要组成部分，主要负责虚拟网络的转发。DP 能够将虚拟机产生的数据包转发到物理网络接口或其他虚拟机的虚拟网络接口，从而实现虚拟网络的通信。

（6）北向消息通道（Northbound Message Channel，NMB）提供了管理面到控制面的消息通道。管理员可以通过 NMB 向控制面发送命令和配置信息，控制虚拟化环境的运行状态。NMB 还能够向控制面发送告警信息和性能数据，帮助管理员及时发现和解决问题。

（7）南向消息通道（Southbound Message Channel，SMB）提供了 CCP 到 LCP 的消息通道。CCP 可以通过 SMB 向 LCP 发送命令和配置信息，控制虚拟化环境的运行状态。SMB 还能够向 LCP 发送告警信息和性能数据，帮助 CCP 及时发现和解决问题。

3.6.3 aNET 单集群功能模块部署

在深信服 HCI 集群中，单集群功能模块部署如图 3-41 所示。

（1）在 HCI 集群两节点情况下，2 个均属于控制节点，其中 1 个为主控节点。

（2）主控节点运行 CMP、CCP，Redis 以单实例方式运行在主控节点，MySQL 以主从方式分别运行在主控节点和控制节点。MP 负责管理整个集群的资源，CCP 负责集群的控制和管理。

（3）LMP、LCP、DP 在主控节点和控制节点上均会运行。LMP 负责本地节点的资源管理，LCP 负责本地节点的控制和管理，DP 负责数据的处理和转发。

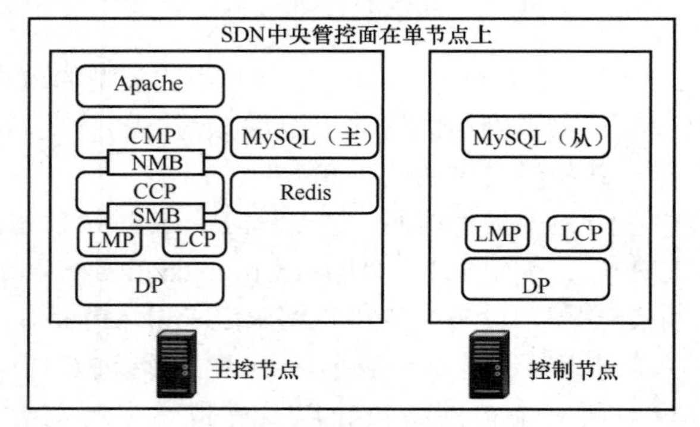

图 3-41 单集群功能模块部署

总之，单集群功能模块部署需要在主控节点和控制节点上运行 LMP、LCP、DP 等模块，同时在主控节点上运行 CMP、CCP、Redis，以及在主控节点和控制节点上分别运行 MySQL。这样可以实现对整个集群的资源管理、控制和数据处理。

在 HCI 集群三节点及以上的情况下，会有 3 个作为控制节点，其中 1 个为主控节点。在深信服 HCI 集群中，多集群功能模块部署如图 3-42 所示。

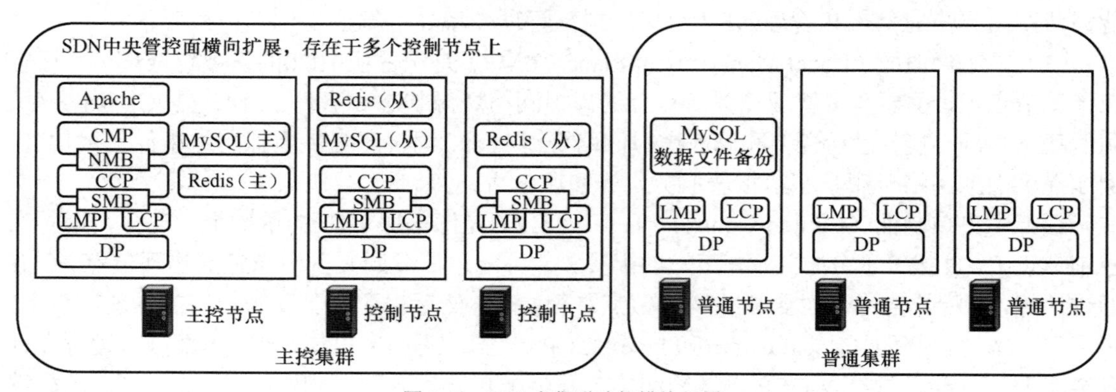

图 3-42 HCI 多集群功能模块部署

（1）主控节点运行 CMP、CCP，Redis 以单实例方式运行在主控节点，MySQL 以主从方式分别运行在主控节点和一个控制节点。CMP 负责管理整个集群的资源，CCP 负责集群的控制和管理。

（2）LMP、LCP、DP 在所有控制节点上均会运行。LMP 负责本地节点的资源管理，LCP

负责本地节点的控制和管理，DP 负责数据的处理和转发。

（3）除了控制节点外，还有计算节点和存储节点。计算节点负责运行虚拟机、容器等计算任务，存储节点负责存储数据。

总之，在 HCI 集群三节点及以上的情况下，需要在所有控制节点上运行 LMP、LCP、DP 等模块，同时在主控节点上运行 CMP、CCP、Redis，以及在主控节点和一个控制节点上分别运行 MySQL。这样可以实现对整个集群的资源管理、控制和数据处理。

3.6.4 aNET 应用之虚拟网元设备

1. aNET 应用之分布式虚拟交换机

分布式虚拟交换机（Distributed Virtual Switch，DVS）是一种在虚拟化环境中实现二层网络隔离和转发的技术。它通过引入 VXLAN 技术，构造 VXLAN 网络，对数据包进行转发，从而实现虚拟机同属于一个二层网络的效果。分布式虚拟交换机采用分布式部署模式，集群中每一台物理主机上都存在一个 VTEP，每一个 VTEP 进行“最后一公里”的二层数据包转发（同一个 VNI），最终呈现为一个贯穿集群所有物理主机的虚拟交换机进行虚拟机业务的二层转发，具体图例如图 3-43 所示。分布式虚拟交换机除了提供基础的二层转发能力以外，还提供 ARP（Address Resolution Protocol，地址解析协议）广播抑制、端口镜像、端口聚合、QoS 等高级功能。其中，ARP 广播抑制可以有效减少网络中的 ARP 广播流量，提高网络性能；端口镜像可以实现流量监测和分析；端口聚合可以提高网络带宽和可靠性；QoS 可以实现对网络流量的优先级和带宽控制，保障关键业务的网络性能。

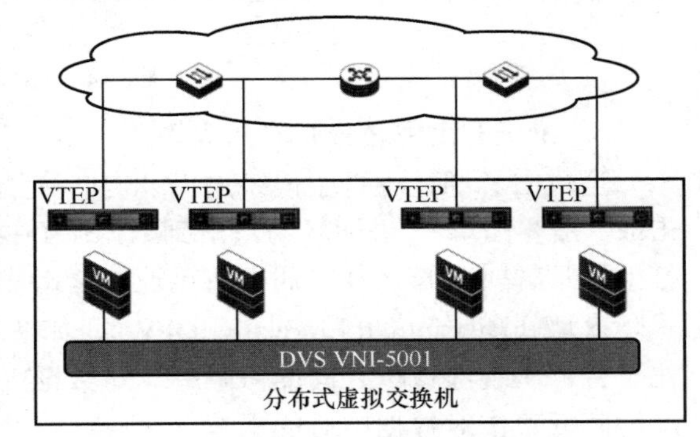

图 3-43　分布式虚拟交换机

2. aNET 应用之边界虚拟路由器

边界虚拟路由器（Edge Virtual Router，EVR）是实现虚拟网络内 3 层转发的网元，以主、备实例的形式运行在 2 台物理节点上，除基本的路由能力外，它还提供更高阶的能力，如网络地址转换（Network Address Translation，NAT）、访问控制列表（Access Control List，ACL）、动态主机配置协议（Dynamic Host Configuration Protocol，DHCP），它们具有实体路由器的功能。当前虚拟路由器可以配置 IPv4/IPv6 地址，创建 IPv4/IPv6 静态路由及策略路由以及 DHCP 池，路由器的 ACL 暂不支持 IPv6 地址。正常情况下，只会有一个主虚拟路由器处于工作状态，运行位置固定，备虚拟路由器不工作，主备虚拟路由之间依靠物理节点的数据通信接口建立心跳线侦测状态。若主虚拟路由器故障，将数据通信接口切换至备虚拟路由器，此时备虚拟路由器升为主路由器，保障虚拟路由器的高可用性，并且支持将虚拟路由器迁移到网络转发开销较小的物理节点上，实现网络性能优化，迁移过程不会造成业务中断。如图 3-44 所示，以物理网络的 PC 访问虚拟机 1 为例，PC 通过业务网络接口将数据传输到边界虚拟路由器，边界虚拟路由器将数据发送给主机 2 的分布式虚拟交换机实例，主机 2 的分布式虚拟交换机实例将数据通过 VXLAN 口发送给主机 1 的分布式虚拟交换机实例，主机 1 的分布式虚拟交换机实例将数据发送给虚拟机 1。

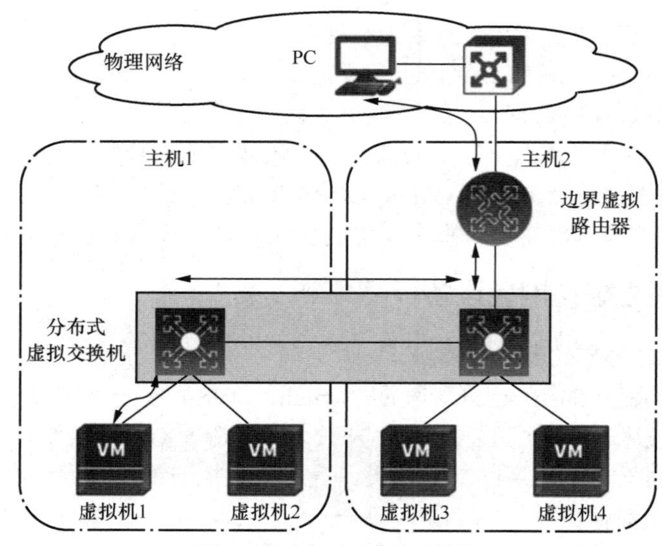

图 3-44 虚拟路由器流量转发

3. aNET 应用之分布式防火墙

当攻击者通过各种手段绕过南北向防火墙的边界防护时，防护功能差的服务器容易被攻击成“黑客肉鸡”，进而轻易攻击到数据中心内部其他服务器，手动为数据中心的大量服务器打上补丁耗时太长，其间病毒将迅速蔓延造成数据中心大面积瘫痪。深信服云平台提供分布式防火墙（Distributed Firewall，DFW），如图 3-45 所示，将安全从数据中心边界延展到虚拟化平台，实现虚拟机之间的微隔离，对数据中心内部流量进行 L3～L4 层安全防护，更大程度地降低攻击对数据中心的影响。

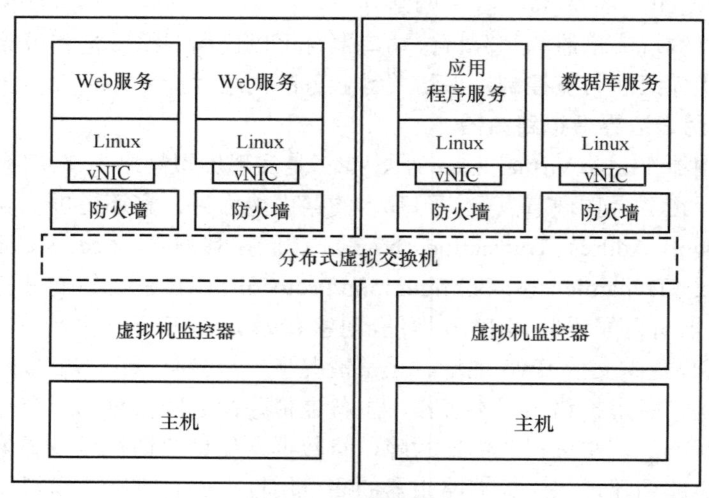

图 3-45 分布式防火墙

4. aNET 应用之边界虚拟交换机

边界虚拟交换机（Edge Virtual Switch，EVS）是一种用于连接虚拟网络和物理网络的边界出口设备，也被称为物理出口。它可以让集群业务与外界进行通信，实现虚拟机与物理网络之间的通信。用户可以通过配置物理出口将其桥接到集群中主机的网络接口上，从而实现虚拟机与物理网络的通信。边界虚拟交换机支持 VLAN，可以用于对接物理交换的 VLAN 配置。通过配置 VLAN，可以将不同的虚拟网络隔离开来，提高网络的安全性和可管理性。此外，边界虚拟交换机还支持多种网络协议，如 VXLAN、GRE 等，可以满足不同场景下的网络需求。边界虚拟交换机的优点在于可以提高网络的可靠性和可扩展性。它可以将多个物理出口绑定成一个逻辑出口，从而增大网络的带宽和提高其可用性。此外，边界虚拟交换机还支持负载均衡和故障转移等功能，可以保证网络的高可用性和稳定性。

总之，边界虚拟交换机是一种非常重要的网络设备，可以实现虚拟网络和物理网络之间的无缝连接，提高网络的可靠性和可扩展性。边界虚拟交换机支持多种使用场景，以下为 3 种常见场景举例。

（1）物理交换机没有配置 VLAN，集群内部虚拟机也没有配置 VLAN，如图 3-46 所示。部分配置如下。

Port1：Trunk All（pvid 1）。

Port2：Trunk All（pvid 1）。

Port3：Trunk All（pvid 1）。

Port4：使用 Trunk 端口组。

转发流程：外部 PC 访问集群内部虚拟机业务，Port1 为 Trunk All（pvid 1）；经过 Port1 之后，流量从 Port2 出来，没有任何 tag；Port3 为 Trunk All（pvid 1），从 Port4（Trunk 端口组）出来之后，流量仍然没有 tag，数据正常送达虚拟机。

（2）物理交换机配置了 Access VLAN，集群内部虚拟机没有配置 VLAN，如图 3-47 所示。部分配置如下。

Port1：Access VLAN 10。

Port2：Trunk VLAN 1～10。

Port3：Trunk All（pvid 1）。

Port4：使用 Access 端口组，配置 Access 为 10。

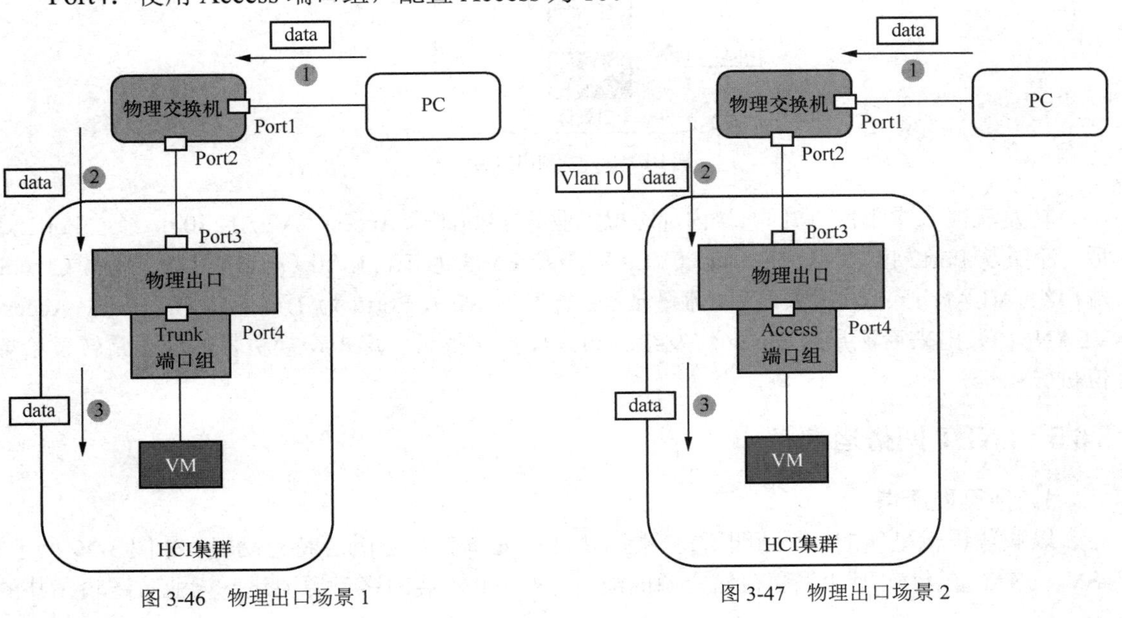

图 3-46 物理出口场景 1

图 3-47 物理出口场景 2

转发流程：外部PC访问集群内部虚拟机业务，Port1为Access（VLAN 10）；经过Port1之后，流量从Port2出来，被打上tag（VLAN 10）；Port3为Trunk All（pvid 1），从Port4（Access端口组，VLAN 10）出来之后，流量被去掉tag，数据正常送达虚拟机。

（3）物理交换机配置了 Access VLAN，集群内部虚拟机（虚拟网络设备）业务配置了VLAN，如图3-48所示，部分配置如下。

Port1：Access VLAN 10。

Port2：Trunk VLAN 1～10。

Port3：Trunk All（pvid 1）。

Port4：使用Trunk端口组，VLAN 1～10。

Port5：使用Trunk口，VLAN 1～10。

Port6：使用Access口，VLAN 10转发流程。

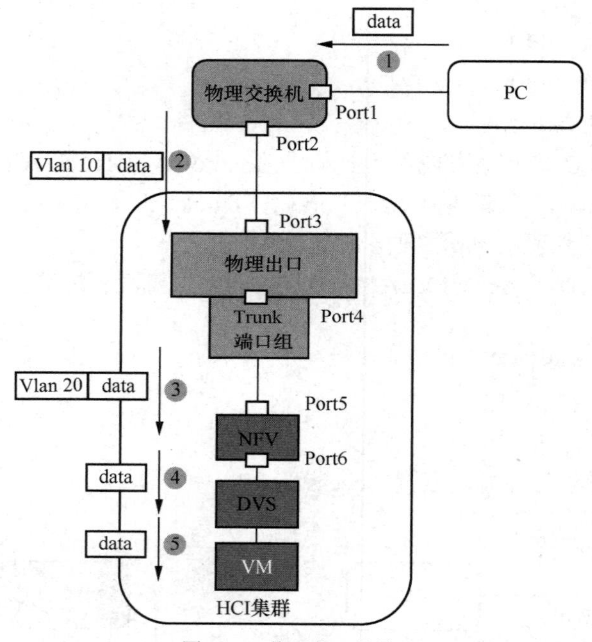

图3-48 物理出口场景3

转发流程：外部PC访问集群内部虚拟机业务，Port1为Access（VLAN 10）；经过Port1之后，流量从Port2出来，被打上tag（VLAN 10）；Port3为Trunk All（pvid 1）；从Port4（Trunk端口组，VLAN 1～10）出来之后，流量带tag转发给NFV；Port5为Trunk All，从Port6（Access VLAN 10）出来后流量被untag转发给分布式虚拟交换机；虚拟交换机将流量正常转发给虚拟机。

3.6.5 aNET网络运维

1. 所画即所得

以业务逻辑呈现的“所画即所得”网络拓扑，是深信服超融合特色功能，如图3-49所示。aSV、aSAN已经实现计算和存储资源的池化，aNET实现网络资源池化，为业务逻辑拓扑的搭建提供了各种元素。通过管理平台可以快捷地从资源池中调取相应的资源，呈现出不同的拓扑架构。当通过管理平台构建业务逻辑拓扑时，整个超融合架构底层会执行大量的动作和指令，并且根据业务逻辑拓扑进行底层真实的环境模拟，从而屏蔽平台底层复杂性，方便 IT 管理人员更快速、简单、直观地构建数据中心各个业务所需的逻辑拓扑。

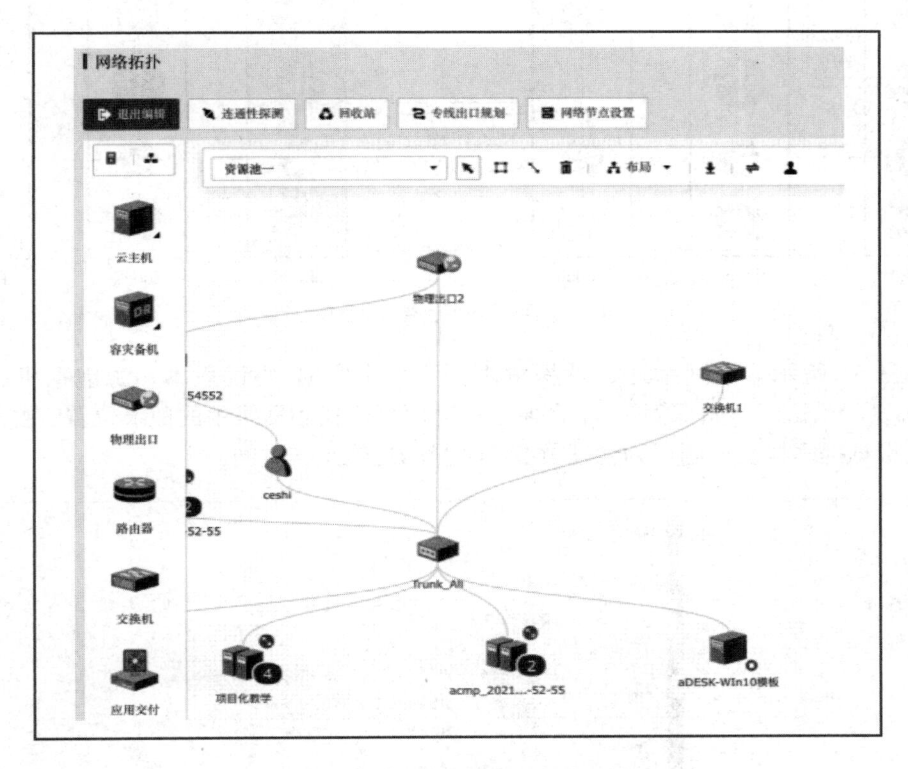

图 3-49 “所画即所得”网络拓扑

2. 故障预处理

（1）3 层转发网络可靠性

aNET 网络层的虚拟路由器为集中式路由器，进行 3 层转发的流量需要通过路由器进行转发，当路由器所在节点出现故障或者路由器连接的业务网络接口无法通信时，会影响连接到路由器之间的通信。aNET 提供路由器 HA（High Availability，高可用）功能保障 3 层转发网络的可靠性，通过网络控制器实时监控集群中主机运行状态和业务网络接口状态，当发现主机故障或者业务网络接口无法通信时，中央控制面会计算受到影响的虚拟路由器，自动将这些路由器切换到其他正常工作的主机上，保证经过这些路由器的流量可以正常转发。虚拟机路由器故障自修复如图 3-50 所示。

（2）网络连通性探测

网络探测功能是深信服超融合特色功能之一，它发送带有标签的 PING/TCP/UDP 报文并跟踪与记录报文在转发平面经过的每一跳（每一跳的信息包括虚拟设备的名称和转发的端口名称），然后将所有记录的信息串联起来就可以知道到达特定目标的报文转发路径。与传统的 tracert 探测方式相比，网络探测功能更加细致，能够探测出流量出去和回来的路径，帮助用户更直观地定位网络中存在的问题。支持对用户自定义的 IPv4/IPv6、TCP、UDP、ICMP 的探测包在云平台范围内进行连通性探测，支持虚拟机网络接口级别的连通性探测。

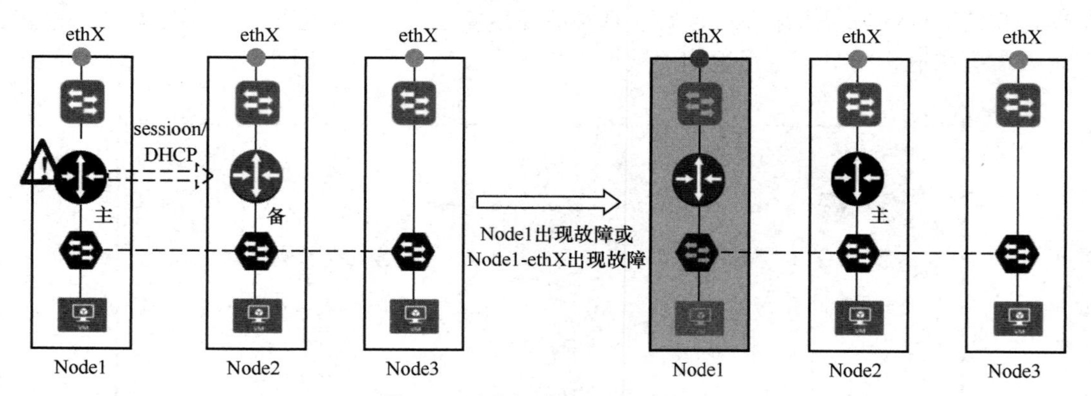

图 3-50 虚拟机路由器故障自修复

如图 3-51 所示，在网络连通性探测页面中，指定 IP 协议版本、源虚拟机、目的虚拟机、协议。单击“开始探测”，平台便会自动探测，找到网络中的故障位置，并给出详细的提示，根据提示排查问题，为管理员节约大量的运维工作时间。

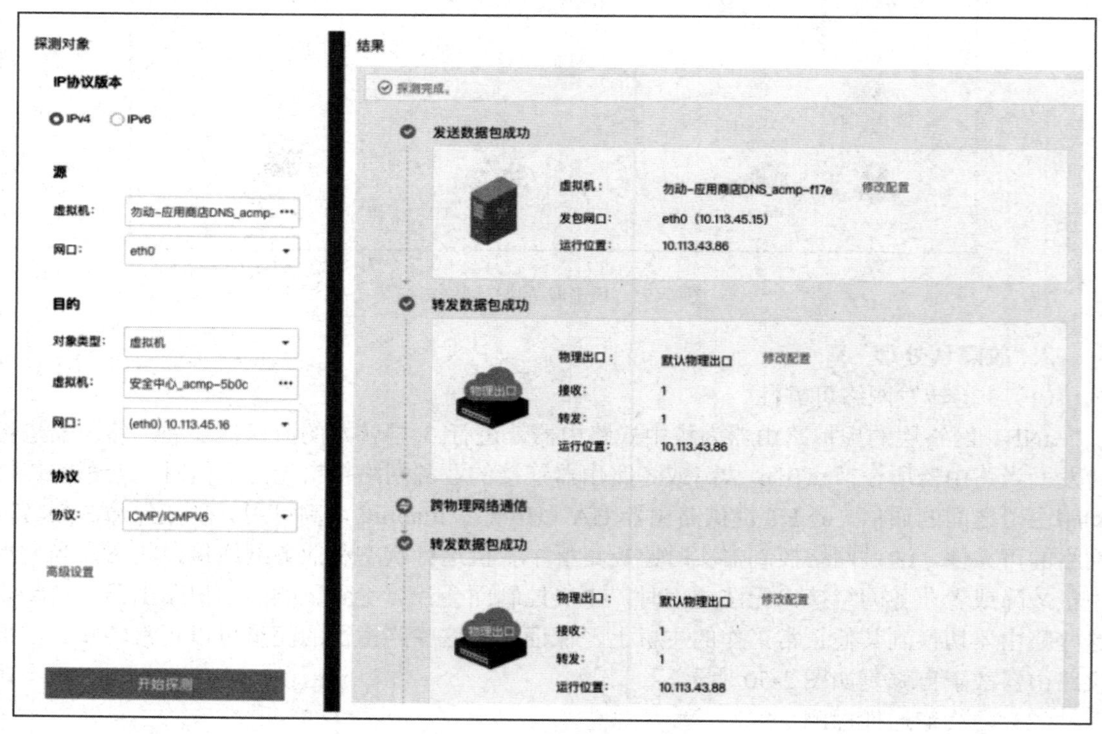

图 3-51 网络连通性探测

（3）VXLAN 网络检测

aNET 提供了定时对 VXLAN 网络进行连通性探测的功能，它会对各主机的 VXLAN 口的 IP 地址互相进行连通性探测，当持续 5s 无法 ping 通时，会进行 VXLAN 网络故障告警，并呈现各主机的 VXLAN 网络连通情况。这个功能可以帮助用户快速定位集群网络的 VXLAN 链路故障，提高网络的稳定性。此外，对于开启了 VXLAN 高性能的用户，aNET 还支持 VXLAN 网络巨帧探测。这个功能可以帮助用户发现 VXLAN 网络中的 MTU 问题，从而避免因为 MTU 不匹配而导致的网络故障。通过 VXLAN 网络巨帧探测，用户可以快速定位 MTU 不匹配的问题，并进行相应的调整，从而提高网络性能，尤其是稳定性。

（4）网络监控告警

超融合平台提供了持续监控物理网络和虚拟网络的能力，并在满足告警条件时进行告警。对于部分告警条件，用户可以自定义告警阈值。

虚拟网络告警的对象为虚拟网络设备，包括 NFV 设备和虚拟路由器。在连通性方面，平台支持检测虚拟网络设备与外部网络是否连通。在网络性能方面，平台支持自定义网络设备网络接口丢包率和 ALG（Application Level Gateway，应用级网关）使用率。

物理网络告警的对象为硬件，包括网卡固件兼容性检测、网卡光模块异常检测（检测接收/发送功率、温度、电压的维度等）、网卡损坏检测和网络接口丢包/错包检测（支持自定义阈值）。物理网络告警可以帮助 IT 运维人员及时发现硬件故障，提高排障效率。平台还提供了网络接口错包告警、ping 监控、网络接口闪断、session 统计、查看 DPDK 网络接口统计信息等相关功能。

本章小结

本章主要介绍了网络虚拟化的实现技术，包括 SDN、NFV、OpenStack 网络和容器网络等内容。其中，SDN 和 NFV 是当前网络虚拟化的 2 个主要技术方向，OpenStack 则是一种基于云计算的网络虚拟化解决方案，而容器网络则是针对容器化环境的网络虚拟化技术。

在 SDN 方面，本章详细介绍了 SDN 的架构、南向协议和 OpenFlow 协议，以及 OpenFlow 的关键组件、消息类型和应用场景。在 NFV 方面，本章介绍了 NFV 的架构起源、ETSI 架构、困境与优势，以及 SDN 与 NFV 的关系。在 OpenStack 方面，本章介绍了 OpenStack Neutron 及其组件架构、OpenStack 的网络架构。在容器网络方面，本章介绍了容器网络、命名空间、Docker 网络虚拟化和容器网络模式，以及基于 Bridge 模式的容器网络通信案例。

最后，本章介绍了深信服网络虚拟化 aNET 应用，包括 aNET 的架构、功能模块概述、单集群功能模块部署、应用之虚拟网元设备和网络运维等。通过对本章的学习，读者可以了解到当前网络虚拟化的主要技术方向和解决方案，以及深信服网络虚拟化 aNET 的应用场景和功能特点。本章内容翔实，对于网络虚拟化技术的学习和应用具有重要的参考价值。

本章习题

一、单项选择题

1．SDN 的核心思想是（　　）。

A．分离控制面和数据面　　B．合并控制面和数据面

C．分离网络层和传输层　　D．合并网络层和传输层

2．OpenFlow 协议是 SDN 的重要组成部分，它的作用是（　　）。

A．定义控制器和交换机之间的通信协议

B．定义交换机之间的通信协议

C．定义控制器之间的通信协议

D．定义应用程序和交换机之间的通信协议

3．NFV 指的是（　　）。

A．网络功能虚拟化

B．网络功能可视化

C．网络功能验证

D．网络功能控制器

4．NFV 的主要目标是（　　）。

A．加速网络设备部署

B．提高网络设备性能

C．简化网络设备管理

D．降低网络设备成本

5．OpenStack Neutron 是（　　）。

A．OpenStack 的计算服务模块

B．OpenStack 的存储服务模块

C．OpenStack 的网络服务模块

D．OpenStack 的安全服务模块

二、多项选择题

1．容器网络的实现方式有多种，其中比较常见的有（　　）。

A．容器内部网络　　　　B．容器间网络

C．容器与宿主机网络　　D．容器与外部网络

2．SDN 的控制器可以分为（　　）。

A．集中式控制器　　　　B．分布式控制器

C．混合式控制器　　　　D．虚拟化控制器

3．下面选项中关于 NFV 架构描述正确的是（　　）。

A．VNFM 虚拟网络功能管理，负责 VNF 的生命周期管理

B．NFVO 负责业务的编排

C．MANO 由 NFVO、VNFM 和 VIM 组成

D．VIM 指虚拟资源管理，负责实现基础设施的虚拟化

4．以下关于 OpenFlow 协议描述正确的是（　　）。

A．OpenFlow 协议允许同时存在多张流表

B．OpenFlow 协议的流表定义了流量转发的行为

C．如果流量没有被匹配，未被匹配的流量将会根据控制器的配置进行处理

D．OpenFlow 协议对流量的操作分为指令与动作

5．OpenFlow 的关键组件包括（　　）等。

A．OpenFlow 控制器

B．OpenFlow 交换机

C．OpenFlow 流表

D．OpenFlow 组表

三、简答题

1．简述什么是 Openstack Neutron，以及它的组件架构有哪些。

2．简述什么是容器网络，容器网络的模式有哪些。

3．简述 aNET 架构中管理面、控制面、数据面的基本功能。

第4章

QEMU 与 KVM

数字化转型已经成为当今企业发展的必然趋势。某企业作为一家传统制造业企业，面临着诸多问题。首先，该企业的IT资源利用率较低，许多服务器资源被浪费，导致成本较高。其次，由于使用传统的物理服务器架构，企业的应用程序和操作系统无法灵活部署和迁移，导致效率较低。此外，由于系统的单一性，数据安全性也存在一定风险。

为了解决上述问题，该企业决定采用虚拟化技术，其中包括QEMU和KVM虚拟化技术。通过使用虚拟化技术，该企业可以将多个虚拟机运行在几台物理服务器上，从而充分利用服务器资源，降低成本。采用虚拟化技术后，该企业可以灵活地部署和迁移应用程序和操作系统，实现快速部署和扩展，提高效率。通过虚拟化技术，该企业可以将不同的应用程序和操作系统隔离在不同的虚拟机中运行，从而降低系统的单一性风险，提高数据安全性。

在实际场景中，该企业将QEMU和KVM虚拟化技术应用于其生产环境。他们将原本分散在多台物理服务器上的应用程序和操作系统，通过虚拟化技术整合到几台高性能物理服务器上。这样一来，不仅节省了服务器资源，降低了成本，还提高了应用程序的部署和迁移效率。同时，他们还设置了严格的虚拟机隔离策略，确保不同的应用程序和操作系统之间的数据安全性。

通过采用QEMU和KVM虚拟化技术，该企业成功支持了数字化转型，提高了企业的竞争力和发展潜力。企业的IT资源利用率得到了显著提高，成本得到了有效控制。同时，企业的业务灵活性和效率也得到了极大提升，能够更好地应对市场变化和满足客户需求。最重要的是，企业的数据安全性得到了提升，为稳定运营提供了保障。

本章学习逻辑

本章学习逻辑如图4-1所示。

本章学习任务

1. 了解QEMU与KVM的概念。
2. 掌握QEMU基本命令。
3. 掌握QEMU虚拟化配置。
4. 了解QEMU虚拟化原理。
5. 了解KVM内核模块解析。
6. 了解KVM虚拟化应用。

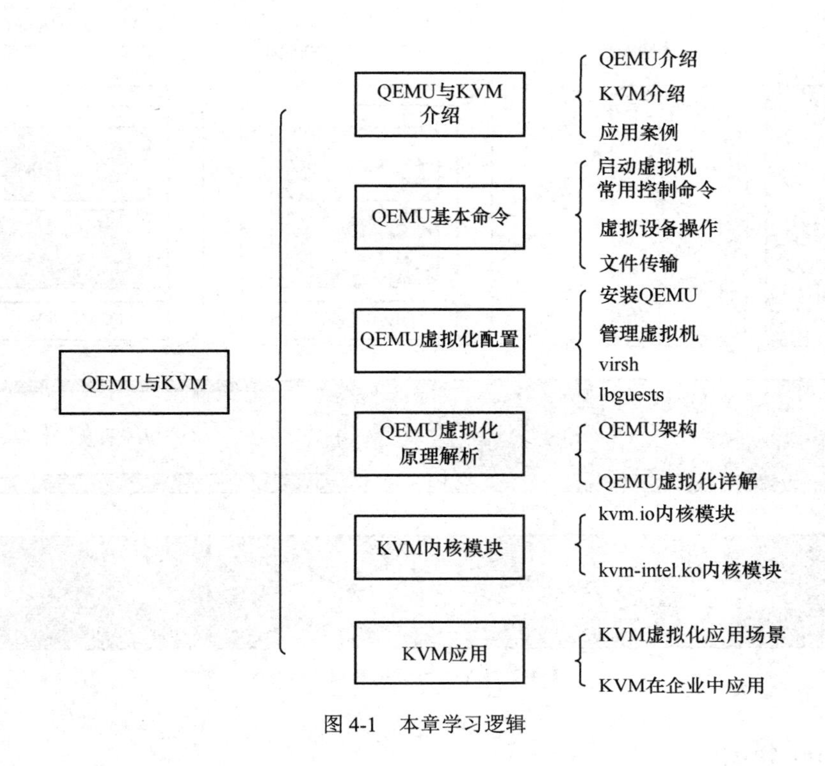

图 4-1 本章学习逻辑

4.1 QEMU 与 KVM 介绍

QEMU 是一种基于软件的虚拟化技术，它是一个开源的 VMM，可以模拟多种 CPU 架构和设备。QEMU 可以运行在多种操作系统上，包括 Linux、Windows 和 macOS 等。QEMU 提供了完整的虚拟化解决方案，包括虚拟 CPU（virtual CPU，vCPU）、虚拟网络和虚拟存储等，可以模拟完整的计算机系统。

KVM（Kernel-based Virtual Machine，基于内核的虚拟机）是一种基于硬件辅助的全虚拟化技术，它利用 CPU 的虚拟化扩展来创建和管理虚拟机。KVM 是 Linux 内核的一部分，因此它可以与 Linux 操作系统无缝集成。KVM 提供了高性能、低延迟和高可扩展性的虚拟化解决方案，可以在多种硬件平台上运行。KVM 虚拟化基础架构如图 4-2 所示。

KVM 和 QEMU 可以结合使用，利用 KVM 的硬件辅助虚拟化技术来提高工作能力和可靠性，同时使用 QEMU 的软件虚拟化技术来支持多种操作系统和设备。KVM 和 QEMU 结合可以提供更好的虚拟化解决方案，可以满足企业不同的虚拟化需求。

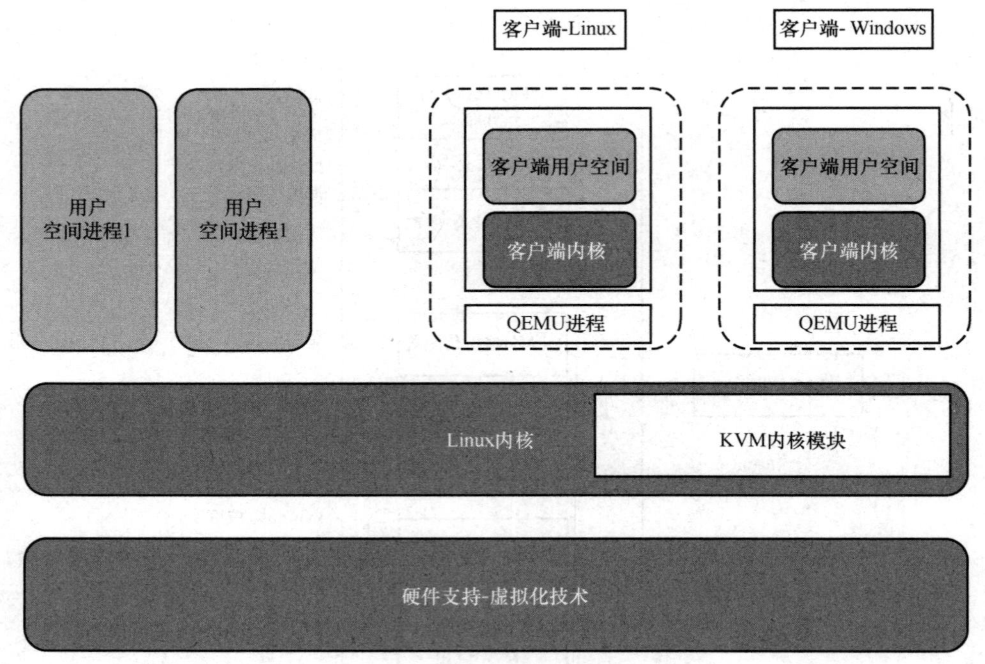

图 4-2 KVM 虚拟化基础架构

4.1.1 QEMU 介绍

QEMU 是一个著名的开源虚拟机软件，与 KVM 不同，它最初是一个纯软件的虚拟化项目。QEMU 通过二进制翻译来模拟 CPU 指令，其性能较低。然而，QEMU 具有跨平台的优点，可以在多种操作系统上运行，例如 Linux、Windows、FreeBSD、Solaris 和 macOS。它可以在支持 QEMU 编译的平台上实现虚拟机功能，甚至在不同架构之间实现虚拟化，比如在 x86 平台上运行 ARM 客户机。作为一个"老牌"VMM 软件，QEMU 的代码中包含完整的虚拟机实现代码，包括处理器虚拟化、内存虚拟化以及 KVM 所需的虚拟设备模拟（例如网卡、显卡、存储控制器和硬盘等）代码。除了二进制翻译，QEMU 还可以与基于硬件辅助虚拟化的 Xen 和 KVM 结合，提供设备模拟功能。通过与 KVM 的紧密结合，QEMU 大大提升了虚拟化性能，在现实的企业虚拟化场景中发挥着重要作用。因此，当提及 KVM 虚拟化时，通常会提到"QEMU/KVM"这个软件栈。QEMU 支持多种虚拟机格式，包括 QCOW2、VMDK、VHD 等，同时还支持多种网络协议，包括 TCP/IP、UDP、SLIRP 等，可以实现虚拟机之间的网络通信。

1. QEMU 的主要特点

（1）支持跨平台：QEMU 可以在多种操作系统上运行，包括 Linux、Windows、macOS 等。这使得用户可以在不同的操作系统上使用 QEMU 来创建和管理虚拟机，提高了软件的灵活性和可移植性。

（2）模拟硬件：QEMU 可以模拟多种硬件架构，包括 x86、ARM、MIPS 等。这意味着用户可以在不同的操作系统上运行不同的虚拟机，并且可以模拟各种硬件环境，以满足不同的应用需求。

（3）支持多种虚拟机格式：QEMU 支持多种虚拟机格式，包括 QCOW2、VMDK、VHD 等。这使得用户可以选择合适的虚拟机格式来存储和管理虚拟机，方便数据的迁移和共享。

（4）支持网络：QEMU 支持多种网络协议，包括 TCP/IP、UDP、SLIP 等，可以实现虚拟机之间的网络通信。用户可以配置虚拟机的网络连接方式，使虚拟机能够与外部网络进行通信，实现网络服务的部署和测试。

（5）支持快照：QEMU 支持虚拟机快照功能，可以在虚拟机运行时保存当前状态，以便后续恢复。用户可以在虚拟机运行过程中创建快照，方便进行实验、测试和回滚操作，提高了虚拟机的管理效率和灵活性。

（6）优化性能：QEMU 采用了多种性能优化技术，包括动态二进制翻译、硬件加速等技术，可以提高虚拟机的性能。动态二进制翻译技术可以将虚拟机指令动态翻译为宿主机指令，提高了虚拟机的执行效率；硬件加速技术可以利用宿主机的硬件资源来加速虚拟机的运行，提高了虚拟机的工作能力和响应速度。

（7）开源免费：QEMU 是一款开源软件，可以免费使用和修改。这使得用户可以根据自己的需求对 QEMU 进行定制和扩展，满足特定的应用需求。同时，开源社区的支持和贡献也使得 QEMU 能够不断改进和更新，提供更加稳定和高效的虚拟化解决方案。

2. QEMU 的应用场景

（1）虚拟化环境：QEMU 作为一款轻量级虚拟化软件，可以在一台物理机上运行多个虚拟机，实现资源共享和环境隔离。它支持 KVM、Xen、VMware 等，可以在不同的虚拟化平台上运行。QEMU 提供了完整的虚拟化功能，包括虚拟 CPU、管理内存、模拟设备等，可以满足大部分虚拟化需求。在云计算领域，QEMU 常常被用作 VMM，可以在云平台上创建和管理虚拟机。由于 QEMU 的轻量级和高性能特点，它可以在资源受限的环境中运行，提供高效的虚拟化服务。

（2）嵌入式系统开发和调试：QEMU 可以模拟多种硬件架构，包括 ARM、x86、PowerPC 等，可以用于嵌入式系统开发和调试。开发者可以在 QEMU 上运行嵌入式操作系统，并进行调试和性能优化。QEMU 还支持 GDB 调试协议，它可以与 GDB 调试器进行交互，提供更强大的调试功能。在嵌入式系统开发过程中，QEMU 可以帮助开发者快速验证和调试代码，提高开发效率。同时，QEMU 还支持模拟各种外部设备，如串口、网卡、显示器等，可以模拟真实的硬件环境，方便进行集成测试和驱动开发。

（3）操作系统开发和调试：QEMU 可以模拟多种 CPU 架构，包括 x86、ARM、PowerPC 等，可以用于操作系统开发和调试。开发者可以在 QEMU 上运行操作系统内核，并进行调试和性能优化。QEMU 提供了丰富的调试功能，如单步执行、内存查看、寄存器监控等，可以帮助开发者定位和修复问题。在操作系统开发过程中，QEMU 可以帮助开发者快速验证和调试代码，提高开发效率。

（4）应用程序测试和兼容性验证：QEMU 可以模拟多种操作系统和硬件架构，可以用于应用程序测试和兼容性验证。开发者可以在 QEMU 上运行应用程序，并进行功能测试和性能测试。QEMU 提供了模拟网络、存储和外部设备的功能，可用于模拟各种复杂的环境，帮助开发者测试应用程序在不同场景下的表现。

在应用程序测试过程中，QEMU 可以帮助开发者发现和修复潜在的问题，提高应用程序的质量和稳定性。同时，QEMU 还支持快照和恢复功能，可以方便地保存和还原虚拟机状态，提高测试效率。

总之，QEMU 是一款功能强大、灵活性高的虚拟化软件，可以满足多种应用场景的需求，是开源社区中备受关注的一款虚拟化软件。

4.1.2 KVM 介绍

KVM 是一种基于 Linux 内核的开源虚拟化技术，它具有许多独特的优势，例如基于硬件辅助虚拟化技术、高性能、良好的安全性等。下面将对 KVM 的这些优势进行详细的说明。

1. 基于硬件辅助虚拟化技术

KVM 是基于 x86 的硬件辅助虚拟化扩展的 Linux 原生的开源全虚拟化技术，可以利用 x86 处理器的虚拟化扩展功能来为虚拟机提供优异的性能。它基于 Linux 内核，可以为每个虚拟机提供完全独立的硬件环境，使得每个虚拟机都可以拥有自己的 CPU、内存、磁盘和网络适配器等。KVM 可以支持多种操作系统，包括 Linux、Windows、FreeBSD 等，而且它使每个虚拟机看起来都像是一台真正的物理机器。也就是说，虚拟机非常相似于物理机，虚拟机能够访问硬件资源，执行应用程序和操作系统内核代码，但是这是在一个虚拟化层的上方完成的，这个虚拟化层被称为 Hypervisor，它同时管理主机和所有客户机之间的物理资源。

2. 高性能

KVM 的性能非常高，与其他虚拟化技术相比，它具有许多优势。它最重要的优势之一是它可以利用 CPU 的虚拟化扩展功能。虚拟化扩展功能允许虚拟机直接访问物理硬件，从而提高虚拟机的性能，减少虚拟化的开销。此外，与其他虚拟化技术相比，KVM 采用了独特的调度算法，使其性能更出色。这些算法包括 CPU 分配、I/O 分配和内存分配等的算法。通过这些算法，KVM 能够为每个虚拟机分配适当的资源，从而提高整个虚拟化环境的性能水平。

3. 良好的安全性

KVM 具有良好的安全性，它可以为每个虚拟机提供独立的运行环境，防止恶意代码或攻击者在一个虚拟环境中运行时危及整个环境。由于 KVM 是基于硬件辅助虚拟化技术的，每个虚拟机可以独立地拥有自己的 CPU、内存、磁盘和网络适配器，这使得虚拟机之间相互隔离，不会相互干扰或攻击。此外，KVM 还内置了安全功能，包括 SELinux（安全增强 Linux）和 iptables（IPv4 防火墙），可以防止恶意攻击和窃取信息。

4. 高灵活性和可定制性

KVM 的灵活性和可定制性非常高，它可以根据需要创建和管理虚拟机。在 KVM 中，可以根据需要创建多个虚拟机，而且不受物理服务器的限制；可以根据需要添加、删除或修改虚拟机；也可以为每个虚拟机分配不同的虚拟硬件，例如，为一个虚拟机添加多个网卡，使其具有多种功能。并且，KVM 还提供了各种虚拟机管理工具，例如 virt-manager 和 CLI。

5. 持续的发展和社区支持

KVM 作为一种开源虚拟化技术，其当前发展状态和社区非常活跃。KVM 社区持续地发布补丁、更新功能，以满足不断变化的需求。在开源社区的支持下，KVM 获得了广泛的使用和认可。KVM 能够满足各种场景下的虚拟化需求，受到了大量应用和优化。

综上所述，KVM 基于硬件辅助虚拟化技术，具有高性能、良好的安全性、高灵活性和可定制性等优势，是一种非常流行的虚拟化技术。在未来，KVM 的发展将不断推动与硬件的集成，并在新技术的发展方向上更加灵活。

4.1.3 KVM 和 QEMU 的联合使用

KVM 和 QEMU 是两个常用的虚拟化工具，它们联合使用可以提高虚拟化的效率和安全性。本节将详细介绍 KVM 和 QEMU 的特点以及它们的联合使用。

KVM 和 QEMU 通常一起使用，KVM 作为宿主机的虚拟化引擎，QEMU 则充当虚拟机的模拟器，将虚拟机的磁盘、网卡等虚拟设备同宿主机进行数据交互。KVM 和 QEMU 的联合使用可以提高虚拟化的效率和安全性，具体包括以下几个方面。

（1）硬件辅助虚拟化：KVM 基于硬件辅助虚拟化技术，可以直接访问物理硬件资源，相比软件虚拟化技术，具有更高的效率；QEMU 则通过模拟硬件设备，使虚拟机可以访问宿主机的硬件资源，从而实现虚拟机与宿主机之间的数据交互。

（2）安全隔离：KVM 使用硬件隔离技术，可以将虚拟机隔离开来，从而提高虚拟化的安全性；QEMU 则通过模拟硬件设备，使虚拟机可以访问宿主机的硬件资源，但是虚拟机之间仍然是隔离的。

（3）优化性能：KVM 和 QEMU 可以进行协同优化，例如 KVM 可以提供虚拟机的 CPU 和内存资源，QEMU 则可以提供虚拟机的磁盘和网卡等设备资源，从而提高虚拟化的效率和性能。

（4）易管理性：KVM 和 QEMU 都提供了 CLI 和 GUI 这 2 种管理方式，可以方便地管理虚拟机的创建、删除、启动和停止等操作。同时，KVM 和 QEMU 的配置文件可以共享，从而简化了管理工作。

4.1.4 应用案例

KVM 和 QEMU 虚拟化技术已被广泛应用在众多领域中。

1. 虚拟化数据中心

虚拟化数据中心可以带来很多好处。首先，虚拟化可以提高服务器的利用率，降低硬件成本和能源消耗。此外，虚拟化还可以通过动态调整虚拟机的资源分配，实现资源的动态分配和回收，从而进一步降低硬件成本和能源消耗。其次，通过虚拟化，可以将应用程序和数据从物理硬件上解耦，使得应用程序和数据可以在不同的虚拟机上运行，从而提高系统的弹性和可靠性。此外，虚拟化还可以通过动态迁移虚拟机，实现虚拟机的高可用性和负载均衡，从而进一步提高系统的弹性和可靠性。虚拟化数据中心是一种非常重要的 IT 基础设施管理方式，可以为企业提供更加灵活、可靠和安全的 IT 基础设施。KVM 和 QEMU 可以被用来虚拟化数据中心、服务器和存储环境，为企业提供更加弹性和有效的 IT 基础设施管理方式。虚拟化数据中心如图 4-3 所示。

2. 测试环境模拟

KVM 和 QEMU 可以帮助开发人员模拟不同的开发和测试环境。在这种模拟环境下，开发人员可以安全地测试和实验，以便在实际部署之前解决问题。KVM 是一种基于 Linux 内核的虚拟化技术，它可以将物理服务器分割成多个虚拟机。QEMU 是一种模拟器，它可以模拟不同的硬件平台。使用 KVM 和 QEMU 可以提高开发效率、降低成本、提高可靠性和安全性。在使用 KVM 和 QEMU 模拟测试环境时，需要安装 KVM 和 QEMU、创建虚拟机、配置网络、安装应用程序和测试应用程序。

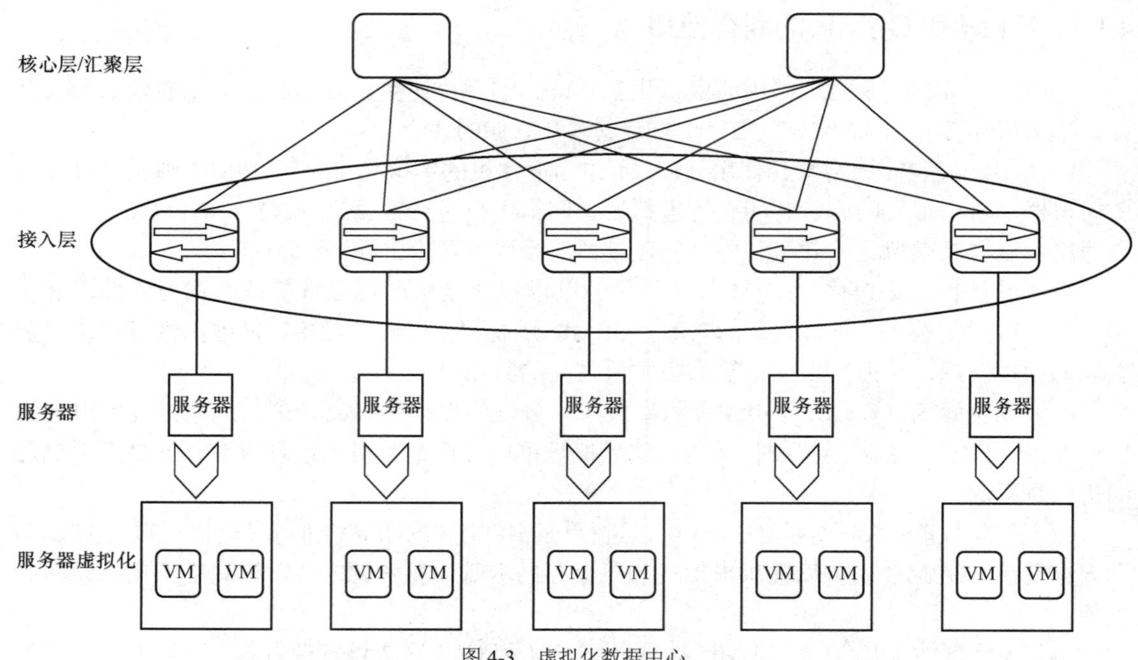

图 4-3　虚拟化数据中心

3. 云计算环境

云计算环境是指通过互联网提供计算资源和服务的一种模式。在云计算环境中，用户可以通过互联网访问虚拟化的计算资源，包括虚拟机、存储、网络、应用程序等，并按需付费使用。

KVM 和 QEMU 作为虚拟化技术的代表，在云计算环境中也得到了广泛的应用。它们可以将物理服务器虚拟化成多个虚拟机，从而提高物理服务器的利用率和执行效率。同时，它们还可以为虚拟机提供强大的虚拟化功能，包括 CPU、内存、存储和网络等方面的虚拟化功能。这些功能可以帮助企业更灵活地部署和管理服务，提高 IT 基础设施的可靠性和安全性。在云计算环境中，KVM 和 QEMU 可以为虚拟机提供灵活的资源分配和管理功能。企业可以根据需要动态地分配 CPU、内存、存储和网络资源，以满足不同的应用程序需求。这样可以提高应用程序的性能和系统可靠性，并节省硬件成本。

总之，KVM 和 QEMU 在云计算环境中得到了广泛的应用。它们可以提高服务器的利用率、弹性和可靠性，同时提高 IT 基础设施的安全性和灵活性。因此，企业可以通过使用 KVM 和 QEMU 来构建更强大、更灵活和更可靠的云计算环境。

4.2 QEMU 基本命令

QEMU 是一个跨平台的虚拟化器和模拟器，能够模拟多种 CPU 架构，如 x86、ARM、PowerPC 等，运行各种不同的操作系统。使用 QEMU，用户可以在自己的计算机上运行虚拟机，无须购买额外的硬件设备。本节将介绍一些基本的 QEMU 命令，帮助用户更好地使用 QEMU。

4.2.1 启动一个虚拟机

QEMU 的最基本的一个命令是启动一个虚拟机并进入客户机系统安装过程，即基本启动命令 qemu-system-x86_64 -m 1024 -boot d -cdrom centos.iso。安装虚拟机界面如图 4-4 所示。

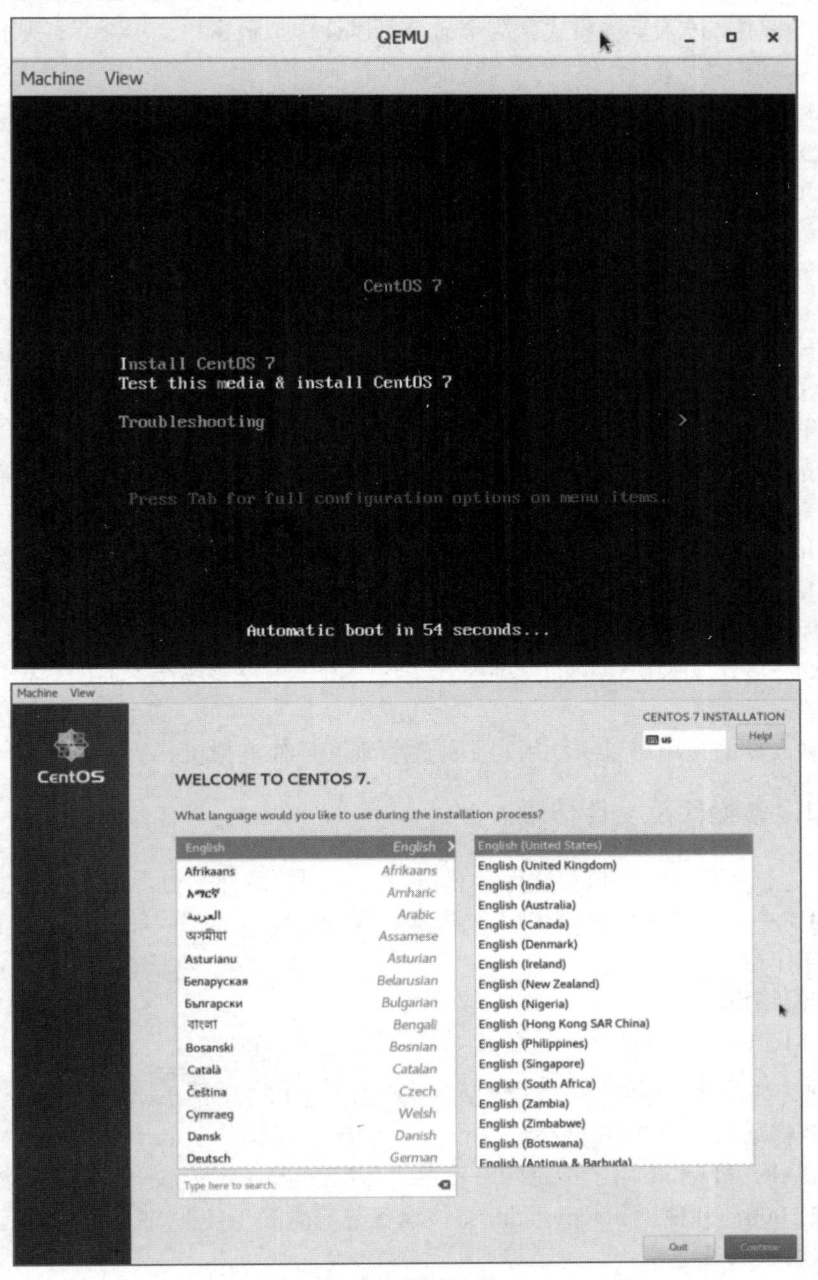

图 4-4 虚拟机安装

其中，“-m”用于指定虚拟机的内存大小，“-boot”用于指定从哪个设备启动虚拟机，“-cdrom”用于指定光盘镜像。

4.2.2 键盘和鼠标控制

在 QEMU 中，用户可以控制虚拟机的键盘和鼠标。以下是一些常用的控制命令。

Ctrl + Alt + F：退出当前窗口。这个命令可以让用户从虚拟机窗口切换到主机桌面。

Ctrl + Alt + G：进入全屏模式。这个命令可以让虚拟机窗口全屏显示，从而更好地进行虚拟机的操作。

Ctrl + Alt + 2：进入 mon 命令模式。这个命令可以让用户进入 QEMU 的 mon 命令模式，从而执行一些高级的虚拟机操作。

Ctrl + Alt + 1：回到虚拟机模式。这个命令可以让用户从 mon 命令模式切换回虚拟机模式。

Ctrl + A：Control-key。这个命令可以让用户进入 QEMU 的控制模式，从而执行一些高级的虚拟机操作。

Ctrl + C：终止虚拟机。这个命令可以让用户终止正在运行的虚拟机。

除了以上常用的控制命令之外，还有一些其他的控制命令可以在 QEMU 中使用，如下所示。

Ctrl + Alt + H：暂停虚拟机。这个命令可以让用户暂停正在运行的虚拟机，以便进行一些特殊的操作。

Ctrl + Alt + S：保存虚拟机的状态。这个命令可以将虚拟机的当前状态保存到磁盘中，以便在下次启动时恢复。

Ctrl + Alt + R：恢复虚拟机的状态。这个命令可以从磁盘中恢复之前保存的虚拟机的状态。

Ctrl + Alt + T：切换虚拟机的鼠标捕捉模式。这个命令可以实现在虚拟机模式和主机模式之间切换鼠标捕捉模式。

Ctrl + Alt + V：切换虚拟机的全屏模式。这个命令可以实现在全屏模式和窗口模式之间切换虚拟机的显示模式。

这些控制命令的使用可以帮助用户更好地管理和操作虚拟机。

4.2.3 虚拟设备操作及文件传输

QEMU 是一个开源的虚拟化软件，它可以在不同的硬件平台上运行不同的客户操作系统。在 QEMU 中，用户可以使用 CLI 来添加、移除和修改虚拟硬件设备。以下是一些常用的虚拟设备操作命令。

1. 添加网络设备

要在 QEMU 中添加网络设备，可以使用以下命令：

```
qemu-system-x86_64 -netdev tap,id=eth0 -device e1000,netdev=eth0
```

这个命令将添加一个 TAP 网络设备和一块 E1000 网卡。-netdev 选项用于指定要添加的网络类型为 TAP，id=eth0 用于指定网络设备的名称。-device 选项用于指定要添加的物理设备的类型为 E1000，并使用 netdev=eth0 将该设备与前面的 TAP 网络设备关联起来。

2. 移除网络设备

要从 QEMU 中移除网络设备，可以使用以下命令：

```
qemu-system-x86_64 -net none
```

这个命令将移除所有网络设备。

3. 添加 SATA 硬盘

要在 QEMU 中添加 SATA 硬盘，可以使用以下命令：

```
qemu-system-x86_64 -hda ubuntu.img
```

这个命令将添加一个名为 ubuntu.img 的 SATA 硬盘镜像文件。QEMU 将使用该文件来模拟 SATA 硬盘。

4. 添加 USB 设备

要在 QEMU 中添加通用串行总线（Universal Serial Bus，USB）设备，可以使用以下命令：

```
qemu-system-x86_64 -device usb-tablet
```

这个命令将添加一个 USB 平板电脑设备。可以通过该设备的名称或者标识符来指定要添加的 USB 设备的类型。

5. 文件传输

在 QEMU 中，用户可以使用万维网传输文件。以下是一些相关命令。

（1）要将一个文件传输到虚拟机中，可以使用以下命令：

```
qemu-img create -f qcow2 hdd.qcow2 20G
sudo mount -o loop ubuntu.iso /mnt/cdrom/
sudo qemu-system-x86_64 -boot d -cdrom /mnt/cdrom/ubuntu.iso -hda hdd.qcow2
```

（2）要将一个文件从虚拟机中传输出来，可以使用以下命令：

```
sudo cp file /mnt/share/
sudo umount /mnt/share/
```

4.2.4 GUI 管理

在 QEMU 中，用户可以使用基于 GUI 的管理工具进行虚拟机的管理和操作。以下是一些常用的基于 GUI 的 QEMU 管理工具。

1. QEMU Manager

QEMU Manager 是一款简单易用的开源虚拟机管理工具。它提供了友好的 GUI，使用户能够轻松地管理各种类型的虚拟机，包括模拟各种不同的 CPU 和操作系统。它支持多种功能，如网络共享、CD-ROM 映像、虚拟硬盘、VNC 和串口等。并且，它还支持 OVMF 和 EFI 引导。此外，QEMU Manager 还具有快照、复制和备份虚拟机的功能，以及对虚拟机的各种高级管理功能，如性能监控和维护。

2. GNOME Boxes

GNOME Boxes 是一个基于 GNOME 桌面环境的虚拟化环境管理器。它可用于快速轻松地创建、管理和运行虚拟机。用户可以选择多种不同的虚拟机映像文件，例如 ISO 文件，或者从其他存储介质（如本地磁盘、共享文件、网络）中选择映像。GNOME Boxes 支持多种操作系统，包括 Linux、Windows、macOS 等。它还支持在本地计算机中央的任意位置监测虚拟机应用程序。GNOME Boxes 提供了一个非常直观的 GUI，使用户可以方便地管理虚拟机和执行各种操作。

3. virt-manager

virt-manager 是一个可用于管理 KVM、QEMU、Xen 和 LXC 容器的应用程序。它使用一个简单的 GUI 来管理虚拟机的网络、磁盘和其他方面的设置，同时它也提供了创建和编辑虚拟机的工具。virt-manager 可以轻松地让用户连接到远程服务器，并在其中创建和管理虚拟机。

总的来说，这些基于 GUI 的 QEMU 管理工具都是非常强大且易用的。它们提供了直观可视化的操作界面，使得用户可以更方便、快捷地管理虚拟机。这些工具不仅简化了虚拟机的创建和管理过程，而且使得用户可以在没有额外硬件设备的情况下进行虚拟化操作。这些工具的使用，无疑将对企业的数字化转型提供强大的支持和保障。

4.3 QEMU 虚拟化配置

QEMU 具有良好的跨平台性、兼容性和可扩展性。在一些应用场景中，用户需要对 QEMU 进行虚拟化配置，以优化虚拟机的性能和功能。本节将着重介绍 QEMU 虚拟化配置的过程，帮助用户更好地理解和解决虚拟化环境中的问题。

4.3.1 安装 QEMU

某企业需要在其 CentOS 7.x 服务器上部署多个虚拟机来运行不同的应用程序和服务。为了提高资源利用率和降低成本，该企业决定采用虚拟化技术来实现服务器的多实例化。为了实现虚拟化，企业选择 QEMU 和 KVM 联合解决方案作为虚拟化和模拟平台。以下是主要的安装操作步骤。RHEL 系统发行版从 6.0 版本开始默认的内核就支持 KVM 虚拟化，查看 RHEL 7.0 内核配置文件，可以看到 KVM 虚拟化已经配置到内核中，我们只需要使用 RPM 软件包安装一些工具组件和用户空间的虚拟化工具即可。

（1）关闭 SELinux 防火墙，如图 4-5 所示。

```
[root@localhost ~]# setenforce 0
[root@localhost ~]# getenforce
Permissive
```

图 4-5 关闭 SELinux 防火墙

（2）查看系统是否支持虚拟机，如图 4-6 所示。如果输出结果中包含“vmx”或“svm”，表示系统支持虚拟机。其中“vmx”表示 Intel 处理器的虚拟化拓展，“svm”表示 AMD 处理器的虚拟化拓展。

```
[root@localhost ~]# egrep '(vmx|svm)' --color=always /proc/cpuinfo
flags           : fpu vme de pse tsc msr pae mce cx8 apic sep mtrr pge mca cmov pat pse36 clflush mmx fxsr sse sse2 ss ht sysca
ll nx pdpe1gb rdtscp lm constant_tsc arch_perfmon rep_good nopl xtopology eagerfpu pni pclmulqdq vmx ssse3 fma cx16 pcid sse4_1
 sse4_2 x2apic movbe popcnt tsc_deadline_timer aes xsave avx f16c rdrand hypervisor lahf_lm abm 3dnowprefetch ssbd ibrs ibpb st
ibp ibrs_enhanced tpr_shadow vnmi flexpriority ept vpid fsgsbase tsc_adjust bmi1 hle avx2 smep bmi2 erms invpcid rtm mpx avx512
f avx512dq rdseed adx smap clflushopt clwb avx512cd avx512bw avx512vl xsaveopt xsavec xgetbv1 arat umip pku ospke avx512_vnni s
pec_ctrl intel_stibp arch_capabilities
flags           : fpu vme de pse tsc msr pae mce cx8 apic sep mtrr pge mca cmov pat pse36 clflush mmx fxsr sse sse2 ss ht sysca
ll nx pdpe1gb rdtscp lm constant_tsc arch_perfmon rep_good nopl xtopology eagerfpu pni pclmulqdq vmx ssse3 fma cx16 pcid sse4_1
 sse4_2 x2apic movbe popcnt tsc_deadline_timer aes xsave avx f16c rdrand hypervisor lahf_lm abm 3dnowprefetch ssbd ibrs ibpb st
ibp ibrs_enhanced tpr_shadow vnmi flexpriority ept vpid fsgsbase tsc_adjust bmi1 hle avx2 smep bmi2 erms invpcid rtm mpx avx512
f avx512dq rdseed adx smap clflushopt clwb avx512cd avx512bw avx512vl xsaveopt xsavec xgetbv1 arat umip pku ospke avx512_vnni s
pec_ctrl intel_stibp arch_capabilities
```

图 4-6 查看系统是否支持虚拟机

（3）安装 KVM 软件包，如图 4-7 所示。

```
[root@localhost ~]# yum -y install qemu-kvm libvirt libvirt-daemon  libvirt-client  libvirt-daemon-driver-qemu  virt-manager v
irt-install  virt-viewer virt-v2v libguestfs-tools
Loaded plugins: fastestmirror
Determining fastest mirrors
 * base: mirrors.ustc.edu.cn
 * extras: mirrors.ustc.edu.cn
 * updates: mirrors.ustc.edu.cn
base                                                                                        | 3.6 kB  00:00:00
extras                                                                                      | 2.9 kB  00:00:00
updates                                                                                     | 2.9 kB  00:00:00
(1/4): extras/7/x86_64/primary_db                                                           | 250 kB  00:00:00
(2/4): base/7/x86_64/group_gz                                                               | 153 kB  00:00:01
(3/4): base/7/x86_64/primary_db                                                             | 6.1 MB  00:00:01
(4/4): updates/7/x86_64/primary_db                                                          |  22 MB  00:00:08
Resolving Dependencies
--> Running transaction check
```

```
  syslinux-extlinux.x86_64 0:4.05-15.el7
  tcp_wrappers.x86_64 0:7.6-77.el7
  trousers.x86_64 0:0.3.14-2.el7
  unbound-libs.x86_64 0:1.6.6-5.el7_8
  unzip.x86_64 0:6.0-24.el7_9
  usbredir.x86_64 0:0.7.1-3.el7
  virt-manager-common.noarch 0:1.5.0-7.el7
  vte-profile.x86_64 0:0.52.4-1.el7
  vte291.x86_64 0:0.52.4-1.el7
  xkeyboard-config.noarch 0:2.24-1.el7
  xml-common.noarch 0:0.6.3-39.el7
  xorg-x11-server-utils.x86_64 0:7.7-20.el7
  xorg-x11-xauth.x86_64 1:1.0.9-1.el7
  xorg-x11-xinit.x86_64 0:1.3.4-2.el7
  yajl.x86_64 0:2.0.4-4.el7
  yum-utils.noarch 0:1.1.31-54.el7_8

Dependency Updated:
  cryptsetup-libs.x86_64 0:2.0.3-6.el7                     cyrus-sasl-lib.x86_64 0:2.1.26-24.el7_9
  dbus.x86_64 1:1.10.24-15.el7                             dbus-libs.x86_64 1:1.10.24-15.el7
  device-mapper.x86_64 7:1.02.170-6.el7_9.5                device-mapper-libs.x86_64 7:1.02.170-6.el7_9.5
  libxml2.x86_64 0:2.9.1-6.el7_9.6

Complete!
```

图 4-7　安装 KVM 软件包

（4）启动 libvirtd 并查看其运行状态，如图 4-8 所示。

```
[root@localhost ~]# systemctl start libvirtd
[root@localhost ~]# systemctl status libvirtd
● libvirtd.service - Virtualization daemon
   Loaded: loaded (/usr/lib/systemd/system/libvirtd.service; enabled; vendor preset: enabled)
   Active: active (running) since Tue 2023-08-01 22:41:03 EDT; 11s ago
     Docs: man:libvirtd(8)
           https://libvirt.org
 Main PID: 17437 (libvirtd)
    Tasks: 19 (limit: 32768)
   CGroup: /system.slice/libvirtd.service
           ├─17437 /usr/sbin/libvirtd
           ├─17549 /usr/sbin/dnsmasq --conf-file=/var/lib/libvirt/dnsmasq/default.conf --leasefile-ro --dhcp-script=/usr/lib ...
           └─17550 /usr/sbin/dnsmasq --conf-file=/var/lib/libvirt/dnsmasq/default.conf --leasefile-ro --dhcp-script=/usr/lib ...

Aug 01 22:41:03 localhost.localdomain dnsmasq[17549]: compile time options: IPv6 GNU-getopt DBus no-i18n IDN DHCP DHCPv ... otify
Aug 01 22:41:03 localhost.localdomain dnsmasq-dhcp[17549]: DHCP, IP range 192.168.122.2 -- 192.168.122.254, lease time 1h
Aug 01 22:41:03 localhost.localdomain dnsmasq-dhcp[17549]: DHCP, sockets bound exclusively to interface virbr0
Aug 01 22:41:03 localhost.localdomain dnsmasq[17549]: reading /etc/resolv.conf
Aug 01 22:41:03 localhost.localdomain dnsmasq[17549]: using nameserver 114.114.114.114#53
Aug 01 22:41:03 localhost.localdomain dnsmasq[17549]: using nameserver 1.2.4.8#53
Aug 01 22:41:03 localhost.localdomain dnsmasq[17549]: using nameserver 114.114.114.114#53
Aug 01 22:41:03 localhost.localdomain dnsmasq[17549]: read /etc/hosts - 2 addresses
Aug 01 22:41:03 localhost.localdomain dnsmasq[17549]: read /var/lib/libvirt/dnsmasq/default.addnhosts - 0 addresses
Aug 01 22:41:03 localhost.localdomain dnsmasq-dhcp[17549]: read /var/lib/libvirt/dnsmasq/default.hostsfile
Hint: Some lines were ellipsized, use -l to show in full.
```

图 4-8　启动 libvirtd 并查看其运行状态

（5）查看 kvm 模块，如图 4-9 所示。

```
[root@localhost ~]# lsmod |grep kvm
kvm_intel             183621  0
kvm                   586948  1 kvm_intel
irqbypass              13503  1 kvm
```

图 4-9　查看 kvm 模块

4.3.2　管理虚拟机

1. 管理工具栈

（1）qemu-kvm：用于在单机上创建虚拟机，但不能跨主机创建虚拟机。

（2）libvirt：通用的虚拟化管理工具。

2. 管理 KVM 虚拟方案 qemu

（1）qemu：它虽然不是红帽推荐使用的工具，但是一个常用的虚拟化工具。安装 qemu-kvm 后，可以在默认路径/usr/libexec/下找到它（需要创建链接）。

（2）qemu-io：用于管理虚拟机的 I/O 操作。

（3）qemu-kvm：用于创建和启动虚拟机。

（4）qemu-img：用于管理虚拟机镜像。在 KVM 环境中，该工具是必不可少的。以下是一些常用的命令。

① 创建镜像文件。

- 创建一个指定大小的空白镜像文件：qemu-img create -f <格式> <镜像文件> <大小>。
- 创建一个基于某镜像的镜像文件：qemu-img create -f <格式> -b <基础镜像文件> <新镜像文件>。

② 转换镜像文件格式。

将一个镜像文件转换为另一个格式：qemu-img convert -f <源格式> -O <目标格式> <源镜像文件> <目标镜像文件>。

③ 调整镜像文件大小。

调整镜像文件的大小：qemu-img resize <镜像文件> <新大小>。

④ 查看镜像文件信息

查看镜像文件的详细信息：qemu-img info <镜像文件>。

⑤ 管理镜像快照

- 创建一个镜像快照：qemu-img snapshot -c <镜像快照名称> <镜像文件>。
- 列出所有镜像快照：qemu-img snapshot -l <镜像文件>。
- 恢复到指定的镜像快照：qemu-img snapshot -a <镜像快照名称> <镜像文件>。
- 删除指定的镜像快照：qemu-img snapshot -d <镜像快照名称> <镜像文件>。

以上只是一些常用的 qemu-img 命令，更多的命令和选项可以通过 qemu-img --help 查看。

3. 管理 KVM 虚拟方案 libvirt

（1）virt-install：用于通过命令行方式进行虚拟机的安装。

（2）virsh：用于通过命令行方式管理虚拟机，提供了开机、关机、重启、迁移等功能。

（3）virt-manager：提供了图形化的虚拟机管理界面，可以进行虚拟机的创建、启动、停止、迁移等操作。

（4）virt-viewer：提供了最小的虚拟机 GUI 展示工具，支持 VNC 和 SPICE 2 种远程协议。

（5）virt-clone：用于复制虚拟机的工具，可以复制已有虚拟机的配置和镜像文件。

（6）virt-convert：用于将其他虚拟化平台的虚拟机转换为 KVM 支持的格式的工具，如将 VMware 的虚拟机转换为 KVM 格式。

4.3.3 virsh

1. virsh

KVM 虚拟机的管理主要通过 virsh 命令进行。virsh 是 KVM 的管理工具包，提供了 2 种执行模式：直接模式和交互模式。

在直接模式下，可以在 Shell 中使用参数和自变量执行 virsh 命令。例如，可以使用 virsh <command> <options>命令直接执行 virsh 命令。

而在交互模式下，virsh 会提供一个提示字符串，用户可以在提示字符串后输入要执行的命令。如果在执行 virsh 命令时没有指定任何参数或自变量，则默认进入交互模式。在交互模式中，可以直接输入 virsh 命令。

```
virsh
virsh> <command> <options>
```

其中，<command>是 virsh 提供的具体命令，可以使用不同的命令对虚拟机进行管理，如进行创建、启动、停止、删除虚拟机等操作。通过 virsh 命令，可以方便地管理 KVM 虚拟机。

```
Domain Management (help keyword 'domain'):
    attach-device              # 从一个 XML 文件附加装置
    attach-disk                # 附加磁盘设备
    attach-interface           # 获得网络界面
    autostart                  # 自动开始一个域
    blkdeviotune               # 设定或者查询块设备 I/O 调节参数
    blkiotune                  # 获取或者数值 blkio 参数
    blockcommit                # 启动块提交操作
    blockcopy                  # 启动块复制操作
    blockjob                   # 管理活跃块操作
    blockpull                  # 使用其后端映像填充磁盘
    blockresize                # 重新定义域块设备大小
    change-media               # 更改 CD 介质或者软盘驱动器
    console                    # 连接到客户会话
    cpu-baseline               # 计算基线 CPU
    cpu-compare                # 使用 XML 文件中描述的 CPU 与主机 CPU 进行对比
    cpu-stats                  # 显示域 CPU 统计数据
    create                     # 从一个 XML 文件创建一个域
    define                     # 从一个 XML 文件定义（但不开始）一个域
    desc                       # 显示或者设定域描述或者标题
    destroy                    # 销毁（停止）域
    detach-device              # 从一个 XML 文件分离设备
    detach-disk                # 分离磁盘设备
    detach-interface           # 分离网络界面
    domdisplay                 # 域显示连接 URI
    domfsfreeze                # 冻结域中已挂载的文件系统
    domfsthaw                  # 解冻域中已挂载的文件系统
    domfsinfo                  # 获取域中已挂载文件系统的信息
    domfstrim                  # 在域挂载的文件系统中调用 fstrim
    domhostname                # 输出域主机名
```

```
domid                         # 把一个域名或 UUID 转换为域 id
domif-setlink                 # 设定虚拟接口的链接状态
domiftune                     # 获取/设定虚拟接口参数
domjobabort                   # 忽略活跃域任务
domjobinfo                    # 域任务信息
domname                       # 将域 id 或 UUID 转换为域名
domrename                     # 重命名域
dompmsuspend                  # 使用电源管理功能挂起域
dompmwakeup                   # 从 pmsuspended 状态唤醒域
domuuid                       # 把一个域名或域 id 转换为 UUID
domxml-from-native            # 将原始配置转换为域 XML
domxml-to-native              # 将域 XML 转换为原始配置
dump                          # 把一个域的内核 dump 到一个文件中以方便分析
dumpxml                       # XML 中的域信息
edit                          # 编辑某个域的 XML 配置
event                         # Domain Events
inject-nmi                    # 在虚拟机中输入 NMI
iothreadinfo                  # 查看域的 I/O 线程信息
iothreadpin                   # 控制域的 I/O 线程亲和性
iothreadadd                   # 向客户域添加一个 I/O 线程
iothreaddel                   # 从客户域中删除一个 I/O 线程
send-key                      # 向虚拟机发送序列号
send-process-signal           # 向进程发送信号
lxc-enter-namespace           # LXC 虚拟机进入命名空间
managedsave                   # 管理域状态的保存
managedsave-remove            # 删除域状态的保存
memtune                       # 获取或设置内存参数
perf                          # 获取或设置性能事件
metadata                      # 显示或设置域的自定义 XML 元数据
migrate                       # 将域迁移到另一个主机中
migrate-setmaxdowntime        # 设定最大可耐受故障时间
migrate-compcache             # 获取/设定压缩缓存大小
migrate-setspeed              # 设定迁移带宽的最大值
migrate-getspeed              # 获取最长迁移带宽
migrate-postcopy              # 将正在进行的迁移从预复制切换到后复制
numatune                      # 获取或者数值 numa 参数
qemu-attach                   # QEMU 附加
qemu-monitor-command          # QEMU 监控程序命令
qemu-monitor-event            # QEMU 监控器事件
qemu-agent-command            # QEMU 虚拟机代理命令
reboot                        # 重启一个域
reset                         # 重新设定域
restore                       # 利用一个存在于文件中的状态恢复一个域
```

```
    resume                        # 重新恢复一个域
    save                          # 把一个域的状态保存到一个文件
    save-image-define             # 为域的保存状态文件重新定义 XML
    save-image-dumpxml            # 在 XML 中保存状态域信息
    save-image-edit               # 为域保存状态文件编辑 XML
    schedinfo                     # 显示/设置日程安排变量
    screenshot                    # 提取当前域控制台快照并保存到文件中
    set-user-password             # 在域内设置用户密码
    setmaxmem                     # 改变最大内存限制值
    setmem                        # 改变内存的分配
    setvcpus                      # 改变 vCPU 编号
    shutdown                      # 关闭一个域
    start                         # 开始一个（以前定义的）非活跃的域
    suspend                       # 挂起一个域
    ttyconsole                    # tty 控制台
    undefine                      # 取消定义一个域
    update-device                 # 从 XML 文件中更新设备
    vcpucount                     # 域 vCPU 计数
    vcpuinfo                      # 详细的域 vCPU 信息
    vcpupin                       # 控制或者查询域 vCPU 亲和性
    emulatorpin                   # 控制或者查询域模拟器亲和性
    vncdisplay                    # VNC 显示
    guestvcpus                    # 通过代理查询或修改客户机中 vCPU 的状态

Domain Monitoring (help keyword 'monitor'):
    domblkerror                   # 在块设备中显示错误
    domblkinfo                    # 域块设备大小信息
    domblklist                    # 列出所有域块
    domblkstat                    # 获得域块设备状态
    domcontrol                    # 域控制接口状态
    domif-getlink                 # 获取虚拟接口链接状态
    domifaddr                     # 获取运行中域的网络接口地址
    domiflist                     # 列出所有域虚拟接口
    domifstat                     # 获得域网络接口状态
    dominfo                       # 域信息
    dommemstat                    # 获取域的内存统计
    domstate                      # 域状态
    domstats                      # 获取一个或多个域的统计信息
    domtime                       # 获取域的时间信息
    list                          # 列出域

Host and Hypervisor (help keyword 'host'):
    allocpages                    # 调整页面缓冲池大小
```

```
        capabilities                    # 性能
        cpu-models                      # 获取 CPU 模型信息
        domcapabilities                 # 获取域的能力信息
        freecell                        # NUMA 可用内存
        freepages                       # 获取 NUMA（非一致性存储访问）架构中的空闲页面信息
        hostname                        # 输出管理程序主机名
        maxvcpus                        # 连接 vCPU 最大值
        node-memory-tune                # 获取或者设定节点内存参数
        nodecpumap                      # 节点 CPU 映射
        nodecpustats                    # 输出节点的 CPU 状态统计数据
        nodeinfo                        # 节点信息
        nodememstats                    # 输出节点的内存状统计数据
        nodesuspend                     # 在给定时间段挂起主机节点
        sysinfo                         # 输出 Hypervisor sysinfo
        uri                             # 输出管理程序典型的 URI
        version                         # 显示版本

    Interface (help keyword 'interface'):
        iface-begin                     # 生成当前接口设置快照，可在今后用于提交（iface-commit）
或者恢复（iface-rollback）
        iface-bridge                    # 生成桥接设备并为其附加一个现有网络设备
        iface-commit                    # 提交 iface-begin 后的更改并释放恢复点
        iface-define                    # 从 XML 文件中定义一个非活动的持久物理主机接口或修
改现有的持久接口
        iface-destroy                   # 删除物理主机接口（启用它请执行 if-down）
        iface-dumpxml                   # XML 中的接口信息
        iface-edit                      # 为物理主机界面编辑 XML 配置
        iface-list                      # 物理主机接口列表
        iface-mac                       # 将接口名称转换为接口 MAC 地址
        iface-name                      # 将接口 MAC 地址转换为接口名称
        iface-rollback                  # 恢复到之前保存的使用 iface-begin 生成的更改
        iface-start                     # 启动物理主机接口（启用它请执行 if-up）
        iface-unbridge                  # 分离其辅助设备后取消定义桥接设备
        iface-undefine                  # 取消定义物理主机接口（从配置中删除）

    Network Filter (help keyword 'filter'):
        nwfilter-define                 # 使用 XML 文件定义或者更新网络过滤器
        nwfilter-dumpxml                # XML 中的网络过滤器信息
        nwfilter-edit                   # 为网络过滤器编辑 XML 配置
        nwfilter-list                   # 列出网络过滤器
        nwfilter-undefine               # 取消定义网络过滤器
```

```
Networking (help keyword 'network'):
    net-autostart              # 自动开始网络
    net-create                 # 从一个 XML 文件创建一个网络
    net-define                 # 从 XML 文件中定义一个非活动的持久虚拟网络或修改现有的
持久网络
    net-destroy                # 销毁（停止）网络
    net-dhcp-leases            # 输出给定网络的租约信息
    net-dumpxml                # XML 中的网络信息
    net-edit                   # 为网络编辑 XML 配置
    net-event                  # 网络事件
    net-info                   # 网络信息
    net-list                   # 列出网络
    net-name                   # 把一个网络 UUID 转换为网络名
    net-start                  # 开始一个（以前定义的）不活跃的网络
    net-undefine               # 取消定义持久网络
    net-update                 # 更新现有网络配置的部分
    net-uuid                   # 把一个网络名转换为网络 UUID

Node Device (help keyword 'nodedev'):
    nodedev-create             # 根据节点中的 XML 文件定义生成设备
    nodedev-destroy            # 销毁（停止）节点中的设备
    nodedev-detach             # 将节点设备与其设备驱动程序分离
    nodedev-dumpxml            # XML 中的节点设备详情
    nodedev-list               # 列出主机中的枚举设备
    nodedev-reattach           # 重新将节点设备附加到它的设备驱动程序中
    nodedev-reset              # 重置节点设备

Secret (help keyword 'secret'):
    secret-define              # 定义或者修改 XML 中的 secret
    secret-dumpxml             # XML 中的 secret 属性
    secret-get-value           # secret 值输出
    secret-list                # 列出 secret
    secret-set-value           # 设定 secret 值
    secret-undefine            # 取消定义 secret

Snapshot (help keyword 'snapshot'):
    snapshot-create            # 使用 XML 生成快照
    snapshot-create-as         # 使用一组参数生成快照
    snapshot-current           # 获取或者设定当前快照
    snapshot-delete            # 删除域快照
    snapshot-dumpxml           # 为域快照转储 XML
    snapshot-edit              # 编辑快照 XML
    snapshot-info              # 快照信息
```

```
        snapshot-list                          # 为域列出快照
        snapshot-parent                        # 获取快照的上级快照名称
        snapshot-revert                        # 将域转换为快照

    Storage Pool (help keyword 'pool'):
        find-storage-pool-sources-as           # 找到潜在存储池源
        find-storage-pool-sources              # 发现潜在存储池源
        pool-autostart                         # 自动启动某个池
        pool-build                             # 建立池
        pool-create-as                         # 从一组变量中创建一个池
        pool-create                            # 从一个 XML 文件中创建一个池
        pool-define-as                         # 从一组变量中定义池
        pool-define                            # 从 XML 文件中定义一个非活跃的持久存储池或修改现有
的持久存储池
        pool-delete                            # 删除池
        pool-destroy                           # 销毁（删除）池
        pool-dumpxml                           # XML 中的池信息
        pool-edit                              # 为存储池编辑 XML 配置
        pool-info                              # 存储池信息
        pool-list                              # 列出池
        pool-name                              # 将池 UUID 转换为池名称
        pool-refresh                           # 刷新池
        pool-start                             # 启动一个（以前定义的）非活跃的池
        pool-undefine                          # 取消定义一个不活跃的池
        pool-uuid                              # 把一个池名称转换为池 UUID
        pool-event                             # 存储池事件

    Storage Volume (help keyword 'volume'):
        vol-clone                              # 克隆卷
        vol-create-as                          # 从一组变量中创建卷
        vol-create                             # 从一个 XML 文件创建一个卷
        vol-create-from                        # 生成卷，使用另一个卷作为输入
        vol-delete                             # 删除卷
        vol-download                           # 将卷内容下载到文件中
        vol-dumpxml                            # XML 文件中的卷信息
        vol-info                               # 存储卷信息
        vol-key                                # 为给定密钥或者路径返回卷密钥
        vol-list                               # 列出卷
        vol-name                               # 为给定密钥或者路径返回卷名
        vol-path                               # 为给定密钥或者路径返回卷路径
        vol-pool                               # 为给定密钥或者路径返回存储池
        vol-resize                             # 重新定义卷大小
        vol-upload                             # 将文件内容上传到卷中
```

```
    vol-wipe                          # 擦除卷

Virsh itself (help keyword 'virsh'):
    cd                                # 更改当前目录
    echo                              # echo 参数
    exit                              # 退出非交互式终端
    help                              # 输出帮助
    pwd                               # 输出当前目录
    quit                              # 退出非交互式终端
    connect                           # 连接（重新连接）到 Hypervisor
```

（1）查看 KVM 虚拟机配置文件及其运行状态，KVM 虚拟机默认配置文件位置：/etc/libvirt/qemu/。

```
# ll
total 12
-rw-------   1 root root 3286 Mar 22 15:44 Redis01.xml
-rw-------   1 root root 3286 Mar 22 15:47 Redis02.xml
-rw-------   1 root root 3286 Mar 22 15:51 Redis03.xml
drwx------. 2 root root   25 Mar 22 14:55   autostart
drwx------. 3 root root    42 Mar 22 14:55 networks
```

autostart 目录是配置 KVM 虚拟机开机自启动的目录。

networks 目录是 KVM 虚拟机网络配置目录。

（2）常用命令

① 查看 KVM 虚拟机状态：virsh list --all。

② 启动 KVM 虚拟机：virsh start test01。

2. 管理虚拟机

（1）KVM 虚拟机关机或关闭电源

默认情况下 virsh 工具不能对 Linux 虚拟机进行关机操作。Linux 操作系统需要启动 acpid 服务，在安装 KVM Linux 虚拟机时必须配置此服务。

```
chkconfig acpid on
service acpid restart
```

① 虚拟机关机：virsh shutdown test01。

② 强制关闭电源：virsh destroy test01。

（2）通过配置文件启动虚拟机

```
virsh create /etc/libvirt/qemu/wintest01.xml
```

（3）配置虚拟机开机自启动

```
virsh autostart test01
```

autostart 目录是配置 KVM 虚拟机开机自启动的目录，在该目录中可以看到 KVM 虚拟机配置文件链接。

（4）导出 KVM 虚拟机配置文件

```
virsh dumpxml test01 > /etc/libvirt/qemu/test02.xml
```

KVM 虚拟机配置文件可以通过这种方式进行备份。

（5）删除 KVM 虚拟机与重新定义、编辑 KVM 虚拟机配置文件

① 删除 KVM 虚拟机。

```
virsh undefine test01
```

说明：该命令只用于删除 test01 的配置文件，并不删除虚拟磁盘文件。

② 重新定义虚拟机配置文件。

通过导出备份的配置文件恢复原 KVM 虚拟机的定义，并重新定义虚拟机配置文件。

```
mv /etc/libvirt/qemu/test02.xml /etc/libvirt/qemu/test01.xml
virsh define /etc/libvirt/qemu/test01.xml
```

③ 编辑 KVM 虚拟机配置文件。

```
virsh edit test01
```

virsh edit 用于调用 vi 命令编辑/etc/libvirt/qemu/test01.xml 配置文件。也可以直接通过 vi 命令编辑、修改、保存配置文件。

```
vi /etc/libvirt/qemu/test01.xml
<!--
WARNING: THIS IS AN AUTO-GENERATED FILE. CHANGES TO IT ARE LIKELY TO BE
OVERWRITTEN AND LOST. Changes to this xml configuration should be made using:
    virsh edit test01
or other application using the libvirt API.
-->

<domain type='kvm'>
  <name>test01</name>
  <uuid>6908fc0f-13dd-47ab-b209-09849d9a9696</uuid>
  <memory unit='KiB'>524288</memory>
  <currentMemory unit='KiB'>524288</currentMemory>
  <vcpu placement='static'>1</vcpu>
  <os>
    <type arch='x86_64' machine='pc-i440fx-rhel7.0.0'>hvm</type>
    <boot dev='hd'/>
  </os>
  <features>
    <acpi/>
    <apic/>
  </features>
  <cpu mode='custom' match='exact' check='partial'>
    <model fallback='allow'>Skylake-Server-IBRS</model>
```

```
    <feature policy='require' name='ibpb'/>
    <feature policy='require' name='md-clear'/>
    <feature policy='require' name='spec-ctrl'/>
    <feature policy='require' name='ssbd'/>
  </cpu>
  <clock offset='utc'>
    <timer name='rtc' tickpolicy='catchup'/>
    <timer name='pit' tickpolicy='delay'/>
    <timer name='hpet' present='no'/>
  </clock>
  <on_poweroff>destroy</on_poweroff>
  <on_reboot>restart</on_reboot>
  <on_crash>destroy</on_crash>
  <pm>
    <suspend-to-mem enabled='no'/>
    <suspend-to-disk enabled='no'/>
  </pm>
  <devices>
    <emulator>/usr/libexec/qemu-kvm</emulator>
    <disk type='file' device='disk'>
      <driver name='qemu' type='qcow2'/>
      <source file='/disk2/test02.img'/>
      <target dev='vda' bus='virtio'/>
      <address type='pci' domain='0x0000' bus='0x00' slot='0x05' function='0x0'/>
    </disk>
    <disk type='file' device='cdrom'>
      <driver name='qemu' type='raw'/>
      <target dev='hda' bus='ide'/>
      <readonly/>
      <address type='drive' controller='0' bus='0' target='0' unit='0'/>
    </disk>
    <controller type='usb' index='0' model='ich9-ehci1'>
      <address type='pci' domain='0x0000' bus='0x00' slot='0x04' function='0x7'/>
    </controller>
    <controller type='usb' index='0' model='ich9-uhci1'>
      <master startport='0'/>
      <address type='pci' domain='0x0000' bus='0x00' slot='0x04' function='0x0' multifunction='on'/>
    </controller>
    <controller type='usb' index='0' model='ich9-uhci2'>
      <master startport='2'/>
      <address type='pci' domain='0x0000' bus='0x00' slot='0x04' function='0x1'/>
    </controller>
    <controller type='usb' index='0' model='ich9-uhci3'>
```

```
      <master startport='4'/>
      <address type='pci' domain='0x0000' bus='0x00' slot='0x04' function='0x2'/>
    </controller>
    <controller type='pci' index='0' model='pci-root'/>
    <controller type='ide' index='0'>
      <address type='pci' domain='0x0000' bus='0x00' slot='0x01' function='0x1'/>
    </controller>
    <interface type='network'>
      <mac address='52:54:00:54:85:ba'/>
      <source network='default'/>
      <model type='rtl8139'/>
      <address type='pci' domain='0x0000' bus='0x00' slot='0x03' function='0x0'/>
    </interface>
    <serial type='pty'>
      <target type='isa-serial' port='0'>
        <model name='isa-serial'/>
      </target>
    </serial>
    <console type='pty'>
      <target type='serial' port='0'/>
    </console>
    <input type='mouse' bus='ps2'/>
    <input type='keyboard' bus='ps2'/>
    <graphics type='vnc' port='5910' autoport='no' listen='0.0.0.0'>
      <listen type='address' address='0.0.0.0'/>
    </graphics>
    <video>
      <model type='cirrus' vram='16384' heads='1' primary='yes'/>
      <address type='pci' domain='0x0000' bus='0x00' slot='0x02' function='0x0'/>
    </video>
    <memballoon model='virtio'>
      <address type='pci' domain='0x0000' bus='0x00' slot='0x06' function='0x0'/>
    </memballoon>
  </devices>
</domain>
```

（6）virsh console 控制台管理虚拟机

```
virsh console test01
```

4.3.4 libguestfs

1. libguestfs

libguestfs 是一组 Linux 的 C 语言的 API，用来访问虚拟机的磁盘映像文件。libguestfs-tools 包含的工具有 virt-cat、virt-df、virt-ls、virt-copy-in、virt-copy-out、virt-edit、guestfs、guestmount、 virt-list-filesystems、virt-list-partitions 等，其具体用法可以参看官网。该工具可以在不启动 KVM guest 主机的情况下，直接查看 guest 主机内的文件内容，也可以直接向 img 镜像中写入文件和复制文件到外面的物理机。它也可以像 mount 一样，支持挂载操作。

libguestfs-tools 的安装命令：yum -y install libguestfs-tools。

安装完 libguestfs-tools 之后会发现多出很多可用的工具，常用的有以下几个。

```
rpm -ql libguestfs-tools-c | grep bin
/usr/bin/guestfish                    # 管理磁盘的交互 Shell
/usr/bin/guestmount                   # 挂载虚拟机磁盘到宿主机
/usr/bin/guestunmount                 # 卸载虚拟机磁盘
/usr/bin/virt-alignment-scan          # 旧的操作系统安装时会使用不对齐的分区，这会引起一些不必要的 I/O，这个命令的作用是检查是否存在不对齐的分区，如果存在，发出告警，但不会解决这个问题
/usr/bin/virt-builder                 # 快速和安全地创建新的虚拟机
/usr/bin/virt-cat                     # 查看虚拟机里的文件，相当于在虚拟机中执行 cat 命令查看文件
/usr/bin/virt-copy-in                 # 从宿主机复制文件到虚拟机中
/usr/bin/virt-copy-out                # 从虚拟机复制文件到宿主机
/usr/bin/virt-customize               # 自定义 QCOW2 映像
/usr/bin/virt-df                      # 相当于在虚拟机中执行 df 命令
/usr/bin/virt-diff                    # 相当于在虚拟机中执行 diif 命令
/usr/bin/virt-edit                    # 相当于在虚拟机中执行 vim 命令
/usr/bin/virt-filesystems
/usr/bin/virt-format
/usr/bin/virt-index-validate
/usr/bin/virt-inspector               # 这个命令可以显示虚拟机的操作系统版本和其他的一些信息
/usr/bin/virt-log
/usr/bin/virt-ls                      # 相当于在虚拟机中执行 ls 命令
/usr/bin/virt-make-fs
/usr/bin/virt-rescue
/usr/bin/virt-resize                  # 增加磁盘空间
/usr/bin/virt-sparsify                # 将磁盘稀疏化
/usr/bin/virt-sysprep                 # 清理磁盘的各种数据
/usr/bin/virt-tar-in                  # 将宿主机的文件打包，并复制到虚拟机里
/usr/bin/virt-tar-out                 # 将虚拟机中的文件打包，并复制到宿主机
/usr/bin/virt-what                    # 可以用来检测当前系统是不是虚拟机，如果不是虚拟机，执行 virt-what 将不会有任何输出，如果是虚拟机，它会输出一系列关于虚拟机的 facts（如 KVM、VMware、Xen 等）
/usr/bin/virt-host-validate           # 可以用来检测本机是否正确配置以运行虚拟化，如果/usr/bin/virt-install 没有加参数，它会检查它所知道的所有的虚拟化驱动，可以加可选的 qemu 或 lxc 进行限制
```

libguestfs 1.24 增加 virt-builder 工具来快速和安全地创建新的虚拟机；支持用户模式 Linux 作为后端（替代 KVM）；virt-resize 和 virt-sysprep 可使用 URI 来操作远程磁盘；增加 Go 语言绑定功能；支持 systemd 日志、设置 qemu 缓存模式、ARM（32 位）和 PowerPC 64。

libguestfs 提供了对各种文件系统的支持，包括所有已知类型的 Linux 文件系统（如 Ext2/3/4、XFS、Btrfs 等）、所有 Windows 文件系统（VFAT 和 NTFS）、所有 Mac OS X 和 BSD 文件系统、LVM2 卷、MBR 和 GPT 磁盘分区、原始磁盘、QCOW2、CD 和 DVD ISO 镜像、SD 卡等。重要的是，libguestfs 可以在无 root 权限的情况下进行操作，这使得它非常方便和灵活。

2. 存储池

使用 libguestfs 可以方便地创建和管理存储池及创建的磁盘。

virt-resize 可以调整虚拟机磁盘的大小，调整或删除其任何分区。virt-resize 不可以就地调整磁盘，不应该对正在运行的虚拟机进行磁盘调整，为了确保一致性，调整磁盘需要先关闭虚拟机。使用 virt-resize 调整磁盘的速度非常慢，从 35GB 的磁盘进行扩展需要约 10min。virt-resize 调整磁盘所花的时间只和磁盘的初始大小有关，从 35GB 扩展到 40GB 和扩展到 135GB 所花的时间差不多。如果使用 QCOW2 磁盘格式，建议先转成 raw，调整完后再转回去，因为直接对 QCOW2 做调整，35GB 的 QCOW2 磁盘镜像文件可能只有 1GB（ls 查看），通过 virt-resize 调整后才会变成 35GB（ls 查看）。先转成 raw 调整完大小后再转回去可以避免这个问题。

3. 虚拟机迁移

```
virt-v2v
virt-v2v-copy-to-local
```

4.4 QEMU 虚拟化原理解析

使用 QEMU，用户可以在一台物理主机上虚拟化多个独立的虚拟机，每个虚拟机都有一个独立的操作系统环境。在本节中，我们将深入探讨 QEMU 虚拟化的原理，包括 QEMU 的架构及虚拟化过程、QEMU 虚拟化的类型及优缺点等。

4.4.1 QEMU 的架构及虚拟化过程

1. QEMU 的架构

QEMU 是一款由 C 语言编写的虚拟机软件，提供了多种虚拟化方式，支持多种处理器架构的硬件模拟，其架构如图 4-10 所示。QEMU 的架构由以下几个重要部分组成。

（1）用户模式和系统模式：在用户模式下，QEMU 模拟一个类似真实机器的环境，而在系统模式下，QEMU 则直接运行虚拟机镜像文件，不需要运行任何操作系统代码。

（2）仿真器和主机操作系统的内核：QEMU 包括一个仿真器，负责解析虚拟机镜像、协调虚拟机和宿主机之间的数据流等；QEMU 还包括一个在主机操作系统内核空间中运行的设备模型，负责实现虚拟机的设备管理等功能。

（3）硬件抽象层和硬件代理程序：在硬件抽象层中，QEMU 提供了多种硬件（例如 CPU、内存、I/O 设备等）模拟支持；硬件代理程序则负责将虚拟机和宿主机之间的数据传输转换为真实硬件的操作。

（4）vCPU 和进程间通信：QEMU 使用 vCPU，为每个虚拟机分配相应的 vCPU，以模拟真实的 CPU 行为；进程间通信则通过套接字进行，完成虚拟机和宿主机之间的数据传输。

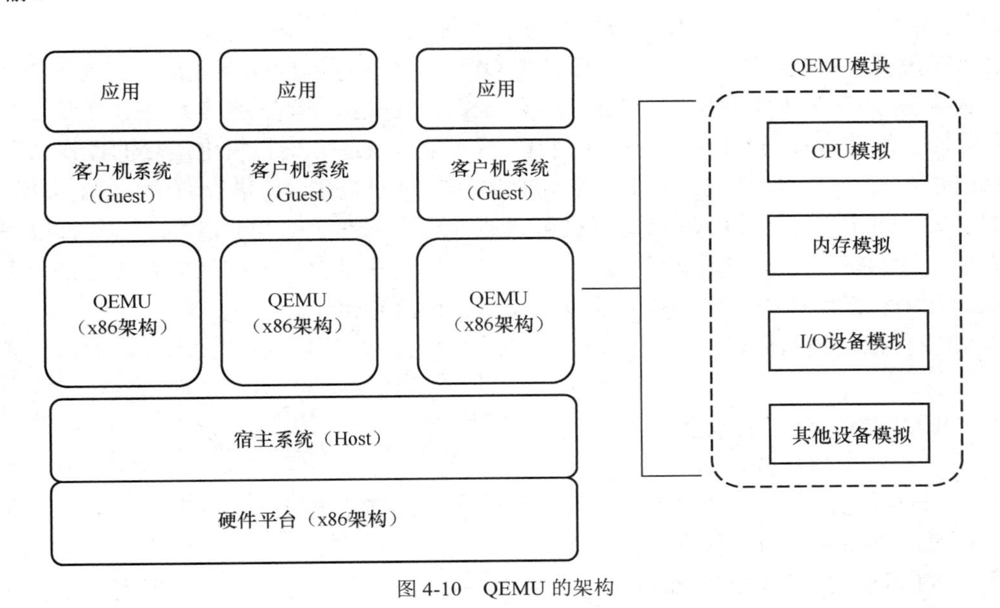

图 4-10　QEMU 的架构

2. QEMU 虚拟化的过程

QEMU 虚拟化的过程分为 2 个关键步骤。

（1）建立虚拟化环境。在这个步骤中，QEMU 首先读取虚拟机镜像文件，并为虚拟机分配必要的资源，包括 vCPU、RAM、磁盘和网络等。此外，QEMU 还加载仿真器和设备模型，并在宿主机内核中创建相应的进程和文件描述符，以协调和管理虚拟化环境。

（2）运行虚拟机。在虚拟机建立完成后，QEMU 通过 vCPU 模拟 CPU 行为，在虚拟化环境中执行操作系统和应用程序代码。在这个过程中，QEMU 会拦截虚拟机的资源请求和操作，解析其行为，并通过硬件抽象层和硬件代理程序将其映射到真实硬件的响应行为。在虚拟机运行完成后，QEMU 将虚拟机的状态（即虚拟机的内存、硬盘等状态）保存到虚拟机镜像文件中。

4.4.2 QEMU 虚拟化的类型及优缺点

1. QEMU 虚拟化的类型

QEMU 虚拟化技术是一种基于软件的虚拟化技术，它可以在一台物理主机上运行多个虚拟机，每个虚拟机都可以运行独立的操作系统和应用程序。QEMU 虚拟化技术可以帮助用户更好地利用硬件资源，提高服务器利用率，降低 IT 成本，提高系统的可靠性和安全性。QEMU 虚拟化技术可以分为 2 种模式：全虚拟化和半虚拟化。

（1）全虚拟化。在全虚拟化中，虚拟机无法直接访问真实硬件，而是通过 QEMU 提供的硬件抽象层进行硬件访问和控制。在全虚拟化中，虚拟机中运行的操作系统认为自己运行在真实硬件上，因此它们可以正常地运行。全虚拟化实现方便，但容易带来较高的性能开销，尤其在 I/O 方面。在全虚拟化中，QEMU 通过模拟虚拟机的硬件环境来实现虚拟化。QEMU 提供了一种虚拟化方式，即硬件辅助虚拟化。在硬件辅助虚拟化中，QEMU 利用 CPU 的虚拟化扩展指令集（如 Intel VT 或 AMD-V）来提高虚拟机的性能。这种虚拟化方式可以减少虚拟机与 QEMU 之间的交互，从而提高虚拟机的性能。

（2）半虚拟化。在半虚拟化中，虚拟机和 QEMU 之间可以直接通信和访问真实硬件，因此可以大大减少虚拟化的开销和性能损失。但是，半虚拟化需要对操作系统进行专门的修改和优化，使其能够直接与 QEMU 通信和交互。在半虚拟化中，虚拟机中运行的操作系统需要知道自己是在虚拟机中运行的，并且需要通过特定的接口与 QEMU 进行通信。在半虚拟化中，QEMU 为虚拟机提供了一组 API，虚拟机可以通过这些 API 来访问 QEMU 提供的硬件资源。虚拟机中运行的操作系统需要通过修改和优化来支持这些 API。半虚拟化方式可以大大减少虚拟化的开销和性能损失，但需要对操作系统进行修改和优化。

QEMU 虚拟化技术可以应用于服务器虚拟化、应用程序隔离、开发和环境测试、云计算等场景。

2. QEMU 虚拟化的优缺点

（1）QEMU 虚拟化的优点

① 节省硬件资源：QEMU 虚拟化技术可以在一台物理主机上运行多个虚拟机，从而节省硬件资源，提高服务器的利用率。

② 提高系统的可靠性和安全性：QEMU 虚拟化技术可以将不同的应用程序和操作系统隔离开来，从而提高系统的可靠性和安全性。

③ 灵活性：QEMU 虚拟化技术可以在不同的硬件平台上运行不同的操作系统和应用程序，从而提高系统的灵活性。

④ 易于管理：QEMU 虚拟化技术可以通过管理工具来管理虚拟机，从而方便用户管理虚拟机。

（2）QEMU 虚拟化的缺点

① 性能开销：QEMU 虚拟化技术在全虚拟化模式下存在较高的性能开销，尤其在 I/O 方面。

② 操作系统的修改和优化：在半虚拟化模式下，虚拟机中运行的操作系统需要进行修改和优化，从而支持 QEMU 提供的 API。

③ 虚拟机的数量受限：QEMU 虚拟化技术使用的虚拟机数量受限于物理主机的硬件资源。

4.5 KVM 内核模块解析

KVM 虚拟化技术主要通过 2 个内核模块来实现，分别是 kvm.ko 和 kvm-intel.ko（或 kvm-amd.ko，根据不同的 CPU 厂商使用不同的模块），其初始化阶段如图 4-11 所示。在本节中，我们将对 KVM 内核模块的实现原理和源代码进行解析。

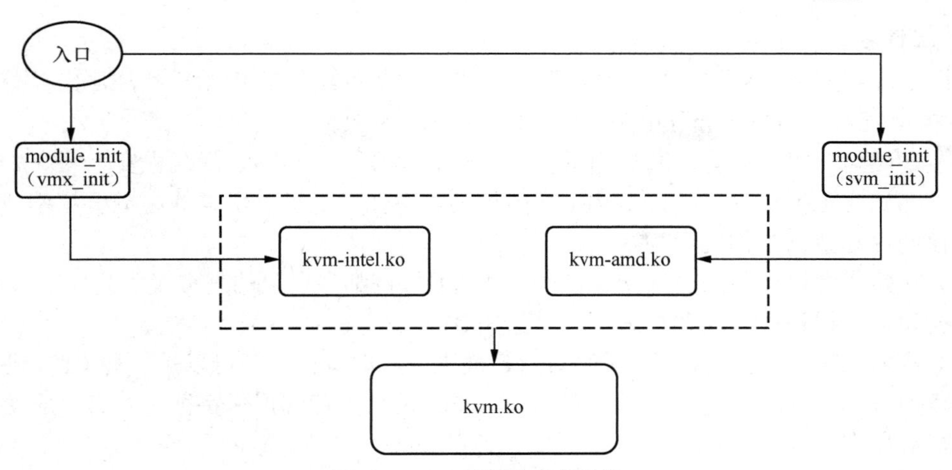

图 4-11 KVM 模块初始化阶段

4.5.1 kvm.ko 内核模块

kvm.ko 是 KVM 虚拟化技术的核心内核模块，KVM 视图如图 4-12 所示。它实现了 KVM 的虚拟化特性并提供了一组 API，可以通过这些 API 来管理虚拟机和虚拟设备。

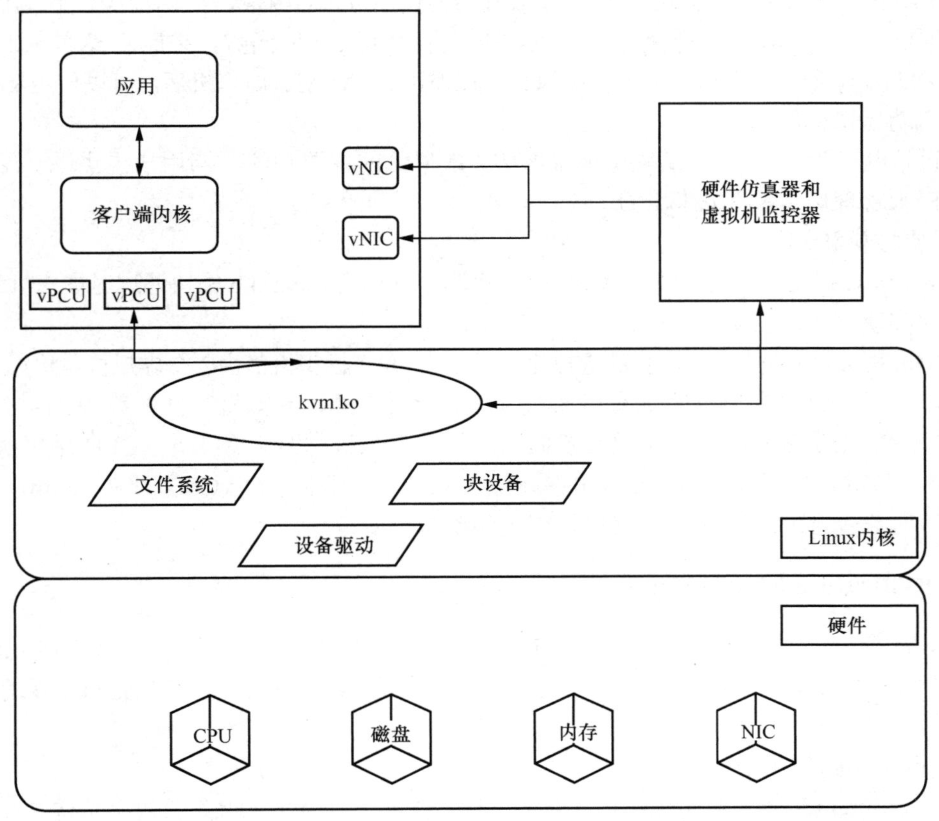

图 4-12 KVM 视图

1. 模块初始化函数

在 kvm.ko 模块初始化阶段，主要进行一些内部数据结构的初始化和注册。具体而言，kvm.ko 模块初始化函数 kvm_init()主要完成以下几个重要工作。

（1）初始化一组全局锁：通过锁机制确保对共享数据结构的访问线程安全。

（2）初始化虚拟机列表：在 KVM 虚拟机列表中保存主机上所有的虚拟机对象，并对虚拟机对象的内部数据结构进行初始化。

（3）初始化虚拟设备列表：在 KVM 中每个虚拟机都有自己的虚拟设备列表，kvm_init()函数会初始化虚拟设备列表并与虚拟机对象关联。

（4）注册 KVM 虚拟化特征：在 kvm.ko 模块中，虚拟化特征可以是一种 CPU 硬件扩展或软件模拟方式。kvm_init()函数会检查当前 CPU 是否支持虚拟化特征，并将对应特征注册到虚拟机对象中。

2. API

kvm.ko 模块提供了一组 API，可以通过这些函数来管理和操作 KVM 虚拟机和虚拟设备。以下是一些常用的 kvm.ko API。

（1）kvm_create_vm()：创建一个新的虚拟机对象，并返回针对该对象的句柄。

（2）kvm_vcpu_create()：在指定的虚拟机中创建一个新的 vCPU 对象，并返回针对该对象的句柄。

（3）kvm_vm_ioctl()：使用指定的虚拟机句柄调用 ioctl()函数，控制和操作虚拟机。

（4）kvm_vcpu_ioctl()：使用指定的 vCPU 句柄调用 ioctl()函数，控制和操作 vCPU。

（5）kvm_run()：用于启动虚拟机的执行。在使用 KVM 创建虚拟机后，可以使用 kvm_run()函数来启动虚拟机的执行。

通过这些 API，kvm.ko 模块实现了 KVM 虚拟化的主要功能，向用户提供了一组简单易用的接口来管理虚拟机和虚拟设备。

3. 虚拟机和 vCPU

在 KVM 虚拟化中，虚拟机和 vCPU 是 2 个基本的概念。kvm.ko 模块通过对虚拟机和 vCPU 的定义和实现来实现 KVM 虚拟化。

虚拟机是 KVM 提供的最主要的虚拟化单元之一，每个虚拟机都由 1 个虚拟机对象（kvm_vm）来表示。该对象包含虚拟机的状态信息、虚拟机配置参数、虚拟机管理参数等。

而 vCPU 则是 KVM 的一个重要的概念，每个虚拟机都至少有 1 个 vCPU 用于执行虚拟机中的指令并处理虚拟设备的中断或事件。每个 vCPU 也都由 1 个 vCPU 对象（kvm_vcpu）来表示，该对象包含 vCPU 的状态信息、绑定的虚拟机对象等。

4.5.2 kvm-intel.ko 内核模块

kvm-intel.ko 是 KVM 在 Intel x86 CPU 上的硬件加速内核模块，它主要实现 Intel CPU 的虚拟化扩展（Intel VT-x）的相关功能，并通过操作 VT-x 硬件接口实现 vCPU 的运行和切换。

1. 模块初始化函数

在 kvm-intel.ko 模块初始化阶段，主要进行一些与 Intel VT-x 相关的数据结构初始化和枚举。具体而言，kvm-intel.ko 模块初始化函数 intel_init()主要完成以下几个重要工作。

（1）检查 CPU 是否支持 Intel VT-x 扩展：检查当前 CPU 是否支持虚拟化扩展，并进行相应的初始化和配置。

（2）初始化 VMCS（Virtual Machine Control Structure，虚拟机控制结构）：VMCS 是一种数据结构，用于描述和控制虚拟机的执行。intel_init()函数会初始化和配置与 VMCS 相关的数据结构和状态。

（3）枚举虚拟化二级扩展（VMX Operation）：VMX 操作是一组可选的 VT-x 虚拟机操作，例如 VMXON（开启 VT-x）、VMCALL（在客户机和宿主机之间调用函数）等。kvm-intel.ko 模块在初始化时需要枚举这些操作，并将它们注册到虚拟化特征中。

2. VT-x 硬件接口

在 kvm-intel.ko 模块中，主要通过操作 CPU 硬件接口（VT-x）来实现 vCPU 的运行和切换。VT-x 硬件接口是 Intel CPU 提供的一组专用指令和状态寄存器，用于实现虚拟机执行、状态保存和恢复等功能。

为了实现 VT-x 硬件接口的完整功能，kvm-intel.ko 模块主要实现了以下几个组件。

（1）VT-x 虚拟化状态管理器：用于操作 VT-x 特有的寄存器、指令和状态，例如 CR3 控制寄存器、EPT、VMXON 指令等。

（2）vCPU 上下文管理器：用于保存和恢复 vCPU 的硬件状态，例如通用寄存器、指令指针、EFLAGS 等。

（3）虚拟中断控制器：用于处理 vCPU 中的中断和事件，例如向 vCPU 发送中断、重定向中断到指定的虚拟机对象等。

通过这些组件，kvm-intel.ko 模块实现了 VT-x 硬件接口的完整功能，并且可以在 KVM 虚拟环境中提供高可靠和高性能的硬件辅助虚拟化支持。

3. 设备模拟

除了当前 CPU 支持的硬件，kvm-intel.ko 模块还支持通过模拟硬件设备来满足虚拟机的其他需求。kvm-intel.ko 内核模块支持一系列的虚拟设备，例如硬盘、网卡等，并且提供了一组 API 来分配、注册和控制虚拟设备。

通过对虚拟设备的支持，kvm-intel.ko 模块可以更好地满足虚拟机对硬件资源的需求，并且提供更好的可裁剪性和可配置性。

KVM 虚拟化技术是一种基于 Linux 内核的虚拟化技术，它能够将物理计算机的资源虚拟化成多个虚拟机，从而实现更好的资源利用和管理。在 KVM 中，kvm.ko 和 kvm-intel.ko 是 2 个主要的内核模块，它们通过实现 KVM 和 Intel VT-x 虚拟化的相关功能和接口，为用户提供一个完整的虚拟化解决方案。通过本节的介绍，我们能够更好地理解 KVM 虚拟化技术的基本原理、内核模块实现和相关 API，从而更好地应用 KVM 虚拟化技术来满足虚拟化需求。

4.6 KVM 虚拟化应用

在本节中，我们将探讨 KVM 虚拟化技术的应用场景和它在企业中的应用。

4.6.1 KVM 虚拟化技术的应用场景

KVM 虚拟化技术是一种高效的虚拟化技术，它可以在物理服务器上运行多个虚拟机，从而实现 IT 资源的共享和高效利用。由于其高性能、高稳定性和高安全性，KVM 虚拟化技术被广泛应用于各种场景，包括云计算、嵌入式系统、科学计算和模拟等。

在云计算领域，KVM 虚拟化技术被广泛应用于构建云计算平台。通过 KVM 虚拟化技术，云计算平台可以实现多租户的资源共享和高效利用，从而降低 IT 成本，提高 IT 资源利用率，加速业务上线和部署。

在嵌入式系统领域，KVM 虚拟化技术被用于构建虚拟化嵌入式系统。通过 KVM 虚拟化技术，嵌入式系统可以实现多个虚拟机的共存和隔离，从而提高系统的可靠性和安全性。

在科学计算和模拟领域，KVM 虚拟化技术被广泛应用于构建高性能计算集群。通过 KVM 虚拟化技术，高性能计算集群可以实现多个虚拟机的并行计算，从而提高计算效率和精度，加速科学计算和模拟的进程。

1. 云计算

云计算是一种基于互联网的计算模式，它将计算资源通过网络提供给用户。云计算的出现，使得用户可以更加便捷地获取计算资源，同时也可以减少企业的 IT 成本，提高企业的效率和竞争力。为了支持云计算，需要一种可靠、高效、安全的虚拟化技术，这时 KVM 虚拟化技术就发挥了重要作用。

KVM 虚拟化技术是一种开源的虚拟化技术，也是基于 Linux 内核的虚拟化技术，因此具有更好的稳定性和可靠性。KVM 虚拟化技术实现了资源的隔离和灵活的资源分配，从而为用户提供高效的计算资源和存储服务。此外，KVM 虚拟化技术还支持大规模的虚拟机部署和管理，使得云服务提供商可以更加便捷地管理和维护虚拟机。

在云计算场景下，KVM 虚拟化技术可以帮助云服务提供商实现平台的虚拟化，并为用户提供快速、安全、高效的云服务。KVM 虚拟化技术可以将一台物理服务器虚拟化成多个虚拟机，并且每个虚拟机都可以运行不同的操作系统和应用程序。这样，云服务提供商可以根据用户的需求，灵活地分配计算资源和存储资源，从而为用户提供高效的云服务。

KVM 虚拟化技术还可以通过虚拟化技术来实现云计算环境下的资源隔离。在云计算环境下，多个用户共享同一台物理服务器，因此需要一种可靠的资源隔离技术来保证用户之间的资源不会相互干扰。KVM 虚拟化技术实现了资源的隔离，每个虚拟机都可以独立地使用自己的计算资源和存储资源，从而保证了用户之间的资源隔离。

此外，KVM 虚拟化技术还可以实现灵活的资源分配。在云计算环境下，用户对计算资源和存储资源的需求是不同的，因此需要一种灵活的资源分配技术来满足用户的需求。KVM 虚拟化技术实现了灵活的资源分配，云服务提供商可以根据用户的需求，动态地分配计算资源和存储资源，从而为用户提供高效的云服务。

综上所述，KVM 虚拟化技术在云计算领域的应用非常广泛，它可以帮助云服务提供商实现平台的虚拟化，并为用户提供快速、安全、高效的云服务。KVM 虚拟化技术实现了资源的隔离和灵活的资源分配，从而保证了用户之间的资源隔离，同时也满足了用户的不同需求。

2. 嵌入式系统

嵌入式系统是指嵌入其他设备中的计算机系统，它们通常被用于控制和监视其他设备的工作，如图 4-13 所示。嵌入式系统可以是单一功能的，也可以是多功能的，它们的应用领域非常广泛，包括环境工程、移动互联网、可穿戴设备、工业控制等领域。由于嵌入式系统的应用场景多样化，因此它需要支持不同的操作系统，并需要在不同的应用程序之间实现资源隔离和保障资源安全。

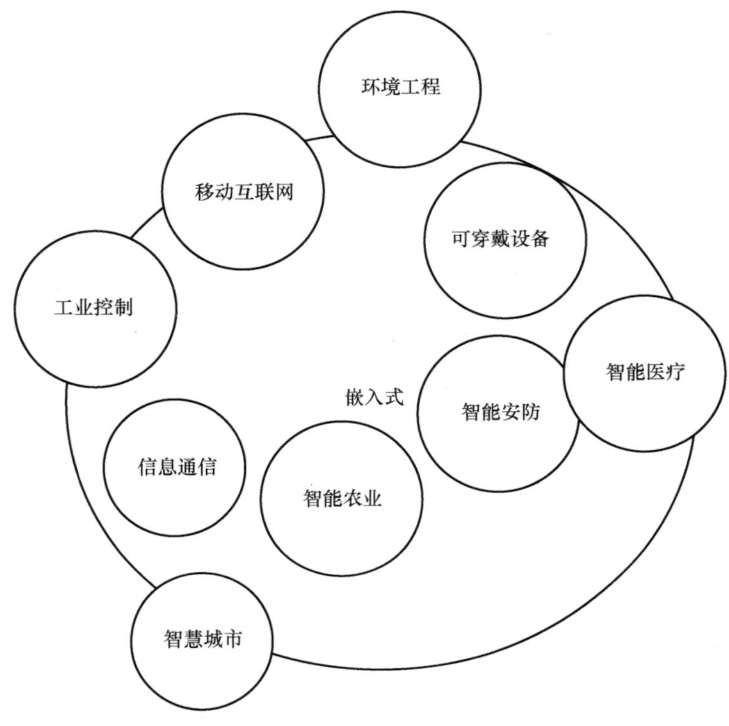

图 4-13 嵌入式系统示意

KVM 虚拟化技术的优点在于它可以提供更好的隔离性和安全性，同时还可以提高系统的可用性和可扩展性。在嵌入式系统领域，KVM 虚拟化技术被广泛应用，其中一些应用场景如下。

（1）汽车嵌入式系统。现代汽车已经成为一个复杂的嵌入式系统，它需要支持多个应用程序和操作系统，并需要在不同的应用程序之间实现资源隔离和保障资源安全。例如，车载娱乐系统和车辆智能化系统需要在同一台计算机上运行，但是它们之间需要进行隔离，以确保它们不会相互干扰。使用 KVM 虚拟化技术可以使车载娱乐系统和车辆智能化系统分别运行在不同的虚拟机中，从而实现资源隔离和保障资源安全。

（2）智能家居嵌入式系统。智能家居嵌入式系统通常需要支持多个应用程序和操作系统，例如，家庭安全系统、智能家电控制系统和娱乐系统等。使用 KVM 虚拟化技术可以使这些应用程序和操作系统分别运行在不同的虚拟机中，从而实现资源隔离和保障资源安全。例如，如果家庭安全系统被攻击，它不会影响到其他应用程序和操作系统的正常工作。

（3）医疗设备嵌入式系统。医疗设备嵌入式系统通常需要支持多个应用程序和操作系统，例如，医疗图像处理系统、医疗数据管理系统和医疗监测系统等。使用 KVM 虚拟化技术可以使这些应用程序和操作系统分别运行在不同的虚拟机中，从而实现资源隔离和保障资源安全。例如，医疗数据管理系统需要保护患者的隐私，使用 KVM 虚拟化技术可以将其与其他应用程序和操作系统分开，从而保护患者的隐私。

（4）工业控制嵌入式系统。工业控制嵌入式系统通常需要支持多个应用程序和操作系统，例如，自动化控制系统、数据采集系统和监测系统等。使用 KVM 虚拟化技术可以使这些应用程序和操作系统分别运行在不同的虚拟机中，从而实现资源隔离和保障资源安全。例如，自动化控制系统需要保护工业设备的安全，使用 KVM 虚拟化技术可以将其与其他应用程序和操作系统分开，从而保护工业设备的安全。

总之，KVM 虚拟化技术在嵌入式系统领域的应用非常广泛，它可以帮助嵌入式系统实现多任务、多操作系统的支持，并提供更好的隔离性。随着嵌入式系统的不断发展和应用，KVM 虚拟化技术将会在嵌入式系统领域发挥越来越重要的作用。

3. 科学计算和模拟

在科学计算和模拟领域，KVM 虚拟化技术的应用也越来越广泛。科学计算和模拟通常需要大量的计算资源和存储资源，而 KVM 虚拟化技术可以将物理计算机的资源虚拟化成多个虚拟机，从而实现更好的资源利用和管理。同时，KVM 虚拟化技术还可以提供更好的安全性和可靠性，保护科学计算和模拟的数据和结果。科学计算和模拟示意如图 4-14 所示。

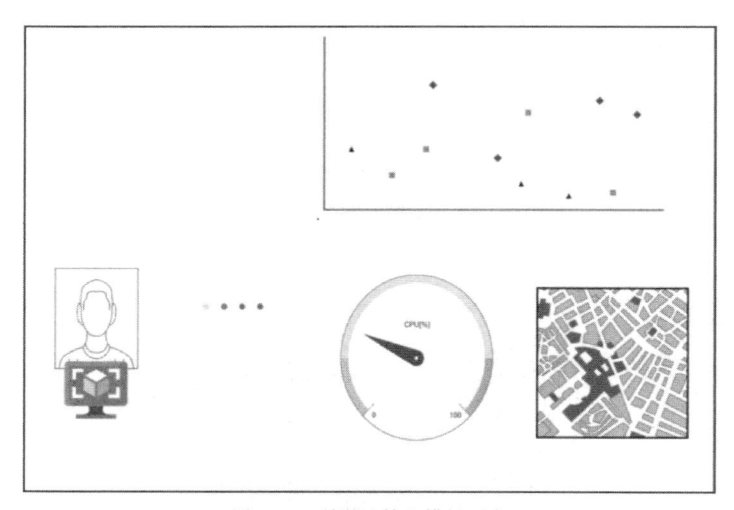

图 4-14 科学计算和模拟示意

生物医学研究是 KVM 虚拟化技术在科学计算和模拟领域的一个重要应用场景。生物医学研究机构通常需要进行大规模的基因组学计算和蛋白质结构预测等工作，这些工作需要巨大的计算资源和存储资源。使用 KVM 虚拟化技术，生物医学研究机构可以将物理计算机的资源虚拟化成多个虚拟机，从而实现更好的资源利用和管理。同时，KVM 虚拟化技术还可以提供更好的安全性和可靠性，保护生物医学研究的数据和结果。

除了生物医学研究外，KVM 虚拟化技术在其他科学计算和模拟领域也有广泛的应用。例如，在物理学领域，科学家们可以使用 KVM 虚拟化技术来模拟宇宙的演化和星系的形成。在地球科学领域，科学家们可以使用 KVM 虚拟化技术来模拟气候变化和自然灾害等现象。在工程领域，科学家们可以使用 KVM 虚拟化技术来模拟飞机的飞行和汽车的碰撞等情况。

总之，KVM 虚拟化技术在科学计算和模拟领域的应用越来越广泛。使用 KVM 虚拟化技术，科学家们可以更好地利用计算资源和存储资源，从而提高科学计算和模拟的效率和准确。

除了科学计算和模拟领域外，KVM 虚拟化技术在其他领域也有广泛的应用。例如，在金融领域，KVM 虚拟化技术可以帮助金融机构实现更好的资源利用和管理，并提供更好的安全性和可靠性。在游戏开发领域，KVM 虚拟化技术可以帮助游戏开发者实现更好的资源利用和管理，并提供更好的游戏体验。

4.6.2 KVM 虚拟化技术在企业中的应用

KVM 虚拟化技术在企业中的应用非常广泛，特别是在数据中心、云计算和虚拟化、应用程序测试和开发等方面。下面将分别介绍这些方面的应用场景。

1. 数据中心

在数据中心场景下，KVM 虚拟化技术发挥着重要作用，可帮助企业实现虚拟化部署，提供更加高效、灵活和安全的数据中心服务。通过 KVM 虚拟化技术，企业能够实现资源隔离、灵活的资源分配和动态的负载均衡，从而提升数据中心的可用性、可靠性和安全性。

数据中心是企业存储、管理和处理大量数据的关键基础设施。目前，数据中心的规模和复杂性不断增加，传统的物理服务器架构面临着资源利用率低、部署和维护成本高等问题。而 KVM 虚拟化技术将物理服务器划分为多个虚拟机，实现资源的高效利用和灵活管理。

（1）KVM 虚拟化技术实现了资源隔离。在传统的物理服务器架构中，不同应用程序之间共享同一台服务器的资源，容易造成资源冲突和性能问题。而 KVM 虚拟化技术通过将物理计算机划分为多个虚拟机，每个虚拟机拥有独立的计算、存储和网络资源，实现了资源的隔离和独立管理。这样一来，即使某个虚拟机出现故障或者需要进行维护，也不会对其他虚拟机造成影响，可提高数据中心的可用性和可靠性。

（2）KVM 虚拟化技术实现了资源的灵活分配。在传统的物理服务器架构中，资源分配是静态的，难以根据实际需求进行灵活调整。而 KVM 虚拟化技术可以根据实际需求动态调整虚拟机的资源配额，包括 CPU、内存、存储和网络带宽等。这样一来，企业可以根据业务需求进行灵活的资源分配，提高资源利用率，降低成本。同时，KVM 虚拟化技术还支持虚拟机的快速创建、删除和迁移，方便企业根据实际需求进行动态调整，提高数据中心的灵活性和响应能力。

（3）KVM 虚拟化技术实现了动态的负载均衡。在数据中心场景下，不同虚拟机的负载情况可能存在差异，有些虚拟机可能负载较大，而有些虚拟机可能负载较小。KVM 虚拟化技术可以根据虚拟机的负载情况对其进行动态调整，将负载较大的虚拟机迁移到负载较小的物理服务器上，实现负载均衡。这样一来，不仅可以提高数据中心的性能和效率，还可以避免某些虚拟机过载而导致的性能下降和服务不可用。

总之，KVM 虚拟化技术在数据中心场景下具有重要意义。通过实现资源隔离、资源的灵活分配和动态的负载均衡，KVM 虚拟化技术提升了数据中心的可用性、可靠性和安全性。企业可以充分利用 KVM 虚拟化技术的优势，提供高效、灵活和安全的数据中心服务，提升业务的竞争力和创新能力。

2. 云计算和虚拟化

云计算和虚拟化是现代企业在 IT 基础设施部署和管理方面的重要技术。其中，KVM 虚拟化技术被广泛应用于实现云计算和虚拟化部署。

云计算是一种基于互联网的计算模式，通过将计算资源（包括硬件、软件和网络资源）

提供给用户，实现按需使用和付费的服务。云计算的核心概念是虚拟化，它可以将物理资源（如服务器、存储设备和网络设备等）抽象为虚拟资源，使得用户可以根据实际需求动态地分配和管理资源。虚拟化技术是云计算的基础，它可以将物理计算机划分为多个虚拟机，每个虚拟机可以独立地运行不同的应用程序和操作系统。

KVM 虚拟化技术是一种开源的虚拟化解决方案，它基于 Linux 内核，并通过使用硬件辅助虚拟化技术（如 Intel VT 和 AMD-V）来提供高性能的虚拟化环境。KVM 虚拟化技术具有以下几个优点。

（1）KVM 虚拟化技术提供了高性能的虚拟化环境。通过使用硬件辅助虚拟化技术，KVM 可以直接访问物理服务器的硬件资源，从而提供接近原生性能的虚拟机。这使得企业可以在虚拟化环境中运行性能敏感的应用程序，如数据库和大数据分析软件。

（2）KVM 虚拟化技术具有良好的可扩展性和灵活性。企业可以根据实际需求动态地分配和管理虚拟机，从而实现资源的弹性分配。此外，KVM 还支持虚拟机的热迁移和快照功能，使得企业可以在不影响业务连续性的情况下进行虚拟机的迁移和备份。

（3）KVM 虚拟化技术具有良好的安全性和隔离性。每个虚拟机都运行在独立的隔离环境中，相互之间不会相互干扰。此外，KVM 还提供了安全增强功能，如虚拟化加密和访问控制，从而保护虚拟机和数据的安全。

KVM 虚拟化技术是一种开源的解决方案，具有广泛的社区支持和良好的生态系统。企业可以通过使用 KVM 虚拟化技术，降低虚拟化和云计算的成本，并获得来自社区的技术支持和创新。

总之，KVM 虚拟化技术是实现云计算和虚拟化部署的重要工具。通过在 KVM 虚拟化环境中部署不同的应用程序、操作系统和服务，企业可以提高 IT 资源的利用率和管理效率，同时降低 IT 部门的运营成本和管理难度。KVM 虚拟化技术具有高性能、可扩展性、灵活性、安全性和开源性等优点，因此被广泛应用于各行各业的企业。随着云计算和虚拟化技术的不断发展，KVM 虚拟化技术将继续发挥重要作用，并为企业带来更多的商业价值。

3. 应用程序测试和开发

在应用程序测试和开发的场景下，KVM 虚拟化技术是一种非常有用的工具，可以帮助企业快速搭建测试环境，并提供更高效、灵活和安全的应用程序测试和开发服务，如图 4-15 所示。

图 4-15　应用程序测试和开发

在传统的应用程序测试和开发过程中，通常需要为每个测试环境和开发环境提供独立的硬件设备。这不仅需要大量的物理设备和空间，还需要花费大量的时间和精力来维护和管理设备。而使用 KVM 虚拟化技术，企业可以将测试环境和开发环境虚拟化到一台或多台物理服务器上，从而极大地节省硬件资源和管理成本。

通过 KVM 虚拟化技术，企业可以轻松地创建和管理多个虚拟机，每个虚拟机可以作为一个独立的测试环境或开发环境。这些虚拟机可以具有不同的操作系统、软件配置和网络设置，以满足不同的测试和开发需求。同时，虚拟机之间是完全隔离的，彼此之间不会相互干扰，从而避免了测试和开发过程中的冲突。

使用 KVM 虚拟化技术进行应用程序测试和开发还具有高度的灵活性。通过虚拟机快照功能，企业可以轻松地创建和恢复虚拟机的快照，以便在测试和开发过程中进行实验和调试。如果在测试过程中发现了问题，可以随时回滚到之前的快照，从而节省大量的时间和精力。此外，虚拟机还可以快速复制和迁移，以满足不同的测试和开发需求。

在应用程序测试和开发过程中，安全性是一个非常重要的考虑因素。使用 KVM 虚拟化技术，企业可以实现虚拟机之间的隔离和安全性，从而保护测试和开发环境的数据和敏感信息。此外，KVM 虚拟化技术还提供了访问控制和权限管理功能，可以限制对虚拟机的访问和操作，以防止未经授权的访问和恶意操作。

KVM 虚拟化技术在应用程序测试和开发场景下具有许多优势。它可以帮助企业快速搭建测试环境，并提供更高效、灵活和安全的应用程序测试和开发服务。通过虚拟化技术，企业可以实现多个测试环境和开发环境的隔离部署，降低测试和开发过程中的风险。同时，虚拟化技术还提供了灵活的快照、复制和迁移功能，以及安全的访问控制和权限管理功能。因此，企业可以充分利用 KVM 虚拟化技术来提高应用程序测试和开发的效率和安全性。

本章小结

本章主要介绍了 KVM 与 QEMU 虚拟化技术的原理、应用场景及在企业中的应用。KVM 是一种基于 Linux 内核的虚拟化技术，能够将计算机的 CPU 资源虚拟化成多个虚拟机，被广泛用于云计算、嵌入式系统和科学计算和模拟等领域。QEMU 则是一种开源的虚拟化工具，可以运行在不同的平台上，提供了虚拟化所需的模拟硬件和模拟操作系统等功能。

本章还介绍了在 CentOS 7.0 环境下搭建 QEMU 虚拟化环境的步骤，并介绍了 KVM 虚拟化技术在企业中的虚拟化应用，包括数据中心、云计算和虚拟化、应用程序测试和开发等。

KVM 与 QEMU 虚拟化技术的应用越来越广泛，在提高计算机资源的利用率、减少成本、提升安全性和灵活性等方面起到了重要的作用，也为企业和客户提供了更高效、更可靠的 IT 服务。

本章习题

一、单项选择题

1．KVM 是一种基于（　　）内核的虚拟化技术。

A．Windows　　　　B．macOS

C．Linux　　D．iOS

2．KVM 是以下哪种类型的虚拟化技术（　　）？

A．容器虚拟化　　B．硬件辅助虚拟化

C．操作系统虚拟化　　D．网络虚拟化

3．KVM 的管理工具是（　　）。

A．virt-manager　　B．VMware vSphere

C．Hyper-V Manager　　D．Docker

4．下列关于 QEMU 说法正确的是（　　）。

A．QEMU 是操作系统虚拟化

B．QEMU 通过硬件实现各处理器架构模拟

C．QEMU 的核心技术是动态二进制翻译技术

D．QEMU 是 KVM 虚拟机的一种呈现方式

二、多项选择题

1．关于 QEMU 与 KVM 的关系，下列说法正确的是（　　）。

A．KVM 和 QEMU 相辅相成，QEMU 通过 KVM 达到了硬件辅助虚拟化的速度，而 KVM 则通过 QEMU 来模拟设备

B．QEMU 和 KVM 是两个不同的虚拟化技术，但它们经常一起使用

C．对于 KVM 来说，其匹配的用户空间工具并不仅仅只有 QEMU，还有其他的，比如 RedHat 开发的 libvirt 等

D．QEMU 本身并不包含或依赖 KVM 模块

2．KVM 支持以下哪些网络虚拟化技术（　　）？

A．VLAN　　B．VXLAN　　C．GRE　　D．MPLS

3．KVM 可以通过以下哪些方式进行管理和监控（　　）？

A．命令行界面　　B．图形用户界面　　C．RESTful API　　D．SNMP

三、简答题

1．什么是 KVM 虚拟化技术？它可以实现什么功能？

2．KVM 和 QEMU 之间有什么区别？它们是如何协同工作的？

3．请列举一些使用 KVM 和 QEMU 虚拟化技术的实际应用场景。

第5章 容器虚拟化技术基础

近年来，随着企业数字化转型的不断深入，越来越多的企业迫切需要提高其IT基础设施的利用率和灵活性。特别是在应用程序开发和部署方面，传统的物理服务器架构已经无法满足企业的需求。一家来自零售行业的企业就面临这样一个问题。

作为一家在线零售企业，该企业需要及时响应市场的变化，确保其电商平台的可用性和可扩展性。同时，它还需要降低IT成本，减少服务器的数量和增强管理的灵活性。然而，传统的物理服务器架构无法满足这些需求。IT团队开始寻找一种新的方案，以提高其IT资源的利用率和降低其运维成本。最终，该团队决定采用容器虚拟化技术来解决这个问题。

容器虚拟化技术可以将应用程序和其相关依赖项打包到一个独立的、可移植的容器中，从而保证应用程序在不同环境下的一致性，且隔离不同的应用程序之间的冲突。IT团队需要了解容器虚拟化技术的概念、安装、部署、镜像、仓库、网络以及容器的基本操作等知识。这些知识将帮助IT团队更好地管理应用程序的开发和部署，提高其效率和可靠性，同时降低其IT成本。本章将介绍容器虚拟化技术的基础知识和Docker的相关内容，帮助读者更好地了解和掌握这一热门技术，进而优化企业的IT基础设施，推动其数字化转型进程。

本章学习逻辑

本章学习逻辑如图5-1所示。

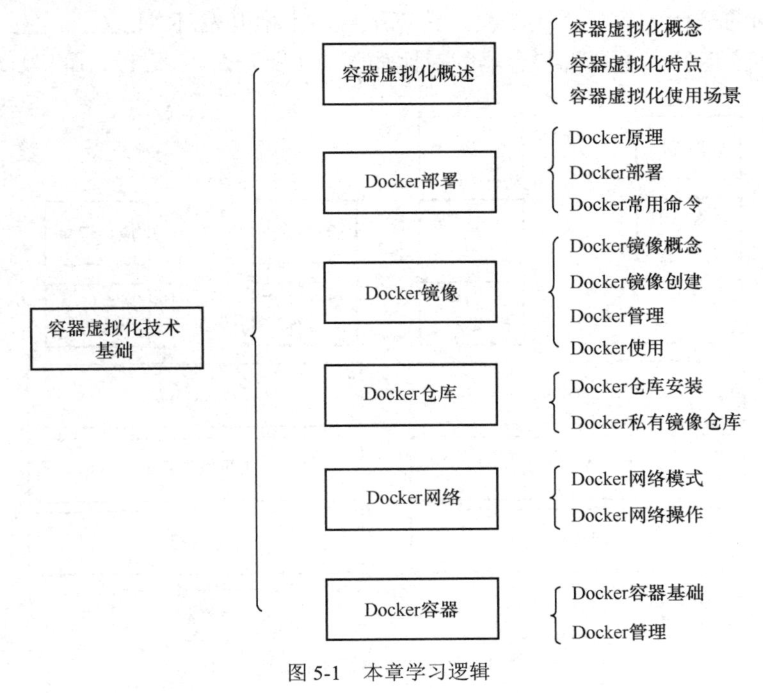

图5-1　本章学习逻辑

本章学习任务

1. 了解容器虚拟化概念。
2. 掌握 Docker 安装与部署。
3. 掌握 Docker 镜像。
4. 掌握 Docker 仓库。
5. 掌握 Docker 网络。
6. 掌握 Docker 容器。

5.1 容器虚拟化概述

容器虚拟化技术是一种轻量级的虚拟化技术。容器虚拟化技术可以加速应用程序的开发、测试和部署，提高效率和可靠性。在本节中，我们将介绍容器虚拟化技术的概念、特点及使用场景。

5.1.1 容器虚拟化概念

容器虚拟化技术可以将应用程序及其相关依赖项打包到一个独立的、可移植的容器中，并运行在共享操作系统的环境中。每个容器都是一个独立的运行环境，可以具有自己的文件和目录、网络、环境变量等。容器工作结构如图 5-2 所示。容器之间互相隔离，不会相互干扰，从而保证应用程序在不同环境下的一致性。

与虚拟机相比，容器的优势在于更轻量级，可以更快地启动和关闭，具有更好的可扩展性，并且占用的资源更少。同时，容器还可以在不同的平台上运行，比如在云计算平台、本地开发环境和物联网设备上运行。虚拟机和容器的对比如图 5-3 所示。

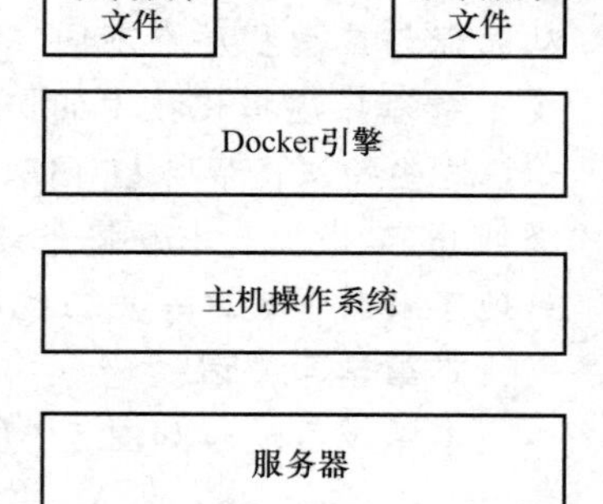

图 5-2　容器工作结构

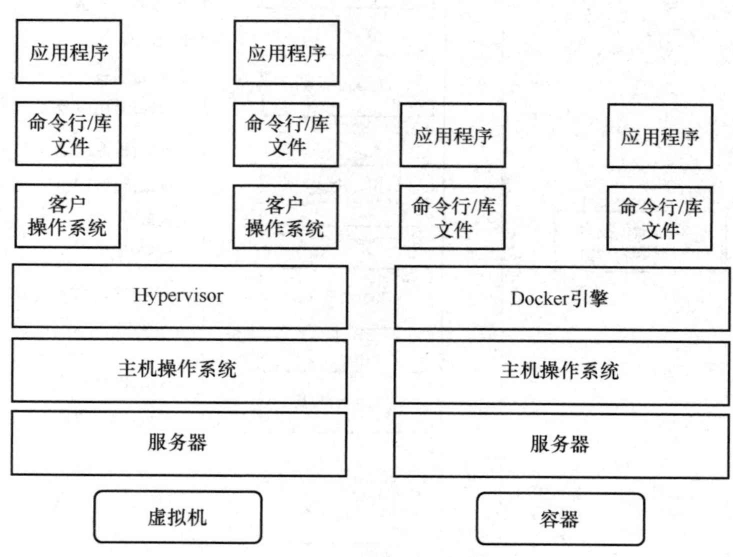

图 5-3　虚拟机和容器的对比

虚拟化技术是一种资源管理技术，通过将计算机的各种实体资源进行抽象和转换，实现资源的灵活利用。在计算领域，虚拟化主要指的是计算虚拟化或服务器虚拟化。虚拟化的核心是对资源的抽象，其目的是在同一台主机上同时运行多个系统或应用，提高系统资源利用率，并带来降低成本、方便管理和容错容灾等好处。

虚拟化技术可以分为基于硬件的虚拟化和基于软件的虚拟化。真正意义上基于硬件的虚拟化技术较少见，例如网卡中的单根多 I/O 虚拟化（SR-IOV）等技术。基于软件的虚拟化可以分为应用程序虚拟化和平台虚拟化。应用程序虚拟化指的是模拟设备或软件，如 Wine 等。平台虚拟化可以进一步分为以下几个子类。

全虚拟化：虚拟机模拟完整的底层硬件环境和特权指令的执行过程，客户操作系统无须修改，例如 IBM p 和 z 系列的虚拟化、VMware Workstation、VirtualBox、QEMU 等。

硬件辅助虚拟化：利用硬件（主要是 CPU）辅助支持来实现全虚拟化的功能，客户操作系统无须修改，例如 VMware Workstation、Xen、KVM 等。

部分虚拟化：只针对部分硬件资源进行虚拟化，客户操作系统需要进行修改。现在有些虚拟化技术的早期版本仅支持部分虚拟化。

半虚拟化：部分硬件接口以软件的形式提供给客户操作系统，客户操作系统需要进行修改，例如早期的 Xen。

操作系统虚拟化：内核通过创建多个虚拟的操作系统实例来隔离不同的进程，容器相关技术属于这个范畴。操作系统虚拟化的特点是不需要额外的 supervisor（监督者）支持。

Docker 和其他容器技术属于操作系统虚拟化，它们的优势与操作系统虚拟化技术的设计和实现密切相关。

5.1.2 容器虚拟化特点及使用场景

1. 容器虚拟化特点

（1）轻量级：相比于传统的虚拟机技术，容器虚拟化技术更加轻量级。容器可以在共享操作系统的环境中运行，不需要额外的操作系统和内核，因此占用的资源更少。这意味着在相同的硬件资源下，可以同时运行更多的应用程序，提高资源利用率。

（2）高效：容器的启动和关闭速度非常快。与传统的虚拟机相比，容器不需要进行完整的操作系统启动过程，只需要启动应用程序及其相关依赖项即可。这使得开发人员可以快速添加、修改、测试和部署应用程序及其组件，提高开发和部署的效率。

（3）可移植：容器可以在不同的平台上运行，包括物理服务器、虚拟机和云平台。容器将应用程序及其相关依赖项打包在一起，形成一个独立的环境，可以在不同的环境中进行部署和迁移。这使得应用程序的部署更加灵活和便捷。

（4）可扩展：容器可以水平扩展到多个实例，以满足高峰期的需求。每个容器都是独立的，可以具有自己的负载均衡和缓存策略，从而提高应用程序的可用性和性能。容器编排工具如 Kubernetes，可以自动管理容器的扩展和负载均衡，简化应用程序的水平扩展过程。

（5）共享资源：多个容器可以共享操作系统的资源，包括文件系统和网络设备。这意味着容器可以共享同一套操作系统和内核，减少资源消耗，降低开发和运维成本。同时，容器之间的隔离性也可以保证应用程序之间的安全性和稳定性。

2. 容器虚拟化使用场景

（1）应用程序开发和测试：容器可以帮助开发人员在本地创建独立的开发环境，并针对不同配置运行应用程序和测试框架。这可以加速应用程序的开发和测试过程，同时减少依赖关系和烦琐的部署步骤。

（2）云计算平台：容器可以帮助构建私有云或公共云平台，与其他虚拟化技术相比，它们是更轻量级的，并且更加灵活和易于部署。

（3）微服务架构：容器可以帮助企业将应用程序拆分为更小、模块化的组件，从而更轻松地管理和部署组件。

（4）IT 运维管理：容器可以帮助企业快速部署应用程序，并统一管理操作系统、软件版本和配置，以实现更高的可用性、可靠性和安全性。

总之，容器虚拟化技术是一种非常有用的技术，可以提高应用程序的开发效率，优化 IT 基础设施管理，并且降低企业的运营成本。接下来，我们将深入了解容器虚拟化技术的不同方面和 Docker 的相关内容。

5.2 Docker 安装与部署

Docker 是一个非常流行的容器虚拟化技术，它可以帮助企业更加轻松地创建、部署和运行应用程序。Docker 可以在不同的平台上运行，包括云计算平台、物联网设备和本地开发环境。在本节中，我们将介绍 Docker 的安装和部署，包括 Docker 的原理、安装与配置、启动和停止等内容。

5.2.1 Docker 原理

Docker 基于容器虚拟化技术，可以将应用程序及其相关依赖项打包到一个可移植的容器中，从而实现应用程序的隔离和资源管理。每个容器运行在其独立的文件系统中，互相隔离，彼此之间不会发生冲突，从而保证应用程序在不同环境下的一致性。Docker 可以加速应用程序的开发、测试和部署，提高效率和可靠性。与虚拟机相比，Docker 是更轻量级的，可以更快地启动和关闭，并且占用的资源更少。Docker 图标如图 5-4 所示。

图 5-4 Docker 图标

Docker 的工作主要基于以下组件。

（1）Docker 客户端：Docker 客户端是命令行工具，用于与 Docker 服务器通信并管理 Docker 容器、镜像和其他资源。

（2）Docker 服务器：Docker 服务器是运行 Docker 程序的主机。它可以管理 Docker 容器、镜像和其他资源，同时提供 API 以供 Docker 客户端访问。

（3）Docker 镜像：Docker 镜像是用于创建容器的只读模板，它包含应用程序及其相关依赖项和其他配置信息。

（4）Docker 容器：Docker 容器是独立的、可移植的运行环境，它可以包含应用程序及其相关依赖项和其他配置信息。每个容器都是一个独立的运行环境，可以具有自己的文件和目录、网络、环境变量等。

（5）Docker 仓库：Docker 仓库用于存储 Docker 镜像。其中可以包括公开仓库，例如 Docker Hub，也可以包括本地私有仓库。

Docker 工作流程如图 5-5 所示。

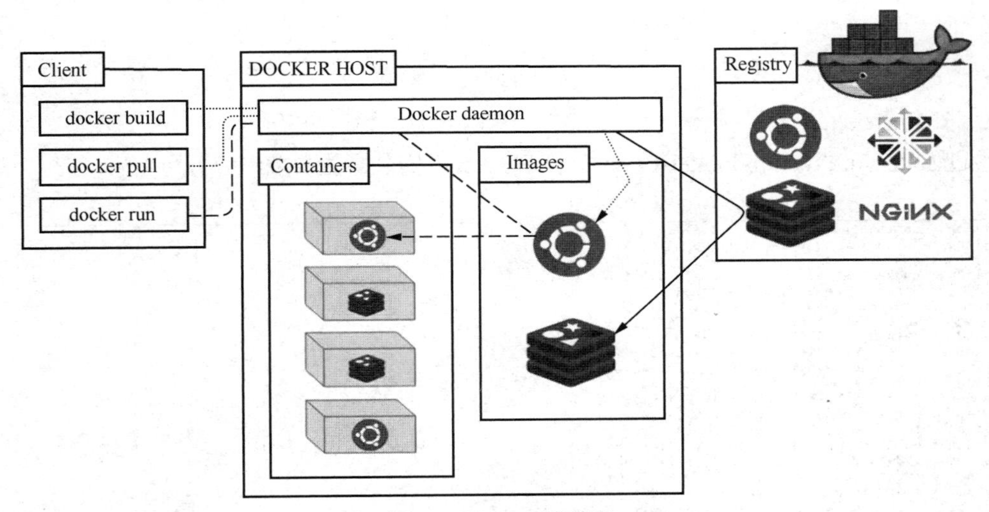

图 5-5 Docker 工作流程

5.2.2 Docker 安装与配置

在安装 Docker 之前，需要准备好 CentOS 7.0 服务器并确保系统满足 Docker 的最低要求。首先，需要操作系统为 64 位和内核版本为 3.10 或更高版本。其次，Docker 需要使用系统级别的 cgroup 和 namespace 特性进行容器的隔离和限制。因此，必须确保这些特性在内核中已经开启。接下来，我们将介绍 Docker 的安装与配置过程。

1. 更新系统软件包

在 Linux 系统中，可以通过 sudo yum update 命令更新系统软件包，更新界面如图 5-6 所示。

```
  nss-softokn-freebl.x86_64 0:3.79.0-4.el7_9                    nss-sysinit.x86_64 0:3.79.0-5.el7_9
  nss-tools.x86_64 0:3.79.0-5.el7_9                             nss-util.x86_64 0:3.79.0-1.el7_9
  numactl-libs.x86_64 0:2.0.12-5.el7                            openldap.x86_64 0:2.4.44-25.el7_9
  openssh.x86_64 0:7.4p1-22.el7_9                               openssh-clients.x86_64 0:7.4p1-22.el7_9
  openssh-server.x86_64 0:7.4p1-22.el7_9                        openssl.x86_64 1:1.0.2k-26.el7_9
  openssl-libs.x86_64 1:1.0.2k-26.el7_9                         pam.x86_64 0:1.1.8-23.el7
  parted.x86_64 0:3.1-32.el7                                    passwd.x86_64 0:0.79-6.el7
  plymouth.x86_64 0:0.8.9-0.34.20140113.el7.centos              plymouth-core-libs.x86_64 0:0.8.9-0.34.20140113.el7.centos
  plymouth-scripts.x86_64 0:0.8.9-0.34.20140113.el7.centos      policycoreutils.x86_64 0:2.5-34.el7
  polkit.x86_64 0:0.112-26.el7_9.1                              postfix.x86_64 2:2.10.1-9.el7
  procps-ng.x86_64 0:3.3.10-28.el7                              python.x86_64 0:2.7.5-93.el7_9
  python-firewall.noarch 0:0.6.3-13.el7_9                       python-libs.x86_64 0:2.7.5-93.el7_9
  python-linux-procfs.noarch 0:0.4.11-4.el7                     python-perf.x86_64 0:3.10.0-1160.92.1.el7
  python-urlgrabber.noarch 0:3.10-10.el7                        qemu-guest-agent.x86_64 10:2.12.0-3.el7
  readline.x86_64 0:6.2-11.el7                                  rpm.x86_64 0:4.11.3-48.el7_9
  rpm-build-libs.x86_64 0:4.11.3-48.el7_9                       rpm-libs.x86_64 0:4.11.3-48.el7_9
  rpm-python.x86_64 0:4.11.3-48.el7_9                           rsyslog.x86_64 0:8.24.0-57.el7_9.3
  sed.x86_64 0:4.2.2-7.el7                                      selinux-policy.noarch 0:3.13.1-268.el7_9.2
  selinux-policy-targeted.noarch 0:3.13.1-268.el7_9.2           setup.noarch 0:2.8.71-11.el7
  sg3_utils.x86_64 1:1.37-19.el7                                sg3_utils-libs.x86_64 1:1.37-19.el7
  shadow-utils.x86_64 2:4.6-5.el7                               shared-mime-info.x86_64 0:1.8-5.el7
  sqlite.x86_64 0:3.7.17-8.el7_7.1                              sudo.x86_64 0:1.8.23-10.el7_9.3
  systemd.x86_64 0:219-78.el7_9.7                               systemd-libs.x86_64 0:219-78.el7_9.7
  systemd-sysv.x86_64 0:219-78.el7_9.7                          teamd.x86_64 0:1.29-3.el7
  tuned.noarch 0:2.11.0-12.el7_9                                tzdata.noarch 0:2023c-1.el7
  util-linux.x86_64 0:2.23.2-65.el7_9.1                         vim-minimal.x86_64 2:7.4.629-8.el7_9
  virt-what.x86_64 0:1.18-4.el7_9.1                             wget.x86_64 0:1.14-18.el7_6.1
  wpa_supplicant.x86_64 1:2.6-12.el7_9.2                        xfsprogs.x86_64 0:4.5.0-22.el7
  xz.x86_64 0:5.2.2-2.el7_9                                     xz-libs.x86_64 0:5.2.2-2.el7_9
  yum.noarch 0:3.4.3-168.el7.centos                             yum-plugin-fastestmirror.noarch 0:1.1.31-54.el7_8
  zlib.x86_64 0:1.2.7-21.el7_9

Replaced:
  iwl7265-firmware.noarch 0:22.0.7.0-69.el7

Complete!
```

图 5-6　更新界面

2. 安装 Docker

通过 sudo yum install docker-ce -y 安装 Docker，安装界面如图 5-7 所示。

```
  Installing : containerd.io-1.6.22-3.1.el7.x86_64                          12/16
  Installing : fuse3-libs-3.6.1-4.el7.x86_64                                13/16
  Installing : fuse-overlayfs-0.7.2-6.el7_8.x86_64                          14/16
  Installing : docker-ce-rootless-extras-24.0.5-1.el7.x86_64                15/16
  Installing : 3:docker-ce-24.0.5-1.el7.x86_64                              16/16
  Verifying  : 3:docker-ce-24.0.5-1.el7.x86_64                               1/16
  Verifying  : fuse3-libs-3.6.1-4.el7.x86_64                                 2/16
  Verifying  : python-IPy-0.75-6.el7.noarch                                  3/16
  Verifying  : fuse-overlayfs-0.7.2-6.el7_8.x86_64                           4/16
  Verifying  : libsemanage-python-2.5-14.el7.x86_64                          5/16
  Verifying  : slirp4netns-0.4.3-4.el7_8.x86_64                              6/16
  Verifying  : 2:container-selinux-2.119.2-1.911c772.el7_8.noarch            7/16
  Verifying  : docker-compose-plugin-2.20.2-1.el7.x86_64                     8/16
  Verifying  : checkpolicy-2.5-8.el7.x86_64                                  9/16
  Verifying  : policycoreutils-python-2.5-34.el7.x86_64                     10/16
  Verifying  : 1:docker-ce-cli-24.0.5-1.el7.x86_64                          11/16
  Verifying  : audit-libs-python-2.8.5-4.el7.x86_64                         12/16
  Verifying  : containerd.io-1.6.22-3.1.el7.x86_64                          13/16
  Verifying  : docker-buildx-plugin-0.11.2-1.el7.x86_64                     14/16
  Verifying  : docker-ce-rootless-extras-24.0.5-1.el7.x86_64                15/16
  Verifying  : setools-libs-3.3.8-4.el7.x86_64                              16/16

Installed:
  docker-ce.x86_64 3:24.0.5-1.el7

Dependency Installed:
  audit-libs-python.x86_64 0:2.8.5-4.el7                  checkpolicy.x86_64 0:2.5-8.el7
  container-selinux.noarch 2:2.119.2-1.911c772.el7_8      containerd.io.x86_64 0:1.6.22-3.1.el7
  docker-buildx-plugin.x86_64 0:0.11.2-1.el7              docker-ce-cli.x86_64 1:24.0.5-1.el7
  docker-ce-rootless-extras.x86_64 0:24.0.5-1.el7         docker-compose-plugin.x86_64 0:2.20.2-1.el7
  fuse-overlayfs.x86_64 0:0.7.2-6.el7_8                   fuse3-libs.x86_64 0:3.6.1-4.el7
  libsemanage-python.x86_64 0:2.5-14.el7                  policycoreutils-python.x86_64 0:2.5-34.el7
  python-IPy.noarch 0:0.75-6.el7                          setools-libs.x86_64 0:3.3.8-4.el7
  slirp4netns.x86_64 0:0.4.3-4.el7_8

Complete!
```

图 5-7　安装界面

执行上述命令将下载和安装 Docker 的最新版本。Docker 还可以在 Windows 和 macOS 系统中运行，可以从 Docker 官网下载相应的安装程序。根据操作系统和 Docker 的版本，可能需要进行一些其他的配置。

3. 配置 Docker

在安装完成后，需要配置 Docker 以便于使用。以下是一些常见的配置。

（1）通过 docker version 查看 Docker 版本号，具体如图 5-8 所示。

```
[root@localhost ~]# docker version
Client: Docker Engine - Community
 Version:           24.0.5
 API version:       1.43
 Go version:        go1.20.6
 Git commit:        ced0996
 Built:             Fri Jul 21 20:39:02 2023
 OS/Arch:           linux/amd64
 Context:           default

Server: Docker Engine - Community
 Engine:
  Version:          24.0.5
  API version:      1.43 (minimum version 1.12)
  Go version:       go1.20.6
  Git commit:       a61e2b4
  Built:            Fri Jul 21 20:38:05 2023
  OS/Arch:          linux/amd64
  Experimental:     false
 containerd:
  Version:          1.6.22
  GitCommit:        8165feabfdfe38c65b599c4993d227328c231fca
 runc:
  Version:          1.1.8
  GitCommit:        v1.1.8-0-g82f18fe
 docker-init:
  Version:          0.19.0
  GitCommit:        de40ad0
```

图 5-8 查看 Docker 版本号

该命令还可以查看 Docker 的其他相关信息。

（2）通过命令 systemctl restart docker 可以启动 Docker 服务，状态显示如图 5-9 所示。此外，还可以使用 systemctl enable docker 命令在系统启动时自动启动服务。

```
[root@localhost ~]# systemctl restart docker
[root@localhost ~]# systemctl status docker
● docker.service - Docker Application Container Engine
   Loaded: loaded (/usr/lib/systemd/system/docker.service; disabled; vendor preset: disabled)
   Active: active (running) since Wed 2023-08-02 02:25:07 EDT; 5s ago
     Docs: https://docs.docker.com
 Main PID: 13782 (dockerd)
    Tasks: 8
   Memory: 31.4M
   CGroup: /system.slice/docker.service
           └─13782 /usr/bin/dockerd -H fd:// --containerd=/run/containerd/containerd.sock

Aug 02 02:25:06 localhost.localdomain systemd[1]: Starting Docker Application Container Engine...
Aug 02 02:25:06 localhost.localdomain dockerd[13782]: time="2023-08-02T02:25:06.284948822-04:00" level=info msg="Starting up"
Aug 02 02:25:06 localhost.localdomain dockerd[13782]: time="2023-08-02T02:25:06.352447672-04:00" level=info msg="Loadin...art."
Aug 02 02:25:07 localhost.localdomain dockerd[13782]: time="2023-08-02T02:25:07.082461344-04:00" level=info msg="Firewa...ning"
Aug 02 02:25:07 localhost.localdomain dockerd[13782]: time="2023-08-02T02:25:07.176236613-04:00" level=info msg="Loadin...one."
Aug 02 02:25:07 localhost.localdomain dockerd[13782]: time="2023-08-02T02:25:07.199642481-04:00" level=info msg="Docker...4.0.5
Aug 02 02:25:07 localhost.localdomain dockerd[13782]: time="2023-08-02T02:25:07.199889475-04:00" level=info msg="Daemon...tion"
Aug 02 02:25:07 localhost.localdomain dockerd[13782]: time="2023-08-02T02:25:07.236302752-04:00" level=info msg="API li...sock"
Aug 02 02:25:07 localhost.localdomain systemd[1]: Started Docker Application Container Engine.
Hint: Some lines were ellipsized, use -l to show in full.
```

图 5-9 启动 Docker 服务并查看其状态

通过正确配置和安装 Docker，我们可以轻松地创建、部署和管理容器化应用程序。这为我们提供了更高效、可扩展性更强和更灵活的开发和部署环境。总之，Docker 的安装和配置使得容器化应用程序的开发和部署变得更加简单和可靠。

5.2.3 Docker 常用命令

Docker 命令如图 5-10 所示。

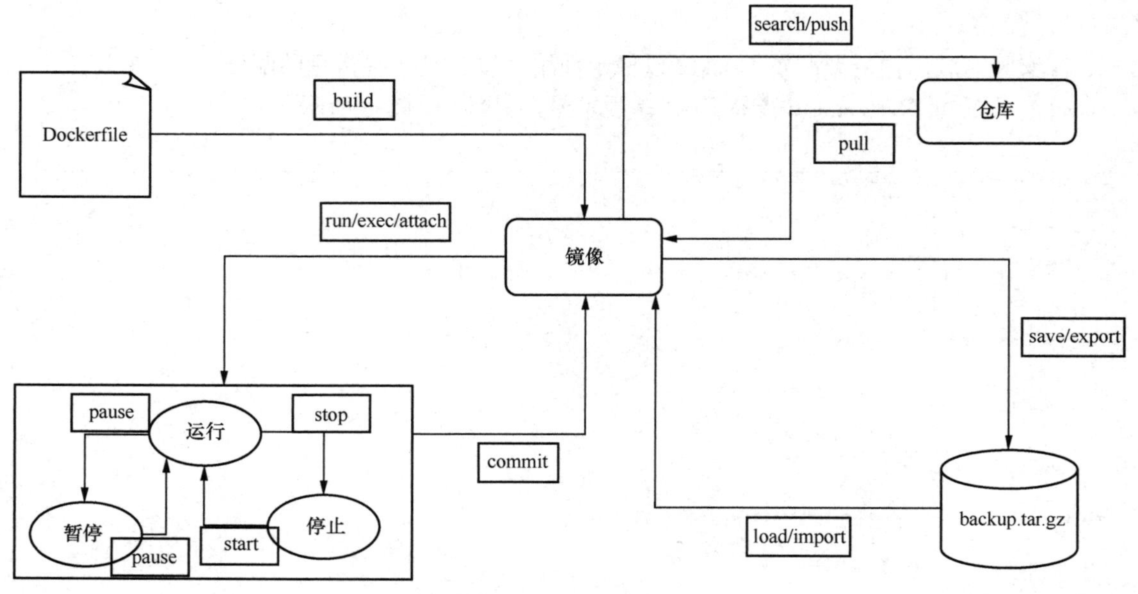

图 5-10 Docker 命令

5.3 Docker 镜像

Docker 镜像是只读的文件，它包含应用程序及其相关依赖项和配置信息。镜像可以用于创建 Docker 容器，而每个容器都是从一个镜像中创建出来的。Docker 镜像操作如图 5-11 所示。在本节中，我们将介绍 Docker 镜像的创建、管理和使用。

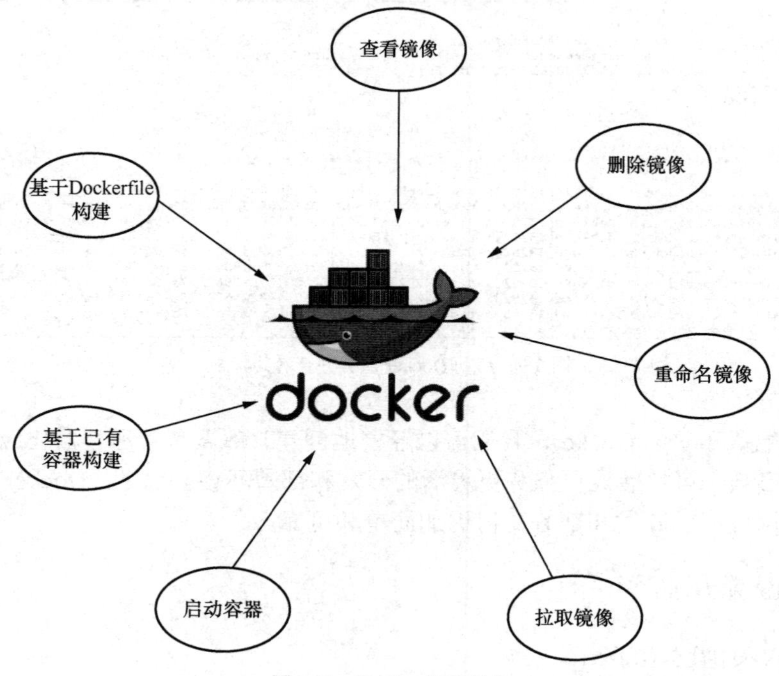

图 5-11 Docker 镜像操作

5.3.1 Docker 镜像特点

Docker 镜像的特点如下。

1. 分层

Docker 镜像的构建采用了分层的机制，每个镜像由多个层组成。这种分层结构是 Docker 镜像轻量的主要原因之一。每个层都是一个只读文件系统，其中包含镜像的文件和目录。当需要修改容器镜像内的某个文件时，Docker 会在最上方的可写层创建一个新的文件，而不会直接修改下层已有文件系统的内容。这样做的好处是已有文件在只读层中的原始版本仍然存在，不会被修改，但会被可写层中的新文件覆盖。

当使用 docker commit 命令将修改后的容器文件系统保存为新的镜像时，只会保存最上方可写层文件系统中被更新的文件。新的镜像会包含所有被修改的文件和之前的只读层，但不会包含未被修改的文件。这种分层结构实现了在不同镜像之间共享部分层的效果，节省了存储空间并提高了镜像的下载和传输速度。

2. 写时复制

Docker 镜像使用了写时复制（Copy-On-Write）策略，实现了多个容器之间对镜像的共享。在启动容器时，并不需要为每个容器都复制一份完整的镜像文件，而是将所有镜像层以只读的方式挂载到一个挂载点，并在其上创建一个可读写的容器层（可读写层）。

这种策略使得多个容器可以共享相同的只读镜像层，节省磁盘空间和启动时间。当容器对文件系统进行修改时，写时复制机制会将修改的内容写入容器层中，并隐藏只读镜像层中相应的文件。这样，只有发生了变化的文件内容才会占用磁盘空间，而原始的只读镜像层仍然可以被其他容器共享。

通过写时复制和分层机制的结合，Docker 实现了高效的镜像共享和管理。这不仅节省了存储空间，还提高了容器的启动速度。同时，这种机制也保证了容器之间的隔离性，每个容器都有自己的可读写层，互不干扰。

3. 内容寻址

Docker 1.10 引入了内容寻址存储（Content-Addressable Storage）机制，这是一个重要的特性。在这个新的模型中，Docker 镜像和镜像层的索引基于文件内容而不是随机生成的 UUID。每个镜像层的内容都会计算校验和，生成一个唯一的内容哈希值，这个哈希值会代替之前的 UUID，成为镜像层的唯一标识。

这个机制主要提高了镜像的安全性，因为在进行 pull、push、load 和 save 等操作后，可以检测数据的完整性。通过校验内容哈希值，可以确保镜像层在传输和存储过程中没有被篡改。

另外，基于内容哈希值来索引镜像层还有一个重要的好处，就是增强了镜像层的共享性。不同的镜像层只要拥有相同的内容哈希值，就可以被不同的镜像共享。这意味着当多个镜像共享相同的基础镜像层时，可以节省存储空间和带宽，提高镜像的使用效率。

4. 联合挂载

联合挂载技术是一种可以同时挂载多个文件系统的技术，它将挂载点的原目录与被挂载内容进行整合，使得最终可见的文件系统包含各个层次的文件和目录。这种技术所使用的文件系统通常被称为联合文件系统（Union File System）。

以在运行 Ubuntu 14.04 镜像后的容器中的 AUFS 为例，初始挂载时可读写层是空的，所以从用户的角度来看，容器的文件系统与底层的 rootfs 没有任何差别。然而，从内核的角度来看，它们是明确区分的 2 个层次。

当需要修改镜像内的某个文件时，只有处于最上方的可读写层会进行变动，不会覆写下层已有文件系统的内容。原始版本的文件仍然存在于只读层，但会被可读写层中的新版文件隐藏。当使用 docker commit 命令将修改过的容器文件系统保存为一个新的镜像时，保存的内容只包括最上方读写层文件系统中被更新过的文件。

这种机制实现了 Docker 镜像的分层结构和写时复制策略。它允许镜像的不同层次共享相同的基础文件，节省存储空间，并且在修改镜像时只复制变动的部分，可提高效率。同时，由于每个容器都有自己的可读写层，可以独立地进行修改和管理，而不会影响其他容器或基础镜像。

联合挂载是一种将多个镜像层的文件系统合并到一个统一的文件系统视图中的方法。在 Docker 中，联合挂载是通过底层存储驱动（如 AUFS、Overlay 等）实现的。然而，并不是所有的存储驱动都使用联合挂载的方式来实现分层。例如，在使用 Device Mapper 存储驱动时，Docker 使用快照技术来实现分层效果，而不使用联合挂载。

5.3.2 Docker 镜像的创建

Docker 镜像可以通过不同的方式创建，包括手动创建镜像、自动构建镜像和从其他镜像派生镜像等。

1. 手动创建镜像

手动创建镜像包括以下步骤。

（1）创建 Dockerfile：Dockerfile 是包含构建 Docker 镜像的指令的文本文件。它用于描述如何构建和配置镜像。例如，可以使用 Dockerfile 从 Linux 发行版中创建新的镜像。

（2）构建镜像：Dockerfile 中可以使用 docker build 命令来构建镜像。该命令会检查指定的 Dockerfile，并将其转换为镜像。例如，可以使用 docker build -t ubuntu:latest 命令构建一个新的 Ubuntu 镜像。

2. 自动构建镜像

自动构建镜像是一种自动化构建镜像的方式，它可以根据代码库的修改自动构建不同版本的镜像。可以使用相关的 CI/CD（Continuous Integration/Continuous Delivery，持续集成/持续交付）工具集成构建流程。

3. 从其他镜像派生镜像

Docker 镜像可以从其他镜像派生，主要方法如下。

（1）从 Docker Hub 下载：Docker Hub 是一个公共的 Docker 镜像仓库，其中包含大量常用的镜像。可以使用 docker pull 命令从 Docker Hub 中下载镜像。

（2）从本地镜像仓库中派生：可以使用 docker commit 命令创建新的镜像，并添加新的层到现有的镜像中。例如，可以在现有的 Ubuntu 镜像的基础上创建新的镜像。

（3）从 Dockerfile 派生：可以使用 docker build 命令构建新的镜像，该命令会使用 Dockerfile 中的指令生成新的镜像。Dockerfile 内容示例如图 5-12 所示。

```
# syntax=docker/dockerfile:1
FROM golang:1.16-alpine AS build

# Install tools required for project
# Run `docker build --no-cache .` to update dependencies
RUN apk add --no-cache git
RUN go get github.com/golang/dep/cmd/dep

# List project dependencies with Gopkg.toml and Gopkg.lock
# These layers are only re-built when Gopkg files are updated
COPY Gopkg.lock Gopkg.toml /go/src/project/
WORKDIR /go/src/project/
# Install library dependencies
RUN dep ensure -vendor-only

# Copy the entire project and build it
# This layer is rebuilt when a file changes in the project directory
COPY . /go/src/project/
RUN go build -o /bin/project

# This results in a single layer image
FROM scratch
COPY --from=build /bin/project /bin/project
ENTRYPOINT ["/bin/project"]
CMD ["--help"]
```

图 5-12　Dockerfile 内容示例

5.3.3 Docker 镜像的管理

在使用 Docker 镜像时，需要管理镜像版本及镜像的下载、上传和删除等。在实际应用中，我们通常会使用已有的镜像作为基础，然后根据自己的需求进行定制和扩展。以下是主要的 Docker 镜像的管理操作。

1. 下载镜像

可以使用 docker pull 命令从 Docker Hub 下载镜像。该命令按照标签拉取相应的镜像，默认会拉取最新版本。例如，docker pull nginx 命令会下载一个名为 nginx 的 Docker 镜像，具体如图 5-13 所示。

```
[root@localhost ~]# docker pull nginx
Using default tag: latest
latest: Pulling from library/nginx
648e0aadf75a: Pull complete
262696647b70: Pull complete
e66d0270d23f: Pull complete
55ac49bd649c: Pull complete
cbf42f5a00d2: Pull complete
8015f365966b: Pull complete
4cadff8bc2aa: Pull complete
Digest: sha256:67f9a4f10d147a6e04629340e6493c9703300ca23a2f7f3aa56fe615d75d31ca
Status: Downloaded newer image for nginx:latest
docker.io/library/nginx:latest
```

图 5-13　拉取 nginx 镜像过程

如果需要下载特定版本的镜像，可以使用镜像的标签。例如，docker pull nginx:1.13 命令会下载一个 nginx 1.13 的镜像，具体如图 5-14 所示。

2. 查看本地镜像

可以使用 docker images 命令查看本地的 Docker 镜像。该命令将显示镜像的名称、版本、镜像 ID、创建时间等相关信息。例如，docker images 命令会列出所有可用的本地 Docker 镜像，具体如图 5-15 所示。

```
[root@localhost ~]# docker pull nginx:1.13
1.13: Pulling from library/nginx
f2aa67a397c4: Pull complete
3c091c23e29d: Pull complete
4a99993b8636: Pull complete
Digest: sha256:b1d09e9718890e6ebbbd2bc319ef1611559e30ce1b6f56b2e3b479d9da51dc35
Status: Downloaded newer image for nginx:1.13
docker.io/library/nginx:1.13
```

图 5-14 拉取 nginx:1.13 镜像过程

```
[root@localhost ~]# docker images
REPOSITORY   TAG      IMAGE ID       CREATED       SIZE
nginx        latest   89da1fb6dcb9   5 days ago    187MB
nginx        1.13     ae513a47849c   5 years ago   109MB
```

图 5-15 查看本地 Docker 镜像

3. 删除镜像

可以使用 docker rmi 命令删除本地的 Docker 镜像。该命令需要指定要删除的镜像的名称或 ID。例如，docker rmi nginx 命令将删除一个名为 nginx 的镜像，具体如图 5-16 所示。

```
[root@localhost ~]# docker rmi nginx
Untagged: nginx:latest
Untagged: nginx@sha256:67f9a4f10d147a6e04629340e6493c9703300ca23a2f7f3aa56fe615d75d31ca
Deleted: sha256:89da1fb6dcb964dd35c3f41b7b93ffc35eaf20bc61f2e1335fea710a18424287
Deleted: sha256:e5afcbbf8f223b546a1db3d4f3c83064f346a2a8e17d4bfbaec1d12c90e2a6e3
Deleted: sha256:fda03119193d4611de17fa3d1eb9f02fb94333ac5d27ca507139a09ba0eaba1d
Deleted: sha256:04d32bbd70d3d7e3368290157afdfb502799784b7c60d87487e77c7aafd67d2d
Deleted: sha256:00d0e91fd006a5c96ec790434df1bb4ee545d84b34554ac2fbe5667568f916a1
Deleted: sha256:4f15baf3c136dbeff8c6f90737f0e54bd641095fd6441e359a1789ccbe554714
Deleted: sha256:748e3217b5fa76ff3ebd97186a6fcb595b92611ca87f480ea3d622e460c9a212
Deleted: sha256:c6e34807c2d51444c41c15f4fda65847faa2f43c9b4b976a2f6f476eca7429ce
```

图 5-16 删除 nginx 镜像过程

需要注意的是，如果删除的是正在使用的镜像，则会导致操作失败。此外，在删除镜像时，Docker 会保留其历史版本的层，以便可以进行回退操作。

5.3.4 Docker 镜像的使用

在 Docker 中，可以使用 Docker 镜像创建 Docker 容器。可以使用 docker run 命令创建新的容器，并在其中运行应用程序。在 Docker 中，使用 Docker 镜像创建 Docker 容器是一种部署和运行应用程序的常见方式。Docker 镜像是一个可执行的软件包，其中包含运行应用程序所需的所有依赖项和配置。通过创建容器，我们可以在隔离的环境中运行应用程序，并确保应用程序的可移植性和一致性。以下是基于 Docker 镜像操作容器的主要步骤。

1. 创建容器

可以使用 docker run 命令创建新的容器，并在其中运行应用程序。该命令需要指定要使用的镜像名称，以及要在容器中运行的命令。例如，docker run -d -p 80:80 nginx 命令会从 nginx 镜像中创建一个新的容器，并在其中启动 nginx Web 服务器，具体如图 5-17 所示。

该命令使用-d 使容器在后台运行，-p 表示将容器的端口 80 映射到主机的端口 80。

2. 进入容器

可以使用 docker exec 命令进入容器，具体如图 5-18 所示。

```
[root@localhost ~]# docker run -d -p 80:80 nginx
Unable to find image 'nginx:latest' locally
latest: Pulling from library/nginx
648e0aadf75a: Pull complete
262696647b70: Pull complete
e66d0270d23f: Pull complete
55ac49bd649c: Pull complete
cbf42f5a00d2: Pull complete
8015f365966b: Pull complete
4cadff8bc2aa: Pull complete
Digest: sha256:67f9a4f10d147a6e04629340e6493c9703300ca23a2f7f3aa56fe615d75d31ca
Status: Downloaded newer image for nginx:latest
1a09e8714e6ce5b87b9d865cedc3fe4dddfad19874dfd214b1ea5f02c1982260
```

图 5-17 启动 nginx Web 服务器

```
[root@localhost ~]# docker exec -it 1a09e8714e6 bash
root@1a09e8714e6c:/# ls
bin   dev                   docker-entrypoint.sh  home  lib32  libx32  mnt  proc  run   srv  tmp  var
boot  docker-entrypoint.d  etc                    lib   lib64  media   opt  root  sbin  sys  usr
```

图 5-18 进入容器

其中-i 和-t 用于在容器中运行一个新的 Bash Shell，并进入交互模式。

3. 停止容器

可以使用 docker stop 命令停止容器，具体如图 5-19 所示。

```
[root@localhost ~]# docker stop 1a09e8714e6ce
1a09e8714e6ce
```

图 5-19 停止容器

4. 列出容器

可以使用 docker ps 命令列出所有正在运行的容器。该命令将显示容器的 ID、状态、名称、映射端口等相关信息。例如，以下命令会列出所有正在运行的容器，使用-all 或-a 标志可以列出所有的容器，包括停止的容器，具体如图 5-20 所示。

```
[root@localhost ~]# docker ps -a
CONTAINER ID   IMAGE     COMMAND                  CREATED         STATUS                     PORTS     NAMES
1a09e8714e6c   nginx     "/docker-entrypoint.…"   4 minutes ago   Exited (0) 35 seconds ago            magical_khorana
```

图 5-20 列出所有容器

5. 删除容器

可以使用 docker rm 命令删除容器，具体如图 5-21 所示。

```
[root@localhost ~]# docker rm 1a09e8714e6c
1a09e8714e6c
```

图 5-21 删除容器

5.4 Docker 仓库

Docker 仓库是一个存储 Docker 镜像的地方，它允许用户上传和下载镜像。Docker Hub 是一个公共的 Docker 仓库，它包含大量常用的镜像。此外，用户也可以搭建自己的私有 Docker 仓库来存储和管理镜像。在本节中，我们将介绍 Docker 仓库的安装和配置、仓库的使用，以及如何使用私有 Docker 仓库。

5.4.1 Docker 仓库的安装和配置

Docker 仓库可以分为公开仓库和私有仓库。公开仓库主要指的是 Docker Hub，其页面如图 5-22 所示。私有仓库是用户自行搭建的，用于存储私有的 Docker 镜像，例如 registry、Harbor。

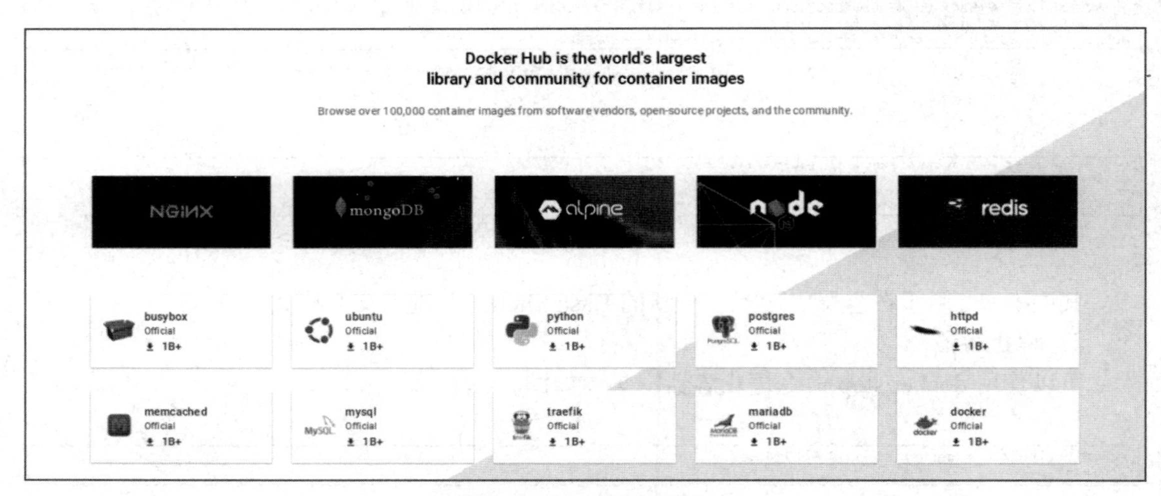

图 5-22　Docker Hub 页面

在实际的开发和部署过程中，常常需要使用到 Docker 镜像来构建和运行我们的应用程序。Docker Hub 是一个公共的 Docker 镜像仓库，我们可以在其中找到大量的镜像供自己使用。然而，在某些情况下，我们可能需要自己搭建私有的 Docker 仓库，以便更好地管理和控制自己的镜像。以下是主要的管理私有镜像仓库的操作步骤。

（1）拉取 registry 镜像。可以使用 Docker Hub 提供的 Docker 镜像来搭建 Docker 仓库。通过命令 docker pull registry 拉取官方的 registry 镜像，具体如图 5-23 所示。

```
[root@localhost ~]# docker pull registry
Using default tag: latest
latest: Pulling from library/registry
31e352740f53: Pull complete
7f9bcf943fa5: Pull complete
3c98a1678a82: Pull complete
51f7a5bb21d4: Pull complete
3f044f23c427: Pull complete
Digest: sha256:9977826e0d1d0eccc7af97017ae41f2dbe13f2c61e4c886ec28f0fdd8c4078aa
Status: Downloaded newer image for registry:latest
docker.io/library/registry:latest
```

图 5-23　拉取 registry 镜像

（2）通过命令 docker run -d -p 5000:5000 --name registry registry 启动 registry 容器，具体如图 5-24 所示。

```
[root@localhost ~]# docker run -d -p 5000:5000 --name registry registry
20f299dae61d9a08810d40b7ceb706fca9bab34f8e4e5c432256e15807991f34
```

图 5-24　启动 registry 容器

该命令将在本地的 5000 端口启动一个容器，并将其命名为 registry。

（3）通过命令 docker ps 检查镜像仓库是否启动成功。如果看到正在运行的 registry 容器，则说明镜像仓库已经成功启动，具体如图 5-25 所示。

```
[root@localhost ~]# docker ps
CONTAINER ID   IMAGE      COMMAND                  CREATED          STATUS          PORTS                                       NAMES
20f299dae61d   registry   "/entrypoint.sh /etc…"   25 seconds ago   Up 24 seconds   0.0.0.0:5000->5000/tcp, :::5000->5000/tcp   registry
```

图 5-25　检查镜像仓库是否启动成功

（4）配置 Docker 客户端。为了能够访问到私有仓库，我们需要配置 Docker 客户端。在 Docker 客户端的配置文件/etc/docker/daemon.json 中添加以下内容，具体如图 5-26 所示。

```
[root@localhost ~]# vi /etc/docker/daemon.json
[root@localhost ~]# cat /etc/docker/daemon.json
{
  "insecure-registries": ["localhost:5000"]
}
```

图 5-26　daemon.json 配置信息

（5）重启 Docker，具体如图 5-27 所示。

```
[root@localhost ~]# systemctl daemon-reload
[root@localhost ~]# systemctl restart docker
```

图 5-27　重启 Docker

（6）修改镜像名称，具体如图 5-28 所示。

```
[root@localhost ~]# docker tag busybox  localhost:5000/busybox
```

图 5-28　修改镜像名称

（7）推送镜像，具体如图 5-29 所示。

```
[root@localhost ~]# docker push localhost:5000/busybox
Using default tag: latest
The push refers to repository [localhost:5000/busybox]
3d24ee258efc: Pushed
latest: digest: sha256:023917ec6a886d0e8e15f28fb543515a5fcd8d938edb091e8147db4efed388ee size: 528
```

图 5-29　推送镜像

在 CentOS 7.x 系统上搭建私有 Docker 镜像仓库 registry，通过安装和启动 Docker 服务，创建并部署私有仓库。成功搭建私有镜像仓库，可以方便地存储和管理自定义的 Docker 镜像。

5.4.2　Docker Hub 仓库的使用

在使用 Docker 仓库时，需要管理镜像的上传和下载、版本以及安全性等。我们可以使用相关命令和工具来管理 Docker 仓库。Docker Hub 是一个集中存储和分享 Docker 镜像的平台，为开发者提供了方便的镜像管理和共享功能。了解 Docker Hub 的使用方法，有助于提高开发效率和代码复用性。以下是主要的 Docker Hub 仓库使用的操作步骤。

（1）登录 Docker Hub。如果需要使用 Docker Hub 保存和分享镜像，需要先登录 Docker Hub，登录页面如图 5-30 所示。

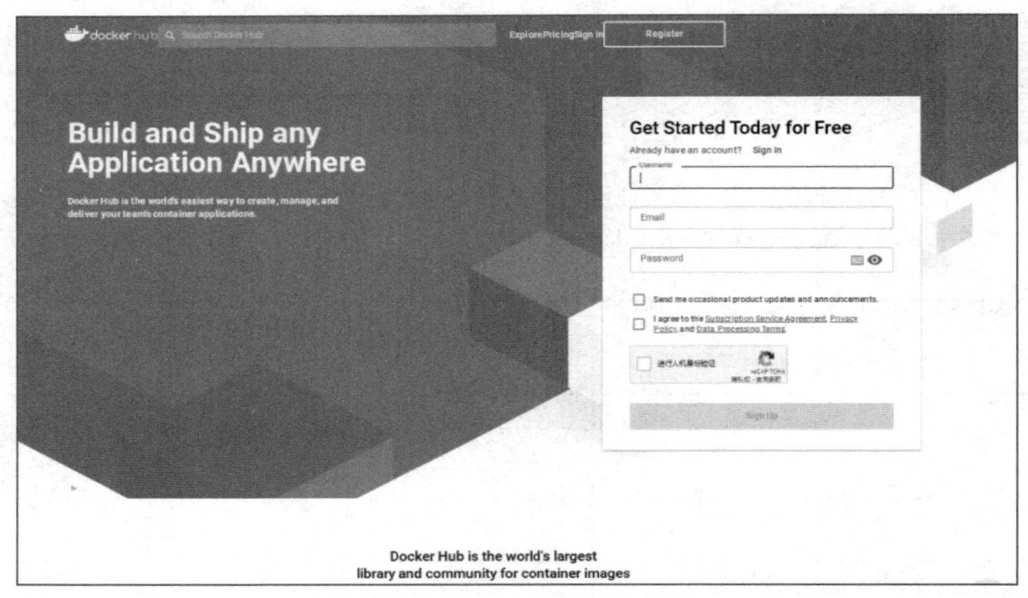

图 5-30 Docker Hub 登录页面

（2）通过命令 docker tag busybox:latest kenken11dasdad/busybox:v1 为镜像改名，具体如图 5-31 所示。

```
[root@localhost ~]# docker tag busybox:latest kenken11dasdad/busybox:v1
```

图 5-31 为镜像改名

（3）上传镜像到 Docker Hub，可以使用 docker push 命令将镜像上传到 Docker Hub。可以在 Docker Hub 页面查看镜像，具体如图 5-32 所示。

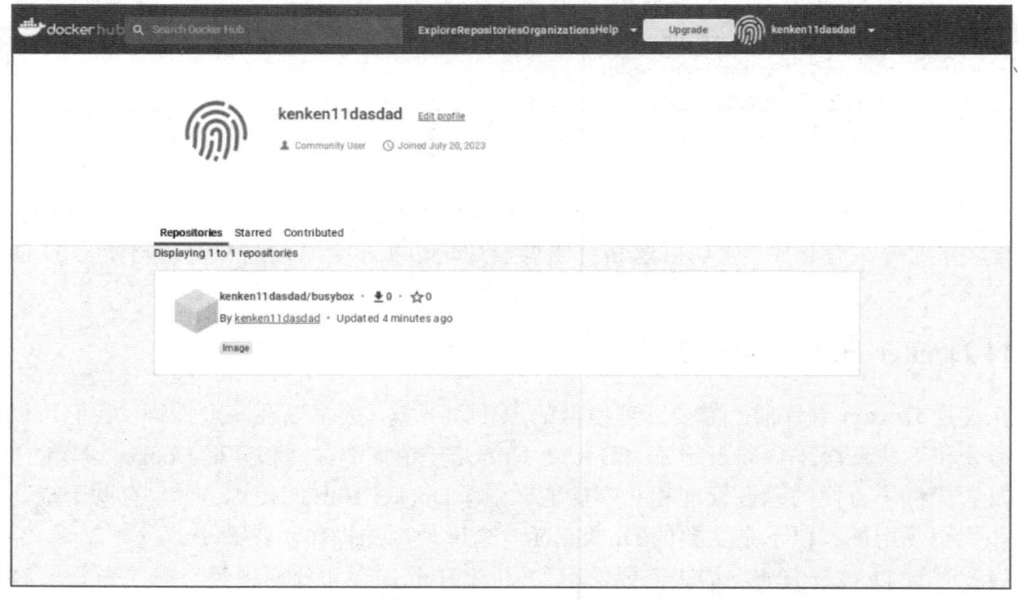

图 5-32 在 Docker Hub 页面查看镜像

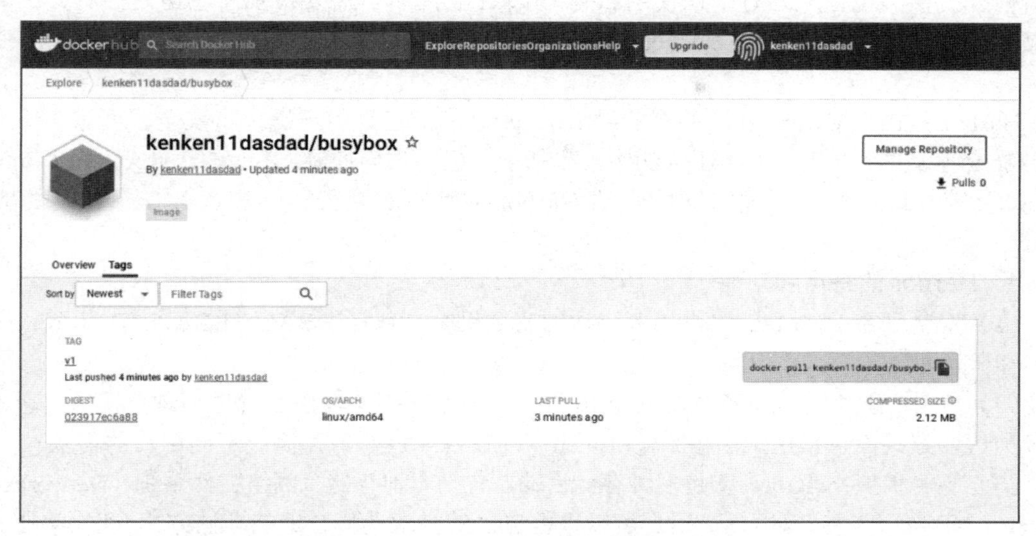

图 5-32　在 Docker Hub 页面查看镜像（续）

（4）从 Docker Hub 下载镜像。可以使用 docker pull 命令从 Docker Hub 下载镜像。例如，docker pull kenken11dasdad/busybox:v1 命令会下载一个名为 busybox 的 Docker 镜像，具体如图 5-33 所示。

```
[root@localhost ~]# docker pull kenken11dasdad/busybox:v1
v1: Pulling from kenken11dasdad/busybox
Digest: sha256:023917ec6a886d0e8e15f28fb543515a5fcd8d938edb091e8147db4efed388ee
Status: Downloaded newer image for kenken11dasdad/busybox:v1
docker.io/kenken11dasdad/busybox:v1
```

图 5-33　下载镜像

（5）从本地删除镜像。可以使用 docker rmi 命令删除 Docker Hub 中的镜像。该命令需要指定要删除的镜像的名称或 ID。例如，docker rmi ken ken11dasdad/busybox:v1 命令会删除一个名为 busybox 的镜像，具体如图 5-34 所示。

```
[root@localhost ~]# docker rmi kenken11dasdad/busybox:v1
Untagged: kenken11dasdad/busybox:v1
Untagged: kenken11dasdad/busybox@sha256:023917ec6a886d0e8e15f28fb543515a5fcd8d938edb091e8147db4efed388ee
```

图 5-34　删除镜像

在使用 Docker Hub 时，需要注意镜像的版本和安全性。可以使用 Docker Hub 提供的工具来进行版本控制、镜像扫描、安全报告等，还可以使用 Docker Hub 的 API 来自动化管理和使用 Docker 仓库。

5.4.3　使用私有 Docker 仓库

私有 Docker 仓库可以用于存储私有镜像，以便于管理和分享。可以使用 Docker 提供的 registry 来搭建私有 Docker 仓库。registry 可以自行打包安装到 Docker 引擎中，也可以使用社区提供的镜像来运行。在使用私有 Docker 仓库时，需要特别注意访问控制、认证和授权等安全问题。可以使用 Docker 提供的认证和授权机制来保障私人 Docker 仓库的使用安全。

Harbor 是由 VMware 开源的企业级 Docker 仓库，它为用户提供了安全、可靠、易用的 Docker 仓库功能，并支持 LDAP/AD 接入和基于角色的访问控制（Role-Based Access Control，RBAC）等高级特性。下面将详细介绍 Harbor 的特点和功能，并探讨其在企业中的应用场景。

1. Harbor 的特点和功能

（1）安全可靠：Harbor 提供了多层次的安全机制，包括 RBAC、LDAP/AD 集成、镜像签名和验证等。

（2）易用：Harbor 提供了直观的 Web 界面，使用户能够轻松地管理和浏览镜像。它还支持多种认证方式，包括用户名/密码、Token 和 LDAP/AD 等，以满足不同用户的需求。

（3）高可扩展：Harbor 支持多种存储后端，包括本地存储、网络文件系统（Network File System，NFS）、S3 和 Swift 等，用户可以根据自己的需求选择合适的存储方式。此外，Harbor 还支持多节点部署，以提供高可用性和负载均衡。

（4）支持高级特性：Harbor 支持 LDAP/AD 接入和 RBAC，使用户可以通过现有的身份验证和授权系统来管理镜像仓库。此外，Harbor 还支持镜像复制、镜像签名和验证等高级特性，以提供更强的安全性和可靠性。

2. Harbor 在企业中的应用场景

（1）镜像管理：企业中通常会有大量的 Docker 镜像需要管理，而 Harbor 提供了直观的界面和高级特性，使用户能够轻松地管理和浏览镜像。它还支持镜像复制和备份，以确保数据的可靠性和持久性。

（2）保障安全性和合规性：对于一些安全性要求较高的企业，如金融和医疗行业的企业，它们需要确保镜像的安全性和合规性。Harbor 提供了镜像签名和验证等高级特性，以确保镜像的完整性和来源可信。

（3）多节点部署：一些大型企业或具有高可用性要求的企业，需要将镜像仓库部署在多个节点上，以提供高可用性和负载均衡。Harbor 支持多节点部署，用户可以根据自己的需求选择合适的部署方式。

（4）DevOps 流程集成：Harbor 可以与企业的 DevOps 流程集成，使开发人员能够方便地使用和共享镜像。它还支持 Webhook 功能，可以触发自定义的操作，如构建和部署。

（5）多租户支持：一些大型企业或具有多个团队的企业，需要将镜像仓库划分为多个租户，以便不同团队可以独立管理自己的镜像。Harbor 提供了多租户支持，用户可以根据自己的需求创建和管理多个租户。

Harbor 是由 VMware 开源的企业级 Docker 仓库，它提供了安全可靠、易用的 Docker 仓库功能，并支持 LDAP/AD 接入和 RBAC 等高级特性。它在镜像管理、保障安全性和合规性、多节点部署、DevOps 流程集成和多租户支持等方面都具有广泛的应用场景。通过使用 Harbor，企业可以更好地管理和保护自己的镜像资源，提高开发效率和安全性。Harbor 登录页面如图 5-35 所示。

Harbor 是一个开源的私有镜像仓库，可以帮助用户在本地环境中构建、存储和分发

Docker 镜像。了解 Harbor 的安装和使用方法，可以帮助用户在企业内部搭建私有镜像仓库，提高镜像管理效率和安全性。以下是主要的 Harbor 安装和使用的操作步骤。

图 5-35 Harbor 登录页面

（1）下载安装包

在 Harbor 官网（见图 5-36）上下载 Harbor 的安装包，使用 Docker Compose 快速部署 Harbor。

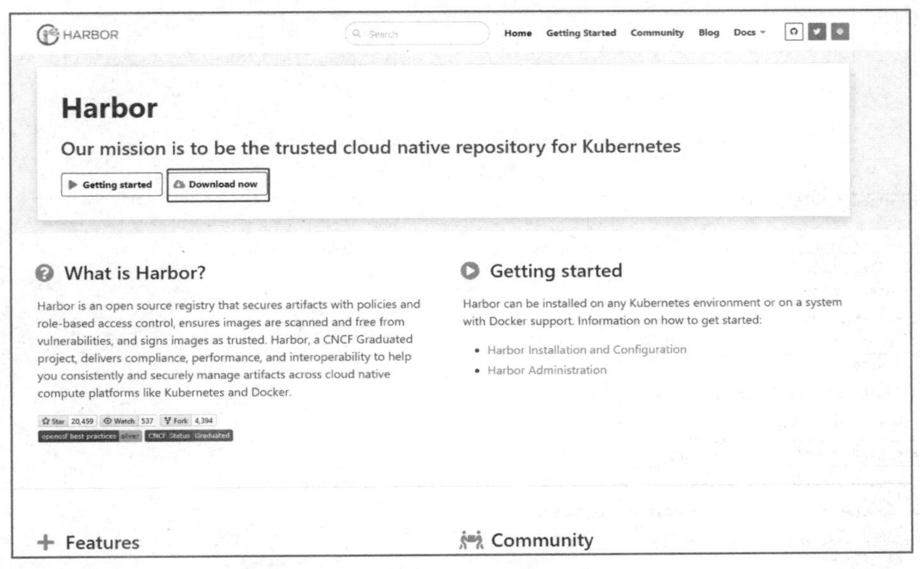

图 5-36 Harbor 官网

下载 TAR 包并解压，下载页面如图 5-37 所示。

（2）配置 Harbor

进入解压后的目录，修改 harbor.cfg 配置文件，具体如图 5-38 所示。

图 5-37　下载页面

```
# Configuration file of Harbor

# The IP address or hostname to access admin UI and registry service.
# DO NOT use localhost or 127.0.0.1, because Harbor needs to be accessed by external clients.
hostname: reg.harbor.com

# http related config
http:
  # port for http, default is 80. If https enabled, this port will redirect to https port
  port: 80

# https related config
#https:
  # https port for harbor, default is 443
#  port: 443
  # The path of cert and key files for nginx
#  certificate: /your/certificate/path
#  private_key: /your/private/key/path

# # Uncomment following will enable tls communication between all harbor components
# internal_tls:
#   # set enabled to true means internal tls is enabled
#   enabled: true
#   # put your cert and key files on dir
#   dir: /etc/harbor/tls/internal

# Uncomment external_url if you want to enable external proxy
# And when it enabled the hostname will no longer used
# external_url: https://reg.mydomain.com:8433

# The initial password of Harbor admin
# It only works in first time to install harbor
# Remember Change the admin password from UI after launching Harbor.
harbor_admin_password: Harbor12345
```

图 5-38　修改后的 harbor.cfg 配置文件

（3）安装 docker-compose

使用命令 yum install docker-compose -y 安装 docker-compose，安装界面如图 5-39 所示。

```
  Verifying  : python36-urllib3-1.25.6-2.el7.noarch                                          5/22
  Verifying  : python3-pip-9.0.3-8.el7.noarch                                                6/22
  Verifying  : python36-six-1.14.0-3.el7.noarch                                              7/22
  Verifying  : python36-texttable-1.6.2-1.el7.noarch                                         8/22
  Verifying  : python36-jsonschema-2.5.1-4.el7.noarch                                        9/22
  Verifying  : python36-websocket-client-0.47.0-2.el7.noarch                                10/22
  Verifying  : python36-requests-2.14.2-2.el7.noarch                                        11/22
  Verifying  : python36-idna-2.10-1.el7.noarch                                              12/22
  Verifying  : python36-PyYAML-3.13-1.el7.x86_64                                            13/22
  Verifying  : python3-setuptools-39.2.0-10.el7.noarch                                      14/22
  Verifying  : python36-docopt-0.6.2-8.el7.noarch                                           15/22
  Verifying  : python36-cached_property-1.5.1-2.el7.noarch                                  16/22
  Verifying  : python3-libs-3.6.8-19.el7_9.x86_64                                           17/22
  Verifying  : libyaml-0.1.4-11.el7_0.x86_64                                                18/22
  Verifying  : python36-chardet-3.0.4-1.el7.noarch                                          19/22
  Verifying  : docker-compose-1.18.0-4.el7.noarch                                           20/22
  Verifying  : python36-docker-pycreds-0.2.1-2.el7.noarch                                   21/22
  Verifying  : python3-3.6.8-19.el7_9.x86_64                                                22/22

Installed:
  docker-compose.noarch 0:1.18.0-4.el7

Dependency Installed:
  libtirpc.x86_64 0:0.2.4-0.16.el7                      libyaml.x86_64 0:0.1.4-11.el7_0
  python3.x86_64 0:3.6.8-19.el7_9                       python3-libs.x86_64 0:3.6.8-19.el7_9
  python3-pip.noarch 0:9.0.3-8.el7                      python3-setuptools.noarch 0:39.2.0-10.el7
  python36-PyYAML.x86_64 0:3.13-1.el7                   python36-cached_property.noarch 0:1.5.1-2.el7
  python36-chardet.noarch 0:3.0.4-1.el7                 python36-docker.noarch 0:2.6.1-3.el7
  python36-docker-pycreds.noarch 0:0.2.1-2.el7          python36-dockerpty.noarch 0:0.4.1-18.el7
  python36-docopt.noarch 0:0.6.2-8.el7                  python36-idna.noarch 0:2.10-1.el7
  python36-jsonschema.noarch 0:2.5.1-4.el7              python36-pysocks.noarch 0:1.6.8-7.el7
  python36-requests.noarch 0:2.14.2-2.el7               python36-six.noarch 0:1.14.0-3.el7
  python36-texttable.noarch 0:1.6.2-1.el7               python36-urllib3.noarch 0:1.25.6-2.el7
  python36-websocket-client.noarch 0:0.47.0-2.el7

Complete!
```

图 5-39　安装界面

（4）安装 Harbor

执行 install.sh 脚本安装 Harbor，代码如下。

```
localhost:~/harbor/harbor #./install.sh
[Step 0]: checking if docker is installed ...

Note: docker version: 20.10.9

[Step 1]: checking docker-compose is installed ...

Note: docker-compose version: 1.18.0


[Step 2]: preparing environment ...

[Step 3]: preparing harbor configs ...
prepare base dir is set to /root/harbor/harbor
Error happened in config validation...
ERROR:root:Error: The protocol is https but attribute ssl_cert is not set
localhost:~/harbor/harbor #vim harbor.yml
localhost:~/harbor/harbor #./install.sh

[Step 0]: checking if docker is installed ...
```

```
Note: docker version: 20.10.9

[Step 1]: checking docker-compose is installed ...

Note: docker-compose version: 1.18.0


[Step 2]: preparing environment ...

[Step 3]: preparing harbor configs ...
prepare base dir is set to /root/harbor/harbor
WARNING:root:WARNING: HTTP protocol is insecure. Harbor will deprecate http protocol in the future. Please make sure to upgrade to https
Generated configuration file: /config/portal/nginx.conf
Generated configuration file: /config/log/logrotate.conf
Generated configuration file: /config/log/rsyslog_docker.conf
Generated configuration file: /config/nginx/nginx.conf
Generated configuration file: /config/core/env
Generated configuration file: /config/core/app.conf
Generated configuration file: /config/registry/config.yml
Generated configuration file: /config/registryctl/env
Generated configuration file: /config/registryctl/config.yml
Generated configuration file: /config/db/env
Generated configuration file: /config/jobservice/env
Generated configuration file: /config/jobservice/config.yml
Generated and saved secret to file: /data/secret/keys/secretkey
Successfully called func: create_root_cert
Generated configuration file: /compose_location/docker-compose.yml
Clean up the input dir

[Step 4]: starting Harbor ...
Creating network "harbor_harbor" with the default driver
Pulling log (goharbor/harbor-log:v2.4.1)...
v2.4.1: Pulling from goharbor/harbor-log
91519930665a: Already exists
06399154ab6b: Pull complete
2a879cefaa2c: Pull complete
3fa9b837be90: Pull complete
33fb19c42260: Pull complete
5aed8072fa47: Pull complete
ba93b672d93e: Pull complete
d8da53ccaaaf: Pull complete
```

```
Digest: sha256:05080f5c23d9d813aa35f17f102d9c605b6d8b542950250d828afd3f44136b7c
Status: Downloaded newer image for goharbor/harbor-log:v2.4.1
Pulling registry (goharbor/registry-photon:v2.4.1)...
v2.4.1: Pulling from goharbor/registry-photon
91519930665a: Already exists
d2cdcdcc67c9: Pull complete
e63993176a34: Pull complete
03b0b0175721: Pull complete
f1b63f393208: Pull complete
8f6670558d08: Pull complete
Digest: sha256:7fbd8e0309c49ba3adadb1304a0b7876a988ca456054d74b5754f48c4e141077
Status: Downloaded newer image for goharbor/registry-photon:v2.4.1
Pulling registryctl (goharbor/harbor-registryctl:v2.4.1)...
v2.4.1: Pulling from goharbor/harbor-registryctl
91519930665a: Already exists
8dc037d866d1: Pull complete
549260175762: Pull complete
7b85e5380f6f: Pull complete
71e183208b22: Pull complete
c2f78957551c: Pull complete
20cb0d62a528: Pull complete
Digest: sha256:df18e9b94a5a96106b39a95cf5a96b0b01e9af78e9ab78a41ce270d52b21d517
Status: Downloaded newer image for goharbor/harbor-registryctl:v2.4.1
Pulling postgresql (goharbor/harbor-db:v2.4.1)...
v2.4.1: Pulling from goharbor/harbor-db
91519930665a: Already exists
5be9d6ebaef3: Pull complete
3383dca80932: Pull complete
a94eb2f868d4: Pull complete
c586fe4fadf8: Pull complete
43b3a019c715: Pull complete
023b5954bdc6: Pull complete
34af0787da3f: Pull complete
bf886315698e: Pull complete
4be5be8d33ff: Pull complete
2b5f950c5f93: Pull complete
ce20c531e959: Pull complete
fb9260ed3508: Pull complete
Digest: sha256:94cb263172bac2eb23ea0d9cf96f2fc9f166af9d38b9f39796ecb1f09d90402f
Status: Downloaded newer image for goharbor/harbor-db:v2.4.1
Pulling portal (goharbor/harbor-portal:v2.4.1)...
v2.4.1: Pulling from goharbor/harbor-portal
91519930665a: Already exists
```

```
13d5ba8d917c: Pull complete
72a5713783c5: Pull complete
897acabf0af9: Pull complete
Digest: sha256:2c0b7dfe22fe9d9df8becae2ab156d1725effb0ef23e6e9bd28beb9988aa0779
Status: Downloaded newer image for goharbor/harbor-portal:v2.4.1
Pulling redis (goharbor/redis-photon:v2.4.1)...
v2.4.1: Pulling from goharbor/redis-photon
91519930665a: Already exists
f5ba58eec5c1: Pull complete
0a542c48469e: Pull complete
aefd68e14944: Pull complete
07c82b707a19: Pull complete
Digest: sha256:6698ad0a4eb04dc29f2e5fd219ea6614011bb86a9e42660af1291efcf4c9a2dc
Status: Downloaded newer image for goharbor/redis-photon:v2.4.1
Pulling core (goharbor/harbor-core:v2.4.1)...
v2.4.1: Pulling from goharbor/harbor-core
91519930665a: Already exists
fe20ec80180f: Pull complete
c907bdfac371: Pull complete
5127dd3c28e8: Pull complete
389370d1b7f2: Pull complete
4c120ad6395f: Pull complete
fa9bc3726210: Pull complete
350dd977cbe6: Pull complete
769b1c950806: Pull complete
0e9ed7ae3b1f: Pull complete
Digest: sha256:e557bc17b9a70c44717a768b6d404de60a6c1488f4ad4fd033f2001cee7658e5
Status: Downloaded newer image for goharbor/harbor-core:v2.4.1
Pulling jobservice (goharbor/harbor-jobservice:v2.4.1)...
v2.4.1: Pulling from goharbor/harbor-jobservice
91519930665a: Already exists
4b10d4608c04: Pull complete
5821b115e354: Pull complete
b32b6e2dbcc1: Pull complete
c8b51cb74987: Pull complete
8870cd08dfb8: Pull complete
Creating harbor-log ... done
Status: Downloaded newer image for goharbor/harbor-jobservice:v2.4.1
Pulling proxy (goharbor/nginx-photon:v2.4.1)...
v2.4.1: Pulling from goharbor/nginx-photon
91519930665a: Already exists
Creating harbor-db ... done
Creating harbor-core ... done
```

```
Status: Downloaded newer image for goharbor/nginx-photon:v2.4.1
Creating nginx ... done
Creating registry ...
Creating redis ...
Creating registryctl ...
Creating harbor-portal ...
Creating harbor-db ...
Creating harbor-core ...
Creating harbor-jobservice ...
Creating nginx ...
✔ ----Harbor has been installed and started successfully.----
```

（5）使用 Harbor

Harbor 的使用和 registry 类似。先使用 docker login 命令登录 Harbor，然后使用 docker push 命令将镜像提交到 Harbor。例如，使用 docker push myusername/myimage 命令会将本地的 myimage 镜像上传到 Harbor。可以使用 docker pull 命令从 Harbor 下载镜像。例如，使用 docker pull harbor.domain.com/library/nginx 命令会下载一个名为 nginx 的 Docker 镜像。具体过程参考 5.4.2 节的内容，这里不再演示。

至此，读者应该掌握了安装和配置 Harbor 私有镜像仓库，以及使用 Harbor 进行镜像的构建、存储和分发。使用 Harbor 可以帮助我们在企业内部搭建私有镜像仓库，提高镜像管理效率和安全性，方便团队协作和代码复用。

5.5 Docker 网络

Docker 网络是 Docker 的一个核心功能，它允许 Docker 容器之间进行通信，并提供了不同的网络模式和驱动程序，以满足不同的网络需求。在本节中，我们将介绍 Docker 网络的基础知识、Docker 网络模式和驱动程序，以及如何创建和管理 Docker 网络。

5.5.1 Docker 网络的基础知识

Docker 网络是 Docker 容器之间进行通信的基础。它允许容器在同一主机或多个主机之间进行通信，并且容器可以通过 IP 地址或名称进行通信。此外，Docker 网络还允许容器访问主机和外部网络，从而实现与外界的连接。

在 Docker 网络中，有 3 个基本元素：网络、端点和连接。网络是 Docker 创建和配置的一个虚拟网络，它允许容器进行通信。端点是加入网络的容器的网络接口，它们允许容器通过网络进行通信。连接是指将容器连接到网络的过程，通过连接，容器可以加入指定的网络中。

桥接网络是 Docker 网络中最常用的网络模式之一。它将容器连接到主机网络，并通过主机的网络接口进行通信。桥接网络使得容器可以与主机上的其他容器或外部网络进行通信，实现容器之间和容器与外界的连接。

还有一个核心概念是覆盖网络。覆盖网络用于将容器连接到多个主机之间的网络。在覆盖网络中，容器可以跨越多个主机进行通信，实现容器之间的跨主机通信。这对于分布式应用程序或多主机环境中的容器通信非常有用。

5.5.2 Docker 网络模式和驱动程序

Docker 提供了多种网络模式和驱动程序，以满足不同的网络需求。

1. Docker 网络模式

Docker 网络模式定义容器如何加入网络。默认情况下，Docker 使用桥接网络模式，将容器连接到主机网络。Docker 支持以下网络模式。

（1）桥接网络模式：将容器连接到主机网络，并为容器分配 IP 地址，具体如图 5-40 所示。Docker 在进程启动时，会在主机上创建一个名为 docker0 的虚拟网桥。此网桥类似于物理交换机，用于连接主机上的所有容器。每个容器都会被分配一个 IP 地址，并将 docker0 的 IP 地址设置为容器的默认网关。此外，Docker 还会在主机上创建一对虚拟网络接口（veth pair），其中一端连接到容器的网卡（eth0），另一端连接到主机，并将这对虚拟网络接口加入 docker0 网桥中。通过 iptables nat 表配置，Docker 可实现容器与宿主之间的关联，并可以使用端口转发功能。bridge 模式（桥接网络模式）是 Docker 的默认网络模式，如果不指定--net 参数，就会使用 bridge 模式。可以使用 iptables -t nat -vnL 命令查看 Docker 的 DNAT 规则。

（2）主机网络模式：直接将容器放入主机网络中，容器和主机共享网络栈和接口，具体如图 5-41 所示。在使用主机网络模式时，容器将不会创建自己的网卡和配置独立的 IP 地址，而是直接使用宿主机的 IP 地址和端口范围。这意味着容器与宿主机共享相同的命名空间，但在其他方面（如文件系统和进程列表）仍然与宿主机隔离。使用主机网络模式的容器可以直接使用宿主机的 IP 地址与外界通信，并且容器内部的服务端口也可以使用宿主机的端口，无须进行 NAT。然而，使用主机网络模式会导致宿主机上已经使用的端口不能再被容器使用，同时也会降低网络隔离性。这种网络模式适用于需要高网络性能的场景，但也需要注意 IP 地址的固定性。

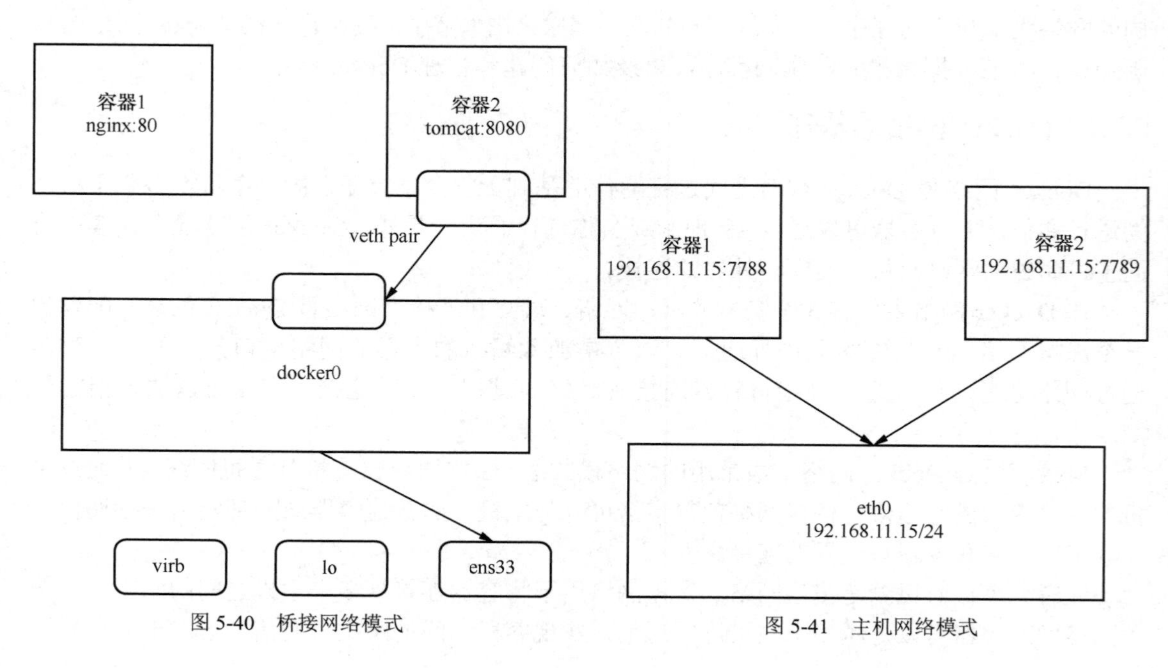

图 5-40　桥接网络模式

图 5-41　主机网络模式

（3）容器网络模式：将容器连接为单个网络，使得它们可以直接通信，具体如图 5-42 所示。在这种模式下，新创建的容器不会拥有自己的网卡和独立的 IP 地址配置，而是与一个已存在的容器共享相同的命名空间。只有一个容器会有自己的网卡，而其他容器则通过 lo 网卡设备进行通信。这意味着这些容器共享相同的 IP 地址和端口范围（端口不能相同），并且它们与宿主机之间的通信仍然通过 docker0 进行。这种模式类似于将多个服务部署在同一台宿主机上的情况，各个容器之间的网络是隔离的，但其他方面（如文件系统和进程列表）仍然是独立的。

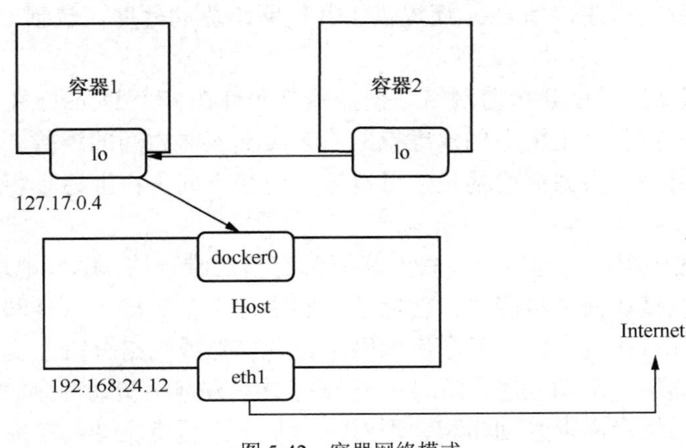

图 5-42　容器网络模式

（4）none 网络模式：不为容器分配网络，让容器使用主机的网络，具体如图 5-43 所示。在使用 none 网络模式时，Docker 容器会拥有自己独立的命名空间，但不会进行任何网络配置。这意味着容器没有网卡、IP 地址和路由等网络信息。在 none 网络模式下，容器只有 lo 回环网络接口，没有其他网卡。可以通过在容器创建时使用--network=none 来指定 none 网络模式。这种网络模式下的容器无法与外部网络进行通信，因此可以提供更高的安全性，适用于需要封闭网络环境的场景。容器可以用作安全的数据存储库，不会受到网络攻击的影响。

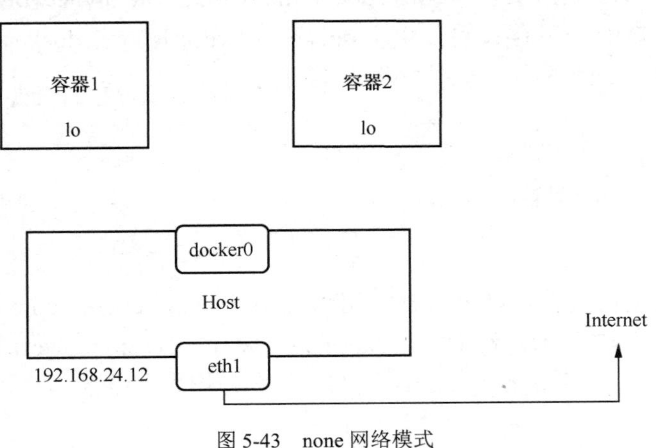

图 5-43　none 网络模式

2. Docker 网络驱动程序

Docker 网络驱动程序是用于管理 Docker 容器网络的工具。它负责创建、配置和连接网络，以便容器能够与其他容器或主机进行通信。

Docker 默认使用桥接网络驱动程序。桥接网络将容器连接到宿主机的网络接口，并为每个容器分配一个唯一的 IP 地址。桥接网络模式适用于在单个主机上运行多个容器的场景，容器之间可以通过 IP 地址进行通信。

桥接网络驱动程序通过创建一个虚拟网络桥接器来实现容器之间的通信。这个虚拟网络桥接器充当一个虚拟交换机，将容器连接到宿主机的网络接口。通过这个虚拟网络桥接器，容器可以通过 IP 地址进行通信，就像它们连接到同一个局域网一样。

除了桥接网络驱动程序，Docker 还提供了其他网络驱动程序，包括 Overlay 驱动程序和 Macvlan 驱动程序。

Overlay 驱动程序用于创建覆盖网络。覆盖网络允许在多个 Docker 主机上运行的容器之间进行通信。它通过在各个主机上创建虚拟网络来实现容器之间的连接。这种网络模式适用于分布式应用程序或跨主机集群的场景，可以方便地在不同主机上运行容器，并使它们能够无缝地进行通信。

Macvlan 驱动程序用于创建容器，每个容器都有自己唯一的 MAC 地址和 IP 地址。这种网络模式允许容器直接访问主机网络，就像独立的物理设备一样。这种网络模式适用于需要容器与主机网络进行直接交互的场景，例如网络设备模拟或网络分析工具。

除了以上内置的网络驱动程序，Docker 还支持第三方网络驱动程序。这些驱动程序由用户自定义，可以根据特定需求来创建和管理网络。第三方网络驱动程序提供了更大的灵活性和定制性，可以根据应用程序的需求来选择合适的网络模式。

总之，Docker 提供了多种网络驱动程序，包括桥接网络驱动程序、Overlay 驱动程序、Macvlan 驱动程序和第三方驱动程序，每种网络驱动程序适用于不同的场景和需求。

5.5.3 创建和管理 Docker 网络

在 Docker 中，可以使用 docker network 命令来创建和管理网络；可以使用 docker network create 命令创建新的 Docker 网络，例如，docker network create mynetwork 命令用于创建一个名为 mynetwork 的 Docker 网络；可以使用 docker network ls 或者 docker net work list 命令查看当前正在运行的 Docker 网络，具体如图 5-44 所示。

```
[root@localhost ~]# docker network list
NETWORK ID     NAME      DRIVER    SCOPE
587e8f2ccbae   bridge    bridge    local
52e06b7fcf87   host      host      local
62a494df7c1e   none      null      local
```

图 5-44　查看网络

Docker 网络还支持连接和断开容器。可以使用 docker network connect 命令将容器连接到网络，具体如图 5-45 所示。例如，docker network connect mynetwork mycontainer 命令用于将容器 mycontainer 连接到 mynetwork 网络，并查看加入网络的信息，具体信息如图 5-46 所示。

```
[root@localhost ~]# docker network connect  ken 6179757fa449
```

图 5-45　将容器连接到网络

```
        "ken": {
            "IPAMConfig": {},
            "Links": null,
            "Aliases": [
                "6179757fa449"
            ],
            "NetworkID": "e992ee4e937ca1c69d83b47faf504137782dd13d37e345a4c9cb4ac205fb0c95",
            "EndpointID": "8f2685a6a0060abc4657dfac1f47096beaf16dde103d6feccc104160560c6dba",
            "Gateway": "172.18.0.1",
            "IPAddress": "172.18.0.2",
            "IPPrefixLen": 16,
            "IPv6Gateway": "",
            "GlobalIPv6Address": "",
            "GlobalIPv6PrefixLen": 0,
            "MacAddress": "02:42:ac:12:00:02",
            "DriverOpts": {}
```

图 5-46 容器网络的信息

可以使用 docker network disconnect 命令断开容器和网络之间的连接。例如，docker network disconnect mynetwork mycontainer 命令用于将容器 mycontainer 与网络 mynetwork 断开连接，具体如图 5-47 所示。

```
[root@localhost ~]# docker network disconnect  ken 6179757fa449
```

图 5-47 将容器与网络断开连接

Docker 网络是 Docker 的一个核心功能，它允许容器之间进行通信，并提供了不同的网络模式和驱动程序，以满足不同的网络需求。

5.6 Docker 容器

Docker 容器是 Docker 的核心组件之一，它提供了一个轻量级、可移植的运行环境，能够在各种不同的平台上运行。Docker 容器是由镜像创建的，它们可以方便地进行启动、停止、暂停、删除等操作。在本节中，我们将介绍 Docker 容器的基础知识、容器创建和管理以及容器生命周期等内容。

5.6.1 Docker 容器的基础知识

Docker 容器是一个运行中的 Docker 镜像的实例，它包含应用程序和必要的依赖项。Docker 容器是独立的、可移植的，可以运行在各种不同的 Docker 主机上。Docker 容器可以使用 Docker 命令行工具或 Docker API 创建、启动、停止、暂停和删除。容器之间可以进行通信，并且容器可以访问主机和外部网络。Docker 容器具有以下特性，其已成为一种受欢迎的虚拟化解决方案。

（1）轻量：Docker 容器使用基于共享内核的技术来实现轻量级的虚拟化。与传统的虚拟机相比，Docker 容器不需要运行完整的操作系统，而仅运行共享宿主机的内核。这使得容器更加轻量，启动和停止更加快速。

（2）可移植：Docker 容器可以轻松地在不同的 Docker 主机之间移植。容器可以在开发环境中创建和配置，然后在生产环境中部署。这种可移植性使容器化应用程序的开发、测试和部署变得更加简单和灵活。

（3）可重复：Docker 容器可以通过镜像来重复创建和配置。镜像是只读的模板，包含应用程序的代码、运行时环境和依赖项。通过使用相同的镜像，可以在不同的主机上创建相同的容器，确保应用程序在不同环境中的一致性。

（4）相互隔离：Docker 容器之间是相互隔离的，每个容器都有自己的文件系统、网络接口和进程空间。这种特性使得容器之间的应用程序互不干扰，可以独立运行和管理。同时，容器也与宿主机隔离，以保证宿主机的安全和稳定。

（5）灵活：Docker 容器可以根据需要动态调整资源的使用，包括 CPU、内存和存储等。这使得容器可以更好地满足应用程序的需求，并提供更好的性能，尤其是可伸缩性。

（6）便于管理和监控：Docker 提供了丰富的工具和 API，用于管理和监控 Docker 容器。可以通过这些工具和 API 来查看容器的状态、日志和指标，以及进行容器的自动化部署和扩展。

（7）生态系统庞大：Docker 拥有一个庞大的生态系统，包括各种各样的镜像和容器，以及与之配套的工具和服务。这使得开发人员可以快速构建和部署应用程序，并与其他开发人员共享和交流经验。

Docker 容器是一种轻量、可移植、可重复创建和相互隔离的虚拟化解决方案。它具有许多优势，包括很好的灵活性、便于管理和监控，以及庞大的生态系统。通过使用 Docker 容器，开发人员可以更加高效地构建、测试和部署应用程序，并提供更好的可扩展性和可靠性。Docker 容器示意如图 5-48 所示。

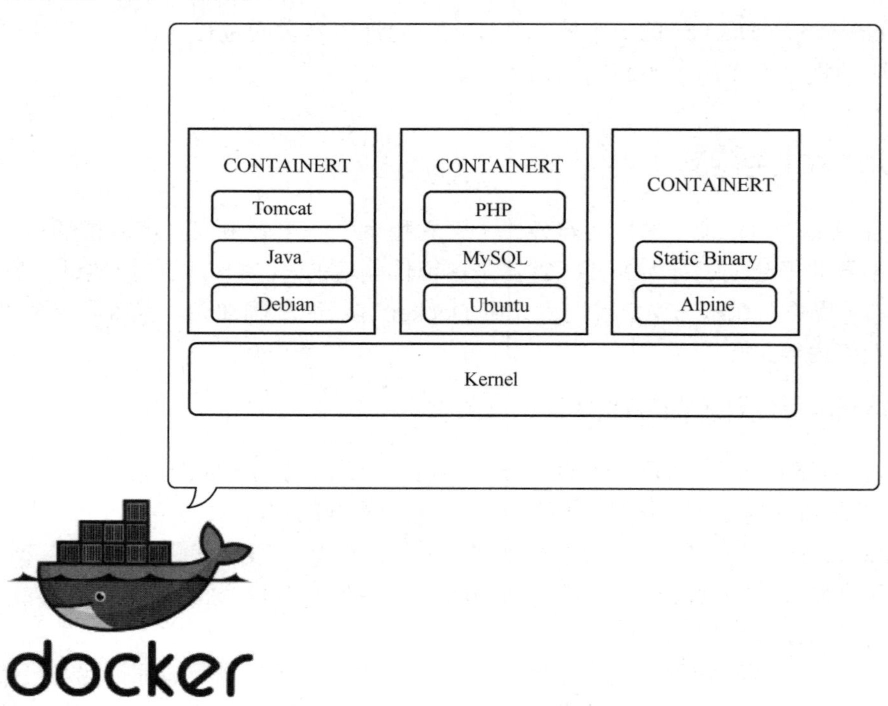

图 5-48　Docker 容器示意

5.6.2　容器创建和管理

Docker 容器可以使用 Docker 镜像创建。可以使用 docker run 命令创建并启动一个新的 Docker 容器。例如，使用 docker run -d --name mynginx nginx 命令将在一个新的 Docker 容器中运行 nginx 镜像。

Docker 提供了一系列命令来管理容器，包括查看、停止、启动、重启和删除等操作。这些命令使容器的管理变得简单和灵活，能够提高容器化应用的部署和运维效率。

（1）可以使用 docker ps 命令查看所有正在运行的 Docker 容器。该命令会列出容器的 ID、名称、状态、运行时间等信息。通过查看运行中的容器，可以方便地管理和监控容器的运行状态。

（2）可以使用 docker stop 命令停止正在运行的 Docker 容器。通过指定容器的 ID 或名称，该命令会向容器发送一个停止信号，使容器停止运行。停止容器后，可以进一步进行容器的管理操作，如删除或重启。

（3）可以使用 docker start 命令重启停止的 Docker 容器。通过指定容器的 ID 或名称，该命令会重启停止的容器。重启后，容器将使用之前的配置和状态继续运行，方便恢复容器的服务。

（4）可以使用 docker restart 命令来重启正在运行的 Docker 容器。与 stop 和 start 命令不同，restart 命令会先停止容器，然后重启。这样可以确保容器在重启过程中得到正确的关闭和启动操作，可以用于更新容器的配置或应用程序。

（5）可以使用 docker rm 命令删除停止的 Docker 容器。通过指定容器的 ID 或名称，该命令会将容器的资源释放，并从 Docker 主机中删除指定容器。删除指定容器后，相关的文件和数据也将被清理，释放存储空间，方便进行容器的清理和管理工作。

此外，还可以使用 docker exec 命令进入 Docker 容器执行命令。例如，使用 docker exec mycontainerls -l /命令将在名为 mycontainer 的 Docker 容器中执行一个基本的命令（或换为 mycontainer_id)，具体如图 5-49 所示。

```
[root@localhost ~]# docker exec -it  6179757fa449 ls -l /
total 8
drwxr-xr-x    1 root     root            22 Jun 15 06:19 bin
drwxr-xr-x    5 root     root           340 Aug  2 07:49 dev
-rwxrwxr-x    1 root     root           155 Jun 15 06:19 entrypoint.sh
drwxr-xr-x    1 root     root            66 Aug  2 07:49 etc
drwxr-xr-x    2 root     root             6 Jun 14 15:03 home
drwxr-xr-x    1 root     root            17 Jun 14 15:03 lib
drwxr-xr-x    5 root     root            44 Jun 14 15:03 media
drwxr-xr-x    2 root     root             6 Jun 14 15:03 mnt
drwxr-xr-x    2 root     root             6 Jun 14 15:03 opt
dr-xr-xr-x  137 root     root             0 Aug  2 07:49 proc
drwx------    2 root     root             6 Jun 14 15:03 root
drwxr-xr-x    2 root     root             6 Jun 14 15:03 run
drwxr-xr-x    2 root     root          4096 Jun 14 15:03 sbin
drwxr-xr-x    2 root     root             6 Jun 14 15:03 srv
dr-xr-xr-x   13 root     root             0 Aug  2 02:30 sys
drwxrwxrwt    2 root     root             6 Jun 14 15:03 tmp
drwxr-xr-x    1 root     root            55 Jun 14 15:03 usr
drwxr-xr-x    1 root     root            17 Jun 14 15:03 var
```

图 5-49 在容器内执行命令

5.6.3 容器生命周期

容器生命周期是指容器从创建到销毁的整个过程。在软件开发中，容器是一种虚拟化技术，可以将应用程序及其依赖项打包到一个独立的可执行单元中，从而实现应用程序的快速部署和移植。容器的生命周期可以分为以下几个阶段。

（1）构建阶段：容器的构建是指将应用程序及其依赖项打包到一个容器镜像中的过程。在这个阶段，开发人员需要定义容器的基础镜像、安装所需的软件包、配置环境变量和文件等。构建过程可以使用容器编排工具（如 Dockerfile）或者容器构建工具（如 Docker Build）来完成。

（2）部署阶段：容器的部署是指将构建好的容器镜像部署到目标环境中的过程。在这个阶段，运维人员需要选择适合的容器编排工具（如 Docker Compose、Kubernetes 等）来进行部署。部署过程包括将容器镜像上传到镜像仓库、创建容器实例、配置容器网络和存储等。

（3）运行阶段：容器的运行是指容器实例在目标环境中执行应用程序的过程。在这个阶段，容器管理平台或者容器编排工具会根据配置文件和策略来管理容器的运行状态。运行过程中，容器可以通过容器编排工具提供的 API 来进行扩缩容、监控和日志收集等操作。

（4）更新阶段：容器的更新是指在运行阶段对容器进行升级或者修复的过程。在这个阶段，开发人员可以通过构建新的容器镜像来更新应用程序，然后将新的容器镜像部署到目标环境中。在更新过程中，容器管理平台或者容器编排工具会自动将旧的容器实例替换为新的容器实例，以实现无缝更新。

（5）维护阶段：容器的维护是指在运行阶段对容器进行监控、故障排除和性能优化等操作的过程。在这个阶段，运维人员需要使用容器管理平台或者容器编排工具提供的监控和日志收集功能来监控容器的运行状态。如果发现容器出现故障或者性能下降，可以通过容器编排工具提供的故障排除和性能优化功能来解决。

容器生命周期的管理对于开发人员和运维人员来说都非常重要，因为它涉及应用程序的构建、部署、运行和维护等方面。对于开发人员来说，了解容器的生命周期可以帮助他们更好地构建和部署应用程序。对于运维人员来说，了解容器的生命周期可以帮助他们更好地管理和维护容器环境。合理地管理容器的生命周期，可以提高应用程序的可靠性、可扩展性和性能。

本章小结

本章主要介绍了容器虚拟化技术的基本概念以及 Docker 容器和网络等的相关知识。首先讲解了什么是容器虚拟化，并将 Docker 与其他虚拟化技术进行比较，进而介绍了 Docker 容器的原理和工作流程。

在学习 Docker 容器前，读者需要了解 Docker 的安装和部署过程。本章详细介绍了如何安装和配置 Docker，为后续的 Docker 容器创建和操作做好了准备。

随后，本章深入介绍了 Docker 镜像的概念和使用方法。通过创建、管理、使用 Docker 镜像，我们可以实现基于代码的应用程序交付，保证应用程序在不同环境中的运行一致性。

本章还介绍了 Docker 仓库的概念和使用方法。Docker 仓库是 Docker 镜像的中央存储库，可以用于集中管理 Docker 镜像，并提供镜像的版本管理、访问控制等功能。

Docker 网络是 Docker 容器与外部环境通信的关键。本章介绍了 Docker 网络的基础知识，桥接网络和覆盖网络等模式，驱动程序，以及如何创建和管理 Docker 网络，以为容器之间的连通和与外部网络的访问提供基础。

最后，我们深入探讨了 Docker 容器的基础知识、容器创建和管理，以及容器生命周期等内容，包括如何启动、运行、停止和删除容器，以及如何在容器中执行命令等。本章系统全面地介绍了容器虚拟化技术的概念和 Docker 容器及网络的相关知识，为读者提供了基础的学习和实践资料。通过对本章的学习，读者将能够初步掌握 Docker 的使用，以及在实践中掌握容器虚拟化的优势和应用场景。

本章习题

一、单项选择题

1．如果想在 Docker 容器内运行一个 Web 服务器并提供可被外网访问的 HTTP 服务，应该选择哪种网络模式？（　　）

A．bridge　　B．host　　C．overlay　　D．Macvlan

2．在 Docker 容器中，（　　）命令可以用于在容器内部执行相关动作。

A．docker run　　B．docker stop　　C．docker kill　　D．docker exec

3．下列关于 Docker 容器对宿主机的文件系统访问的描述正确的是（　　）。

A．不能访问宿主机的文件系统

B．只能访问容器自身的文件系统

C．可访问宿主机的文件系统，但是只能读取宿主机的文件系统

D．可访问宿主机的文件系统，并支持读写操作

二、多项选择题

1．Docker 容器的网络模式包括（　　）。

A．桥接模式　　B．主机模式　　C．容器模式　　D．虚拟机模式

2．Docker 容器的存储模式包括（　　）。

A．tmpfs mounts 挂载　　B．Volumes 数据卷

C．数据保存在运行的容器中　　D．Bind mounts 挂载

3．Docker 容器的编排工具包括哪些？（　　）

A．Docker Compose　　B．Docker Swarm

C．Kubernetes　　D．Rancher

三、简答题

1．Docker 镜像是什么？它有什么作用？

2．Docker 仓库是什么？常见的 Docker 公开仓库有哪些？

3．Docker 容器的生命周期包括哪些阶段？容器内部可以执行哪些操作？

▶▶▶ **第 6 章**

虚拟化技术实践

在数字化世界中，科技的发展日新月异。在这样的背景下，虚拟化技术成为当今IT领域中的热门话题。不仅仅在企业级的数据中心，虚拟化技术在智能手机、计算机、游戏机等日常设备中也得到广泛应用。在这个快节奏、多样化的虚拟化世界中，你是否已探索到其中的奥秘，想继续深入实践一下?

虚拟化技术可以为生产环境带来前所未有的便利。然而，在真正将虚拟化解决方案落地生产环境时，又将面对怎样的挑战和机遇?

想象一下，你是一名年轻的IT学子，面对着一个现实的生产场景：公司希望通过虚拟化技术提升服务器资源利用率，提高系统稳定性，降低成本，并实现快速部署与灵活扩展。你的任务是将理论知识转化为实际解决方案，让企业拥抱虚拟化的未来。

首先，你需要对企业实际情况进行深入了解和分析。你需要了解公司的业务规模、应用需求、数据存储、网络架构等，这些将影响到虚拟化解决方案的设计与实施。

其次，你需要考虑虚拟化技术的选择与集成。不同的虚拟化产品拥有各自的特点与适用场景。你需要了解各种虚拟化产品，并根据企业需求进行合理搭配与集成，以构建出高效稳定的虚拟化环境。

接下来，你将直面解决方案的实施挑战。部署虚拟化环境不仅涉及技术，还涉及团队协作、资源调配和预算控制等。在这个过程中，你需要运用所学知识，与团队成员密切合作，克服各种技术和管理上的困难。

最后，你需要持续关注虚拟化环境的运维与优化。虚拟化的生产环境是动态的，你需要学会监控性能、调整资源分配，以及解决可能出现的故障与瓶颈问题。

然而，正是在面对这些挑战时，你通过实践不断成长。虚拟化技术的应用将激发你的创新思维，让你在不断实践与摸索中积累宝贵的经验。

走进虚拟化的世界，探索虚拟化的无限可能，让我们通过多种产品的落地实践一起深入探索虚拟化的神奇之处吧!

本章学习逻辑

本章学习逻辑如图6-1所示。

本章学习任务

1. 了解虚拟化产品及其功能：探索oVirt、Xen Project、VirtualBox、Hyper-V、Proxmox VE和信服云等虚拟化产品的特点和功能，了解它们在计算、存储和网络虚拟化方面的优势和应用场景。

2. 掌握虚拟化产品的安装与配置：熟悉oVirt、Xen Project、VirtualBox、Hyper-V、Proxmox VE和信服云等虚拟化产品的安装步骤，并掌握相应的配置方法，包括网络设置和存储配置等。

3. 了解虚拟化产品的体系架构：了解 oVirt、Xen Project、VirtualBox、Hyper-V、Proxmox VE 和信服云等虚拟化产品的架构设计和组件，深入理解虚拟化管理、资源调度和故障恢复等方面的实现原理。

4. 了解虚拟化技术的实际应用：了解虚拟化技术在企业数据中心、云计算和 PC 等场景中的实际应用，包括资源优化、弹性扩展和故障容错等方面的实践案例。

5. 熟悉虚拟化产品的分类及特点：熟悉虚拟化产品的分类，如桌面虚拟化、服务器虚拟化和网络虚拟化等，深入了解每种产品的特点和适用场景。

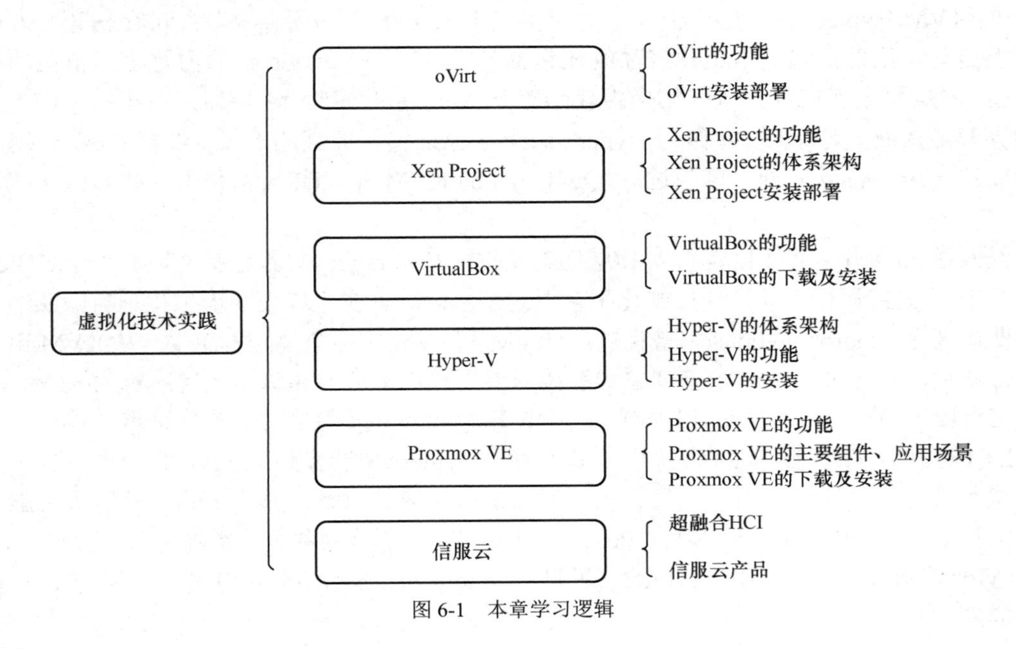

图 6-1 本章学习逻辑

6.1 oVirt

oVirt 是一个基于 KVM 的虚拟化管理软件开源项目，支持主流的 x86 硬件，并允许用户在其上运行 Linux 及 Windows 操作系统。该项目起源于开源厂商 Qumranet，Qumranet 的名字取自在以色列死海边发现的昆兰山洞（Qumran Cave），该公司曾在 2008 年被美国 *Network World* 推选为“十大值得关注的开源软件公司”之一。这家以色列公司的客户名单中有以色列航空工业公司以及多家全球 2000 强大企业。而当时 Qumranet 只是一家位于加利福尼亚州桑尼维尔，仅有 60 人的初创公司。

oVirt 的发展史与红帽公司密切相关，为什么呢？我们先来聊聊 KVM，KVM 最初是由 Qumranet 公司的阿维·齐维迪（Avi Kivity）开发的，作为他们的 VDI（Virtual Desktop Infrastructure，虚拟桌面架构）产品的后台虚拟化解决方案。为了简化开发，阿维·齐维迪并没有选择从底层开始重新写一个 Hypervisor，而是基于 Linux 内核，通过加载模块使 Linux 内核变成一个 Hypervisor。2006 年 10 月，在先后完成了基本功能、动态迁移以及主要的性能优化之后，Qumranet 正式对外宣布了 KVM 的诞生。

同月，KVM 模块的源代码被正式纳入 Linux 内核，成为内核源代码的一部分，KVM 项目成为 Linux 开源社区内核小组官方认可的虚拟化软件。虽然红帽企业自从 2007 年初红帽企业 Linux（Red Hat Enterprise Linux，RHEL）5 发布以来就一直包含 Xen Hypervisor 技术，在操作系统中集成虚拟化功能，而且已经在联通 IDC、上海宝钢等项目中实现了成功部署，但是，随着思杰收购 XenSource、Novell，集成 Xen 虚拟化模块以来，红帽一直在寻找虚拟化市场的突破口。

在 2008 年 6 月的红帽峰会上，红帽宣布了基于 KVM 的新一代虚拟化管理器，它被称为 oVirt 的 KVM Hypervisor 的测试版，该版本可存储在 64MB 的闪存上，并可在任意 x86 硬件平台上启动。虽然红帽的虚拟化产品线还包括基于 Xen Hypervisor 的内置了虚拟化功能的 RHEL，但是此次官宣意味着红帽虚拟化战略从 Xen 逐渐向 KVM 转移，后来的 RHEL 6 完全抛弃开源 Xen，支持 KVM 作为 Hypervisor，这也证实了此战略意图。红帽 CEO 吉姆·怀特赫斯特（Jim Whitehurst）曾说过，“Qumranet 的 KVM 和 VDI 技术是下一代虚拟化技术的前沿。”

红帽在 2008 年 9 月 4 日宣布以 1.07 亿美元收购 Qumranet 公司，包括 KVM 平台、SolidICE 以及 VDI，为红帽推出新一代虚拟化平台奠定了基础。其实，红帽的虚拟化项目团队经理多伦·费迪乌克（Doron Fediuck）曾说过，“KVM 和 oVirt 实际上是同根而生。从 KVM 诞生之日起，我们就决定要创建一个管理它的系统，因为我们不可能靠脚本实现所有的操作。oVirt 就是这样诞生的——只不过一开始它叫 SolidICE。”Qumranet 的早期虚拟化管理软件项目都是用.NET 编写的，在它被红帽收购后，操作系统从 Windows 迁移到 Linux，整个项目也全部用 Java 进行了重写，迁移之后，项目收到了大量来自社区的贡献，其中 Linux 社区的贡献非常大，它在 2011 年开源为 oVirt 项目。2011 年 11 月初，红帽在思科公司举办了第一次 oVirt 研讨会（oVirt Workshop），与 IBM、Intel、思科、Canonical、NetApp 与 SUSE 一同宣布 oVirt 社区的成立。

oVirt 是一种开源分布式虚拟化解决方案，旨在管理整个企业基础架构，可以理解为 Red Hat 商业版本虚拟化软件红帽企业虚拟化（Red Hat Enterprise Virtualization，RHEV）的开源版本。另外相比于 OpenStack 的庞大和复杂，oVirt 在企业私有云建设中具备部署和维护简单的优势。

思考：

我们了解了在红帽还没收购 Qumranet 公司之前，其实已经发布了一个被称为 oVirt 的 KVM Hypervisor 的测试版，那么在收购之后，SolidICE 与 oVirt 的关系又是怎样的？

分析：

在 2008 年美国波士顿红帽峰会上，红帽发布的嵌入式 Linux Hypervisor——轻型、可嵌入的管理程序，用于托管虚拟化的 RHEL 和 Windows 环境。这个管理程序为虚拟化提供了 Linux 的所有优势——卓越的安全性、高性能和大量的硬件支持，这些都在一个容易嵌入服务器和桌面计算机的小型程序中实现。红帽公司推出的这个管理程序的测试版，即最初的 oVirt 项目。这个管理程序基于 KVM 项目，它从 2006 年开始就已集成到 Linux 内核中。它支持虚拟机从一个系统向另一个系统以实时的高可用性方式移植。在红帽收购 Qumranet 公司之后，早期的项目之一就是将 oVirt Node 和 oVirt 进行集成。oVirt Node 相当于虚拟机系统，是宿主机的子集。oVirt Node 包含所有相关的软件包，当时工程师和开发者们要做的就是让虚拟机能够跟 oVirt Node 进行交互。之前，RHEL 实际上已经实现了类似的功能，之后就是实现 oVirt Node 和 oVirt 的集成，其实就是 SolidICE（oVirt 管理端）与 oVirt Node 以及 oVirt（RHEL）的合并。

6.1.1 oVirt 的功能

oVirt 是一个基于 x86 架构的 KVM 虚拟化技术的开源 IaaS 云服务解决方案。它使用了 Node/Engine 分离结构，以方便功能的划分与管理。oVirt 使用受信任的 KVM 管理程序，并基于其他几个社区项目构建，使用 libvirt、Gluster、PatternFly 和 Ansible 等开源软件。oVirt 提供基于 Web 的虚拟机管理控制平台，它可以管理一台主机上的几个虚拟机，也可以轻松地扩展到数百台主机上的上千个虚拟机，具体可以支持的虚拟机数量取决于集群运行的任务。节点端 oVirt-node 可以由 Fedaro 16 定制而成，也可以在 Linux 系统上安装 VDSM（Virtual Desktop Server Manager，虚拟桌面服务管理）服务从而得到一个节点。

oVirt 平台由 2 个部分组成：oVirt-engine（管理节点）以及 oVirt-node（计算节点）。oVirt 的作用是提供一套符合市场规范的 KVM 虚拟化管理软件，尽可能开发和利用 KVM 的特点。

oVirt-engine 属于 oVirt 管理端，是 oVirt 中的管理节点，提供 Web 界面与用户交互，提供完整的企业级虚拟化平台管理能力，使节点管理可视化。

oVirt-node 属于数据节点端，是 oVirt 中的计算节点，用于运行虚拟机，其内核基于 KVM，并为平台运行提供计算资源。节点可以由一个安装 VDSM 的普通 Linux 构成，也可以由一个专为 oVirt 定制的 Linux（RHEL）系统构成。在定制的情况下，节点上的许多文件系统都是 Ramdisk（基于内存的 Linux 磁盘设备），系统重启后其中的内容消失，从而保证了节点的无状态性。

oVirt 是数据中心虚拟化管理平台解决方案，可快速构建私有云，主要应用于桌面云和服务器虚拟化。

oVirt 支持虚拟化环境所需的绝大部分功能，主要包括：为管理员和普通用户提供 Web 门户；支持多虚拟数据中心、多集群管理；支持 FC-SAN、IP-SAN、本地/NFS 等不同存储架构；支持超融合（GlusterFS）部署架构；支持虚拟计算、虚拟存储、虚拟网络的统一管理；支持虚拟机热迁移、存储热迁移；物理主机宕机时业务具有高可用性；支持负载均衡等集群资源调度策略等。

1. 部署架构

一个标准的 oVirt 部署架构（见图 6-2）应包括如下 3 个主要部分。

（1）1 个 oVirt-engine：用来进行管理虚拟机（如创建虚拟机、开关机）、配置网络和存储等操作。

oVirt-engine 用于部署、监视、移动、停止和创建虚拟机，配置存储、网络等。oVirt-engine 同时提供了命令行工具 oVirt-engine-cli 和 oVirt-engine-api，包含 Python 封装器，它允许开发者整合功能到第三方的 Shell 脚本中管理。

oVirt-engine 中有一个认证服务（组件）用来实现用户和管理员的认证。通常在引擎中部署认证服务，以对 oVirt-engine 的用户和管理员进行身份验证。

（2）1 个或多个 oVirt-node：用来运行虚拟机。

oVirt-node 安装了 VDSM 和 libvirt 组件的 Linux 发行版，以及一些额外的软件包，用来实现网络虚拟化和其他系统服务的组件。oVirt-node 包含足够支撑系统运行的组件，虚拟机和虚拟化软件都运行在上面它可以是一个基于发行版精简的系统（定制），也可以把一个标准发行版的 Linux 转换成一个节点，这个节点可以通过 oVirt-engine 管理，或通过 VDSM 和其他依赖安装。

（3）1 个或多个存储节点：用来存放虚拟机镜像和 ISO 镜像。

存储节点可以使用块存储或文件存储，可以利用主机节点自身的存储作存储节点（Local on Host 模式），或者使用外部的存储，例如通过 NFS 访问，或者 IP-SAN/FC-SAN，以及通过 POSIXFS 支持的 GlusterFS 类型的存储技术等；支持超融合架构，通过 Gluster 将主机节点自身的磁盘组成存储池来使用，同时能够实现高可用性和冗余。

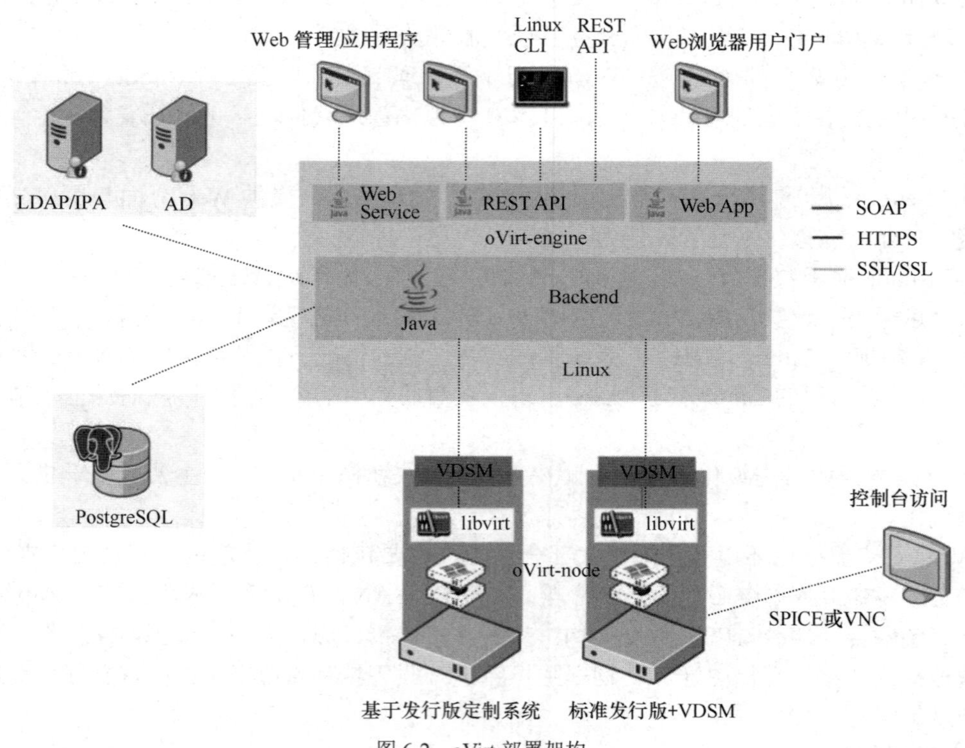

图 6-2　oVirt 部署架构

2. 组件架构

oVirt 主要组件（见图 6-3）如下。

（1）Engine：oVirt-engine，oVirt 的管理组件，管理 oVirt 主机、虚拟机、存储、网络，实现虚机节点间动态迁移等操作。

（2）管理门户：Engine 为管理员提供的 Web 入口，系统管理员用于执行高级操作的引擎顶部的基于 Web 的 UI 应用程序。

（3）用户门户：Engine 为普通用户提供的 Web 入口，一个简化的基于 Web 的 UI 应用程序，用于简化管理用例。

（4）REST API：也称为 RESTful API，是 oVirt 命令行工具和 Python SDK 对应用程序执行虚拟化操作的 API，oVirt 命令行工具和 Python SDK 使用 REST API 与 oVirt-engine 进行通信，与 oVirt-engine 集成的 REST API 为所有 API 函数公开了 RESTful 形式的接口。

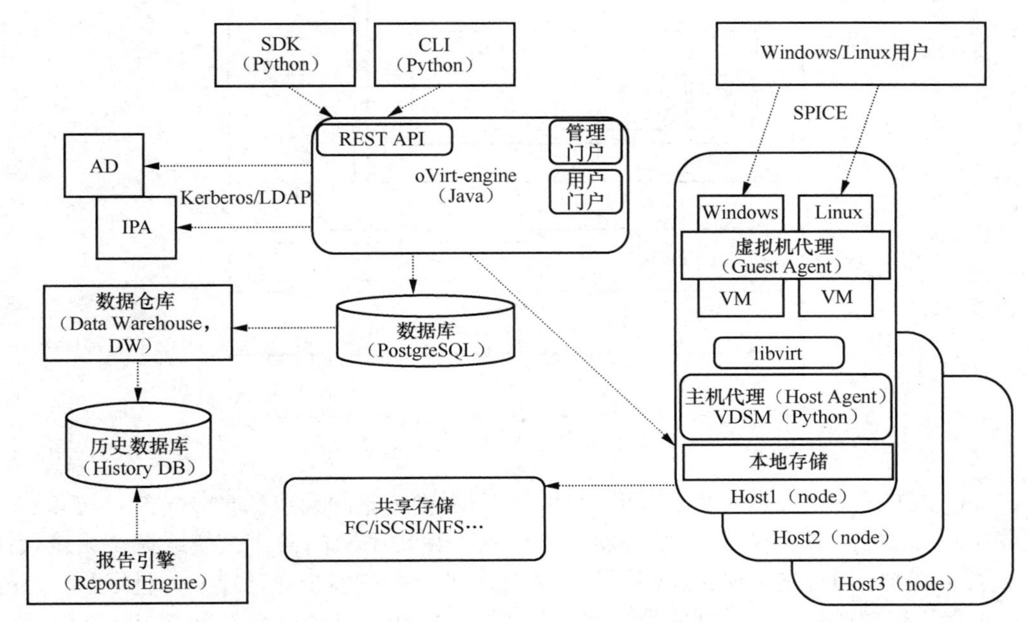

图 6-3　oVirt 主要组件

（5）CLI/SDK：CLI 和 SDK 提供了一种通过脚本操作与 Engine 进行通信的方式。

（6）数据库：Engine 使用 PostgreSQL 数据库为 oVirt 配置信息提供持久化存储。

（7）主机代理：运行于 oVirt-node 主机节点上，用于与 Engine 通信的组件，接收 Engine 的命令，执行虚拟机的相关操作。

（8）虚拟机代理：运行于虚拟机内部，监控虚拟机资源使用情况并发送给 VDSM，通信方式是虚拟 serial，通过一个虚拟串口与外部通信，向 Engine 提供所需的信息。

（9）AD/IPA：目录服务，Engine 通过目录服务来获取用户和组的信息，根据 Engine 的权限进行控制。

（10）数据仓库：数据仓库组件使用 Talend（ETL 工具）对从数据库中获取的数据进行挖掘，并存入历史数据库中。

（11）报告引擎：基于 Jasper Reports（报表生成工具），根据历史数据库中的数据生成系统资源使用报告。

（12）SPICE 客户端：用户用来访问虚拟机的工具。

3. 逻辑架构

oVirt 逻辑架构（见图 6-4）如下。

（1）KVM：一个可加载的内核模块，通过使用 Intel VT-x 或 AMD-V 硬件扩展提供全虚拟化。KVM 允许主机将其物理硬件提供给虚拟机，尽管 KVM 本身在内核空间中运行，但在其上运行的客户端在用户空间中作为单个 QEMU 进程运行。

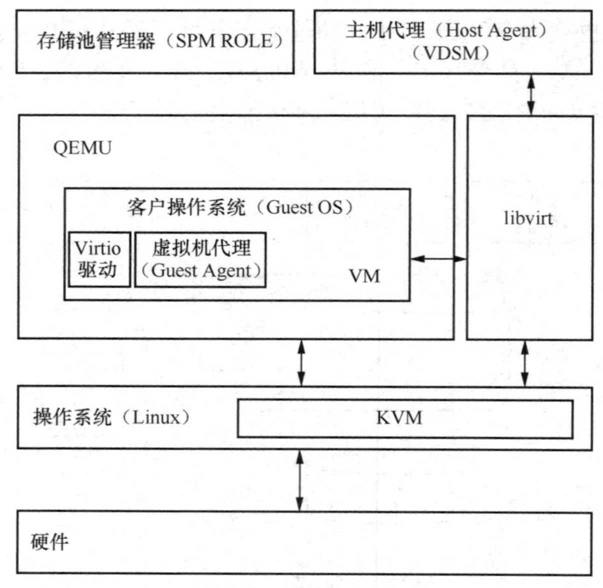

图 6-4　oVirt 逻辑架构

（2）QEMU：一个虚拟化仿真开源项目，用于提供完整的系统仿真。QEMU 可以在不同的机器上运行独自开发的操作系统与软件，可用于启动不同的操作系统或调试系统代码。QEMU 可以模拟一个完整的系统，例如一个 PC（包括一个或多个处理器）和外围设备。QEMU 与 KVM 和具有虚拟化硬件扩展的处理器一起工作，提供完全的硬件辅助虚拟化功能。

（3）Host Agent（VDSM）：在 oVirt/RHV 虚拟化环境中，VDSM 执行虚拟机和存储的相关操作，以及完成主机间的通信。VDSM 监视主机资源，如内存、存储和网络。此外，VDSM 还负责管理虚拟机创建、统计信息和日志收集等任务。VDSM 实例在每个主机上运行，并使用可配置的端口 54321 从 oVirt-engine/RHVM 接收管理命令。

（4）VDSM-REG：VDSM 使用 VDSM-REG 向 oVirt-engine/RHVM 注册每个主机。VDSM-REG 使用端口 80 或端口 443 通信来提供有关自身及其主机的信息。

（5）libvirt：为虚拟机及其相关虚拟设备的管理提供便利。当 oVirt-engine/RHVM 启动虚拟机生命周期命令（启动、停止、重启命令）时，VDSM 将在相关主机上调用 libvirt 来执行这些命令。

（6）SPM：SPM（Storage Pool Manager，存储池管理器）是分配给数据中心的一个主机的角色。SPM 主机拥有为数据中心进行所有存储域结构元数据更改的唯一权限，包括虚拟磁盘、快照和模板的创建、删除等操作。除此之外，它还可为存储区域网络（Storage Area Network，SAN）上的稀疏块设备分配存储。而且，SPM 的角色可以迁移到数据中心的任何主机。因此，数据中心的所有主机都必须能够访问数据中心定义的所有存储域。oVirt-engine/RHVM 确保 SPM 始终可用，在存储连接错误的情况下，RHVM 会将 SPM 角色重新分配给另一个主机。

（7）Guest OS：在 oVirt/RHV 虚拟化环境中，客户操作系统无须做适配修改就可以安装在虚拟机上，客户操作系统以及其上的任何应用程序都不知道自己运行在虚拟环境，并正常运行。红帽提供了增强的设备驱动程序，允许更快、更高效地访问虚拟化设备，可在 Guest OS 上安装红帽虚拟化 Guest Agent，它向管理控制台提供增强的 Guest OS 信息。

（8）容器支持：可在虚拟机旁添加运行容器，但是并不能提供完整的容器管理系统。容器与普通虚拟机并行运行，由 oVirt 管理，充分利用 oVirt-engine 的现有管理基础架构，容器将表示为具有最小功能集（例如无迁移等）的简单虚拟机，管理员具有运行不同的容器，包括在虚拟机中运行容器的能力等。注意，容器和虚拟机的创建方式不同，并且容器和虚拟机不能相互转换。

（9）超融合解决方案：oVirt 可与 GlusterFS（开源横向扩展分布式文件系统）集成，可提供超融合解决方案，其中计算和存储功能均由同一主机提供。主机上的 Gluster 卷用作 oVirt 中的存储域来存储虚拟机映像，oVirt 作为自托管引擎运行在这些主机上的虚拟机中。

思考：

利用 oVirt 管理 KVM 虚拟机和网络，企业可以快速搭建一个私有云环境。从这一点看来，oVirt 的定位和另一个云计算项目 OpenStack 的定位是有些类似的。不过有意思的是，oVirt 实际上是红帽的企业级虚拟化解决方案 RHEV 的上游项目，而支持 oVirt 项目的厂商们，同时是 OpenStack 项目的参与者。为什么要同时支持 2 个目标有所重合的云计算项目呢？企业可以利用 oVirt 实现什么？

分析：

红帽同时在 OpenStack 和 oVirt 上投入相当大的研发精力，而这 2 个项目在某些方面是极为类似的。一眼看上去，这 2 个项目的确有重合之处，这使得我们很容易认为部署了其中一个软件就不需要另外一个软件了。而事实并非如此。

OpenStack 项目的定位是建立数据中心级别的 IaaS 公共云服务，然而对于 oVirt，纯 oVirt 部署在很多情况下适用于以前 VMware vSphere 类型的应用场景。有的用户看中了 oVirt 中 vSphere 没有的一些特性，如自助式的门户管理网站。对于红帽而言，一方面 oVirt 集成了 KVM 中细节的特性，另一方面 oVirt 是 RHEV 的上游项目，所以让 oVirt 更加容易部署、更加安全、更加可维护、可获取支持，是红帽非常看重的。

如果为大型企业或多数据中心级别的用户进行部署，这 2 个软件栈可以很好地进行互补。当然，并非所有的 oVirt 部署都需要 OpenStack，也不是所有的 OpenStack 部署都能够从 oVirt 部署中获益，不过在很多情况下，这 2 个软件的互补是很有用的，这正是红帽和其他支持 oVirt 的公司同时关注 2 个项目的重要原因。

OpenStack 和 oVirt 的受众是不同的，OpenStack 的目标是实现大规模的集群。oVirt 用于实现虚拟数据中心。如果邮件服务器挂掉了，运维人员需要在 1min 内把它恢复，同时数据不能丢失。所以需要简化操作：自动完成虚拟机系统的安装，保持用户操作方式的一致，改进稳定性，改进 UI 等。在网络管理界面，还可以使用拖曳来将 2 个网络接口联合绑定成一个简单直观的操作。

不过双方有很多好处。比如，oVirt 可以借助 Quantum 在网络上的成果，Glance 可以使用 oVirt 的镜像和集群，这样方便很多。总之，oVirt 和 OpenStack 有很多组件可共用。

6.1.2 oVirt 安装部署

当准备在生产环境中部署 oVirt 时，需要确保对 oVirt 的安装过程有清晰的了解，并熟悉所需的实验环境和要求。oVirt 是一个强大的虚拟化和管理平台，通过将存储节点组建为存储池，实现业务的连续性和数据的可靠性，从而为业务提供稳定可靠的基础架构。在开始安装之前，请确保已经对 oVirt 的功能和特性进行了充分研究，并对所选的硬件和网络设置进行了详细规划。接下来，我们将逐步介绍 oVirt 的安装部署，并提供一份详尽的案例说明。

假如某中小型企业目前在传统的物理服务器上运行着一些关键业务应用和服务，随着业务的不断增多，服务器数量不断增加，导致硬件资源浪费和管理复杂性提升，该企业迫切需要一种更高效、灵活且易于管理的解决方案。

通过调研，系统管理员计划通过引入虚拟化平台来改变传统的服务器部署方式，实现资源的共享和动态分配，以提高硬件利用率和灵活性。在研究多种虚拟化解决方案后，系统管理员决定采用 oVirt 作为企业虚拟化基础设施的核心，其目标是通过 oVirt 搭建一个具有高可用性的虚拟化集群，以运行企业的各类业务应用，包括 Web 服务器、数据库服务器和应用服务器等；通过 oVirt 的管理界面，实现对虚拟机的集中管理和监控，以及快速创建、复制和迁移虚拟机。同时，为了确保数据的安全性和可靠性，系统管理员还计划将存储节点组建为存储池，从而实现冗余和备份。

系统管理员购置了符合要求的硬件设备和网络设备，并进行了必要的操作系统和网络的设置，做好了充分的准备工作，下面进行 oVirt 的安装部署。

官方生产环境中典型的中小规模环境的安装配置要求如下。根据规模和负载的不同，部署的具体要求也有所不同。

最低配置如下。

（1）CPU：双核 x86_64 CPU。

（2）内存：如果未安装数据仓库且现有进程未消耗内存，则需要 4 GB 可用系统 RAM。

（3）硬盘：本地可访问、可写的 25 GB 磁盘空间。

可以使用 RHV 引擎历史数据库大小计算器来计算引擎历史数据库的适当磁盘空间。

（4）网络接口：1 个网卡，带宽至少为 1 Gbit/s。

推荐配置如下。

（1）CPU：1 个 4 核 x86_64 CPU 或多个双核 x86_64 CPU。

（2）内存：如果未安装数据仓库且现有进程未消耗内存，则需要 16 GB 可用系统 RAM。

（3）硬盘：本地可访问、可写的 50 GB 磁盘空间。

（4）网络接口：1 个网卡，带宽至少为 1 Gbit/s。

另外还要注意以下两点。

（1）所有 CPU 都必须支持 Intel 64 或 AMD64 CPU 扩展，并启用 AMD-V™或 Intel VT 硬件辅助虚拟化扩展功能，还需要支持 No eXecute（禁止执行，NX）标志。

（2）所需的 RAM 最小为 2GB。对于集群级别 4.2～4.5，oVirt 节点中每个虚拟机支持的最大 RAM 为 6TB。对于集群级别 4.6～4.7，oVirt 节点中每个虚拟机支持的最大 RAM 为 16 TB。但是，所需的 RAM 大小根据客户操作系统要求、客户机应用程序要求以及客户机内存活动和使用情况的不同而有所不同。

实验规划如下。

准备 1 台 oVirt-engine 主机、1 台 oVirt-node 主机。oVirt-node 支持 2 种类型的主机：oVirt Node（定制）和普通标准 Linux 主机，根据实际环境，可使用 1 种类型的主机，或同时使用 2 种类型的主机。如果需要实现迁移、高可用性等功能则至少需要 2 台主机。oVirt Node（定制）是一个基于 Linux 的最小操作系统，旨在提供一种简单的方法来设置物理机以充当 oVirt 环境中的 VMM，最小操作系统仅包含计算机充当 VMM 所需的软件包，并具有用于监视主机和执行管理任务的 Cockpit Web 界面，安装时直接下载一个定制的 ISO 镜像使用即可。我们这里使用第二种类型的主机，先最小化安装 RHEL 或者 CentOS，然后在此基础上安装 oVirt-node 安装包。官方推荐 Linux 主机需要基于物理服务器上 RHEL 8.7 或更高版本的标准安装，并启用 Enterprise Linux Server 和 oVirt 存储库。

本次 oVirt 安装部署基于虚拟机软件的虚拟节点来完成，我们准备 2 台服务器（测试场景下可以使用虚拟机），我们这里可以尝试使用 2 台 CentOS 8.5 系统，并配置好 HostName 和 IP 地址，例如 ovirt01.com（192.200.51.210）、ovirt02.com（192.200.51.211）。确保可联网，以便实施在线安装。虚拟主机确保支持和开启硬件辅助虚拟化。

参考命令如下。

```
hostnamectl set-hostname ovirt01.com
hostnamectl set-hostname ovirt02.com
```

默认情况下，oVirt 的 oVirt-engine 配置脚本 engine-setup 会在 oVirt-engine 计算机上自动创建和配置引擎数据库和数据仓库数据库。要手动设置数据库，请在配置 oVirt 之前自行准备好本地手动配置的 PostgreSQL 数据库。

具体步骤如下。

1. 设置国内阿里源

因 CentOS 8 的官方源已停止维护，我们通过国内阿里源安装它。

```
# cd /etc/yum.repos.d/ && mkdir -p bk/ && mv *.repo bk/
# wget -O /etc/yum.repos.d/CentOS-Base.repo https://mirrors.aliyun.com/repo/Centos-vault-8.5.2111.repo
# yum clean all
# yum makecache
```

2. 安装 oVirt-engine

（1）安装 oVirt 对应版本的存储库

使用其中一台机器 ovirt01.com 作为 oVirt-engine。

查看启用的存储库。

```
# dnf repolist
```

这里我们尝试使用阿里源存储库安装。

```
# dnf install -y https://mirrors.aliyun.com/ovirt/yum-repo/ovirt-release44.rpm
```

若使用官方源安装，官方给出的安装步骤如下。

oVirt 4.4：

```
dnf install -y https://resources.ovirt.org/pub/yum-repo/ovirt-release44.rpm
```

oVirt 4.5：

```
dnf install -y centos-release-ovirt45
```

同时，我们在安装时可能遇到问题，官方也给出了相应的解决方法。以下为适用于 Enterprise Linux 8 上的 oVirt 4.4 和 oVirt 4.5 的常见问题解决过程（为避免问题出现，依次执行即可）。

启用 javapackages-tools 模块。

首先把阿里源存储库 CentOS-Base.repo 中[powertools]下的 enable=0 改为 enable=1 开启。

```
# dnf module -y enable javapackages-tools
```

启用 pki-deps 模块。

```
# dnf module -y enable pki-deps
```

启用 postgresql 模块的 12 版本。

```
# dnf module -y enable postgresql:12
```

启用 mod_auth_openidc 模块的 2.3 版本。

```
# dnf module -y enable mod_auth_openidc:2.3
```

启用 nodejs 模块的 14 版本。

```
# dnf module -y enable nodejs:14
```

同步已安装的软件包以将其更新到最新的可用版本。

```
# dnf distro-sync --nobest
```

（2）安装和配置 oVirt-engine 包

首先，安装 oVirt-engine 包和依赖项。

查看启用的存储库。

```
# dnf repolist
```

升级系统包到最新版本。

```
# dnf upgrade -y --nobest
```

安装 oVirt-engine 包和依赖项。

```
# dnf install -y ovirt-engine
```

然后，配置 oVirt-engine 包。

运行 engine-setup 命令开始配置 oVirt-engine 包。

```
# engine-setup --accept-defaults
```

注意如下两点。

① 该 engine-setup 命令将引导完成几个不同的配置阶段，每个阶段都包含几个需要用户输入的步骤。方括号中提供了建议的默认配置，如果给定步骤可以接受默认配置，可按“Enter”键接受默认配置。

② 可以加参数执行 engine-setup --accept-defaults 自动接受所有默认配置。应谨慎使用此选项，可参考官网，仅当熟悉 engine-setup 指令时使用此选项。这里，除了配置 Engine admin 账号的密码时需要输入外，其他都采用默认配置即可。（密码强度不够时会让用户确认，注意输入 Yes）

配置环境后，engine-setup 将显示有关如何访问环境的详细信息。

（3）连接到管理门户

使用 Web 浏览器访问管理门户，可执行添加主机和存储等操作。

首先，添加域名解析。

在访问 PC 端 C:\Windows\System32\drivers\etc\hosts 时添加域名解析（Windows 10）。

```
192.200.51.210 ovirt01.com
```

在 Engine 的/etc/hosts 末尾添加 2 行域名解析，如下所示（包括 ovirt02.com）。

```
192.200.51.210 ovirt01.com
192.200.51.211 ovirt02.com
```

然后，修改软件源地址。

将 Engine 的/etc/yum.repos.d/ovirt-4.4.repo 修改成如下内容。

```
[ovirt-4.4]
name=Latest oVirt 4.4 Release
#baseurl=https://resources.ovirt.org/pub/ovirt-4.4/rpm/el$releasever/
#mirrorlist=https://mirrorlist.ovirt.org/mirrorlist-ovirt-4.4-el$releasever
baseurl=http://mirror.massclouds.com/ovirt/ovirt-4.4/rpm/el$releasever/
enabled=1
gpgcheck=0
gpgkey=file:///etc/pki/rpm-gpg/RPM-GPG-ovirt-4.4
```

注意：如果不修改软件源地址的话，后面在添加主机时可能会因为网络而失败。

最后，访问 Engine Web 管理台。

在 Web 浏览器中输入设置的域名。

注：oVirt 从 4.x 版本后默认通过域名访问。如果要使用 IP 地址或备用域名登录，需要进行如下设置。

在/etc/ovirt-engine/engine.conf.d/下添加一个配置文件，如下所示。

```
# vi /etc/ovirt-engine/engine.conf.d/99-custom-sso-setup.conf
SSO_ALTERNATE_ENGINE_FQDNS="_ovirt01.com ovirt01.example.com 192.200.51.210_"
```

注：备用主机名列表需要用空格分隔。也可将管理机的 IP 地址添加到列表中，但不建议使用 IP 地址。

下面，我们进行访问验证，在浏览器中输入域名访问 HTTPS 地址。

注：如果访问失败，关闭防火墙后再次尝试。

选择“管理门户”选项（见图 6-5），将显示登录界面。

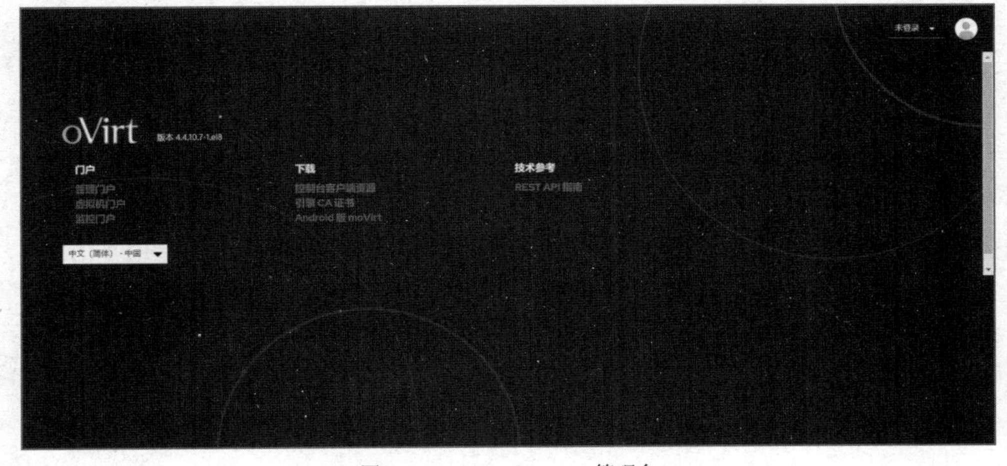

图 6-5　oVirt Engine Web 管理台

输入用户名和密码（见图 6-6），如果是首次登录，请使用用户名 admin 以及在安装期间指定的密码。

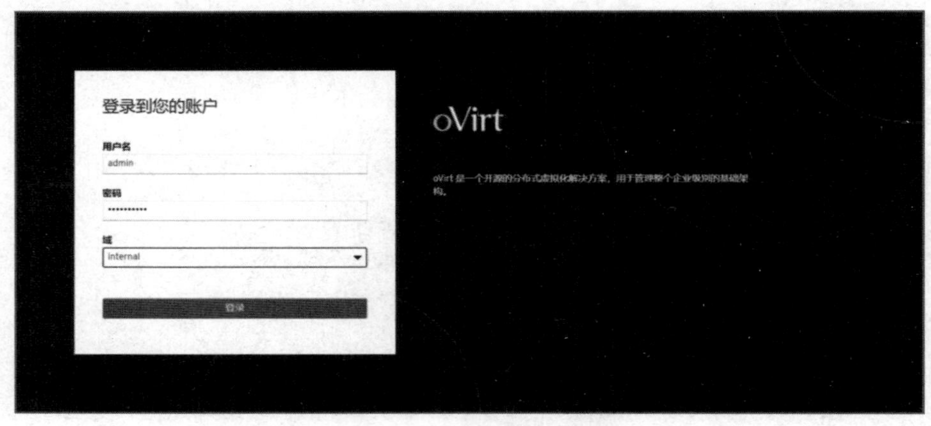

图 6-6　oVirt Engine Web 管理台登录界面

选择要验证的域，如果使用内部管理员用户名登录，请选择内部域。

单击“登录”按钮。

3. 安装/添加 oVirt 主机

将主机添加到 oVirt 环境可能需要一些时间，因为平台需要完成虚拟化检查、安装包和创建桥等步骤。

将主机 ovirt02.com 作为 oVirt-node。确保在 Engine 的/etc/hosts 中添加了主机 ovirt02.com 的域名解析。

同样，配置好国内阿里源。

```
# wget -O /etc/yum.repos.d/CentOS-Base.repo https://mirrors.aliyun.com/repo/Centos-vault-8.5.2111.repo
```

安装好 oVirt 对应版本的存储库。

```
# dnf install -y https://mirrors.aliyun.com/ovirt/yum-repo/ovirt-release44.rpm
```

更新系统包。

```
# dnf upgrade -y --nobest
```

注：目前版本无须手动安装 VDSM，从管理台添加主机时会自动在主机上安装配置所需的环境，包括防火墙等。

还要修改/etc/yum.repos.d/ovirt-4.4.repo 文件，如下所示。

```
# imgbased: set-enabled
[ovirt-4.4]
name = Latest oVirt 4.4 Release
#baseurl = https://resources.ovirt.org/pub/ovirt-4.4/rpm/el$releasever/
baseurl = http://mirror.massclouds.com/ovirt/ovirt-4.4/rpm/el$releasever/
enabled = 1
gpgcheck = 0
```

```
gpgkey = file:///etc/pki/rpm-gpg/RPM-GPG-ovirt-4.4
#includepkgs = ovirt-node-ng-image-update ovirt-node-ng-image ovirt-engine-appliance
```

下面，我们进入添加 oVirt 主机的流程。

首先，配置数据中心。

在管理门户中，单击“计算”→“数据中心”，选中默认的数据中心“default”，单击“编辑”按钮，在弹出框中将“存储类型”修改为“本地”。

然后，添加主机。

进入 Engine Web 管理台的主机列表页面（通过单击“计算”→“主机”），单击“新建”按钮，在弹出的对话框中，Default 数据中心的 Default 集群下，输入新主机的名称和地址（即主机 ovirt02.com）。标准 SSH 端口（端口 22）会自动填充到 SSH 端口字段中。

选择引擎访问主机时使用的身份验证方法。

输入 root 用户的密码以进行验证。

或者，将 SSH PublicKey 字段中显示的密钥复制到主机上的/root/.ssh/authorized_keys 以使用公钥身份验证。

或者，单击“高级参数”按钮以更改以下高级主机设置。

① 禁用自动防火墙配置。

② 添加主机 SSH 指纹以提高安全性，可以手动添加，也可以自动获取。

③ 可以选择配置电源管理，其中主机具有受支持的电源管理卡。

完成后，单击“确定”按钮，等主机添加过程执行完成（在弹出的电源管理提示框中直接单击“确定”按钮即可）。主机添加完成界面如图 6-7 所示。

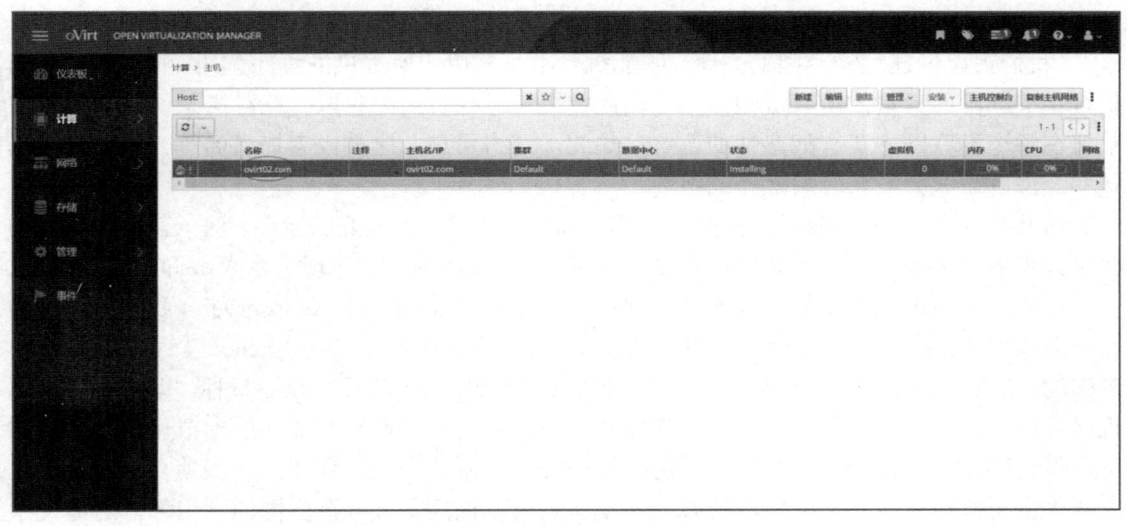

图 6-7 主机添加完成界面

新主机将显示在状态为 Installing 的主机列表中，可以在事件部分查看安装进度。稍等片刻后，主机状态更改为 Up，oVirt-node 主机添加完成。

最后，新建本地存储域。

进入 Engine Web 管理台的存储域列表界面（通过单击“存储”→“域”），单击“新建域”

按钮，弹出新建域对话框，填写“名称”（自定义），选择“域功能”为“数据”，“存储类型”选择“主机本地”，“主机”默认选择 ovirt02.com，“路径”填写“/data/images/rhev”（默认只能填写这个路径，如需使用其他路径需要先配置），等待存储域创建完成，就可以上传 ISO 镜像及创建新虚机。

oVirt 部署完成后，我们可以尝试思考以及实践以下内容。

① 添加一台主机 oVirt-node，使用第一种 oVirt-node（定制）方式。

② 尝试完成配置主机网络操作。

③ 尝试完成 oVirt 添加其他场景存储操作。

6.2 Xen Project

1999 年，英国剑桥大学计算机实验室的学者们合作发表了名为“Xenoservers:Accountable Execution of Untrusted Programs”的论文，如图 6-8 所示。

Xenoservers:
Accountable Execution of Untrusted Programs

Dickon Reed, Ian Pratt, Paul Menage, Stephen Early, Neil Stratford *
University of Cambridge Computer Laboratory, Cambridge, UK
E-mail e.g. Dickon.Reed@cl.cam.ac.uk

图 6-8 “Xenoservers:Accountable Execution of Untrusted Programs”论文

论文的起始部分是摘要，第一段描述如下。

“我们提出创建这样类型的系统，既能执行不可信用户所提供的程序代码，同时，针对因执行相关计算而耗费的所有资源，又可向此类用户进行费用的收取。此种类型的服务器可被部署在整个互联网中具有战略性的位置，如此，网络用户（比如内容提供商等）就可以用高效和经济的方式分发其应用程序的组件。”

这其实为现在 IT 行业所熟知的 IaaS 和 PaaS 绘制了一张美好的蓝图。这一蓝图在当今的数字化世界已实现，你会发现现在已是“未来”，这一蓝图确实体现了令人敬仰的超前思维。

在论文摘要中，论文的 5 位作者声称：We call such a server a Xenoserver（我们把这样的服务器称为 Xenoserver）。其中，这里的 Xenos 的名称就源自希腊文“xenos”，意为外来的、未知的。后来 Xen 项目的名称也取自此。这个名称代表 Xen 项目的核心目标，即将多个虚拟机运行在一台物理服务器上，使它们彼此之间是独立的，实现相互隔离的虚拟化环境。在这种虚拟化环境下，每个虚拟机都可以运行不同的操作系统和应用程序，它们独立存在，相互之间不会干扰，从而实现了资源的有效共享和隔离，提高了服务器资源的利用率，这体现了 Xen 项目最初的设计理念和愿景。

基于此论文，自 2002 年 4 月，剑桥大学计算机实验室开展了一个新项目——The XenoServer wide-area computing project，Xen 虚拟化技术自此开启它的历史。当然，那个时候的 Xen，还不是完整虚拟服务器意义上的 Xen，只是 Hypervisor 意义上的 Xen。

Xen 项目的创建者伊恩 • 普拉特（Ian Pratt）是一位计算机科学家，在剑桥大学从事研究工作。当时，他和他的学生团队建立的 XenoServers 项目，旨在开发一款软件，让全球各个组织和用户都可以以灵活的方式购买所需的计算资源。这个项目的初衷是让用户能够在一个安全隔离的环境中使用自己的数据，并能够安全地获取所需的计算资源。这一早期项目展示了当时对云计算模型的认知和构思。通过这个项目，伊恩・普拉特和基尔・弗雷泽（Keir Fraser）等人开始对虚拟化技术产生浓厚兴趣，并意识到虚拟化在提高服务器资源利用率和应用隔离性方面的巨大潜力。伊恩・普拉特和基尔・弗雷泽等人着手开发 Xen 虚拟化平台，旨在构建一款高性能、可扩展性强且开源的虚拟化解决方案。他们的目标是实现在一台物理服务器上运行多个独立的虚拟机，每个虚拟机可以运行不同的操作系统和应用程序，从而充分利用服务器资源，提高硬件利用率，并实现更好的应用隔离。

为了使虚拟化工作更好开展，他们认识到需要得到硬件方面的帮助，并与硬件厂商如 Intel 和 AMD 进行合作，以支持 Xen 在不同硬件平台上的运行。通过与硬件厂商的密切合作，Xen 得以在多种硬件的虚拟环境上运行，推动了硬件的发展，使其更好地满足虚拟化的需要。除了在硬件方面做出相应改动以适应虚拟化环境外，伊恩・普拉特还意识到与操作系统厂商的合作也非常重要。通过与操作系统厂商的密切合作，Xen 可以不断改变操作系统，使其意识到自己是在虚拟化环境中运行，从而显著提高和改善 Xen 的工作性能。这被称为操作系统的泛虚拟化，几乎所有大型操作系统现在都已经具备了泛虚拟化的能力，比如 Linux 操作系统和 Windows 操作系统。Xen 项目的先进性和前瞻性在于其创造人早早地意识到了与硬件厂商和操作系统厂商的合作重要性，从而不断改进虚拟化技术，并使其适应不断发展的硬件和操作系统环境。这种紧密的合作模式为 Xen 的发展奠定了坚实的基础。

2003 年 10 月 3 日，Xen 项目的创始人伊恩・普拉特宣布 Xen 的首个版本（V1.0）公开发布，用于 x86 架构，并将 Linux 2.4.22 移植为客户操作系统，这标志着 Xen 项目的首次正式发布。从此，“Xen”作为一个独有的名词，出现在人们的视野。随之，Xen 被正式开源。同月，又一篇来自剑桥大学计算机实验室的论文“Xen and the Art of Virtualization”（见图 6-9）在 ACM SOSP（ACM Symposium on Operating Systems Principles，ACM 操作系统原理大会）上发表，系统而全面地论述了虚拟化技术的本质和方法。毋庸置疑，这是具有里程碑意义的灿烂篇章，立即引起了 IT 业界广泛而强烈的关注。

Xen and the Art of Virtualization

Paul Barham*, Boris Dragovic, Keir Fraser, Steven Hand, Tim Harris,
Alex Ho, Rolf Neugebauer†, Ian Pratt, Andrew Warfield

University of Cambridge Computer Laboratory
15 JJ Thomson Avenue, Cambridge, UK, CB3 0FD
{firstname.lastname}@cl.cam.ac.uk

图 6-9 “Xen and the Art of Virtualization”论文

该论文提出了将一台物理机的资源进行分割来运行多个操作系统的几个难点。

（1）虚拟机之间要保证相互隔离，一个虚拟机在执行程序时不应该影响到其他虚拟机的性能。

（2）要支持不同类型的操作系统，因为不同的应用适用的操作系统可能不同。

（3）由于虚拟化导致的额外性能开销要足够小。

基于以上背景，诞生了 Xen，以下便是其几条设计原则。

（1）支持未经修改的应用程序，因此需要对现有的 ABI（Application Binary Interface，应用程序二进制接口）需要的功能进行虚拟化。

（2）支持完全多任务操作系统。

（3）支持半虚拟化，这有助于获得很高的性能和很强的资源隔离。

（4）隐藏资源虚拟化带来的影响。

Xen 项目的核心思想：在原有的系统结构中加入一个抽象层。如图 6-10 所示，它分为 3 层，从底层到上层分别是物理层、Xen Hypervisor 层、操作系统实例层。物理层是计算机的硬件，包括 CPU、内存、网卡等；Xen Hypervisor 层负责为上层的操作系统提供虚拟化的硬件资源，并对硬件资源进行管理和分配；Xen 之上就是各个操作系统的实例，最左边的操作系统很特殊，在启动 Xen 的时候，最左边的操作系统会自动启动，它被称为 Domain 0，其中运行着 Xen Control Software，它控制着各个操作系统的启动、终止和监控，没有它，Xen 无法使用。

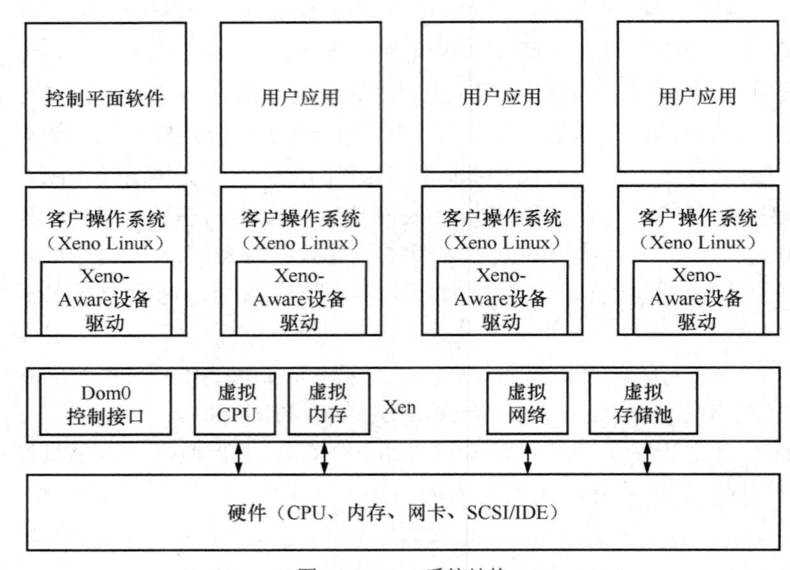

图 6-10　Xen 系统结构

Xen 的设计原理：对一个复杂的结构进行了一个精巧简单的设计，它的结构来源于当初解释 x86 架构 CPU 平台的特性如何适用于 VMM 或虚拟化层的一个尝试。这个设计的其中一个目标就是尽可能地区分“如何做”、“何时做”和“做什么”，也就是制定规则和机制。Xen 的设计开发者相信，虚拟化层设计的最优途径就是让虚拟化层解决一些低级的复杂性问题，如 CPU 调度和访问控制，而不是那些本应该适合操作系统环境自己解决的更高级别的事件，其实这里就很明显告诉我们，为什么 Xen 最初的设计是需要修改操作系统来完成虚机的正常运行。而其他的 x86 VMM 的设计方案基本都是将所有的任务都交给虚拟化层，虽然这提供了很大程度的灵活性，实现了 x86 VMM 运行的成功，但是，这也牺牲了虚拟化层的性能。

基于这种结构设计方法，Xen 结构中的任务分界点变成了一个关于控制和管理的问题。虚拟化层需要关注的是基本的操作控制（即机制，或“如何做”），而将决策制定（即规则，或“做什么”和“何时做”）交给子操作系统，这非常符合 VMM 的本质特性——即虚拟化层只负责处理一些需要直接的特权访问的任务。从本质上来看，Xen 模拟了一层与底层硬件平台特别相似的虚拟机抽象层，而不需要针对每个硬件创建特定的副本，这项技术便是所谓的半虚拟化技术的核心。

为了实现这种技术，半虚拟化需要对子操作系统进行一系列的修改，从而使其能意识到底层的虚拟化层，使其能够更好地与它所存在的虚拟环境以及运行于其之上的物理环境实现更好的交互。这种方式要求对客户操作系统进行一些修改，但是不要求对 ABI 进行修改，因此也不需要对运行于其上的应用程序进行改动。这便是 Xen 在设计之初引入的“半虚拟化”（Para-virtualization，PV，又称准虚拟化）技术，PV 不需要 CPU 的虚拟化扩展，也不需要在不支持硬件辅助虚拟化的硬件上开启硬件辅助虚拟化，但需要内核支持和特殊驱动程序以及构建的内核，而这些目前已经属于 Linux 内核和其他操作系统的一部分。这个理念和功能其实最初出现在 20 世纪 70 年代 IBM 的 System/360-67 上。

Xen 没有采用全虚拟化（Full Virtualization），而是采用了半虚拟化方式。传统的虚拟化技术，特别是全虚拟化技术，因为虚拟机的操作系统并不知道自己是在虚拟化环境下运行的，需要通过 Hypervisor 来模拟硬件（包括 CPU、内存、磁盘和网络接口等）访问，这样做虽然相对灵活易实现，但是这样的模拟过程会带来性能开销。而半虚拟化是一种改进的虚拟化技术，它的设计目标之一是在单个计算机上运行多达 100 个具有完整特征的操作系统，并且这些操作系统必须显式地进行修改（移植）以在 Xen 上运行，而且仍然需要保持对用户应用的兼容性，这种半虚拟化的技术使得 Xen 能够在没有特殊硬件支持的情况下实现高性能的虚拟化。这种技术的实现就要求在虚拟机中对操作系统进行适当的修改，使得操作系统知道自己是在虚拟化环境下运行的，并与 Hypervisor 进行直接通信，而不是模拟硬件访问。Xen 采用半虚拟化技术，为支持半虚拟化的操作系统提供了特殊的 API，使得虚拟机可以直接与 Hypervisor 通信。这样做的好处是，减少了虚拟机与 Hypervisor 之间的交互，降低了虚拟化的性能开销，提高了虚拟机的性能。对于支持半虚拟化的操作系统（如 Linux），Xen 可以显著提高虚拟机的性能，使得虚拟机在 Xen 平台上运行时几乎接近于原生性能。此外，即使在一些与传统虚拟化技术不太友好的架构上（如 x86），Xen 的半虚拟化技术也能够取得较佳的表现。Xen 团队通过精心设计和优化，使得 Xen 在 x86 架构上充分发挥了半虚拟化技术的优势，为用户提供高性能的虚拟化解决方案。Xen 的半虚拟化技术为用户带来了更高的性能、更低的性能开销，以及更好的兼容性和灵活性。

思考：

我们了解了全虚拟化和半虚拟化的区别，那么全虚拟化和半虚拟化出现的背景是什么呢？

解析：

全虚拟化技术是早期虚拟化技术的一种，最早出现在 20 世纪 70 年代末到 20 世纪 80 年代初。在全虚拟化中，虚拟机内的操作系统不知道自己是在虚拟化环境下运行的，因此需要模拟硬件设备的访问，并通过 Hypervisor 来处理这些模拟请求。这种方法增大了性能开销，限制了虚拟机的性能。

半虚拟化技术则是在全虚拟化技术之后的发展阶段出现的。半虚拟化技术的出现其实就是因为全虚拟化技术硬件支持性不高。全虚拟化技术在 x86 架构上通常需要硬件的支持。早期，没有专门的硬件辅助虚拟化扩展或者说硬件厂商虚拟化扩展支持还在逐渐完善中，全虚拟化技术只能通过软件模拟来实现。这种软件模拟需要额外的指令翻译和模拟硬件的访问，导致虚拟机的性能较低。而在全虚拟化技术基于x86架构上性能较低的情况下，最早的半虚拟化技术在2005年由Xen项目引入。在半虚拟化中，虚拟机内的操作系统进行了显式修改，知道自己是在虚拟化环境下运行的，并可以与Hypervisor直接通信，避免了模拟硬件访问的开销，提高了性能和效率。后来，随着硬件辅助虚拟化技术的发展，如Intel VT-x和AMD-V，这些硬件辅助虚拟化扩展为处理器提供了新的虚拟化指令和特权级别，虚拟机在执行时可以直接访问硬件资源，而无须经过软件模拟的翻译过程，从而大大提高了虚拟化的性能和效率，全虚拟化得到了显著的改进。而半虚拟化技术在一定场景下仍然具有优势，特别是在没有硬件辅助虚拟化支持的情况下，也可以实现高性能的虚拟化。

因此，全虚拟化技术是虚拟化技术的早期形式，而半虚拟化技术是在全虚拟化技术之后发展而来的，旨在提高虚拟化性能和效率。但是之后，全虚拟化技术和半虚拟化技术一直同时存在并不断发展，生产环境中，可以根据不同的需求和硬件环境，选择适合的虚拟化技术来构建虚拟化解决方案。

在2003年发布的初代Xen版本中，开发者们聚焦于实现基本的虚拟化功能和架构。这个版本还没有达到完全成熟的状态，但已经为Xen项目的后续发展奠定了基础。随着Xen的发展，Xen开源社区逐渐形成并成为一个非常活跃的开发者组织。在这个开源社区中，有许多公司和多所大学不断为Xen项目的发展贡献自己的力量。Xen的开发者们致力于将Xen技术不断改进和完善，使其适应不同硬件和操作系统环境，并且持续提高虚拟化的工作能力和安全性。

2004年11月，Xen的第二个版本（Xen 2.0）发布。一个月后，伊恩·普拉特和其他几位技术领导者成立了一家名为XenSource的公司，将Xen从一个研究工具升级为一个具有竞争力的企业计算产品，此时，Xen仍然是一个开源解决方案，并已成为许多商业产品的基础。与此同时，随着"Xen and the Art of Virtualization"论文的发表，关于Xen的研究很快就形成如火如荼的局面，许多在技术上具有开创性意义的研究文章大量地涌现出来，这就极大地促进了Xen虚拟化技术的研发速度，推进了产品功能的不断完善和创新。

随着与硬件厂商的密切合作，在2005年11月，Intel发布了首批支持VT-x硬件辅助虚拟化技术的Pentium 4处理器型号。一个月后，Xen 3.0.0发布，成为首个支持Intel VT-x的VMM。AMD推出了Xen的HVM抽象层，将Xen的硬件辅助虚拟化支持重构为一个通用软件层。Xen 3.0.2发布了HVM支持，包括对AMD-V虚拟化的支持。不过，半虚拟化技术一直是Xen的核心特性。Xen 3.0版本的发布是Xen项目的一个标志性事件，它支持的功能有AMD虚拟化（AMD-V）、Intel虚拟化（Intel VT，Intel VT-x的前身）、32位/64位PAE Guest OS、虚拟机保存和恢复，这些关键性的核心功能在Xen 3.0中的具体实现，预示着Xen产品化的即将到来。

思考：

什么是硬件辅助虚拟化？它出现的背景是什么？

解析：

硬件辅助虚拟化（Hardware-Assisted Virtualization）是一种虚拟化技术，它利用CPU硬件中的特定扩展来改善虚拟化的性能和效率。这些特定的虚拟化扩展使得VMM（Hypervisor）

能够更直接地访问 CPU，并更高效地进行虚拟化操作，从而降低了虚拟化的开销，提高了虚拟机的性能。

硬件辅助虚拟化的概念和技术最早出现在 2005 年左右。具体来说，Intel 于 2005 年推出了 VT-x（Virtualization Technology）技术，而 AMD 则在 2006 年推出了 AMD-V（AMD Virtualization）技术。这些虚拟化扩展技术的作用是优化虚拟化在 x86 架构的 CPU 上的性能和效率。Intel VT-x 和 AMD-V 都是为虚拟化技术提供硬件支持的扩展。

在早期的虚拟化中，全虚拟化需要使用软件进行指令翻译和模拟，这导致了虚拟机性能的下降。硬件辅助虚拟化通过在 CPU 中引入特定的虚拟化扩展，使得虚拟化软件能够更高效地管理虚拟机，从而减少虚拟化开销。

Intel 的 VT-x 和 AMD 的 AMD-V 技术提供了硬件级别的虚拟化支持，允许 VMM（Hypervisor）直接访问 CPU，实现更高效的虚拟化操作。这种硬件支持大大提高了虚拟机性能，使得虚拟机在运行时更接近于在裸机上运行的性能水平。

这两项技术的推出标志着硬件辅助虚拟化的重要进步。它们使得 VMM（Hypervisor）能够更好地管理虚拟机，减少虚拟化的性能开销，并提供更高的安全性和隔离性。Intel VT-x 和 AMD-V 的出现对虚拟化技术的发展和广泛应用产生了积极的影响。

2007 年 5 月，具有里程碑意义的产品 Xen 3.1 发布，实现了高级功能 Live migration for HVM guests（虚拟机的热迁移）和 XenAPI，显然，这一版本的发布意味着 Xen 虚拟化技术已经可被应用于实际的生产环境。

2007 年 10 月 22 日，思杰完成了对 XenSource 的收购，将其纳入自己的虚拟化战略，并公开了 Xen 项目咨询委员会的存在，该委员会的成员来自思杰、IBM、Intel、Hewlett Packard、Novell、红帽、Sun Microsystems 和 Oracle 等。在被思杰收购前不久，XenSource 发布了 XenEnterprise v4，引入了新的集群管理组件 xAPI 工具集和全新的基于.NET 的界面化管理工具 XenCenter，这是将 XenSource 引入 Enterprise 版本的商用产品，这些商用产品的特点是提供了让 Xen 的使用更为简单的工具堆栈，其他产品还包括 XenExpress 和 XenServer。思杰收购之后将其产品整合，统一更名为 XenServer，并推出了 XenServer 作为其商业虚拟化产品。XenServer 是基于 Xen 虚拟化技术的企业级虚拟化平台，它在 Xen 虚拟化的基础上添加了一系列的高级功能和管理工具，用于企业级虚拟化环境。此时，Xen 虚拟化技术并没有完全闭源。开源 Xen 被迁移到 Xen 官网，思杰继续维护并推动 Xen 虚拟化的开源发展，Xen 项目依然是一个活跃的开源社区。不仅如此，在 2009 年，Xen 官网还启动了 XCP（Xen Cloud Platform，Xen 云平台）的开源项目，也就是思杰 XenServer 的开源版本。在不到 2 年的时间里，2011 年 3 月，Xen 开源社区就发布了 XCP 的第一个版本。从此，Xen 被分成 2 个版本，并驾齐驱地向前不断发展演进。

期间发生的一个更为重大的事件是：自 2011 年发布 Linux 内核版本 2.6.37 开始，Xen 被正式纳入 Linux 主线内核之中，这意味着 Xen 虚拟化技术得到了 Linux 社区的广泛认可。

2013 年 4 月 15 日，Xen 项目被宣布作为一个合作项目移至 Linux 基金会下，其官网域名也改为 xenproject.org。Linux 基金会重新设计了一个新的"Xen Project"标识，以此，将之与以往对旧标识的商业使用清楚地区分开来。2013 年 6 月 24 日，思杰宣布将进行开源 XenServer 项目，并宣布 XenServer 6.2 及以后的版本都将全部进行开源，同时发布了开发者社区。至此，XenServer 企业级虚拟化平台在被思杰收购近 6 年时间之后也宣布开源。

思考：

本节内容主要介绍了Xen技术，那么KVM和Xen之间的异同是什么？

解析：

我们用伊恩·普拉特的话回答一下这个问题。KVM 并不是一个真正意义上的裸机的Hypervisor，它是基于Linux操作系统上的一种内核模块，只是在这个内核的模块上增加了一些虚拟化的能力，所以，它不能提供Xen的真正意义上的裸机Hypervisor所能够提供的安全性。红帽选用了KVM，其实最主要是因为其架构非常简单，对于Linux的经销商来说更加容易部署。但是Xen是一种对于操作系统没有任何感知的软件技术，它可以支持所有的操作系统。Xen本身是独立于Linux系统层面的，Xen也是在硬件之上运行的，它本身也可以算是一个操作系统。KVM是Linux的内核，但对于Xen来说，成为Linux的一部分，其实并没有什么意义。Xen并不属于某一个操作系统。操作系统是基于Xen虚拟化层之上的，所以，如果是基于Xen基础上的Linux操作系统，其实可以带来更高的效能。但是，如果把Xen放在Linux当中，使它成为Linux的一部分，其实是说不通的，没有什么意义。如果想实现裸机的虚拟化，选择Xen这样的技术是非常合适的，它可以在整个平台之上实现虚拟化，而且当设备或者装置出厂时，就可以内置或者嵌入Xen的技术，让它具备虚拟化的功能。

总结KVM和Xen之间的异同如下。

（1）KVM是一种虚拟化技术，它是基于Linux内核的模块。KVM将虚拟化能力添加到Linux内核中，允许在其上运行虚拟机。它并不是一个完整的裸机Hypervisor，因为它依赖于Linux操作系统。Xen是一个真正意义上的裸机Hypervisor，它是一种独立于操作系统虚拟化技术。Xen可以在裸机上运行，并支持多种操作系统作为虚拟机。

（2）红帽选择使用KVM主要是因为KVM架构相对简单，易于在Linux上部署。但是Xen支持所有操作系统，并且在裸机虚拟化方面具有更高的安全性。对于裸机虚拟化需求，选择Xen是合适的，它可以在裸机上实现虚拟化，并且可以嵌入设备或装置中，使其具备虚拟化功能。

（3）Xen是独立于Linux的虚拟化技术，而KVM是Linux内核的一部分。Xen可以在整个平台上实现虚拟化，而KVM仅在Linux内核上提供虚拟化能力。

6.2.1 Xen Project的功能

Xen Project专注于在一些不同的商业和开源应用场景中推进虚拟化，包括服务器虚拟化、IaaS、桌面虚拟化、安全应用、与嵌入式系统和硬件设备相关的应用场景以及与汽车、航空相关的应用场景。

（1）服务器虚拟化：Xen为企业数据中心提供强大的虚拟化解决方案。通过在一台物理服务器上运行多个虚拟机，Xen能够充分利用硬件资源，提高服务器的资源利用率和性能。这样的虚拟化解决方案可为企业节省硬件成本，简化管理和维护，并提供更高的灵活性。

（2）IaaS：Xen 在云计算领域发挥了重要作用，为云服务提供商提供高性能的虚拟化平台。通过Xen虚拟化技术，云服务提供商可以快速部署和管理大量虚拟机资源，为用户提供灵活的云计算服务。

（3）桌面虚拟化：Xen的虚拟化技术也可以应用于桌面虚拟化，为用户提供虚拟化的桌面环境。桌面虚拟化可以增强数据安全性、简化管理，并提供更好的用户体验。

（4）安全应用：Xen 的虚拟化技术在安全应用方面有着广泛的应用。通过虚拟化隔离，Xen 可以提供更高的安全性，防止恶意软件的传播和攻击，并保护敏感数据的安全。

（5）与嵌入式系统和硬件设备相关的应用场景：Xen 的虚拟化技术还可以应用于与嵌入式系统和硬件设备相关的应用场景，为其提供灵活的软硬件资源管理。虚拟化可以帮助嵌入式系统更好地利用硬件资源，提高系统性能，尤其是稳定性。

（6）与汽车、航空相关的应用场景：Xen 的虚拟化技术还可以应用于与汽车、航空相关的应用场景。通过虚拟化技术，它们可以实现更灵活、可靠的系统，提高设备的安全性和性能。

Xen Project 是一个开源的、免费的虚拟机应用程序，拥有先进的虚拟化和安全功能。

1. 虚拟化

Xen Project 社区开发了一个开源 Type 1 虚拟机管理程序，即裸金属架构虚拟化层，它使得在一台机器或主机上并行运行一个操作系统或不同操作系统的多个实例成为可能。该虚拟机管理程序被用作许多不同商业和开源应用程序（例如服务器虚拟化、IaaS、桌面虚拟化、安全应用程序等）的基础。它能够提高服务器利用率、整合服务器集群、降低复杂性并降低总拥有成本。

Xen Project 具有极高的通用性和可定制性，因为其独特的架构使虚拟化的能力无处不在。Xen Project Hypervisor 是许多商业产品的基础。表 6-1 所列并不完整，其中提供了可用 Xen 发行版示例。

表 6-1 可用 Xen 发行版示例

类型	说明
Linux 发行版	可以从大多数 Linux 和 UNIX 发行版（开源版和商业版）获取最新的 Xen 二进制文件作为软件包
商业服务器虚拟化产品	提供以下商业和开源产品：XenServer（以前的 Citrix Hypervisor）、华为 UVP、Oracle VM for x86
嵌入式 Xen 发行版	提供以下商业和开源产品：Crucible Hypervisor、Virtuosity（以前称为 XZD）、Xen Zynq
基于 Xen 的安全产品	提供以下商业和开源产品：Bitdefender HVI、Magrana Server、OpenXT、Qubes OS

Xen Project 支持多种虚拟化技术，包括全虚拟化和半虚拟化。全虚拟化使得未经修改的操作系统可以在虚拟机中运行，而半虚拟化则需要对客户操作系统进行修改以提高性能和效率。

Xen Project 还支持硬件辅助虚拟化，利用处理器的虚拟化扩展，如 Intel VT-x 和 AMD-V，提供更高的虚拟化性能。

2. 云平台

Xen Project 为业界的超大规模云提供了便利，包括 AWS、腾讯、阿里云、Oracle Cloud、Rackspace 的公共云和 IBM SoftLayer 等，自从云出现以来，Xen Project 和其支持的软件就在云中使用。2006 年，亚马逊推出了亚马逊弹性计算云，Slicehost（2008 年 10 月 22 日被 Rackspace 收购）也推出了云服务，两者都基于 Xen Project。亚马逊首席技术官维尔纳・福格尔斯（Werner Vogels）曾说："Xen 太棒了。它功能强大且易于使用，但最重要的是它的社区非常活跃，这是我们选择 Xen 的一个重要原因。"从那时起，许多云提供商（包括阿里巴巴和腾讯）和许多托管服务提供商都推出了基于 Xen Project 的云服务。

Xen Project 率先进入 Unikernel 领域。什么是 Unikernel？Unikernel 是专用的、单地址空间的，使用 library OS 构建出来的镜像，它没有用户空间和内核空间之分，只有连续地址空间，这允许 Unikernel 可以更快地执行，但是缺乏内存保护，Unikernel 是为了云环境特殊设计的，在这个环境下主机必须可信任。传统的操作系统在单一机器上运行多个应用程序、管理资源，并将应用程序彼此隔离开来，Unikernel 则在单一虚拟机上运行单一应用程序，依赖 Hypervisor 来隔离虚拟机。Unikernel 通过使用“库操作系统”来构建，开发人员只要根据个人开发需求选择应用程序运行所需的一组最基本的服务即可，密封的、用途固定的映像直接在虚拟机管理程序上运行，没有像 Linux 这种干预性的客户操作系统。Unikernel 领域有多个项目，Unikernel 是定制化的操作系统内核，用于构建轻量级、高性能的应用程序和服务。Xen Project 支持云操作系统，引领了 Unikernels 领域的发展，也称为云操作系统，这些轻量级、专用云操作系统并不适合直接在硬件上运行应用程序，它们旨在基于云操作系统生成许多小型虚拟机，这些虚拟机可以用最少的硬件组成较大的云。Xen Project 构建的云操作系统包括 MirageOS 和 Unikraft，可以提供高性能、安全的网络应用和定制化的操作系统栈，MirageOS 是首批达到生产就绪状态的云操作系统之一，Unikraft 通过统一的代码库简化了构建 Unikernel 的过程。此外，还有其他云操作系统，例如 LING（旧称为 Erlang-on-Xen）和 OSv。

Xen Project 项目与许多 Unikernel 项目兼容。其中有一个有趣的例子，Haskell 轻量级虚拟机（Haskell Lightweight Virtual Machine，HaLVM）是 Glasgow Haskell 编译器工具套件的一个端口，它使开发人员能够编写可以直接在 Xen Project 上运行的高级、轻量级虚拟机。加卢瓦（Galois）最初开发 HaLVM 是为了快速、轻松地构建操作系统组件的原型，但是它取得了长足发展，逐渐支持一系列广泛的应用场景。比如，结合适当的库，HaLVM 就能作为网络设备来运行。HaLVM 用于名为 Cyber Chaff 的商业网络安全应用程序（网络欺骗系统），该应用程序部署数百甚至数千个基于 HaLVM 的虚假小型虚拟机，这些虚拟机与网络上真实的主机无法区分，其目的是在网络上为攻击者创建看似有效的诱骗设备，误导渗透进网络的攻击者，使攻击者怀疑获取的信息，或误导他们犯错，尽快暴露。

多年来，Xen Project 一直是云计算和托管服务的主要内容，这是因为它可靠，拥有庞大的生态系统。它具有灵活的架构，使供应商能够根据自己的需求定制虚拟机管理程序，而且它还支持多种客户操作系统。

Xen Project 广泛应用于云平台，包括支持开源云平台，比如 CloudStack 和 OpenStack。其弹性和灵活性使得 Xen Project 成为超大规模云的首选虚拟化解决方案，许多大型云服务提供商都在使用 Xen Project 来构建其云服务。

3. 安全性

由于精益的架构、先进的安全功能和优秀的安全披露流程，最安全、最可靠的虚拟机管理程序可用于企业对安全第一需求的环境。Xen Project 项目遵循安全第一的原则。

安全问题的披露。与竞争项目不同，Xen Project 运行一个安全流程，使任何规模的云提供商和托管服务提供商都可以在问题公开之前私下修复安全漏洞，这确保了当安全问题公开时，基于 Xen 的云服务和托管服务已经得到更新。

实时修补。实时修补可实现安全补丁的免重启部署，从而最大程度地减少系统管理员在安全升级期间的中断和停机时间。Xen Project 项目附带了易于使用的实时补丁构建工具以及管理实时补丁的工具。自 2016 年以来，很多云提供商和托管服务提供商一直在使用实时补丁，没有出现过任何问题。Xen Project 项目拥有许多可在云环境中使用的高级安全技术。

使用多层保护和检测方法是确保系统安全的最优可行方法之一。为了实现企业环境真正安全的架构，需要锁定和控制关键系统组件的功能，这种细粒度的隔离措施就是虚拟机管理程序的功能发挥作用的地方。Xen Project 的体系架构将 Hypervisor 与 Linux 内核分开，能够免受常见漏洞的入侵，即使 Linux 内核受到攻击，Xen Hypervisor 也不会像其他虚拟机管理程序和容器一样受到影响。在基于 Xen Project 的系统中，还可以在单独的虚拟机沙箱中运行系统的关键元素，例如网络驱动程序、QEMU、控制软件等，并通过 Xen Project 安全模块定义其受限权限，同时，与 Xen Project 的架构一起，极大地限制了多种安全漏洞的影响，确保系统的其他部分不会受到攻击的影响。Xen Project 项目将持续为云、服务器虚拟化、嵌入式等构建高级安全功能。Xen Project 凭借其灵活的体系架构、先进的安全功能和业界领先的安全披露流程，成为用于安全优先环境的最安全、最可靠的虚拟机管理程序之一。

Xen Project 中的 Intel 和 ARM 芯片原生支持 VMI（Virtual Machine Introspection，虚拟机自检），使其成为开发人员构建和监控安全应用程序的理想 API，硬件辅助的 VMI 可防止入侵和恶意软件攻击，为其增加额外的安全层。另外，Linux 内核配置 Kconfig 具备 Linux 内核高度模块化和可定制化，Kconfig 使开发人员、系统管理员等能够在编译时定制核心 Xen Hypervisor 功能，如此便使虚拟机管理程序更轻量化，避免针对额外功能的攻击面，这对于安全第一的环境、微服务架构以及具有严格合规性和认证需求的环境（例如汽车）是有益的。

4. 汽车/嵌入式

Xen Project 的高成熟度、高隔离性、高安全性、实时支持、高容错性和灵活的架构等特性，使其完美匹配嵌入式和汽车系统。Xen Project 虚拟机管理程序是嵌入式系统虚拟化的核心组件，特别是在汽车、导航和交付管理系统等场景中，以及非安全关键航空系统中。

Xen Project 在嵌入式系统和汽车领域有广泛应用，因为其轻量，可以将工作负载整合到较小的硬件之上，降低成本和功耗，并提供强大的隔离和安全性。亿磐系统公司汽车与嵌入式系统首席技术官 Alex Agizim 曾表示，“对关键外设的原生支持对于在嵌入式系统领域提升 Xen Project Hypervisor 的应用非常重要。将已经出现漏洞和有可能受攻击的软件与云连接设备中的硬件和其他关键任务部件进行隔离是非常有必要的。用于声音、显示和输入的标准化 PV ABI 提供了一种简单可靠的方式来构建互联车辆的全交互式数字驾驶舱解决方案。”

虚拟化技术在数据中心已经完全成熟，现在也逐渐扩展到嵌入式领域（Intel 和 ARM 的低功耗小型硬件设备）。它为这些环境提供了与数据中心相同的优势。

（1）将工作负载整合到较小的硬件上，以降低成本、功耗和减小使用空间。

（2）硬件抽象，允许应用程序与硬件解耦。

（3）基于硬件隔离的好处是可以更好地防止软件缺陷并遏制故障。

Xen Project 项目在嵌入式和汽车领域的增长得益于众多组织做出的贡献，其中包括 GlobalLogic、EPAM、ARM、高通、博世等。

Xen Project 项目也已广泛用于嵌入式和汽车系统，包括 Nautilus、EPAM Fusion Cloud、BAE Systems、DornerWorks 等。

Xen Project 项目因其高成熟度、高隔离性和安全性、灵活的架构和开源社区等成为最受欢迎的嵌入式系统的虚拟机管理程序之一。

6.2.2 Xen Project 的体系架构

Xen Project 是一个属于 Type 1 类型的虚拟化技术，它支持 x86、x86-64、安腾（Itanium）、PowerPC 和 ARM 多种处理器，因此 Xen Project 可以在多种计算设备上运行，目前 Xen Project 支持 Linux、NetBSD、FreeBSD、Solaris、Windows 和其他常用的操作系统作为客户操作系统在其管理程序上运行。

Xen Project 的 VMM，即 Xen Hypervisor，位于操作系统和硬件之间，为其上层运行的操作系统内核提供虚拟化的硬件资源，并负责管理和分配这些资源，确保上层虚拟机之间相互隔离。在 Hypervisor 层上运行着许多虚拟主机，运行着虚拟主机的实例被称为域（Domain），一般分为 2 种类型：全虚拟化客户机（Domain U HVM）或半虚拟化客户机（Domain U PV）。Xen Project 体系架构采用 2 种类型混合模式（Hybrid Model），即在 Xen Project 上的多个域中存在一个特权域（Privileged Domain）用来辅助 Xen Project 管理其他域，提供相应的虚拟资源服务，特别是其他域对 I/O 设备的访问，这个特权域称为 Domain 0（又称 Dom0），而其他域则称为 Domain U（又称 DomU）。Xen 体系架构如图 6-11 所示。

图 6-11 Xen 体系架构

Xen Project 向域提供了一个抽象层 Xen Hypervisor，其中包含管理虚拟硬件的 API，而 Domain 0 内部包含真实的设备驱动，我们称之为原生设备驱动（Native Device Driver），它能够直接访问物理硬件。如图 6-12 所示，Domain 0 负责与 Xen Hypervisor 提供的管理 API 交互，并通过用户模式下的管理工具来管理 Xen 的虚拟化环境，启动和停止其他域，并通过控制接口（Control Interface）控制其他域的 CPU 调度、内存分配以及 I/O 设备访问，如物理磁盘存储和网络接口等。在域中运行的操作系统我们也称为客户操作系统（Guest OS 或 GOS）。

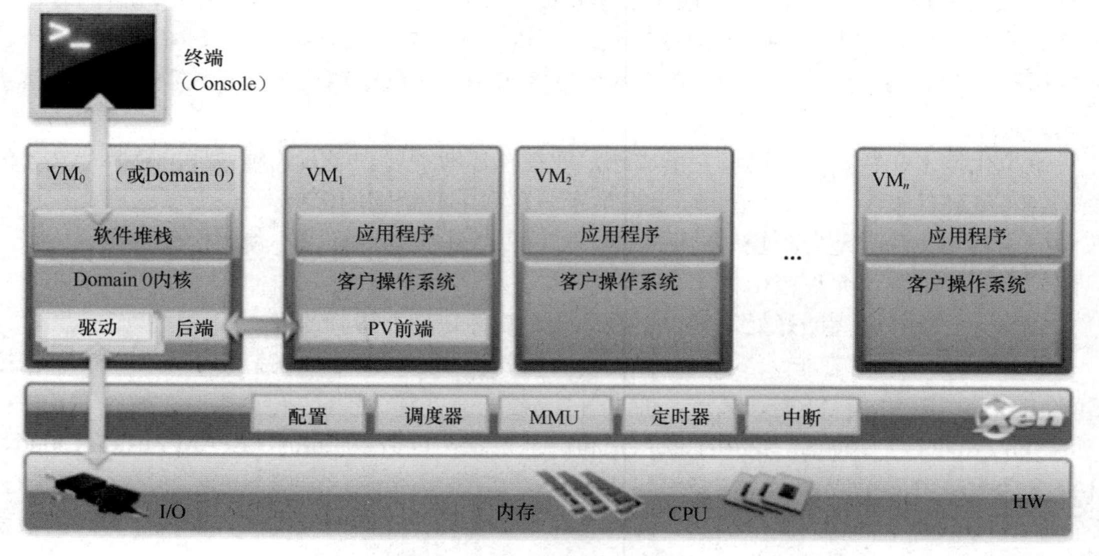

图 6-12 Xen 体系架构（详细）

Xen 2.0 之后，引入了分离设备驱动模式，如图 6-13 所示。该模式在每个用户域的 Domain U 中建立前端（Frontend）设备，在特权域的 Domain 0 中建立后端（Backend）设备。所有的 Domain U 操作系统像使用普通设备一样向前端设备发送请求，而前端设备通过 I/O 请求描述符（I/O Descripror Ring）和设备通道（Device Channel）将这些请求以及 Domain U 的身份信息发送到 Domain 0 中的后端设备，这种体系将控制信息传递和数据传递分开处理。

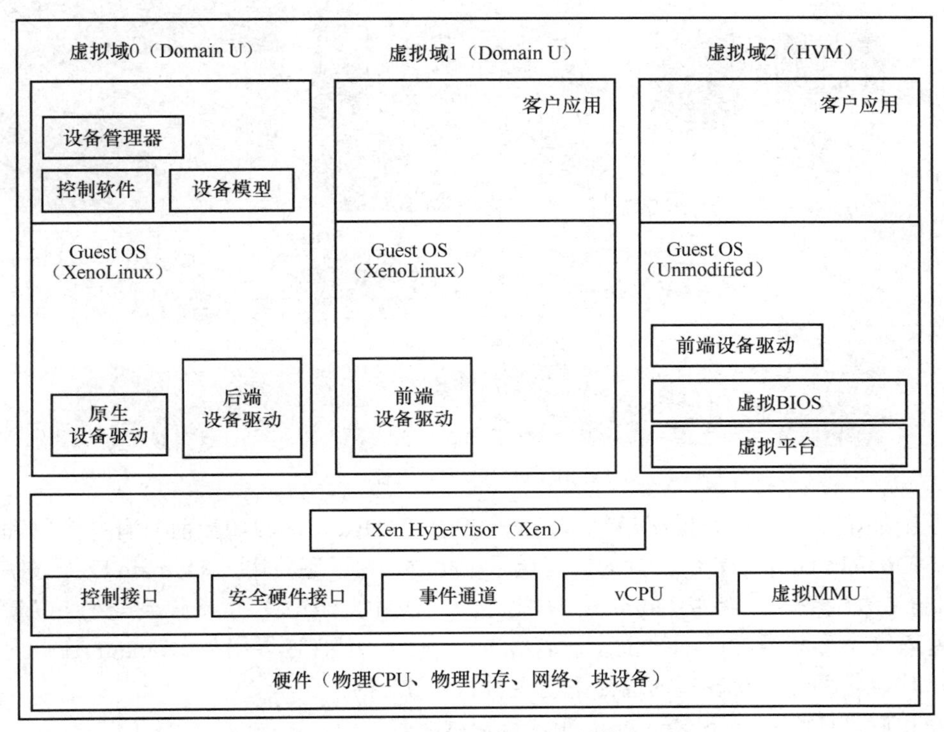

图 6-13 Xen 2.0 分离设备驱动模式

我们来看一下半虚拟化的 I/O 设备访问磁盘进行数据写入的流程，如图 6-14 所示，其与硬件模拟最大的不同点是 Domain U 知道自己是运行在虚拟化环境中的，并且知道这个磁盘不是真正的磁盘，它只是 Xen Project 模拟的一个磁盘前端驱动程序（Guest PV Block Driver），半虚拟化客户机的磁盘前端驱动接收到要向本地磁盘写入数据的请求时，通过 Xen Hypervisor 将数据写入系统内存中，这块内存是和 Domain 0 共享的一个事件通道（Event Channel），存在于 Domain 0 和 Domain U 之间，这个通道允许它们之间通过存在于 Xen Hypervisor 内的异步中断来进行通信，然后，Domain 0 将会接收到一个来自 Xen Hypervisor 的系统中断（interrupt），并触发 Domain 0 中的后端驱动程序（Block Backend Driver）访问系统内存，最后，通过 Xen Hypervisor 从共享内存中读取适合的数据块后，随即将其写入本地磁盘的指定位置中。

在 Xen Project 体系结构设计中，后端设备运行的特权域被赋予一个特有的名字——隔离设备域（Isolation Device Domain，IDD），而在实际设计中，IDD 就处在特权域中，所有的真实硬件访问都由特权域的后端设备调用原生设备驱动发起。前端设备的设计十分简单，只需要完成数据的转发操作，由于它们不是真实的设备驱动程序，所以也不用进行请求调度操作。

而运行在 IDD 中的后端设备，可以利用 Linux 的现有设备驱动来完成硬件访问，需要增加的只是 I/O 请求的桥接功能，以确保完成任务的分发和回送。

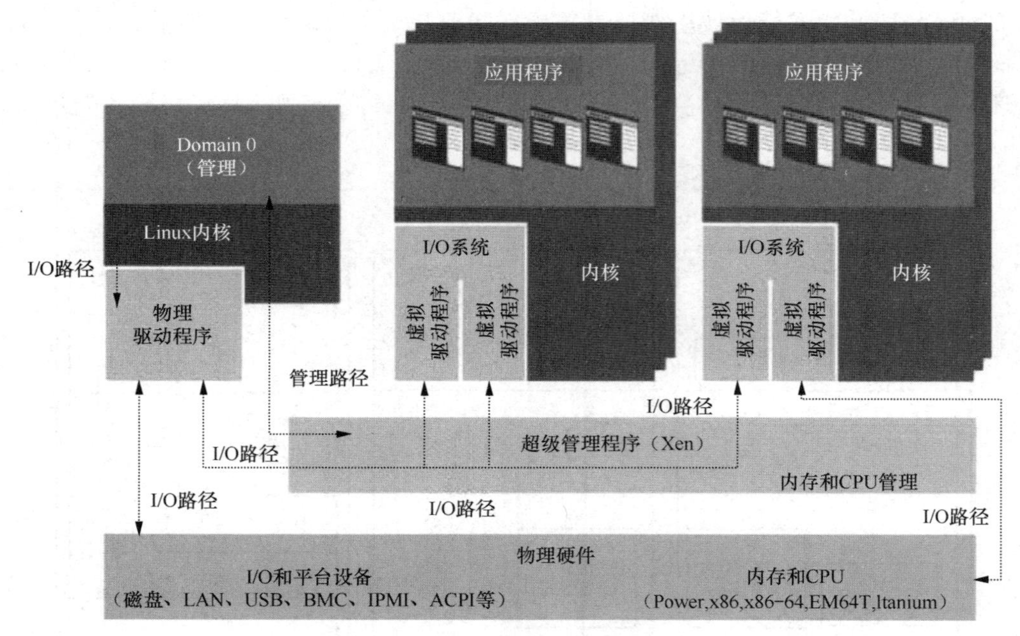

图 6-14　I/O 访问流程

但无论采用模拟或半虚拟化最终都是对物理磁盘的操作，假如当前只有一个物理磁盘，众多用户 Domain U 都在进行大量的读写请求，此时，为了避免用户 Domain U 无限制地向特权 Domain 0 发起请求，特权 Domain 0 中设置一个环状缓存区，每接收到一个 I/O 请求，就先将其塞入这个环状缓冲区的槽位中，若缓冲区满了，就会告诉用户 Domain U 此时 I/O 设备繁忙，其他各种 I/O 设备基本也都采用这种机制来控制。

下面我们来详细看一下 Xen Project 项目基本组件。

1. Xen Project 基本组件

（1）Hypervisor

Xen Hypervisor 是基础软件抽象层，一个格外精简（小于 150000 行代码）的软件层，直接运行于硬件设备之上，操作系统之下，是 Guest OS 与硬件资源之间的访问接口。通过将 Guest OS 与硬件进行分类，Hypervisor 可以允许 Guest OS 安全、独立地运行在相同的硬件环境上，它负责为运行硬件环境之上的多个虚拟机提供 CPU 调度和内存管理。Xen Hypervisor 不仅仅为虚拟机抽象出硬件层，它同时负责控制虚拟机的执行，因为这些虚拟机共享公共的进程环境，但是，它对通常存在于计算机系统上网络、外部存储以及其他公共 I/O 功能无感知。

（2）Domain U

被虚拟化的环境，每一个环境都运行着自己的操作系统和应用程序。Hypervisor 支持 2 种虚拟化模式：半虚拟化和全虚拟化。在一个 Hypervisor 上同一时间内可以运行多种任意的客户操作系统类型。Guest OS 从硬件上完全隔离，它们没有权限去访问硬件和 I/O 功能，因此它们被称为非特权域（Domain U）。在全虚拟化客户机（Domain U HVM Guest）上也可以使用半虚拟化技术：在 PV 和 HVM 之间创建一个连续体，这种方法被称为 PV on HVM。

在 Xen Hypervisor 上运行的半虚拟化客户机（Domain U PV Guest）中可以运行修改过的客户操作系统，比如 Solaris、FreeBSD 或者其他的 UNIX 操作系统。在 Xen Hypervisor 上运行的全虚拟化客户机中可以运行 Window 和其他未修改的操作系统。

（3）Domain 0

Domain 0 是一个具有特殊权限的特殊虚拟主机，它直接控制大部分的 I/O 设备，处理所有对系统 I/O 功能的访问，控制和其他虚拟主机交互等，也叫 0 号虚拟机。Domain 0 运行 Xen Project 管理工具栈，有直接访问硬件等特权，还提供了一个在外部能控制系统的接口。如果没有 Domain 0，那么 Hypervisor 就无法工作。Domain 0 是一个被修改过的 Linux 内核，它是唯一一个运行于 Xen Hypervisor 层之上拥有特权来访问物理 I/O 资源的虚拟机，同时可以同其他虚拟机进行通信。所以 Xen Project 虚拟化环境要求只有在 Domain 0 虚拟机启动之后，其他的虚拟机才可以运行，也就是说 0 号虚拟机必须运行于其他虚拟机之前。Domain 0 是最先启动的特权域（Privileged Domain），通常是半虚拟化的，它负责管理非特权域（Unprivileged Domain）。也就是说 Domain 0 在 Xen 中担任管理员的角色，它负责管理其他虚拟客户机。

在 Domain 0 中包含两个驱动程序，用于支持其他客户虚拟机对于网络和硬盘的访问请求。这两个驱动程序分别是 Network Backend Driver 和 Block Backend Driver。

Network Backend Driver 直接与本地的网络硬件进行通信，用于处理来自 Domain U 客户机的所有关于网络的虚拟机请求。根据 Domain U 发出的请求 Block Backend Driver，直接与本地的存储设备进行通信，然后将数据读写到存储设备上。

（4）Toolstack

Domain 0 包含一个控制栈（也称为工具栈 Toolstack），它允许用户管理（包括创建、销毁和配置）虚拟主机，该工具栈提供的一个接口可以是一个命令行控制台、GUI，或者类似 OpenStack 或 CloudStack 的云编排堆栈。

（5）Xen Project-enabled operating systems

Domain 0 需要有一个 Xen Project 支持的内核，半虚拟化的客户操作系统需要有一个支持半虚拟化的内核。

2. Xen Project 虚拟化类型

（1）半虚拟化

半虚拟化也称准虚拟化，简称为 PV，PV 不需要客户操作系统的 CPU 虚拟化扩展，也不需要支持硬件辅助虚拟化，过去 PV 的 Domain 0 和 Domain U 需要内核和硬件驱动的支持，但是现在只需要部分内核和操作系统即可。

半虚拟化是 Xen Project 主导的虚拟化技术，这种技术允许虚拟机操作系统感知到自己运行在 Xen Hypervisor 上而不是直接运行在硬件上，同时也可以识别出其他运行在相同环境中的客户虚拟机。

在 Xen Hypervisor 上运行的半虚拟化的操作系统，为了调用 Xen Hypervisor，要有选择地修改操作系统内核，除非它已经移植到了 Xen 架构。

半虚拟化客户机包含 2 个用于操作网络和磁盘的驱动程序——Network Backend Driver 和 Block Backend Driver。PV Network Driver 负责为 Domain U 提供网络访问功能。PV Block Driver 负责为 Domain U 提供磁盘操作功能。驱动程序如图 6-15 所示。

除此之外，半虚拟化中网络和磁盘的支持是通过一对前后端驱动实现的，包括 PV frontend

和 PV backend。架构上，PV 通过在 Hypervisor 和 Guests OS 之间开放额外的通信通道，然后凭借 PV 前端和后端驱动来工作。PV 架构如图 6-16 所示。

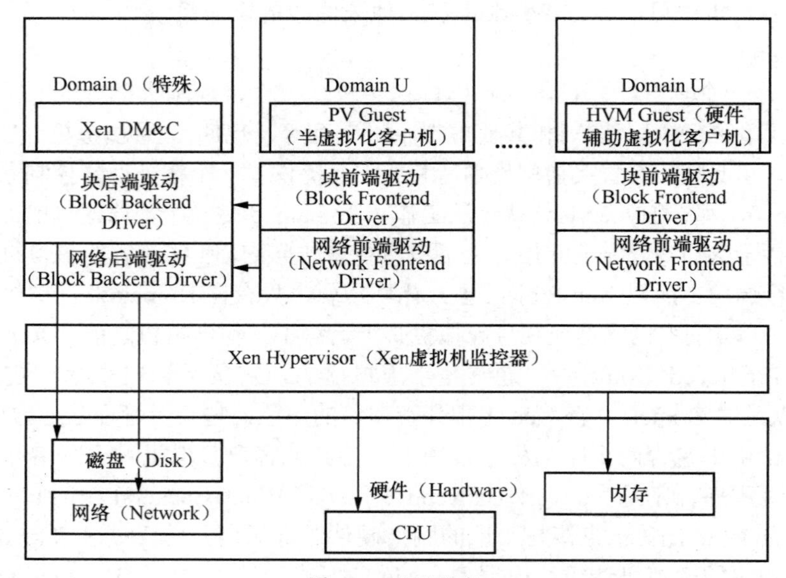

图 6-15　驱动程序

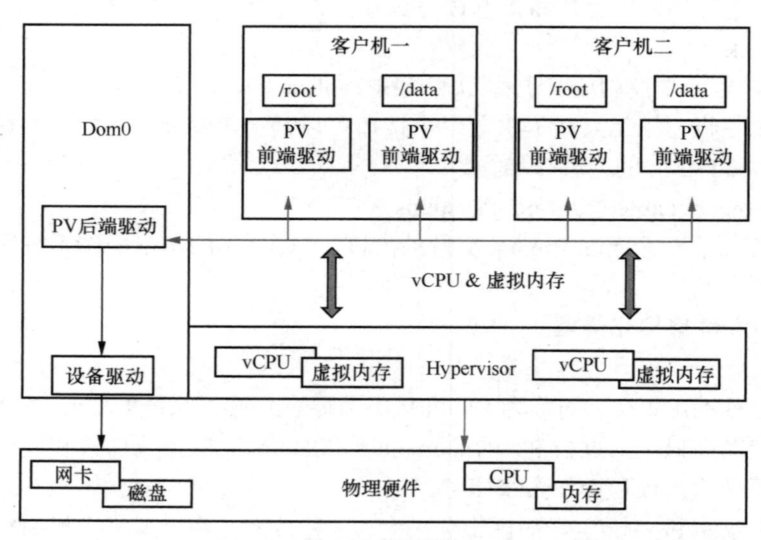

图 6-16　PV 架构

图 6-17 中，PV 半虚拟化在“特权指令，页表”（Privileged Instructions, Page Tables）、“模拟主板，传统引导”（Emulated Motherboard, Legacy Boot）、“中断&定时器”（Interrupts & Timers）、“磁盘和网络”等表现对比。可以看出 PV 表现良好。

（2）全虚拟化

全虚拟化又称“硬件辅助虚拟化”，简称 HVM，是指运行在虚拟环境上的虚拟机在运行过程中始终认为自己是直接运行在硬件之上的，并且感知不到在相同硬件环境下运行着其他虚拟机的虚拟化技术。在 Xen Project 中，半虚拟化和全虚拟化同时存在，如图 6-18 所示。

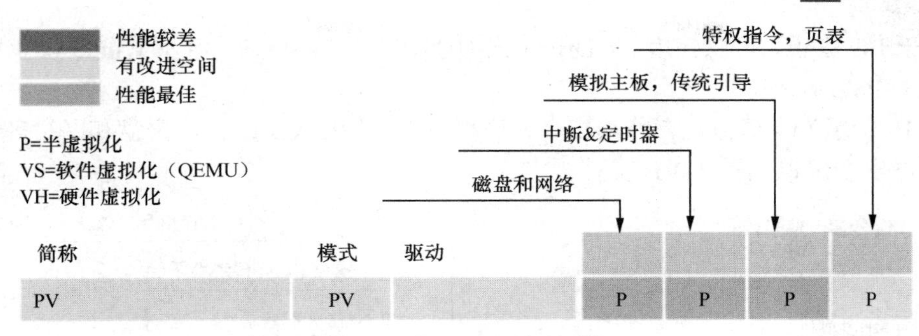

图 6-17 Xen Project 表现对比

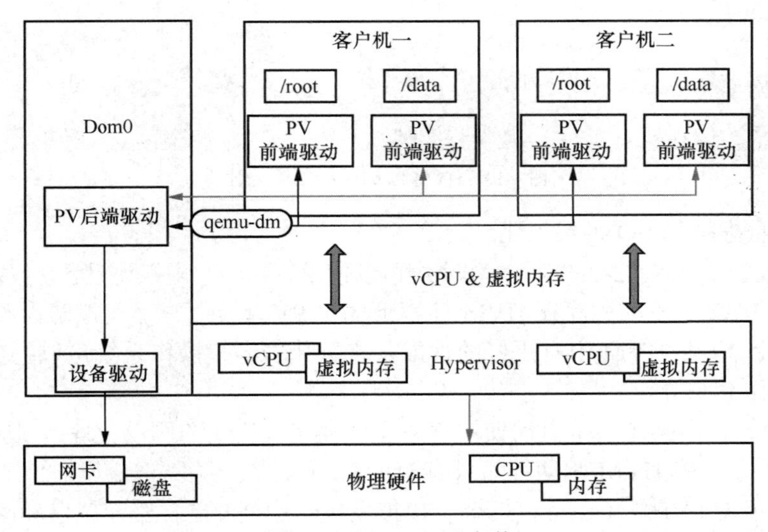

图 6-18 “HVM+PV”架构

全虚拟化客户机中运行的是标准版本的操作系统，因此其操作系统中不存在半虚拟化驱动程序（PV Driver），但是每个全虚拟化客户机都会在 Domain 0 中存在一个特殊的精灵程序，称为 Qemu-DM，Qemu-DM 可以帮助全虚拟化客户机获取网络和磁盘的访问操作。

全虚拟化客户机必须和在普通硬件环境下一样进行初始化，所以需要在其中加入一个特殊的软件 Xen Virtual Firmware，模拟操作系统启动时所需要的 BIOS。Xen Virtual Firmware 是被嵌入所有全虚拟化客户机中的虚拟的 BIOS，确保所有客户操作系统在正常启动操作中接收到标准的启动指令集并提供标准的软件兼容环境。

可想而知，全虚拟化的 Guests OS 不需要任何内核支持，这意味着 Windows 操作系统也可以作为一个 HVM Guest。而且，在 Xen 上虚拟的 Windows 虚拟机也只能采用全虚拟化技术，因为其是闭源商品化版本。

全虚拟化或硬件辅助虚拟化采用 HOST CPU 的虚拟化扩展来虚拟化 Guests OS。硬件辅助虚拟化需要 Intel VT 或 AMD-V 硬件扩展的支持。Xen 使用 QEMU 来模拟 PC 硬件，包括 BIOS、集成开发环境（Integrated Development Environment，IDE）磁盘控制器、视频图形阵列（Video Graphic Array，VGA）图形适配器、USB 控制器、网卡等。虚拟化硬件扩展用于提高仿真的性能。因为需要模拟，所以全虚拟化的 Guest OS 比半虚拟化的 Guest OS 的速度要慢。对于 I/O 来说，可以使用 PV Driver 来加速 HVM Guest OS，但在 Windows 上可能需要安装适当的 PV Driver。

图 6-19 所示为全虚拟化在特权指令、模拟主板、中断&定时器、磁盘和网络等的对比。从中可以看出全虚拟化需要 VH 支持。

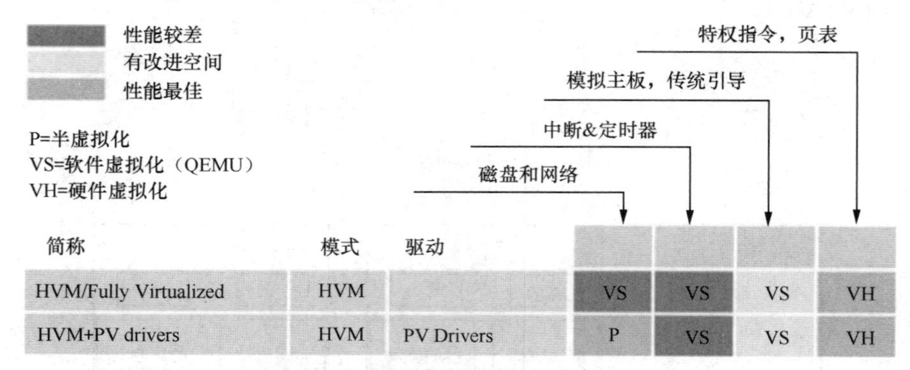

图 6-19　HVM 以及 HVM+PV 对比

（3）CPU 全虚拟化 I/O 半虚拟化

为了提高性能，全虚拟化的客户操作系统可以使用特殊的半虚拟化设备驱动程序（PVHVM 或 PV-on-HVM）。这些驱动程序在 HVM 环境下优化 PV 驱动程序，模拟磁盘和网络 I/O 的旁路运行，从而让 PV 在 HVM 中有更好的性能。这意味着客户操作系统可以得到最佳的性能，如 Windows 操作系统等。

注意，PV 的客户操作系统自动使用 PV 驱动程序（优化的驱动程序），因此不需要这些 PVHVM 驱动程序。PVHVM 驱动程序只有 HVM Guests 虚拟机需要。

图 6-20 所示为 PVHVM 在特权指令、模拟主板、中断&定时器、磁盘和网络等的对比。

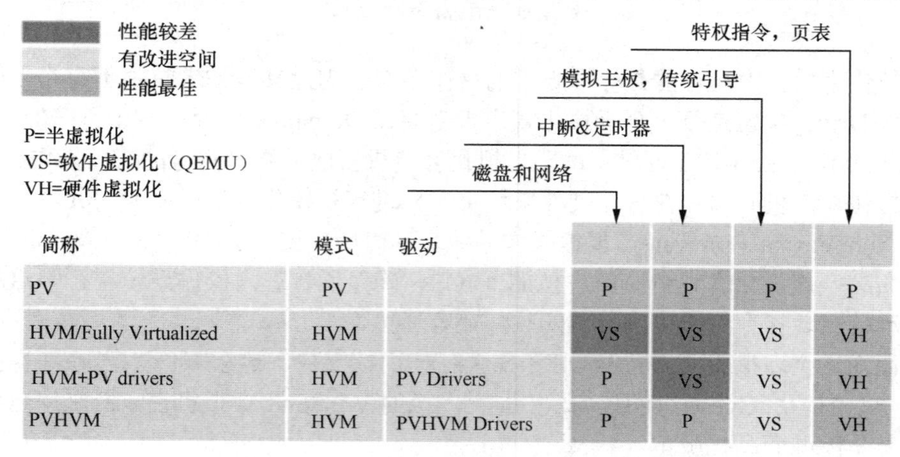

图 6-20　HVM、HVM+PV 以及 PVHVM 的对比

3. Domain 管理和控制

开源社区中将一系列的 Linux 精灵程序分为“管理”和“控制”两大类，这些服务支撑着整个虚拟环境的管理和控制操作，并且存在于 Domain 0 虚拟机中。下面来看一下直接服务详细描述。

（1）Xend

Xend精灵线程是一个Python应用程序，它作为Xen Project环境的系统管理员。它使用Libxenctrl类库向Xen Hypervisor发出请求，所有精灵程序处于Domain 0内部。

所有Xend处理的请求都是由XM工具使用XML RPC接口发送过来的，如图6-21所示。

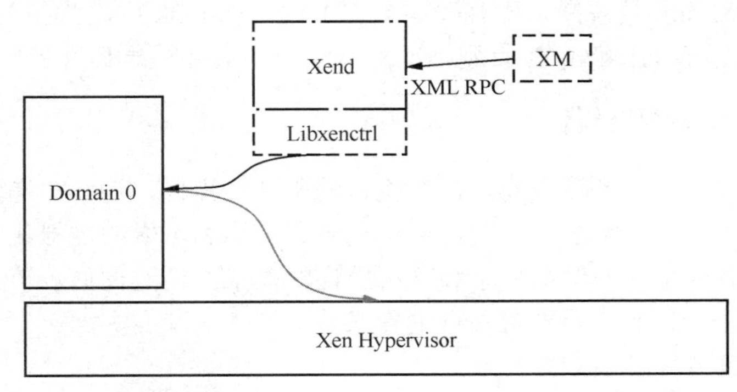

图6-21 Xend

（2）XM

XM是用于将用户输入通过XML RPC接口传递到Xend中的命令行工具。

（3）Xenstored

Xenstored daemon用于维护注册信息，这些信息包括内存，以及连接Domain 0和所有其他Domain U的事件通道。Domain 0虚拟机利用这些注册信息与系统中其他虚拟机建立设备通道，来完成Domain U虚拟机硬件资源的访问。

（4）Libxenctrl

Libxenctrl是C程序类库，用于让Xend具有通过Domain 0与Xen Hypervisor进行交互的能力。在Domain 0中存在一个特殊的驱动程序——privcmd，它将请求发送给Xen Hypervisor，如图6-22所示。

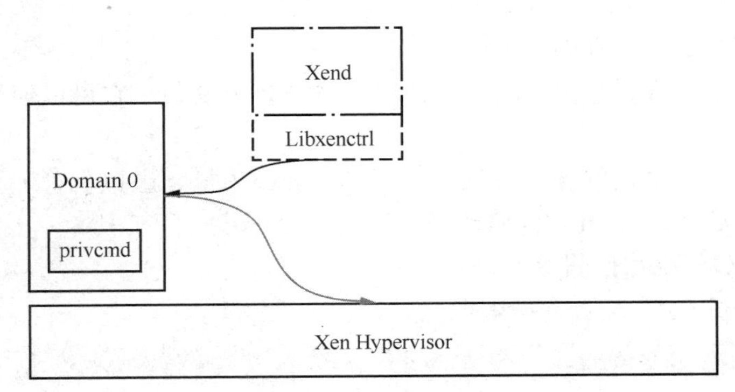

图6-22 Libxenctrl

（5）Qemu-DM

在Xen虚拟环境下，每一个运行的HVM Guest都需要拥有自己的Qemu-DM工具。这个工具用来处理所有从HVM Guest发送过来的Network和Disk请求，进而在Xen虚拟化环境中实现全虚拟化。QEMU必须存在于Hypervisor之外，这是因为它需要访问网络和I/O，而

Hypervisor 无法实现，这些功能存在于 Domain 0，所以所有 Qemu-DM 存在于 Domain 0。后期版本的 Xen 中，出现了 Stub-DM 工具，提供一系列对所有全虚拟化客户机都可用的服务，以此来替代需要在每个虚拟机上都生成一个 QEMU 的逻辑。

（6）Xen Virtual Firmware

Xen Virtual Firmware 是被嵌入所有普通全虚拟化 Guest OS 中的虚拟的 BIOS，用于确保所有 Guest OS 在正常启动操作中接收到标准的启动指令集并提供标准的软件兼容环境。

6.2.3 Xen Project 安装部署

某公司是一家大型云服务提供商，拥有庞大的服务器集群，为客户提供虚拟主机、云存储等服务。由于业务的持续增长，公司需要更高效、灵活和可靠的虚拟化解决方案来提升服务器资源利用率，并满足客户对高效率和高可用性的需求。经过评估，该公司决定采用 Xen Project 作为虚拟化平台，来满足业务发展的需求。

我们先来了解官方环境要求。

配置说明（官方）如下。

（1）具有至少 1GB RAM 的 64 位 x86 计算机（可以是服务器、台式计算机或笔记本计算机）。

（2）CPU 需要支持 Intel VT 或 AMD-V（PV 可选，HVM 和一些 PV 优化必需）。

（3）有 Domain 0 和客户操作系统所需足够的磁盘空间。

（4）有互联网接入。

（5）Windows 许可副本或 Windows Server 2008 R2 试用副本的安装所用的 ISO（仅 Windows HVM 使用）。

（6）VNC 客户端，远程操作（PV 可选，HVM 必需）。

Xen Project 安装部署规划如下。

Xen Project 安装部署采用虚拟机来完成，准备一个已安装 CentOS 7.6 64 位系统的虚拟机节点，可联网。

Xen Project 安装部署步骤如下。

Xen Project 属于裸金属虚拟化类型，建议在物理机上安装。它可以使用源代码方式安装和 yum 方式安装。

Xen Project 项目包主要包含支持 Xen 项目的 Linux 内核、虚拟机管理程序本身、支持虚拟机管理程序 HVM 模式的 QEMU 修改版本以及一组用户空间工具。

1. 安装 CentOS Xen 存储库

（1）检查宿主机 CPU 是否支持虚拟化。

```
# egrep '(vmx|svm|hypervisor)' /proc/cpuinfo
```

（2）设置国内源。

```
# cd /etc/yum.repos.d && mkdir -p bak && mv CentOS-* bak
# wget -O /etc/yum.repos.d/CentOS-Base.repo http://mirrors.aliyun.com/repo/Centos-7.repo
```

（3）安装指定版本的存储库。

```
# yum -y install centos-release-xen-48.x86_64
```

2. 更新内核并安装 Xen

（1）指定源，避免与最新版本不兼容或组件冲突。

更新内核。

```
# yum -y update kernel --enablerepo=centos-virt-xen-48
```

（2）安装 Xen。

```
# yum -y install xen --enablerepo=centos-virt-xen-48
```

此时已安装了 Xen Project 虚拟机管理程序、Xen Project 内核和用户层工具。

3. 配置 GRUB 以启动 Xen Project

当重启引导系统时，在引导菜单中会看到使用 Xen 虚拟机管理程序启动 CentOS 的选项。我们需要设置，以默认启动 Xen 内核的启动项。

（1）添加 Xen 启动项。

```
# /bin/grub-bootxen.sh
```

或者

```
# bash `which grub-bootxen.sh`
```

下面进行确认。

```
# grep dom0_mem    /boot/grub2/grub.cfg
```

注意以下几点。

- 运行脚本，更新 GRUB。
- 运行脚本 grub-bootxen.sh，将生成/boot/grub2/grub.cfg。

（2）修改 Xen 内核参数，调整内存大小。

```
# cat /etc/default/grub
```

执行以上命令，我们应该可以看到如下结果：

```
[root@localhost ~]# cat /etc/default/grub
GRUB_TIMEOUT=5
GRUB_DISTRIBUTOR="$(sed 's, release .*$,,g' /etc/system-release)"
GRUB_DEFAULT=saved
GRUB_DISABLE_SUBMENU=true
GRUB_TERMINAL_OUTPUT="console"
GRUB_CMDLINE_LINUX="crashkernel=auto rd.lvm.lv=centos/root rd.lvm.lv=centos/swap rhgb quiet"
GRUB_DISABLE_RECOVERY="true"
GRUB_CMDLINE_XEN_DEFAULT="dom0_mem=1024M,max:1024M cpuinfo com1=115200,8n1 console=
com1,tty loglvl=all guest_loglvl=all"
GRUB_CMDLINE_LINUX_XEN_REPLACE_DEFAULT="console=hvc0 earlyprintk=xen nomodeset"
```

其中，GRUB_CMDLINE_XEN_DEFAULT="dom0_mem=1024M,max:1024M cpuinfo com1=115200,8n1 console=com1,tty loglvl=all guest_loglvl=all"是我们需要关注的。

注：dom0_mem=1024M,max:1024M 用于设置 Domain 0 的内存和最大可用内存，其值一定不能超过宿主机的实际内存的大小，否则无法启动 Xen 内核，进入不了 Domain 0，Xen-48

版本的 dom0_mem 默认是 1GB，可根据具体环境设定。

（3）设置默认启动内核。

内核更新后，设置默认启动内核。CentOS 7 采用的是 GRUB 2 引导程序。

① 查看内核数量。

```
# cat /boot/grub2/grub.cfg |grep menuentry
```

② 设置默认启动内核。

我们选择“CentOS Linux, with Xen hypervisor”。

```
# grub2-set-default "CentOS Linux, with Xen hypervisor"
```

③ 查看是否设置成功。

```
# grub2-editenv list
[root@localhost ~]# grub2-editenv list
saved_entry=CentOS Linux, with Xen hypervisor
```

4. 重启并验证

验证新内核是否正在运行。

```
[root@localhost ~]# uname -r
4.9.215-36.el7.x86_64
```

重启服务器后，可看到有多个启动项。第一项用于启动 CentOS（更新后的内核）和 Xen，也就是 Domain 0 和 Hypervisor；第二项是 CentOS 和 Xen 的高级启动项；第三项用于以新的内核启动 CentOS；最后几项是旧内核和救援启动项。默认使用第一项，如图 6-23 所示。

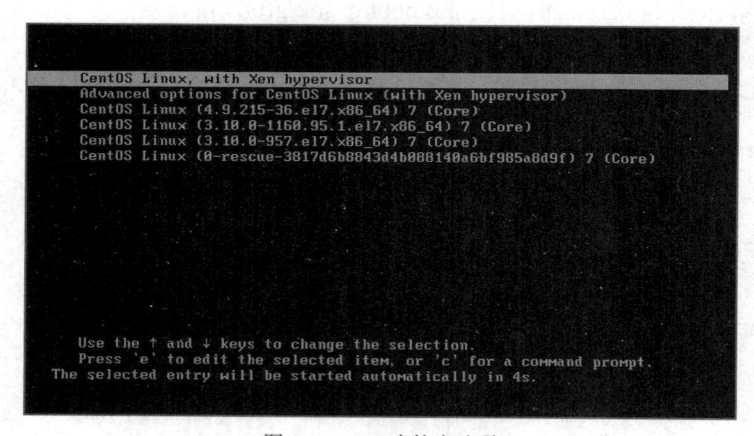

图 6-23 Xen 内核启动项

5. 安装管理工具与使用

（1）验证 Xen 是否正在运行。

```
[root@localhost ~]# xl info
host                    : localhost
release                 : 4.9.215-36.el7.x86_64
version                 : #1 SMP Mon Mar 2 11:42:52 UTC 2020
machine                 : x86_64
```

```
nr_cpus                : 1
max_cpu_id             : 127
nr_nodes               : 1
cores_per_socket       : 1
threads_per_core       : 1
cpu_mhz                : 2303
hw_caps                : 078bfbff:f7fa3223:2c100800:00000121:0000000b:009c27ab:00000008:00000100
virt_caps              : hvm
total_memory           : 2047
free_memory            : 998
sharing_freed_memory   : 0
sharing_used_memory    : 0
outstanding_claims     : 0
free_cpus              : 0
xen_major              : 4
xen_minor              : 8
xen_extra              : .5.86.g8db85532
xen_version            : 4.8.5.86.g8db85532
xen_caps               : xen-3.0-x86_64 xen-3.0-x86_32p hvm-3.0-x86_32 hvm-3.0-x86_32p hvm-3.0-x86_64
xen_scheduler          : credit
xen_pagesize           : 4096
platform_params        : virt_start=0xffff800000000000
xen_changeset          :
xen_commandline        : placeholder dom0_mem=1024M,max:1024M cpuinfo com1=115200,8n1 console=
com1,tty loglvl=all guest_loglvl=all
cc_compiler            : gcc (GCC) 4.8.5 20150623 (Red Hat 4.8.5-39)
cc_compile_by          : mockbuild
cc_compile_domain      : centos.org
cc_compile_date        : Thu Dec 12 15:10:22 UTC 2019
build_id               : 758b32738223bc21223741bec488a75ce4f823ab
xend_config_format     : 4
```

（2）安装管理工具。

① 安装管理工具需要的依赖包。

```
# yum -y install gnutls-utils vte3 dbus-libs python-ipaddr
```

② 安装管理工具。

安装管理工具时指定源 centos-virt-xen-48，并关闭 Base 源干扰。

```
# sed -i -e "s/enabled=1/enabled=0/g" /etc/yum.repos.d/CentOS-Base.repo
# sed -i -e "s/enabled=0/enabled=1/g" /etc/yum.repos.d/CentOS-Xen-48.repo
# sed -i -e "s/enabled=0/enabled=1/g" /etc/yum.repos.d/CentOS-Xen-dependencies.repo
# yum repolist all
# yum -y install libvirt virt-install virt-manager –enablerepo=centos-virt-xen-48
# yum -y install libvirt-daemon-xen –enablerepo=centos-virt-xen-48
```

注意以下几点。

- 当 yum 使用参数–enablerepo=centos-virt-xen-48 并且有多源时，优先使用指定源。
- 从 centos-virt-xen-48 安装管理工具时，可能因为缺少相关依赖包，无法安装，所以离不开 Base 源。这里我们只需要 Base 源中的依赖，Xen 管理工具优先从 centos-virt-xen-48 中安装，包冲突时优先从 centos-virt-xen-48 选择。

③ 查看 libvirtd 运行状态。

Xen 管理工具依赖 libvirtd 守护进程，查看 libvirtd 进程。

```
# systemctl restart libvirtd.service
# systemctl enable libvirtd.service
# systemctl status libvirtd.service
```

④ 在进行远程连接时需要安装 openssh-askpass。

```
# yum install -y openssh-askpass
```

（3）使用 Xen。

① 命令行创建虚拟机。

Xen 可以使用 virt-install 命令，以及专属的 xe、xl 等命令行工具。

② GUI 工具 virt-manager。

确保安装了 X-windows 图形界面。

```
# virt-manager
```

连接 Xen 虚拟化，单击“File”→“Add Connection”，选择“Xen”，其中 Hostname 填入 Xen 虚拟化所在服务器 IP 地址。根据提示输入“yes”、系统 root 的密码等，也可以作为客户端管理其他 Xen 主机。

可以尝试继续探索 Xen Project 虚拟化平台的高级功能和特性，例如虚拟机模板、负载均衡、网络虚拟化等，以更好地满足企业的业务需求。

6.3 VirtualBox

Oracle VM VirtualBox（简称 VirtualBox）是一个跨平台虚拟化应用程序。它可以安装在基于 Intel 或 AMD 的计算机上，无论其运行的是 Windows、macOS、Linux 还是 Solaris 操作系统（Host OS）。它扩展了现有计算机的功能，使其可以实现同时在多个虚拟机内运行多个操作系统。例如，可以在 macOS 上运行 Windows 和 Linux、在 Linux 服务器上运行 Windows Server、在 Windows PC 上运行 Linux 等，包括其上的应用程序。可以安装和运行任意数量的虚拟机，需要考虑的仅仅是足够的磁盘空间和内存等。VirtualBox 看似简单，但功能非常强大。它可以在任何地方运行，包括小型嵌入式系统、桌面级计算机、企业级数据中心，甚至云服务环境等。

6.3.1 VirtualBox 的功能

VirtualBox 是一款功能强大的 x86 和 AMD64/Intel64 虚拟化产品，适合企业和个人使用。VirtualBox 不仅是面向企业客户的功能极其丰富的高性能产品，还是唯一根据 GNU 通用公共许可证（General Public License，GPL）第 3 版条款作为开源软件免费提供的专业解决方案。VirtualBox 是一款开源虚拟机软件，是由德国 Innotek 公司开发，由 Sun Microsystems 公司出品的软件，使用 Qt 编写，在该公司被 Oracle 收购后正式更名为 Oracle VM VirtualBox。Innotek 以 GPL 推出 VirtualBox，并提供二进制版本及 OSE 版本的代码。目前，VirtualBox 可在采用 Windows、Linux、macOS 和 Solaris 等操作系统的主机上运行，并支持大量客户操作系统，例如 Windows、Linux、macOS、Solaris、FreeBSD 等。它已由 Oracle 公司进行开发和维护，是 Oracle 公司 xVM 虚拟化平台技术的一部分。VirtualBox 控制台界面如图 6-24 所示。

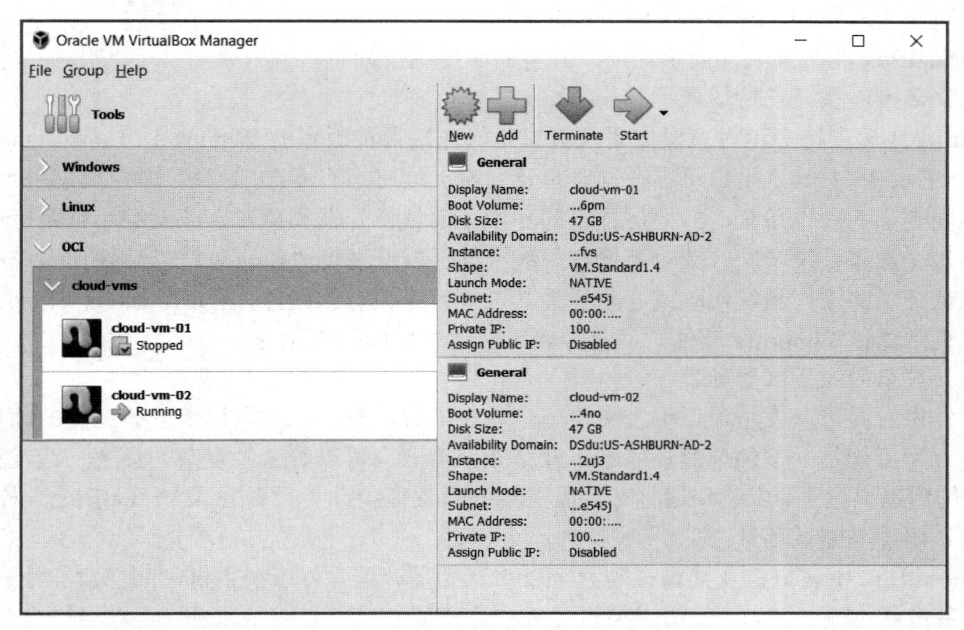

图 6-24 VirtualBox 控制台界面

VirtualBox 是一款主流的免费虚拟机软件，它不仅具有丰富的特色，而且性能也很优异。目前，VirtualBox 可在以下主机上运行。

（1）Windows 主机（64 位）

Windows 8.1、Windows 10、Windows 11 21H2、Windows Server 2012、Windows Server 2012 R2、Windows Server 2016、Windows Server 2019、Windows Server 2022 等。

（2）macOS 主机（64 位）

10.15（Catalina）、11（Big Sur）、12（Monterey）等。

（3）Linux 主机（64 位）

Ubuntu 18.04 LTS, 20.04 LTS and 22.04、Debian GNU/Linux 10 (Buster) and 11 (Bullseye)、Oracle Linux 7, 8 and 9、CentOS/Red Hat Enterprise Linux 7, 8 and 9、Fedora 35 and 36、Gentoo Linux、SUSE Linux Enterprise server 12 and 15、openSUSE Leap 15.3 等。请注意，不再支持基于 Linux 2.4 的主机操作系统。

（4）Oracle Solaris 主机（仅限 64 位）

Oracle Solaris 11.4 等。

由于 VirtualBox 旨在为 x86 系统提供通用虚拟化环境，因此它几乎可以运行任何类型的客户操作系统。

VirtualBox 还支持未经修改的 Mac OS X 客户操作系统版本（实验性的，不提供支持，且需遵循 Mac OS X 商业许可）。VirtualBox 是第一个提供 Mac OS X 所期望的现代 PC 架构的产品，无须修改客户操作系统虚拟化解决方案。一些其他同类解决方案中，如果要用 Mac OS X，需要为其安装 DVD 再进行修改，需要对不同的引导加载程序进行文件替换等。

与同性质的 VMware 及 Virtual PC 比较，VirtualBox 独到之处包括 RDP、互联网 SCSI（Internet SCSI，iSCSI）及 USB 的支持，VirtualBox 在客户操作系统上已可以支持 USB 3.0 的硬件装置，需安装 VirtualBox Extension Pack。

VirtualBox 非常强大，简单易用，典型的应用场景如下。

（1）多操作系统支持场景

VirtualBox 支持多种客户操作系统虚拟化，包括各种版本的 Windows、Linux、macOS、Solaris、FreeBSD 等。用户可以在同一台计算机上同时运行多个虚拟机，每个虚拟机都可以运行不同类型的操作系统，方便进行不同环境下的软件开发和测试，或者满足特定应用的需求。例如，操作系统开发或针对某操作系统上软件的开发场景，可以在当前操作系统中虚拟机上测试开发的操作系统代码或者运行为其操作系统编写的软件，例如在 Linux 或 macOS 上的虚拟机中测试 Windows 软件，而且无须重启宿主机即可使用它。

（2）复杂的业务部署场景

软件供应商可以使用虚拟机来交付整个软件配置。例如，在真机上安装完整的邮件服务器解决方案可能是一项烦琐的任务。借助 VirtualBox，可以将这种复杂的设置（通常称为设备）打包到虚拟机中。安装和运行邮件服务器变得就像将此类设备导入 VirtualBox 一样简单。

（3）研发与测试场景

VirtualBox 中虚拟机及其虚拟硬盘可以被认为是容器，可以在主机之间任意冻结、唤醒、复制、备份和传输。例如，使用虚拟机可以构建和测试多节点网络服务，可以轻松检查网络、操作系统和软件配置问题。

除此之外，通过使用快照功能，可以保存虚拟机的特定状态并在必要时恢复到该状态。这样，用户就可以放心自由地尝试任何计算环境。如果出现问题，例如安装软件后出现问题或访客感染病毒，可以轻松切换回以前的快照，从而避免频繁备份和恢复；也可以创建任意数量的快照，允许用户在不同时间节点的虚拟机快照之间任意切换，还可以在虚拟机运行时删除快照以回收磁盘空间。

（4）基础设施整合，企业数据中心场景

虚拟化可以显著降低硬件和资源成本。大多数时候，传统的计算机仅能使用其全部资源的一小部分，资源利用率长期处于较低的状态，大量的硬件资源以及电力成本都被浪费了。因此，我们可以将许多虚拟机打包到几台功能强大的主机上，并平衡它们之间的负载，而不是运行许多此类仅部分使用的物理计算机。

VirtualBox 作为一款全功能的虚拟化软件，其优点众多。我们来了解一下 VirtualBox 主要的优点。

1. 可移植

VirtualBox 支持大多数 64 位主机操作系统。VirtualBox 是托管虚拟机管理程序类型，即 Type 2 虚拟机管理程序。Type 1 虚拟机管理程序直接在硬件上运行，而 Type 2 虚拟机管理程序需要依赖宿主机操作系统。因此，它可以作为一款软件与该主机上的现有应用程序一起运行，互不影响。

在很大程度上，VirtualBox 在所有主机平台上的功能都是相同的，并且使用相同的文件和映像格式。这使用户能够在具有不同主机操作系统的另一台主机上运行在一台主机上创建的虚拟机。例如，可以在 Windows 上创建虚拟机，然后导入 Linux，在 Linux 上运行它。

此外，可以使用开放虚拟化格式（OVF 镜像格式）轻松导入和导出虚拟机，甚至可以导入使用其他虚拟化软件创建的 OVF 镜像。对于 Oracle Cloud Infrastructure 的用户，功能集成到了与云之间的虚拟机导入和导出，这大大简化了应用程序的开发以及在生产环境中的部署工作。

2. 提供客户附加

客户附加（Guest Addition）是 VirtualBox 提供的客户附加软件包，可以将其安装在受支持的客户操作系统内部，可以为虚拟机提供附加功能，包括自动调整视频分辨率、无缝窗口、加速 3D 图形等。

客户附加可以为客户操作系统提供共享文件夹，可以使用户从客户操作系统访问主机系统上的文件。

3. 硬件支持全面

（1）多处理器支持：VirtualBox 可以为每个虚拟机最多提供 32 个虚拟 CPU，这与主机上实际存在多少个 CPU 内核无关。

（2）USB 设备支持：VirtualBox 实现虚拟 USB 控制器，可以将任意 USB 设备连接到虚拟机，而无须在主机上安装设备特定的驱动程序。USB 支持不限于某些设备类别。

（3）硬件兼容性：VirtualBox 可虚拟大量硬件设备，其中许多设备通常由其他虚拟化平台提供，包括 IDE、SCSI 和 SATA 硬盘控制器、多个虚拟网卡和声卡、虚拟串行和并行端口以及许多计算机系统中都有的输入/输出高级可编程中断控制器（Input/Output Advanced Programmable Interrupt Controller，I/O APIC），这样可以轻松地从物理计算机复制磁盘映像，以及将第三方虚拟机导入 VirtualBox。

（4）全面的 ACPI 支持：VirtualBox 完全支持高级配置和电源接口（Advanced Configuration and Power Interface，ACPI）。这样可以轻松地将磁盘映像从物理机或第三方虚拟机复制到 VirtualBox。凭借其独特的 ACPI 电源状态支持，VirtualBox 甚至可以向支持 ACPI 的客户操作系统报告主机的电源状态。对于使用电池运行的移动系统，访客可以启用节能并通知用户剩余电量。

（5）多屏分辨率：VirtualBox 虚拟机支持的屏幕分辨率是物理屏幕的许多倍，允许它们分布在连接到主机系统的大量屏幕上。

（6）内置 iSCSI 存储支持：无须通过主机系统即可将虚拟机直接连接到 iSCSI 存储服务器。虚拟机可直接访问 iSCSI 目标，无须在容器文件中虚拟化硬盘所需的额外开销。

（7）PXE 网络启动：VirtualBox 的集成虚拟网卡完全支持使用预启动执行环境（Preboot execution Environment，PXE）进行远程启动。

4. 支持快照功能

VirtualBox 支持虚拟化快照功能，可以保存虚拟机的特定状态，并在必要时恢复到该状态。在 VirtualBox 的虚拟机中可以创建任意数量的快照，还能进行多分支快照，保存虚拟机的任意状态，使用户可以在虚拟机快照之间来回移动。VirtualBox 还支持在虚拟机运行时创建和删除快照，在虚拟机运行时删除快照可以回收磁盘空间。

5. 提供虚拟机组

VirtualBox 提供了组功能，使用户能够集中或单独组织和控制虚拟机。除了基本组之外，任何虚拟机还可以位于多个组中，并且组可以嵌套在层次结构中。这意味着用户可以有很多组。一般来说，可以在组上执行的操作与可以应用于单个虚拟机的操作相同：启动、暂停、重置、关闭（保存状态、发送关闭、关闭电源）、放弃保存的状态、在文件系统中显示、分类等。

6. 架构简洁、模块化

VirtualBox 具有高度模块化的设计，具有定义明确的内部编程接口以及客户端和服务器代码的清晰分离，可以轻松地通过界面进行管理。例如，只需单击 VirtualBox GUI 中的按钮即可启动虚拟机，然后从命令行甚至远程控制该计算机。

由于采用模块化架构，VirtualBox 还可以通过综合软件开发套件（Software Development Kit，SDK）公开其全部功能和可配置性，从而实现 VirtualBox 与其他软件系统的集成。

7. 支持远程连接

通过 VirtualBox VRDE（Virtual Remote Desktop Extension，虚拟远程桌面扩展）可实现对任何正在运行的虚拟机的高性能远程访问。此扩展支持最初内置于 Windows 中的 RDP（Remote Desktop Protocol，远程桌面协议），并添加了针对完整客户端 USB 支持的特殊附加功能。VRDE 不依赖 Windows 内置的 RDP 服务器，而是直接植入虚拟化层。因此，即使在文本模式下，它也可以与 Windows 以外的客户操作系统配合使用，并且也不需要虚拟机中的应用程序支持。VirtualBox 还支持 Windows 上的 Winlogon 和 Linux 上的 PAM（Pluggable Authentication Module，可插拔认评模块）进行 RDP 身份验证。此外，它还包括一个易于使用的 SDK，使用户能够为其他身份验证方法创建任意接口。

使用 RDP 虚拟通道支持，VirtualBox 还允许将任意 USB 设备本地连接到在 VirtualBox RDP 服务器上远程运行的虚拟机。

VirtualBox 既支持纯软件虚拟化，也支持 Intel VT-x 与 AMD-V 硬件辅助虚拟化技术。为了方便其他虚拟机用户向 VirtualBox 迁移，VirtualBox 可以读/写 VMware VMDK（VMware Virtual Machine Disk）格式与其他虚拟化产品 VHD（Virtual Hard Disk）格式的虚拟磁盘文件。

6.3.2 VirtualBox 的下载及安装

某公司是一家中小型软件开发公司，目前正在考虑引入虚拟化技术来优化开发和测试环境。由于公司的软件产品涉及不同的平台和操作系统，传统的开发和测试方式需要大量的物理服务器和设备，导致资源浪费和维护成本高。为了解决这些问题，公司决定使用 VirtualBox 作为虚拟化平台，以提高开发和测试环境的灵活性和工作效率，并降低硬件成本。

为了在用户的计算机上运行 VirtualBox，需要进行如下信息的确认。

（1）支持 CPU 硬件辅助虚拟化 x86 硬件。最新的 Intel 或 AMD 处理器都应该支持。

（2）内存。根据要运行的客户操作系统，至少需要 512 MB RAM（一般生产环境根据客户需求定制）。一般要根据客户操作系统的最低 RAM 要求，以及客户机的数量、操作系统本身需要的内存，来决定最终内存大小。

（3）硬盘空间。虽然 VirtualBox 本身非常精简（采用典型安装仅需要大约 30 MB 的硬盘空间），但实际生产环境或测试环境的硬盘空间大小要根据虚拟机所需磁盘大小以及虚拟机的数量决定。

VirtualBox 的安装步骤如下。

下面我们来介绍在 Windows 操作系统上安装 VirtualBox 的步骤。

1. 下载 VirtualBox 安装程序

前往 VirtualBox 官网下载适用于 Windows 操作系统的安装程序。VirtualBox 官网提供了其最新版本的下载链接，确保获取到最新的稳定版本。VirtualBox 安装程序的下载界面如图 6-25 所示。

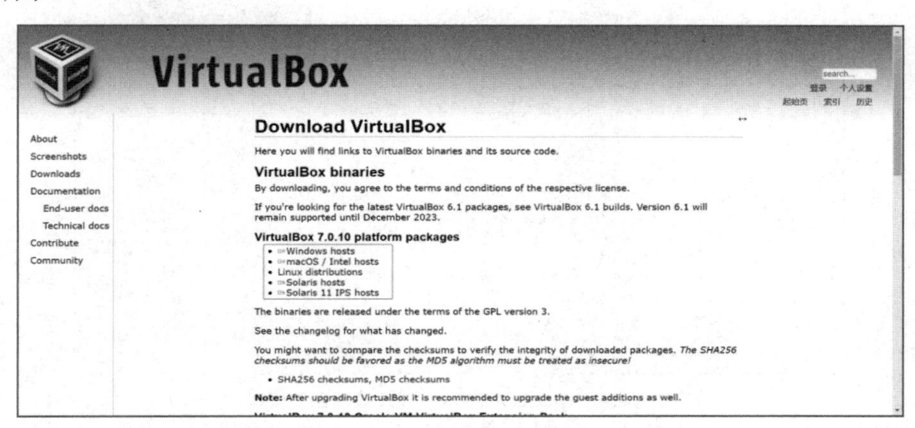

图 6-25 VirtualBox 安装程序的下载界面

2. 运行安装程序

下载完成后，双击安装程序，运行安装向导。在 Windows 用户账户控制提示框中，单击“是”按钮，继续安装。

3. 安装 VirtualBox

在安装向导中，可以选择要安装的 VirtualBox 组件，并进行相关设置。通常情况下，建议保持默认设置，但也可以根据需要选择不同的组件进行安装。然后选择安装位置，单击“下一步”按钮。

4. 网络界面告警提示

安装 Oracle VM VirtualBox x.x.x 网络功能将重置网络连接并暂时中断网络连接。

5. 缺少 Python 依赖项的提示

单击“是”按钮，继续。

6. 完成安装

安装向导会显示安装完成的信息。确保勾选“启动 Oracle VM VirtualBox”复选框，并单击“完成”按钮以完成安装。

7. 创建虚拟机

安装完成后，“Oracle VM VirtualBox 管理器”窗口将打开，如图 6-26 所示。在此窗口，可以创建新的虚拟机，单击“新建”按钮开始创建虚拟机。

（1）虚拟机向导

创建虚拟机的过程使用虚拟机向导来完成。填写虚拟机名称，并选择要安装的操作系统类型和版本。VirtualBox 支持众多操作系统类型，例如 Windows、Linux、macOS 和一些其他特定系统，请选择正确的操作系统类型和版本以便能够正确配置虚拟机。

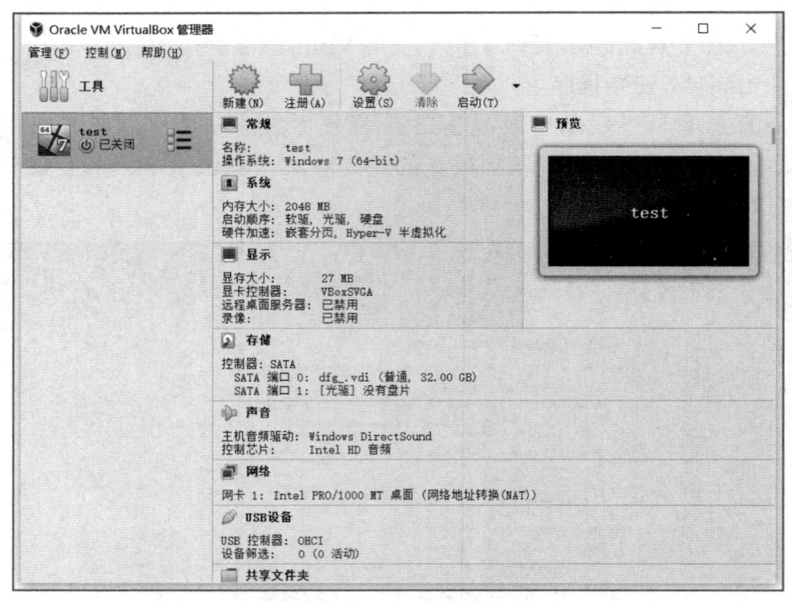

图 6-26 “Oracle VM VirtualBox 管理器”窗口

（2）内存和 CPU 设置

根据具体业务需求，为虚拟机分配内存和 CPU 资源。也可根据需要调整虚拟机的 CPU 内核数，以平衡性能和资源。

（3）虚拟硬盘创建

为虚拟机创建虚拟硬盘。虚拟硬盘是虚拟机的磁盘存储空间，用于存放操作系统和数据。可选择创建新的虚拟硬盘，或使用现有的虚拟硬盘文件。在创建虚拟硬盘时，需要选择硬盘文件的类型（通常选择 VDI 或 VHD 格式）、大小和存放位置等。

（4）网络设置

设置虚拟机的网络连接。VirtualBox 支持多种网络模式，可以根据需要选择适合的网络模式，例如桥接模式、NAT 模式或者内部网络模式。不同的网络模式有不同的用途，桥接模式可以让虚拟机直接连接到物理网络，NAT 模式可以为虚拟机提供互联网访问功能，内部网络模式可以实现虚拟机之间的通信。

（5）完成创建

在虚拟机向导最后一步，显示虚拟机的设置。检查各项设置，如需更改，可返回上一步进行修改。确认设置无误后，单击“创建”按钮，虚拟机将被创建并显示在“Oracle VM VirtualBox 管理器”窗口中。

8. 安装客户操作系统

虚拟机创建完成后，安装客户操作系统。可使用光盘或者 ISO 映像文件来进行安装。在“Oracle VM VirtualBox 管理器”窗口中，选择刚刚创建的虚拟机，单击“启动”按钮，启动虚拟机并运行安装程序。

根据操作系统的安装向导完成相应的设置和安装步骤。

请注意，虚拟机的虚拟硬盘将被用作安装操作系统的目标磁盘，所以在安装过程中请谨慎操作，以免误删除或覆盖重要数据。

9. 启动虚拟机

完成客户操作系统的安装后，再启动虚拟机。在“Oracle VM VirtualBox 管理器”窗口中选择虚拟机，然后单击“启动”按钮，虚拟机将启动，并显示操作系统的启动界面。在虚拟机中，可以像在物理机上一样使用操作系统，虚拟机将以独立的实体运行。

10. 管理和配置虚拟机

“Oracle VM VirtualBox 管理器”窗口提供了丰富的功能，允许对虚拟机进行管理和配置。可以在运行中的虚拟机上执行暂停、恢复、重启等操作，也可以调整虚拟机的配置，如内存、CPU 内核数、网络等。此外，还可以利用快照功能创建虚拟机的备份，并在需要时回滚到先前的某个状态。

VirtualBox 作为一款免费且开源的虚拟化软件，为中小型企业提供了一个低成本高效益、功能全面的虚拟化解决方案。

我们可以尝试继续探索 VirtualBox 的高级功能和特性，例如虚拟网络的配置、文件夹的共享、虚拟机的快照管理等，以进一步提高开发和测试环境的效率和灵活性。

我们也可以尝试在不同的宿主机操作系统上安装 VirtualBox。

6.4 Hyper-V

Hyper-V 是微软提出的一种系统管理程序虚拟化技术，在 2008 年与 Windows Server 2008 同时发布，此后成为许多微软产品和功能的核心组件。这些功能范围从增强安全性到为开发人员提供支持，再到支持最兼容的游戏机。目前，Windows10 操作系统中集成的 Hyper-V 版本为 4.0。Hyper-V 管理界面如图 6-27 所示。

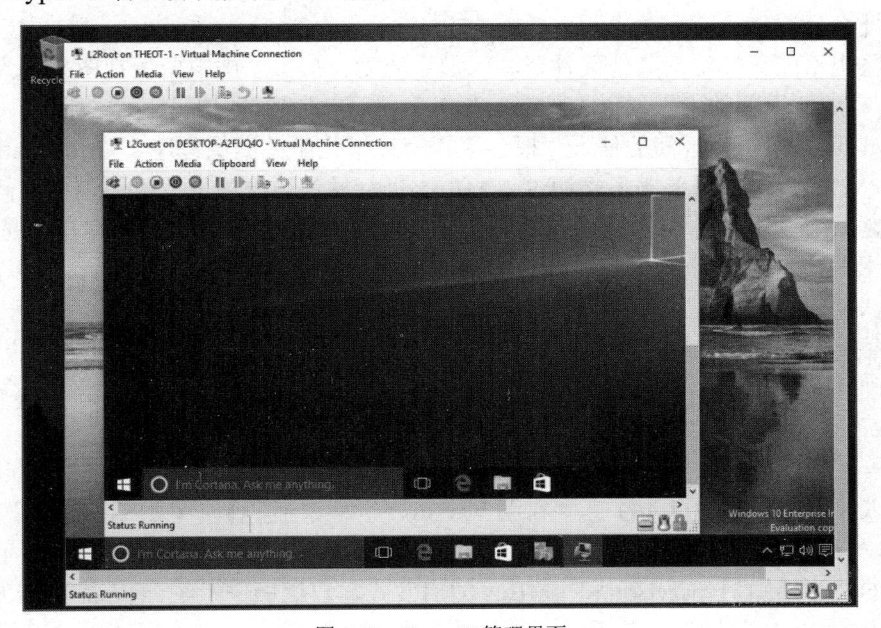

图 6-27 Hyper-V 管理界面

Hyper-V 设计的目的是为用户提供更为熟悉以及成本效益更高的虚拟化基础设施软件，这样可以降低运作成本、提高硬件利用率、优化基础设施并提高服务器的可用性。

6.4.1 Hyper-V 的体系架构

Hyper-V 具有基于 Type 1 VMM 的体系架构。Hyper-V 也是基于 Hypervisor（虚拟机管理程序）的虚拟化技术，它的架构比较简单，分三层，包括硬件设备、Hypervisor、虚拟机。Hyper-V 采用微内核的架构，兼顾了安全性和性能的要求。Hyper-V 底层的 Hypervisor 运行在最高的特权级别下，微软称为 Ring1（即 Intel 的 root mode），而虚拟机的操作系统内核和驱动运行在 Ring0 下，应用程序运行在 Ring3 下，这种架构就不需要采用复杂的 BT（Binary Translation，二进制翻译）技术，进一步提高了其架构安全性。Hypervisor 是虚拟化的核心，通常它需要处理器的硬件功能支持，在大多数情况下，Hypervisor 管理硬件与虚拟机之间的交互。这种 Hypervisor 控制的硬件访问权限为虚拟机提供了在其中运行的隔离环境。在某些配置中，虚拟机或虚拟机中运行的操作系统可直接访问图形、网络或存储硬件，并且允许多个独立的操作系统共享单个硬件平台。

Hyper-V 以分区方式实现虚拟机之间的隔离。分区是 Hypervisor 支持的逻辑隔离单元，操作系统运行其上。微软的 Hypervisor 必须至少具有一个运行 Windows 的分区，称为父分区或根分区。虚拟化管理堆栈在根分区中运行，并且根分区可以直接访问硬件设备。根分区使用 Hypercalls（超级调用）API 来创建子分区，根分区创建子分区以托管客户操作系统。

子分区无法直接访问物理处理器，也无法处理处理器中断。但它们具有处理器虚拟视图，并可在专用于每个客户分区的虚拟内存地址区域中运行。Hypervisor 会处理处理器中断，并且会将中断重定向到各自的分区。Hyper-V 还可以使用独立于 CPU 所用的内存管理硬件运行的 IOMMU（Input/Output Memory Management Unit，输入输出内存管理单元），以对各个 GVA 空间之间的地址转换进行硬件加速。IOMMU 用于将物理内存地址重新映射到子分区所使用的内存地址。

子分区也不能直接访问其他硬件资源，但系统为其提供了虚拟资源视图来作为虚拟设备（VDev）。对虚拟设备的请求通过 VMBus 或 Hypervisor 重定向到根分区中的设备，从而处理请求，VMBus 是逻辑分区间的信道。根分区托管虚拟化服务提供程序（Virtualization Service Provicler，VSP）、虚拟服务服务端通过 VMBus 进行通信以处理子分区的设备访问请求，子分区托管虚拟化服务客户端（Virtualization Service Client，VSC）、虚拟服务客户端通过 VMBus 将设备请求重定向到根分区中的 VSP，整个过程对客户操作系统是透明的。所以，Hyper-V 采用基于 VMBus 的高速内存总线架构，来自虚机的硬件（如显卡、鼠标、磁盘、网络）请求，可以直接经过 VSC，通过 VMBus 总线发送到根分区的 VSP，VSP 调用对应的设备驱动，直接访问硬件，中间也可以不需要 Hypervisor 的帮助。这种架构效率很高，不像以前的 Virtual Server，每个硬件请求都需要经过用户模式、内核模式的多次切换转移。

Hyper-V 还具有一个名为“启发式 I/O”的 Windows Server 虚拟化功能用于存储、网络、图形和输入子系统。启发式 I/O 直接利用 VMBus 的高级通信协议（如 SCSI）的专用虚拟化感知实现，并且会绕过任何设备模拟层，这会使通信更加高效，但需要一个安装了 Hyper-V 集成服务的能够感知 Hypervisor 和 VMBus 的启发式客户机操作系统，Hyper-V 启发式 I/O 和 Hypervisor 感知内核是通过安装 Hyper-V 集成服务（包含 VSC 驱动程序的集成组件）提供的。

子分区需要处理器支持硬件辅助虚拟化，如 Intel VT 或 AMD（AMD-V）技术。Hyper-V 体系架构如图 6-28 所示。

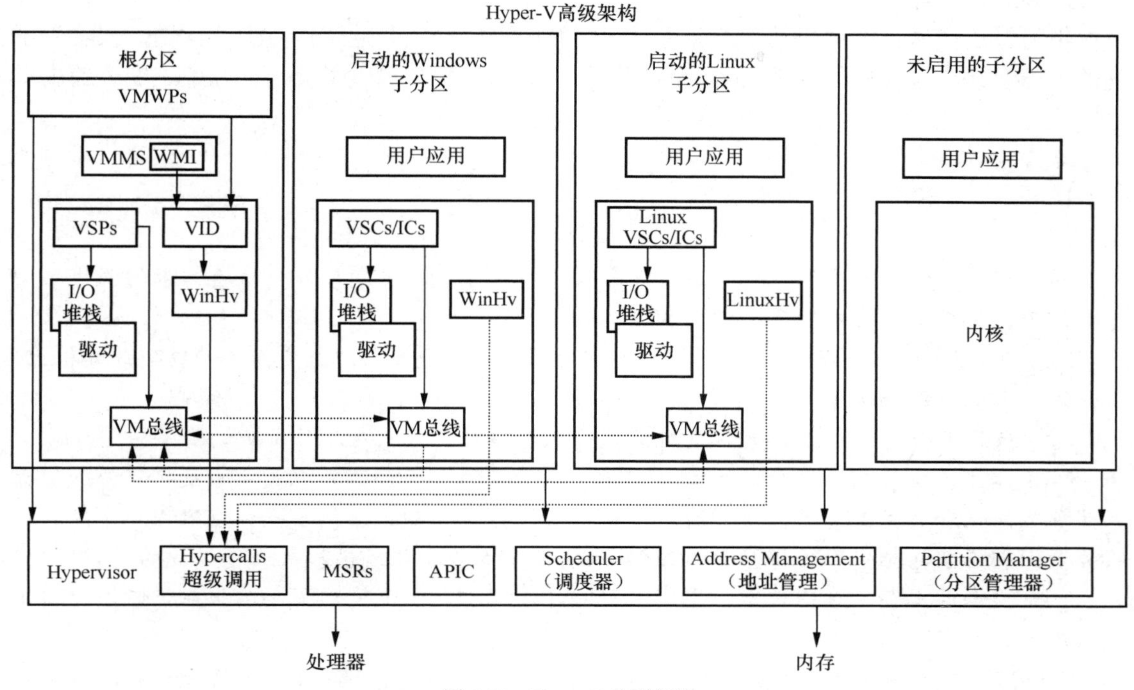

图 6-28 Hyper-V 体系架构

思考：

我们了解了 Hyper-V 的体系架构，那么我们总结一下 Hyper-V 由哪些部分组成呢？

解析：

Hyper-V 用来创建和运行虚拟机协同工作的必需部件，称为“虚拟化平台”。安装 Hyper-V 角色时，它们将作为一个集合被安装，包括一些必需的部件，例如 Windows VMM、Hyper-V 虚拟机管理服务、虚拟化 Windows 管理器（Windows Management Instrumentation，WMI）提供程序。还有一些其他虚拟化组件，包括虚拟机总线（VMBus）、VSP 和虚拟基础结构驱动程序（VID）等。Hyper-V 还包括一些管理和连接工具，计算机上无论是否装有 Hyper-V 都可以安装这些组件。这些工具包括 Hyper-V 管理器、Windows PowerShell 的 Hyper-V 模块、虚拟机连接（VMConnect）、Windows PowerShell Direct 等。

6.4.2 Hyper-V 的功能

Hyper-V 是由微软开发的虚拟化技术，它是 Windows 操作系统中的一项重要功能。Hyper-V 可以采用半虚拟化（Para-virtualization）和全虚拟化（Full-virtualization）2 种虚拟化类型创建虚拟机。半虚拟化和全虚拟化原理在前面介绍过。半虚拟化类型要求虚拟机与物理主机的操作系统（通常是版本相同的 Windows）相同，以使虚拟机达到高的性能；全虚拟化类型要求 CPU 支持全虚拟化功能（如 Intel VT 或 AMD-V），以便能够创建使用不同的操作系统（如 Linux 和 macOS）的虚拟机。Hyper-V 中每个虚拟机都像一台完整的计算机一样运行操作系统和程序。对于用户来讲，虚拟机可提供更大的灵活性、节省成本。与在物理硬件上运行一个操作系统相比，虚拟机可以更高效地使用硬件，充分利用资源，均衡负载。

Hyper-V 在自己的隔离空间中运行每个虚拟机，这意味着可以同时在同一硬件上运行多个虚拟机。这样做可以避免某一项业务承载的系统崩溃影响其他工作负载等问题，或者为不同的人员、组或服务提供对不同系统的访问权限。它为用户提供了灵活、高效、安全的虚拟化解决方案，适用于个人用户、企业用户以及数据中心环境。

思考：

Hyper-V 能帮助我们做些什么？

解析：

（1）建立或扩展私有云环境。通过接触或扩展共享资源的使用，并随着需求的变化而调整使用率，可根据需要提供更灵活的 IT 服务。

（2）更有效地使用硬件。将服务器和工作负载合并到更少、功能更强大的物理计算机上，以使用更少的电源和物理空间。

（3）改进业务连续性。最大限度地降低计划和非计划停机对工作负载的影响。

（4）建立或扩展虚拟机基础结构（VDI）。使用包含 VDI 的集中式桌面策略可帮助你提高业务灵活性和数据安全性，还可简化法规遵从性并管理桌面操作系统和应用程序。在同一服务器上部署 Hyper-V 和远程桌面虚拟化主机,使个人虚拟机或虚拟机池可供你的用户使用。

（5）提高开发和测试的效率，重现不同的计算环境，而无须购买或维护在仅使用物理系统的情况下所需要的所有硬件。

Windows Server 和 Windows 中提供了 Hyper-V，作为适用于 x64 版本的 Windows Server 的服务器角色。Hyper-V 与需要相同处理器功能的大多数第三方虚拟化应用程序是不兼容的。这是因为处理器功能（称为“硬件辅助虚拟化扩展”）设计为不共享。

许多版本客户操作系统都可与 Hyper-V 兼容，能在虚拟机上正常运行。通常，使用 x86 体系结构的操作系统都能在 Hyper-V 虚拟机上运行。但是，并非所有可以运行的操作系统都经过了微软测试并受支持。

下面举例简单介绍，不同版本主机操作系统下对客户操作系统的支持。

（1）Windows Server 和 Windows 上 Hyper-V 支持的 Linux 和 FreeBSD 虚拟机有 Windows Server 2022、Azure Stack HCI 版本 20H2、Windows Server 2019、Windows Server 2016、Hyper-V Server 2016、Windows Server 2012 R2、Hyper-V Server 2012 R2、Windows Server 2012、Hyper-V Server 2012、Windows Server 2008 R2、Windows 10、Windows 8.1、Windows 8、Windows 7.1、Windows 7。

Hyper-V 支持适用于 Linux 和 FreeBSD 虚拟机的模拟设备和特定于 Hyper-V 的设备。使用模拟设备运行时，无须安装其他软件。但是，模拟设备不提供高性能，也无法利用 Hyper-V 技术提供的丰富的虚拟机管理基础结构。为了充分利用 Hyper-V 提供的所有优势，最佳方式之一是使用适用于 Linux 和 FreeBSD 的特定于 Hyper-V 的设备。运行特定于 Hyper-V 的设备所需的驱动程序集合称为 Linux 集成服务（Linux Integration Service，LIS）或 FreeBSD 集成服务（FreeBSD Integration Service，BIS）。

LIS 已添加到 Linux 内核，并针对新版本进行了更新。但基于旧内核的 Linux 分发版可能不具有最新的增强功能或修补程序。微软提供了包含可安装的 LIS 驱动程序的下载，以实现一些基于这些旧内核的 Linux 安装。由于分发供应商提供各种版本的 Linux 集成服务，因此最佳方式是安装可下载的最新版 LIS（如果适用）以完成安装。对于其他 Linux 分发版，LIS 更改会定期集成到操作系统内核和应用程序中，因此无须进行单独下载或安装。

对于 10.0 之前的较旧的 FreeBSD 版本，微软提供了包含可安装的 BIS 驱动程序和相应的 FreeBSD 虚拟机守护程序的端口。对于较新的 FreeBSD 版本，BIS 内置于 FreeBSD 操作系统中，除了 FreeBSD 10.0 所需的 KVP 端口下载之外，无须进行单独下载或安装。

（2）Windows Server 和 Windows 上 Hyper-V 支持的 CentOS 和 RHEL 虚拟机有 Azure Stack HCI、Windows Server 2022、Windows Server 2019、Hyper-V Server Windows Server 2019、Windows Server 2016、Hyper-V Server 2016、Windows Server 2012 R2、Hyper-V Server 2012 R2、Windows 11、Windows 10、Windows 8.1。

它主要支持 RHEL/CentOS 9.x 系列、RHEL/CentOS 8.x 系列、RHEL/CentOS 7.x 系列、RHEL/CentOS 6.x 系列、RHEL/CentOS 5.x 系列等。

用于 Hyper-V 的内置 RHEL 集成服务驱动程序（从 RHEL 6.4 开始提供）足以让 RHEL 客户使用 Hyper-V 主机上的高性能合成设备运行。这些内置驱动程序已通过红帽认证，可用于此用途。可在红帽官网红帽认证目录上查看经过认证的配置。无须从微软下载中心下载和安装 Linux 集成服务包，这样做反而可能会限制红帽支持。

由于升级内核时内置的 LIS 支持和可下载的 LIS 支持之间可能存在冲突，请禁用自动更新，如果升级时自动完成了 LIS 下载和更新，请卸载 LIS 下载包，更新内核，重启，然后安装最新的 LIS 版本并再次重启。

（3）Windows Server 上 Hyper-V 支持的 Windows 客户操作系统有 Windows Server 2022、Windows Server 2016、Windows Server 2019、Azure Stack HCI 版本 20H2。

Hyper-V 支持多个版本的 Windows Server、Windows 发行版作为客户操作系统在虚拟机中运行。下面我们来看一下 Windows Server 上 Hyper-V 支持用作客户操作系统的 Windows Server 版本（见表 6-2）。

表 6-2 Hyper-V 支持的客户操作系统 Windows Server 版本

客户操作系统（服务器）	虚拟处理器的最大数量/个	集成服务	备注
Windows Server 2022	240（第 2 代） 64（第 1 代）	内置	托管在 Windows Server 2019 或更高版本、Azure Stack HCI 版本 20H2 或更高版本上
Windows Server 版本 1909	240（第 2 代） 64（第 1 代）	内置	要支持超过 240 个虚拟处理器，需要 Windows Server 版本 1903 或更高版本的客户操作系统
Windows Server 版本 1903	240（第 2 代） 64（第 1 代）	内置	—
Windows Server 版本 1809	240（第 2 代） 64（第 1 代）	内置	—
Windows Server 2019	240（第 2 代） 64（第 1 代）	内置	—
Windows Server 版本 1803	240（第 2 代） 64（第 1 代）	内置	—

续表

客户操作系统（服务器）	虚拟处理器的最大数量/个	集成服务	备注
Windows Server 2016	240（第 2 代）	内置	—
	64（第 1 代）		
Windows Server 2012 R2	64	内置	—
Windows Server 2012	64	内置	—
带有 Service Pack 1 (SP 1) 的 Windows Server 2008 R2	64	设置客户操作系统后，安装所有关键的 Windows 更新	Datacenter、Enterprise、Standard 和 Web 版本
Windows Server 2008 with Service Pack 2 (SP2)	8	设置客户操作系统后，安装所有关键的 Windows 更新	Datacenter、Enterprise、Standard 和 Web 版本（32 位和 64 位）

Windows Server 上 Hyper-V 支持用作客户操作系统的 Windows 客户端版本见表 6-3。

表 6-3 Hyper-V 支持的 Windows 客户端版本

客户操作系统（客户端）	虚拟处理器的最大数量/个	集成服务	说明
Windows 11	32	内置	托管在 Windows Server 2019 或更高版本、Azure Stack HCI 版本 20H2 或更高版本上的第 2 代虚拟机
Windows 10	32	内置	—
Windows 8.1	32	内置	—
Windows 7 Service Pack 1 (SP1)	4	设置客户操作系统后，升级集成服务	旗舰版、企业版和专业版（32 位和 64 位）

其他 Windows 版本上 Hyper-V 支持的客户操作系统的相关信息详见微软官网。

（4）Hyper-V 上支持的其他客户操作系统，例如 Debian、Oracle Linux、SUSE Linux Enterprise Server（SLES）、Ubuntu、FreeBSD 虚拟机等。

同样，其他 Hyper-V 支持的客户操作系统版本详细的支持信息可在微软官网“受支持的客户操作系统”表格中查询，而且表格后面列出了每个分发版的已知问题和解决方法。这里不再展开描述。

Hyper-V 提供了许多功能，以下是 Hyper-V 的主要功能。

1. 计算环境

Hyper-V 允许用户在一台物理计算机上创建多个虚拟机，并为每个虚拟机分配独立的资源，如 CPU、内存、存储等。Hyper-V 虚拟机包含与物理计算机相同的基本部件，例如内存、处理器、存储和网络。所有这些部件都有功能和选项，可以通过不同的方式进行配置以满足不同的需求。存储和网络各自可以视为不同的类别，因为可以通过多种方式对其进行配置。用户可以通过 Hyper-V Manager 工具轻松地创建、配置和删除虚拟机，实现对虚拟机的集中管理和监控。

2. 灾难恢复和备份

对于备份，Hyper-V 支持虚拟机的快照功能，用户可以在虚拟机当前状态下创建快照，用于备份和恢复虚拟机。快照是虚拟机当前状态的副本，用户可以随时回滚到快照创建时的状态，从而简化虚拟机的备份和恢复过程。Hyper-V 提供 2 种备份类型，一种使用保存的状态，另一种使用卷影复制服务（Volume Shadowcopy Service，VSS），这样可以为支持 VSS 的程序创建一致的备份。对于灾难恢复，Hyper-V 副本会创建虚拟机的副本，这些副本将存储在另一个物理位置，以便从副本还原虚拟机。

3. 集成和扩展

每个支持的客户操作系统都有一组自定义的服务和驱动程序（称为“集成服务”），可以更轻松地在 Hyper-V 虚拟机中使用操作系统。Hyper-V 可以与 Windows 操作系统和其他微软产品进行集成，实现虚拟机与物理计算机之间的无缝连接。同时，Hyper-V 也支持第三方应用程序和工具的集成，用户可以根据需求扩展和定制 Hyper-V 的功能。

4. 移植

通过实时迁移、存储迁移和导入/导出等功能可以更轻松地移动或分发虚拟机。

5. 远程连接

Hyper-V 包括虚拟机连接，是一种用于 Windows 和 Linux 的远程连接工具。与远程桌面不同，此工具提供控制台访问权限，因此即使操作系统尚未启动，也可以查看客户端发生的情况。

6. 安全

Hyper-V 提供了安全功能，允许用户对虚拟机进行权限控制和访问控制。用户可以设置虚拟机的访问权限，限制其他用户对虚拟机的操作和访问，以保障虚拟机的安全。

安全启动和受防护的虚拟机有助于防止恶意软件以及对虚拟机及其数据的其他未经授权的访问。

Hyper-V 还提供了虚拟网络功能，允许用户在虚拟化环境中创建虚拟网络，实现虚拟机之间和虚拟机与物理网络之间的通信。用户可以根据需求设置虚拟网络的配置和策略，实现网络的隔离和安全性。

6.4.3 安装与开启 Hyper-V

某公司是一家中型企业，其业务范围涉及电子商务和在线支付服务。随着业务的不断扩张，公司的服务器数量不断增加，复杂性不断提升，导致数据中心管理成本和能耗不断攀升。为了解决这些问题并提高资源利用率，公司决定采用虚拟化技术来优化服务器环境。

公司准备选择 Hyper-V 作为其虚拟化平台，将一部分物理服务器（包括 Web 服务器、数据库服务器等）进行虚拟化，并将它们部署在几台高性能的物理服务器上。

微软官方 Hyper-V 的使用环境建议如下。

（1）具有二级地址转换（Second Level Address Translaion，SLAT）功能的 64 位处理器。若要安装 Hyper-V 虚拟化组件（如 Windows VMM），处理器必须具有 SLAT 功能。但不需要安装 Hyper-V 管理工具，如虚拟机连接（VMConnect）、Hyper-V 管理器和适用于 Windows PowerShell 的 Hyper-V cmdlet。

（2）VMM 模式扩展。

（3）足够的内存——至少 4 GB 的 RAM。需要为主机和要同时运行的所有虚拟机提供足够的内存。

（4）在 BIOS 或 UEFI 中开启虚拟化支持。

① 硬件辅助虚拟化。在提供虚拟化选项的处理器——特别是具有 Intel 虚拟化技术（Intel

VT）或 AMD 虚拟化（AMD-V）技术的处理器上，可以进行硬件辅助虚拟化。原理解析：启用虚拟化扩展技术可以使虚拟机能够直接使用物理处理器的硬件加速功能，这些扩展提供了更高效的内存访问和虚拟机操作，加速虚拟机的执行。采用硬件辅助虚拟化技术 Intel VT-x/EPT 或 AMD-V/RVI（v）可以提高虚拟机的性能、安全性，并为虚拟化环境带来更好的用户体验和更高的效率。

② 硬件强制实施的数据执行保护（Data Execution Prevention，DEP）必须可用且已启用。对于 Intel 系统，这是 XD 位（禁止执行位）。对于 AMD 系统，这是 NX 位（无执行位）。NX 位和 XD 位，是应用在 CPU 中的一种安全技术。在功能上，AMD 的“NX”和 Intel 的“XD”完全相同，只是名称不同。原理解析：支持 NX 技术的系统会把内存中的数据分为只供存储处理器的指令集与只供存储数据 2 类。任何标记了 NX 位的区域只供存储数据而不是处理器的指令集，处理器将不会将此处的数据作为代码执行，因此这种技术可防止大多数的缓存溢出式攻击（即一些恶意程序把自身的恶意指令集通过特殊手段放在其他程序的存储区并执行，从而攻击甚至控制整个计算机系统）。因此硬件 CPU 必须具备一定的安全功能，比如要支持 SSE2、PAE 以及 NX 指令，否则就会出现兼容性提示。

官方建议检查系统要求如下。

若要创建和运行虚拟机，请使用服务器管理器或 Windows PowerShell 中的 Install-Windows Feature cmdlet 在 Windows Server 中安装 Hyper-V 角色。对于 Windows 10，需要在 Windows 10 专业版上安装 Hyper-V。在 Windows 10 中，Hyper-V 作为可选功能内置于 Windows——无须下载 Hyper-V。

在开启 Hyper-V 之前，用户需要确保系统满足以下要求。

（1）硬件支持虚拟化技术：CPU 需要支持虚拟化技术，如 Intel 的 VT-x 或 AMD 的 AMD-V。

（2）64 位操作系统：Hyper-V 仅支持 64 位的 Windows 操作系统。

（3）内存要求：至少需要 4GB 的系统内存。

（4）硬盘空间：需要足够的硬盘空间用于存储虚拟机和虚拟磁盘文件。

在安装 Windows Server 或添加 Hyper-V 角色之前，还需要注意以下事项。

（1）计算机硬件具有兼容性。

（2）不能同时存在并使用依赖于 Hyper-V 所需的相同处理器功能的第三方虚拟化应用。例如 VMware Workstation 和 VirtualBox 等。

安装与开启 Hyper-V 的规划如下。

我们将虚拟化节点作为初始环境，基于 Windows Server 2016 桌面体验版，进行安装与开启 Hyper-V 实验。

安装与开启 Hyper-V 的步骤如下。

1. 安装 Hyper-V

方法一：使用服务器管理器安装 Hyper-V

（1）在“开始”→“服务器管理器”中的“管理”菜单上，单击“添加角色和功能”。

（2）在“开始之前”选项卡中，确定目标服务器和网络环境已为要安装的角色和功能做好准备。单击“下一步”按钮。

（3）在“安装类型”选项卡中，选择“基于角色或功能的安装”，然后单击“下一步”按钮。

（4）在“服务器选择”选项卡中，从服务器池中选择一台服务器，然后单击“下一步”按钮。

（5）在“服务器角色”选项卡中，勾选“Hyper-V”复选框，如图 6-29 所示。

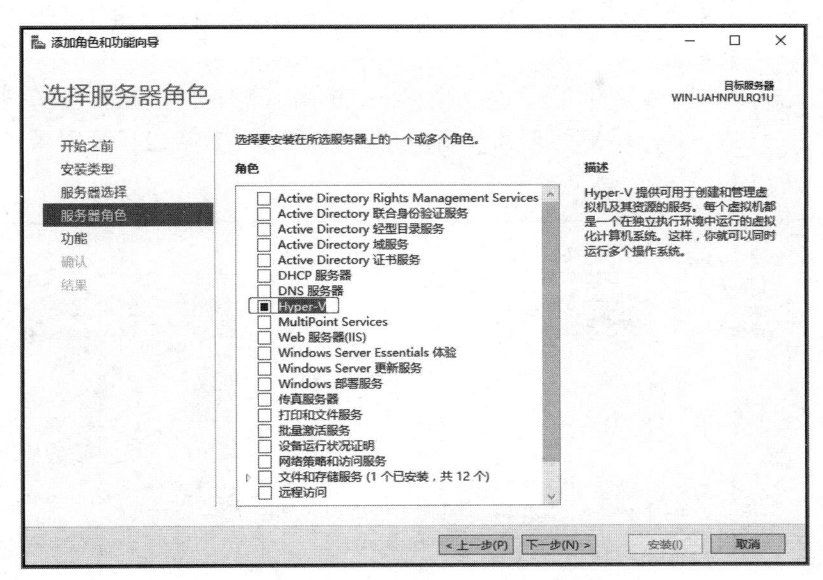

图 6-29 勾选“Hyper-V”复选框

若需要在本机管理 Hyper-V，则同时添加用于创建和管理虚拟机的工具，然后单击“添加功能”按钮，如图 6-30 所示。

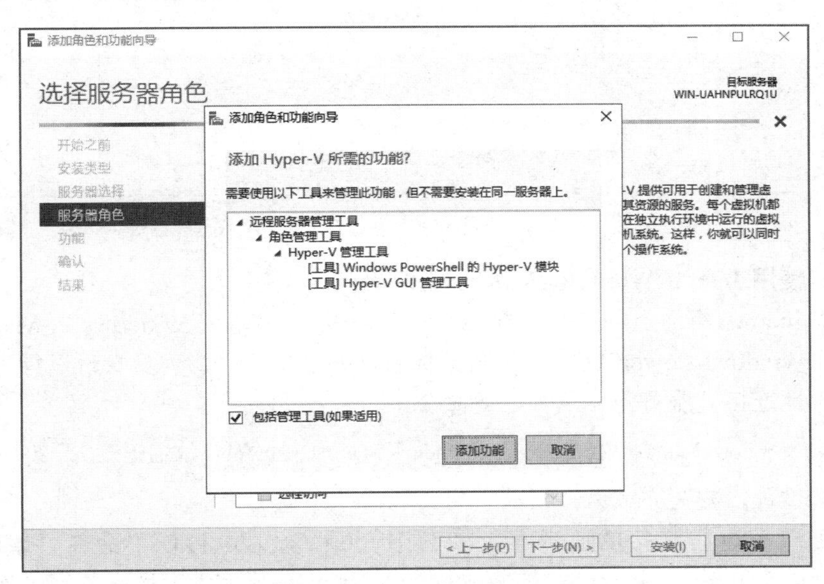

图 6-30 添加功能

（6）在“功能”选项卡中保持默认设置，单击“下一步”按钮。

（7）在“Hyper-V”的“创建虚拟交换机”“虚拟机迁移”“默认存储”，选择相应的选项。

（8）在“确认”选项卡中，选择“如果需要，自动重新启动目标服务器”，确认安装信息后，单击“安装”按钮。

等待安装完成后，自动重启。单击“关闭”按钮。

（9）验证是否正确安装了 Hyper-V。在服务器管理器中打开“所有服务器”菜单，选中安装了 Hyper-V 的服务器。

选择“Hyper-V”服务器并在选中的服务器上单击鼠标右键，在弹出的快捷菜单中单击“Hyper-V”，进入“Hyper-V 管理器”窗口，进行虚拟机的创建和管理操作，如图 6-31 所示。

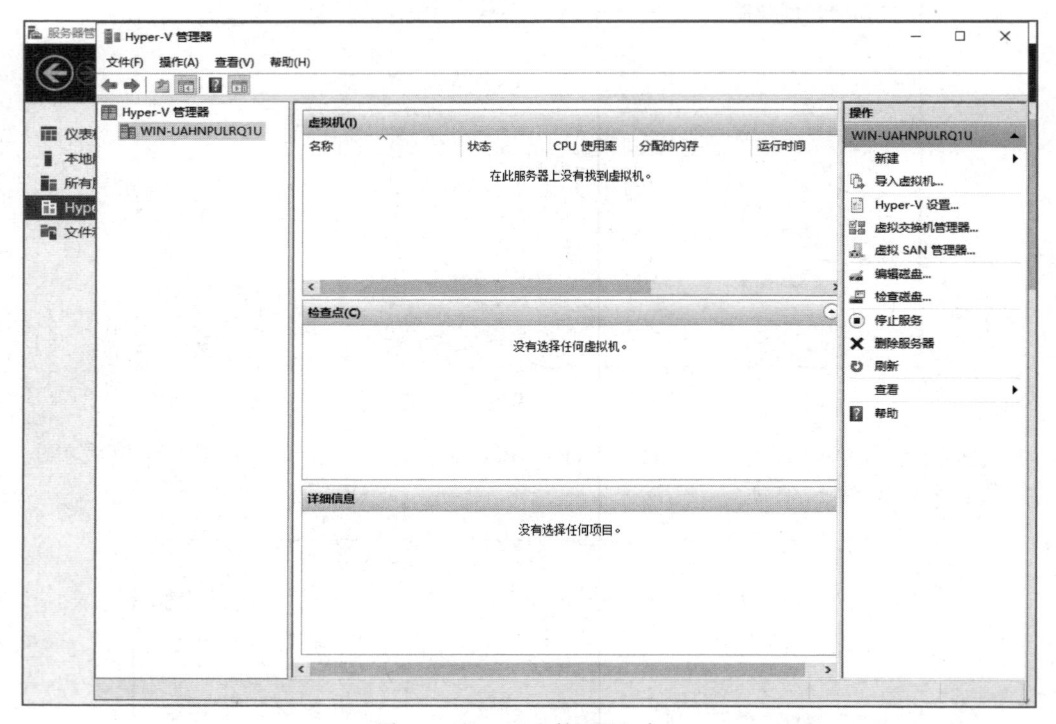

图 6-31 “Hyper-V 管理器”窗口

方法二：使用 Install-WindowsFeature 安装 Hyper-V

（1）在 Windows 桌面上，单击“开始”→“搜索”，并输入 Windows PowerShell 的关键字段。选择“Windows PowerShell”，单击鼠标右键并选择“以管理员身份运行”。

（2）在本地连接到服务器，运行以下命令。

```
Install-WindowsFeature -Name Hyper-V -IncludeManagementTools -Restart
```

进入安装过程，安装完成后，自动重启。

注意：若要在远程连接的服务器上安装 Hyper-V，请运行以下命令，该命令带参数 -ComputerName <computer_name>，要将<computer_name>替换为远程服务器名称。

例如：Install-WindowsFeature -Name Hyper-V -ComputerName <computer_name> -IncludeManagementTools -Restart

（3）服务器重启完成后，可以通过运行以下命令查看 Hyper-V 角色是否已安装，以及查看已安装的其他角色和功能，如图 6-32 所示。

```
Get-WindowsFeature
```

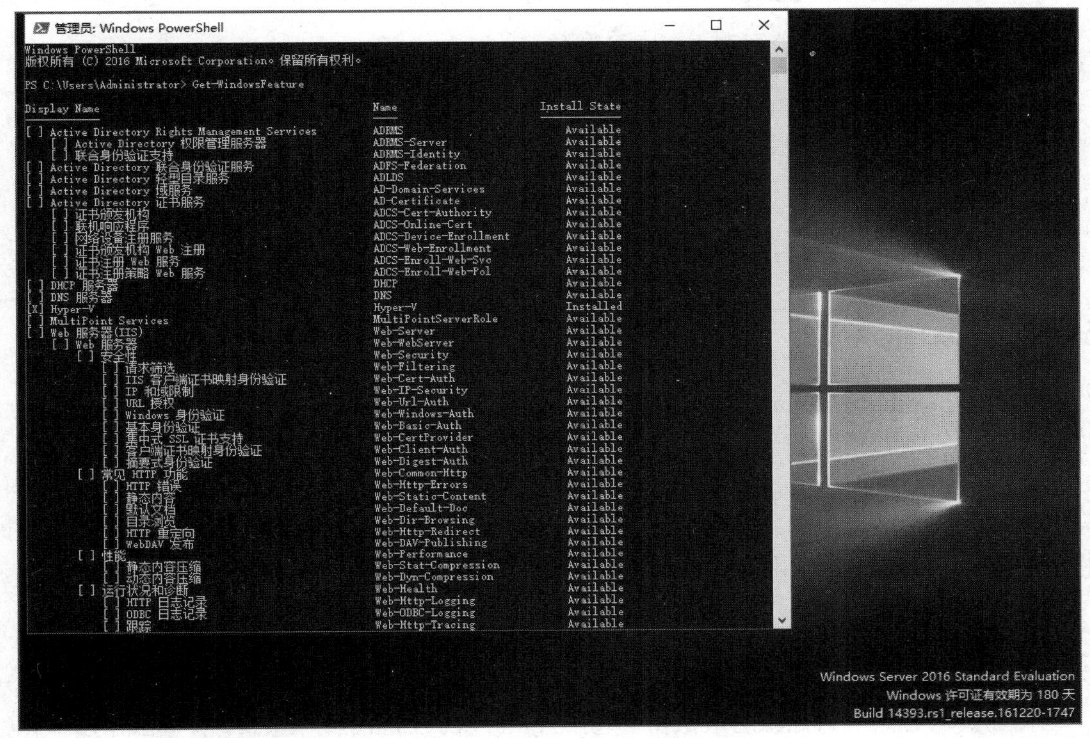

图 6-32　Get-WindowsFeature 命令执行结果

注意：如果管理远程服务器，请运行不带-ComputerName <computer_name>的命令。

```
Get-WindowsFeature -ComputerName <computer_name>
```

2. 开启 Hyper-V

尝试在 Windows 10 系统上开启 Hyper-V，关键步骤提示如下。

（1）使用 Windows PowerShell 启用 Hyper-V。

以管理员身份打开 Windows PowerShell 控制台。

运行以下命令：

```
Enable-WindowsOptionalFeature -Online -FeatureName Microsoft-Hyper-V -All
```

如果无法运行此命令，请检查是否是以管理员身份运行 Windows PowerShell。

安装完成后，请重启计算机。

（2）使用命令提示符窗口和 DISM 启用 Hyper-V。

部署映像服务和管理（Deployment Image Servicing and Management，DISM）工具可帮助配置 Windows 和 Windows 映像。在众多应用程序中，DISM 可以在操作系统运行时启用 Windows 功能。

① 使用 DISM 启用 Hyper-V 角色。以管理员身份打开 Windows PowerShell 或命令提示

符窗口。

② 运行以下命令：

```
DISM /Online /Enable-Feature /All /FeatureName:Microsoft-Hyper-V
```

（3）通过“设置”窗口启用 Hyper-V 角色。

① 右击“开始”按钮并选择“应用和功能”。

② 在“设置”窗口中单击“程序和功能”。

③ 单击“启用或关闭 Windows 功能”。

④ 选择“Hyper-V”，然后单击“确定”按钮。

⑤ 完成后，系统会提示重启计算机。

6.5 Proxmox VE

Proxmox Virtual Environment 简称 Proxmox VE 或 PVE，是一个轻量级企业虚拟化平台，也是最流行的虚拟化管理平台之一，Proxmox VE 由奥地利维也纳的 Proxmox Server Solutions GmbH 公司开发和维护。它基于 Debian Linux 和 KVM 技术开发，是开源的，Proxmox VE 代码根据 GNU Affero 通用公共许可证第 3 版（GNU AGPLv3）获得许可，也为企业用户提供商业订阅服务。2023 年 6 月 22 日，其 8.x 版本正式发布，基于 Debian Bookworm（12.0）、最新 6.2 内核版本、QEMU 8.0.2、LXC 5.0.2、ZFS 2.1.12、Ceph Quincy 17.2.6 等。

6.5.1 Proxmox VE 的功能

Proxmox VE 是一款开源的虚拟化管理平台，它基于 Linux 操作系统，并集成了虚拟化技术和容器技术，为用户提供了全面的虚拟化解决方案。Proxmox VE 是一个功能强大的开源服务器虚拟化平台，可通过一个基于 Web 的界面来管理 2 种虚拟化技术：KVM 和 LXC。Proxmox VE 集成了“开箱即用”的工具，用于服务器配置、软件定义存储、网络和灾难恢复。开源项目 Proxmox VE 拥有庞大的全球用户群，拥有超过 600000 台主机，该虚拟化平台已被翻译成超过 26 种语言，支持论坛中有超过 88000 名活跃的社区成员。通过使用 Proxmox VE 作为专有虚拟化管理解决方案的替代方案，企业能够将其 IT 基础架构集中化和现代化，并将其转变为基于最新开源技术的经济高效且灵活的软件定义数据中心。数以万计的用户依赖 Proxmox Server Solutions GmbH 的企业支持订阅。

Proxmox 公司由奥地利维也纳的马丁 • 毛雷尔（Martin Maurer）和迪特马尔 • 毛雷尔（Dietmar Maurer）于 2005 年成立。Proxmox 的主要产品包括 Proxmox Virtualization Environment（Proxmox 虚拟化环境）、Proxmox Backup Server（Proxmox 备份服务器）和 Proxmox Mail Gateway（Proxmox 邮件网关）。Proxmox 是安全且开源的 IT 基础架构。

（1）Proxmox VE 是一个开源且免费的、基于 Linux 的企业级虚拟化方案。它将 KVM 和 Linux 容器（Linux Container，LXC）、软件定义的存储和网络功能紧密集成在一个平台上。Proxmox VE 基于内置的 Web 界面，可以让用户方便快捷地管理虚拟机、容器、软件定义存储、软件定义网络、高可用性的集群、集成的灾难恢复工具等。Proxmox VE 基于 Debian 开发，既可以运行虚拟机也可以运行容器，还可将 Proxmox VE 看成一个基于 Debian 的、内置一套虚拟机管理工具的 Linux 系统。

Proxmox VE 项目始于 2007 年，在 2008 年 4 月 15 日发布了第一个稳定版本 Proxmox VE 0.9，最初采用 OpenVZ 容器技术和 KVM 技术。后来，Proxmox VE 开发了新的集群功能，引入了新的 Proxmox 集群文件系统 pmxcfs，实现了集群管理。

2014 年 Proxmox VE 默认支持 ZFS（Zettabyte File System，动态文件系统），即 Dynamic File System，这是一个 128 位文件系统，是在 Linux 发行版中第一个使用的虚拟机软件。Proxmox VE 支持 Ceph 存储服务，提供了一种性价比极高的部署方式。

Proxmox VE 4.0 舍弃了 OpenVZ 容器技术而使用 LXC 技术。目前 LXC 技术已经深度整合到了 Proxmox VE 中，并可和虚拟机在一个存储和网络环境中同时使用。目前的 Proxmox VE 支持 2 种虚拟化技术，即 KVM 和 LXC。Proxmox VE 还有简单易用的模板功能，可以进行基于模板的应用程序部署。

Proxmox VE 提供了基于 Web 的管理界面和基于 Java 的 UI，用户可以方便、快捷地进行虚拟机生命周期管理。Proxmox VE 的一个重要设计目标就是尽可能简化管理员的工作。Proxmox VE 可以用单机模式部署使用，也可以组建多节点高可用集群。所有的管理工作都可以通过基于 Web 的管理界面完成，如图 6-33 所示。

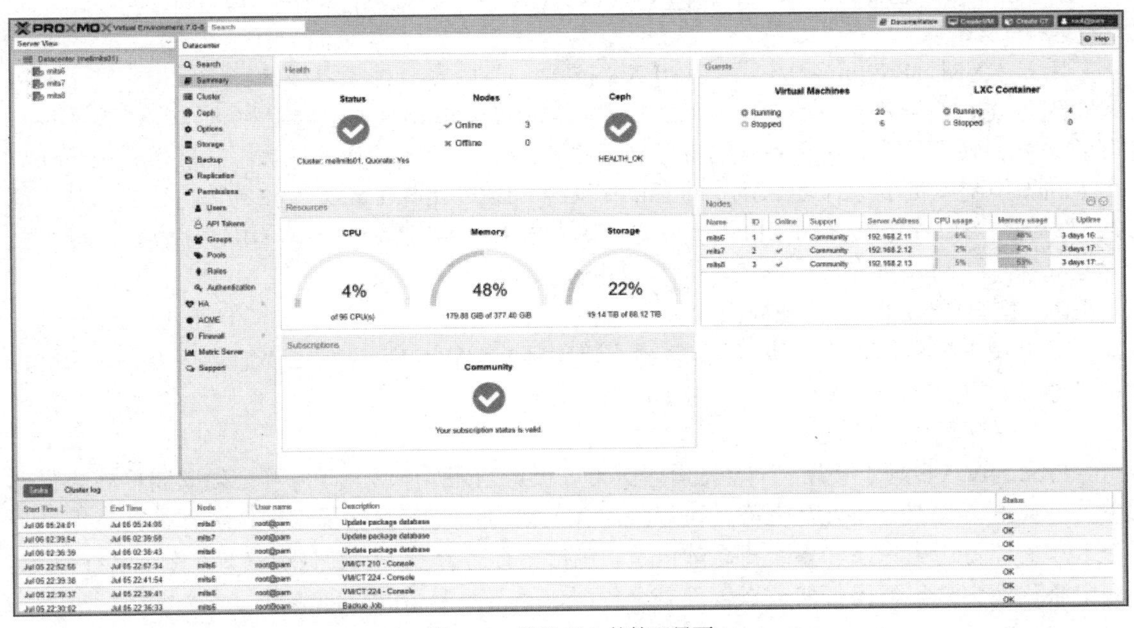

图 6-33 基于 Web 的管理界面

Proxmox VE 版本至少在相应的 Debian 版本是旧的稳定版本时才受支持。Proxmox VE 使用滚动发布模型，建议始终使用最新的稳定版本。

（2）Proxmox Backup Server 提供一种企业备份解决方案，主要用于备份和还原虚拟机、容器和物理主机，支持增量备份、重复数据删除、Zstandard 无损压缩和身份验证加密等。

（3）Proxmox Mail Gateway 提供一种开源的电子邮件安全解决方案，可保护用户的邮件服务器免受所有的电子邮件威胁。其几分钟内便可以在防火墙和内部邮件服务器之间轻松部署功能齐全的邮件代理。

这里我们主要关注 Proxmox VE 虚拟化解决方案，介绍如下。

1. 服务器虚拟化

Proxmox 虚拟环境基于 Debian GNU/Linux，并使用自定义 Linux 内核。Proxmox VE 源代码是免费的，根据 GNU AGPLv3 发布。这意味着可以自由使用该软件，随时检查源代码并为项目做出贡献。可以下载 Proxmox VE ISO 安装程序或检查公共代码存储库中的代码。使用开源软件可以保证对所有功能的完全访问，以及高水平的可靠性和安全性。

（1）KVM

KVM 是业界领先的 Linux 虚拟化技术，实现全虚拟化技术（硬件辅助虚拟化）。它是一个内核模块，已合并到主线 Linux 内核中，并且在所有具有虚拟化支持（Intel VT-x 或 AMD-V）的 x86 硬件上以接近本机的性能运行。

借助 KVM，可以在虚拟机中运行 Windows 和 Linux 客户操作系统，其中每个虚拟机都有专用的虚拟化硬件：网卡、磁盘、图形适配器等。在单个系统的虚拟机中运行多个应用程序可以降低成本，同时能够灵活地构建敏捷且可扩展的软件定义数据中心，以满足业务需求。

Proxmox VE 自 2008 年项目开始以来就包含 KVM 支持，即自版本 0.9beta2 起。

（2）LXC

除了 KVM，Proxmox VE 还支持 LXC 技术。LXC 是一种轻量级的容器虚拟化技术，可以实现更高的性能和更快的启动时间。用户可以在 Proxmox VE 上创建和管理 LXC，实现资源的隔离和共享，从而提高系统的资源利用率。LXC 是一个操作系统虚拟化环境，用于在单个 Linux 控制主机上运行多个独立的 Linux 系统。LXC 用作 Linux 内核包含功能的用户空间接口。用户可以使用强大的 API 和简单的工具轻松创建和管理系统或应用程序容器。LXC 技术是全虚拟化的轻量级替代方案，因为它共享主机系统的内核。

2. 基于 Web 的 UI 管理界面

要管理虚拟数据中心的所有任务，可以使用基于 Web 的 UI 管理界面。该界面的功能也可以通过 CLI 或 REST API 访问，用于自动执行任务。

（1）基于网络的管理界面

Proxmox VE 易于使用。可以使用集成的 GUI 完成所有管理任务，无须安装单独的管理工具。Web 界面基于 ExtJS 框架，可以使用任何浏览器访问。除了管理任务外，它还提供每个节点的任务历史记录和系统日志的概览，包括运行备份任务、实时迁移、软件定义存储等。去中心化允许从集群的任何节点管理整个集群，不需要专用的管理节点。

（2）Proxmox VE 支持移动端访问

可以通过 Android 应用程序或基于 HTML5 的移动版本的 Web 界面在移动设备上访问 Proxmox VE。Proxmox VE Android 应用程序基于 Flutter 框架，可访问 Proxmox VE 服务器并管理集群、节点、虚拟机和容器。Proxmox VE HTML5 移动客户端使用户能够随时随地管理 Proxmox VE，包括访问 SPICE 和 HTML5 控制台；可方便地管理虚拟机和容器，并查看它们的配置。

（3）命令行界面

对于习惯 UNIX Shell 或 Windows PowerShell 的高级用户，Proxmox VE 提供了一个命令

行界面（Command Line Interface，CLI）来管理虚拟环境的所有组件。该命令行界面具有智能制表符补全和 UNIX 手册页形式的完整文档。

（4）RESTful API

Proxmox VE 使用 RESTful API。我们选择 JSON 作为主要数据格式，整个 API 是使用 JSON Schema 正式定义的。这使得第三方管理工具（例如自定义托管环境）能够快速轻松地集成。

3. Proxmox 集群管理

Proxmox VE 既可以在单个节点上使用，也可以扩展到大量集群节点中。集群堆栈完全集成并附带默认安装。

（1）Proxmox 集群文件系统 pmxcfs

Proxmox VE 使用独特的 Proxmox 集群文件系统 pmxcfs，这是 Proxmox 开发的数据库驱动文件系统。pmxcfs 使用户能够跨集群同步配置文件。通过使用 Corosync，这些文件会实时复制到所有集群节点。文件系统将所有数据存储在磁盘上的持久数据库内，但数据的副本驻留在 RAM 中。目前最大存储大小为 30 MB——足以存储数千个虚拟机的配置。

Proxmox VE 是唯一使用这种独特的集群文件系统 pmxcfs 的虚拟化平台。

（2）实时/在线迁移

借助集成的实时/在线迁移功能，可以将正在运行的虚拟机从一个 Proxmox VE 集群节点移动到另一个节点，而不会造成任何停机，对最终用户“无感”。管理员可以从 Web 界面或命令行启动迁移过程，这样可以在需要使主机系统脱机进行维护时最大限度地减少停机时间。

（3）去中心化管理集群

可以在集群中任何节点执行维护任务，以便简化集群的管理。基于 Web 的集成管理界面可以清楚地了解集群中的所有 KVM 和 LXC，可以通过 GUI 轻松管理虚拟机和容器、存储或集群，无须安装单独、复杂且昂贵的管理服务器。

4. 用户权限控制

（1）基于角色的管理

Proxmox VE 可以使用基于角色的用户权限控制功能实现对所有对象（如虚拟机、存储、节点等）的精细访问，限制用户对虚拟机和容器的操作和访问。Proxmox VE 的权限管理方式类似于 ACL，每个权限都针对特定主体（用户或用户组），每个角色（一组权限）都被限制在特定目录。

（2）多认证源

Proxmox VE 支持多种身份验证源，例如 Linux PAM、集成的 Proxmox VE 身份验证服务器、轻量目录访问协议（Lightweight Directory Access Protocol，LDAP）、AD（Active Directory）和 OpenID Connect。

5. 高可用性和负载均衡

Proxmox VE 提供了高可用性和负载均衡功能，可以实现虚拟机和容器的动态迁移和负载均衡。当系统发生故障或资源不足时，Proxmox VE 可以自动将虚拟机或容器迁移至其他物理节点，保障业务的连续性和可靠性。Proxmox VE HA 集群基于成熟的 Linux HA 技术，提供稳定可靠的 HA 服务。整个 Proxmox VE HA 集群可以通过基于 Web 的集成用户界面轻松配置。

（1）Proxmox VE HA 管理器

Proxmox VE HA 管理器监视集群中的所有虚拟机和容器，并在其发生故障时自动执行动态迁移过程。Proxmox VE HA 管理器“开箱即用”，无须任何配置。此外，基于看门狗（Watchdog-Based）的隔离机制极大地简化了部署过程。

（2）Proxmox VE HA 模拟器

Proxmox VE 包含一个 HA 模拟器，可以测试真实的 3 节点集群，并在其中运行 6 个虚拟机。Proxmox HA 模拟器也是“开箱即用”的，可以帮助用户快速学习和理解 Proxmox VE 的 HA 工作原理。

6. 网络管理

Proxmox VE 支持虚拟网络的创建和配置，允许用户实现虚拟机和容器之间的通信。用户可以创建虚拟交换机和虚拟网络接口，并为虚拟机和容器分配 IP 地址和网络策略。

Proxmox VE 使用桥接网络模型。每台主机最多支持 4094 个网桥。网桥类似于物理网络交换机，在 Proxmox VE 主机上以软件方式实现。所有虚拟机可以共享一个网桥，就像每个客户机的虚拟网络都接入同一个交换机一样。然后，将网桥桥接到物理网卡，实现虚拟机与外部的连接。

为了进一步增强灵活性，还可以使用 VLAN（IEEE 802.1q）和网络绑定/聚合。通过这种方式，可以为 Proxmox VE 主机构建复杂、灵活的虚拟网络，充分利用 Linux 网络堆栈的全部功能。

如果有特定的需求，那么 Proxmox VE 还支持 Open vSwitch（开放虚拟化软件交换机，OVS）作为 Linux 桥接、绑定和 VLAN 接口的替代方案。OVS 提供了高级功能，例如快速生成树协议（Rapid Spanning Tree Protocol，RSTP）支持、VXLAN 和 OpenFlow，还支持在单个网桥上使用多个 VLAN。

7. 灵活多样的存储类型

Proxmox VE 提供了丰富的存储管理功能，Proxmox VE 存储模型非常灵活。虚拟机映像可以存储在一个或多个本地存储设备上，也可以存储在 NFS 和 SAN 等共享存储上，无任何限制，还可以根据需要配置任意数量的存储，并且可以使用可用于 Debian GNU/Linux 的所有存储技术。虚拟机使用共享存储的好处就是能够在不停机的情况下完成正在运行的虚拟机的实时迁移。

在 Proxmox VE Web 界面中，可以使用的网络存储类型包括 LVM Group（network backing with iSCSI targets）、iSCSI target、NFS Share、SMB/CIFS、Ceph RBD、Direct to iSCSI LUN、GlusterFS、CephFS 等。本地存储类型包括 LVM Group、Directory（storage on an existing filesystem）、ZFS 等。

8. 软件定义存储

Ceph 是一个开源分布式对象存储和文件系统，旨在提供卓越的性能、可靠性和可扩展性。Proxmox VE 完全集成了 Ceph，可直接从任何集群节点运行和管理 Ceph 存储。Ceph 提供两种类型的存储：RADOS 块设备（RADOS Block Device，RBD）和 CephFS。RBD 为磁盘映像和快照等内容提供块级存储。CephFS 使用 Ceph 存储集群来存储数据，实现了符合 POSIX 标准的文件系统。

9. 内置 Proxmox VE 防火墙

内置的 Proxmox VE 防火墙使 IT 基础设施的防护变得简单。Proxmox VE 防火墙是完全可定制的，允许通过 GUI 或 CLI 进行复杂的配置，可以为集群内的所有主机设置防火墙规则，或仅为虚拟机和容器定义规则。同时，防火墙宏、安全组、IP 地址集和别名等功能极大地方便了防火墙规则的设置。

（1）分布式防火墙

虽然所有配置都存储在集群文件系统中，但基于 iptables 的防火墙在每个集群节点上运行，从而在虚拟机之间提供完全隔离。该系统的分布式特性还提供了比集中式防火墙解决方案更高的带宽。

（2）IPv4 和 IPv6 支持

防火墙完全支持 IPv4 和 IPv6。IPv6 支持是完全透明的，我们默认过滤这 2 种协议的流量。因此，无须为 IPv6 维护一组不同的规则。

10. 虚拟机备份与恢复

具备备份功能是任何 IT 环境的基本要求。Proxmox VE 平台利用各种存储类型和各种客户机系统类型的功能，可提供完全集成的解决方案。可以使用 GUI 或 vzdump 备份工具（通过命令行）轻松启动备份。这些备份始终是完整备份——包含虚拟机和容器的配置以及所有数据。集成备份工具可创建正在运行的容器和 KVM 虚拟机的一致性快照，包括虚拟机或容器数据的存档，以及配置文件数据，支持定时备份。KVM 实时备份适用于所有存储类型，包括 NFS、iSCSI LUN 和 Ceph RBD 上的虚拟机映像。Proxmox VE 备份格式经过优化，可快速有效地存储虚拟机备份（考虑到稀疏文件、无序数据、最小化 I/O）。

思考：

尝试分析 LXC、LXD、Proxmox 容器和 Docker 的区别。

解析：

LXC 是 Linux 内核包含特性的用户空间接口。通过强大的 API 和简单的工具，它让 Linux 用户可以轻松地创建和管理系统容器。LXC 和以前的 OpenVZ 一样，都致力于系统虚拟化。因此，它允许在容器中运行一个完整的操作系统，在容器中使用 ssh 登录、添加用户、运行 Apache 等。

LXD 建立在 LXC 之上，以提供新的、更好的用户体验。在底层，LXD 通过 LXC 库（liblxc）与 Go 语言绑定，使用 LXC 来创建和管理容器。它基本上是 LXC 的工具和分发模板系统的替代品，并添加了可通过网络控制的功能。

Proxmox 容器是指使用 Proxmox Container Toolkit（Proxmox 容器工具包，PCT）创建和管理的容器。它们还以系统虚拟化为目标，并使用 LXC 作为容器产品的基础。PCT 与 Proxmox VE 紧密耦合。这意味着它知道集群设置，并且可以使用与 QEMU 虚拟机相同的网络和存储资源，甚至可以使用 Proxmox VE 防火墙，创建和恢复备份，或者使用 HA 框架管理容器。一切都可以使用 Proxmox VE API 通过网络进行控制。

Docker 的目标是在一个独立的、自包含的环境中运行单个应用程序。这些容器通常被称为“应用程序容器”，而不是“系统容器”。可以使用 Docker 引擎 CLI 从主机管理 Docker 实例。不建议直接在 Proxmox VE 主机上运行 Docker。

注意：如果想运行应用程序容器，例如 Docker 映像，最好在 Proxmox QEMU 虚拟机中运行它们。

6.5.2 Proxmox VE 的主要组件

Proxmox VE 由多个主要组件组成，每个组件负责不同的功能，如图 6-34 所示。

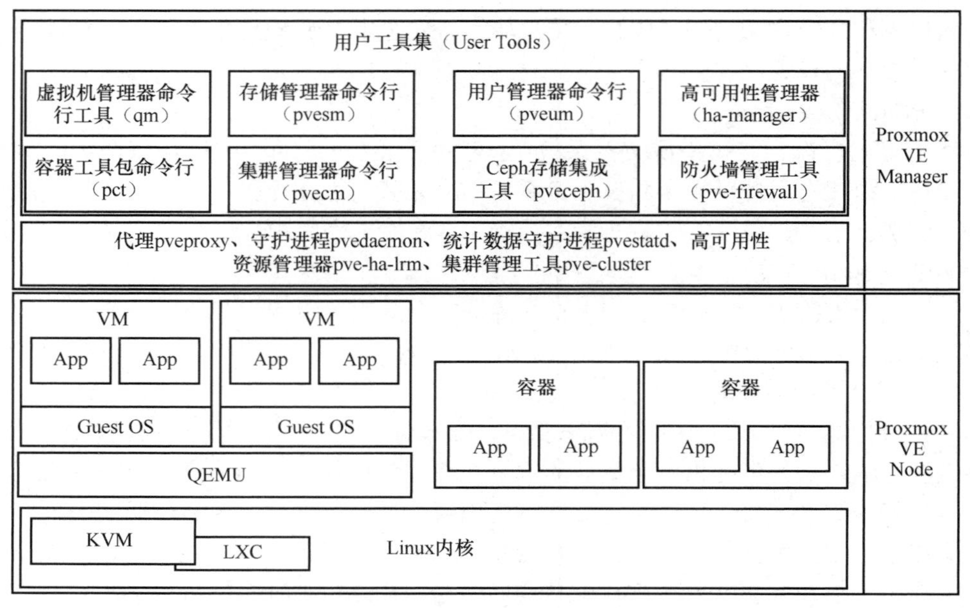

图 6-34　Proxmox VE 的主要组件

以下是 Proxmox VE 的主要组件。

（1）Proxmox VE Manager

Proxmox VE Manager 是 Proxmox VE 的管理界面，用户可以通过 Web 浏览器访问 Proxmox VE Manager 来管理和配置 Proxmox VE 集群。Proxmox VE Manager 提供了丰富的图形化界面，使得用户可以轻松地进行虚拟机和容器的管理和监控。

（2）Proxmox VE Node

Proxmox VE Node 是运行 Proxmox VE 操作系统的物理计算机，也称为宿主机。每个 Proxmox VE Node 都可以运行多个虚拟机和容器，并负责管理它们的资源分配和调度。

（3）KVM

KVM 是 Proxmox VE 支持的主要虚拟化技术，它基于硬件辅助虚拟化技术，可以实现高性能的虚拟机运行。Proxmox VE 使用 KVM 来创建和管理虚拟机，用户可以为虚拟机分配独立的资源，如 CPU、内存、存储等。

（4）LXC

LXC 虚拟化是 Proxmox VE 支持的另一种虚拟化技术，它是一种轻量级的容器虚拟化技术。Proxmox VE 使用 LXC 来创建和管理容器，容器可以共享主机的内核，从而实现更高的性能和更短的启动时间。

6.5.3　Proxmox VE 的应用场景

Proxmox VE 作为一款开源虚拟化管理平台，适用于各种生产和测试场景，包括企业数据中心、中小型企业、个人用户以及教育和研究机构等。以下是 Proxmox VE 的主要应用场景。

1．企业数据中心

Proxmox VE 在企业数据中心中广泛应用，它为企业提供了高性能、高可靠性的虚拟化解决方案。企业可以使用 Proxmox VE 创建多个虚拟机和容器，将业务应用和服务部署在虚拟化环境中，实现资源的弹性调配和优化利用。高可用性和负载均衡功能可以保障业务的连续性和稳定性，当某个节点发生故障时，Proxmox VE 可以自动将虚拟机和容器迁移到其他节点上。世界上第一个完全依靠可再生能源运行的低功耗数据中心采用 Proxmox VE 集群和 Ceph 存储构建，在南极洲的零排放研究站运行。它是世界上“最酷”的数据中心。

2. 中小型企业

对于中小型企业来说，Proxmox VE 是一个经济实惠的虚拟化解决方案。它不仅可以帮助企业节省硬件成本，还可以简化 IT 环境的管理和维护。通过 Proxmox VE，中小型企业可以将多台物理服务器虚拟化为一组虚拟机，从而降低硬件成本和能源消耗。

3. 个人用户

Proxmox VE 也适用于个人用户，尤其是对虚拟化技术感兴趣的技术爱好者和学生。个人用户可以使用 Proxmox VE 在自己的 PC 上创建虚拟机和容器，进行学习、测试和实验。Proxmox VE 的 GUI 使得个人用户可以轻松地进行虚拟化环境的搭建和管理。

4. 教育和研究机构

在教育和研究机构中，Proxmox VE 可以作为教学和实验的平台。教师和学生可以使用 Proxmox VE 来学习和研究虚拟化技术和容器技术。Proxmox VE 的开源特性和社区支持，为教育和研究机构提供了丰富的资源和支持。奥地利学院 HTL Leonding 使用 Proxmox VE 来教授计算机网络，学生使用 Proxmox VE 集群进行网络技术练习。

5. 开发和测试环境

Proxmox VE 可以作为开发和测试环境的平台，开发人员和测试人员可以在 Proxmox VE 上创建多个虚拟机和容器，用于开发、测试和调试应用程序。虚拟化环境可以提供独立且隔离的测试环境，避免了测试中可能引起的影响和冲突。意大利独立软件提供商 ESTECO 通过 Proxmox VE 提高软件开发效率，ESTECO 需要为其测试和研究团队提供完整的开发虚拟化系统。实施 Proxmox VE 后，他们可以快速概览和管理他们的测试机器，并且部署过程非常快。当开发人员请求新的虚拟机时，IT 人员会快速实例化它们并立即提供访问权限。

Proxmox VE 是一款功能强大的开源虚拟化管理平台，是一个集计算、网络及存储于一体的解决方案，集成了 KVM 和 LXC 这 2 种虚拟化技术，还集成了软件定义存储和虚拟网络功能。借助 Web 的管理界面工具，可以轻松地管理和配置虚拟机、容器、高可用性集群、软件定义存储、虚拟网络以及备份等。得益于 Debian Linux 的成熟稳定，与 Hyper-V、VMware ESXi、OpenStack 或 Cloudstack 相比，Proxmox 易安装，也几乎支持所有的 x86/x64 硬件平台，具有去中心化、超融合、高可用、开源、易于实施和管理等优点，适用于企业数据中心、中小型企业、个人用户、教育和研究机构等多种场景。随着虚拟化技术和容器技术的不断发展，Proxmox VE 将继续推动虚拟化技术的创新和进步，为用户带来更多的价值和便利。

思考：

什么是容器、虚拟环境、虚拟专用服务器？

解析：

在容器的上下文中，这些术语都指操作系统虚拟化的概念。操作系统虚拟化是一种虚拟化方法，其中操作系统的内核允许多个隔离实例，这些实例都共享内核。当提到 LXC 时，我们称这样的实例为容器。因为容器使用主机的内核而不是模拟完整的操作系统，所以它们需要较少的开销，但仅限于 Linux 用户。

6.5.4 Proxmox VE 的下载及安装

无论是单台 Proxmox VE 还是集群 Proxmox VE 都拥有相同的功能，不同的是单台 Proxmox VE 不具备冗余，无法避免单节点故障而造成的宕机。而使用 2 台或多台（官方推荐 3 台）就组成了具备容灾能力的超融合集群，集群在一台或多台服务器发生硬件故障时，集群内会自动转移运行的 VPS。VPS 租户可以“无感知”切换到正常的服务器上，从而达到容灾热迁移。

Proxmox VE 源代码在 GNU AGPLv3 下获得许可，可以免费下载和使用。通过裸机安装，用户将获得一个基于 Debian GNU/Linux 的完整操作系统（64 位），一个具有 KVM 和容器支持的 Proxmox VE 内核，用于备份/恢复和 HA 集群的强大工具。通过干净的 Web 的管理界面可以轻松完成配置。

Proxmox VE 仅适用于 64 位 CPU（AMD 或 Intel）。虚拟机和容器既可以是 32 位的，也可以是 64 位的。

在现代企业中，虚拟化技术已经成为提高 IT 资源利用率、降低成本和简化管理的重要手段。Proxmox VE 是一个备受认可的开源虚拟化平台，为企业提供了稳健的虚拟化解决方案。它结合了容器虚拟化和全虚拟化技术，为用户带来卓越的工作能力和灵活性。

在本实验中，我们将聚焦于 Proxmox VE 单机的安装过程，可自行尝试在生产环境中集群的部署和配置。生产环境通常需要满足高可用性、容错性和安全性等关键要求。因此，在选择 Proxmox VE 作为虚拟化平台时，用户将能够通过简单的操作和灵活的配置，构建一个可靠、稳定且易于管理的生产环境。

Proxmox VE 支持多种安装方式，可以根据用户的需求选择适合的安装方式。Proxmox VE 安装方式：一种是安装一个最小化的 Debian 操作系统，然后在系统中添加 Proxmox 的安装源进行安装；另一种是下载 Proxmox 官方提供的 ISO 文件进行安装。裸机安装 Proxmox VE，需要将下载的 ISO 文件制作成安装 U 盘或光盘，使用虚拟节点的话直接载入 ISO 镜像安装。

Proxmox VE 的下载及安装规划如下。

Proxmox VE 的下载及安装基于虚拟节点。首先下载 ISO 映像，并准备初始环境（一台物理机或者虚拟节点）。务必确保它支持 CPU 的硬件辅助虚拟化。

注意，如果是生产环境或其他环境需遵循官方最低要求，如下所示。

（1）生产环境

① 系统要求。

对于生产服务器，需要高质量的服务器设备。Proxmox VE 支持集群，这意味着可以集中管理多个 Proxmox VE 安装。Proxmox VE 可以使用本地存储，如 DAS、SAN、NAS，以及共享和分布式存储（Ceph）。

② 推荐硬件。

- 支持 Intel VT/AMD-V CPU 的 Intel EMT64 或 AMD64 设备。
- 内存至少为 2 GB，用于操作系统和 Proxmox VE 服务。另外加上用户业务环境定制资源大小。对于 Ceph 或 ZFS，需要额外的内存，每 1 TB 使用的存储大约需要 1 GB 内存。
- 快速且冗余的存储，使用 SSD 磁盘可获得最佳效果。
- 操作系统具有电池备份单元（Battery Backup Unit，BBU）的硬件 RAID 或具有 ZFS 和 SSD 缓存的非 RAID。

- 虚拟机存储：对于本地存储，请使用带有电池支持的写入缓存的硬件 RAID 或用于 ZFS 的非 RAID。ZFS 和 Ceph 都不与硬件 RAID 控制器兼容。也可用共享和分布式存储。
- 冗余 Gbit 网卡、附加网卡（取决于首选存储技术和集群设置），还支持 10 Gbit 及更高容量。
- 对于 PCI(e)直通，需要支持 Intel VT-d/AMD-d CPU 的 CPU。

（2）评估环境

最低硬件配置（仅用于测试）如下。

- CPU：64 位（Intel EMT64 或 AMD64）。
- 支持 Intel VT/AMD-V 的 CPU/主板（用于 KVM 全虚拟化支持）。
- 至少 1 GB 内存。
- 硬盘。
- 一张网卡。

（3）测试环境

使用桌面虚拟化进行测试。

Proxmox VE 可以作为客户虚拟机安装在所有常用的桌面虚拟化解决方案上，只要它们支持硬件辅助虚拟化，比如 VirtualBox、VMware Workstation 等虚拟机软件。

Proxmox VE 的下载及安装步骤如下。

第一步当然是安装 Proxmox VE。可以通过官网下载最新版本的镜像文件，并通过 USB 或 CD-ROM 将 Proxmox VE 安装在用户的硬件上；或者安装在现有 Debian 之上。安装完成后，需要进行一些基本的配置，如 IP 地址、DNS 服务器、网关等。在进入 Proxmox VE 的 Web 控制台之前，还需要设置管理员账户和密码，这是保证安全性的关键。

以下是 Proxmox VE 的下载及安装步骤。

1. 下载 Proxmox VE

用户可以从 Proxmox VE 官网下载 Proxmox VE 镜像。其官网中提供了不同版本和格式的 Proxmox VE 镜像，用户可以根据自己的硬件平台选择合适的镜像。Proxmox VE 镜像下载页面如图 6-35 所示。

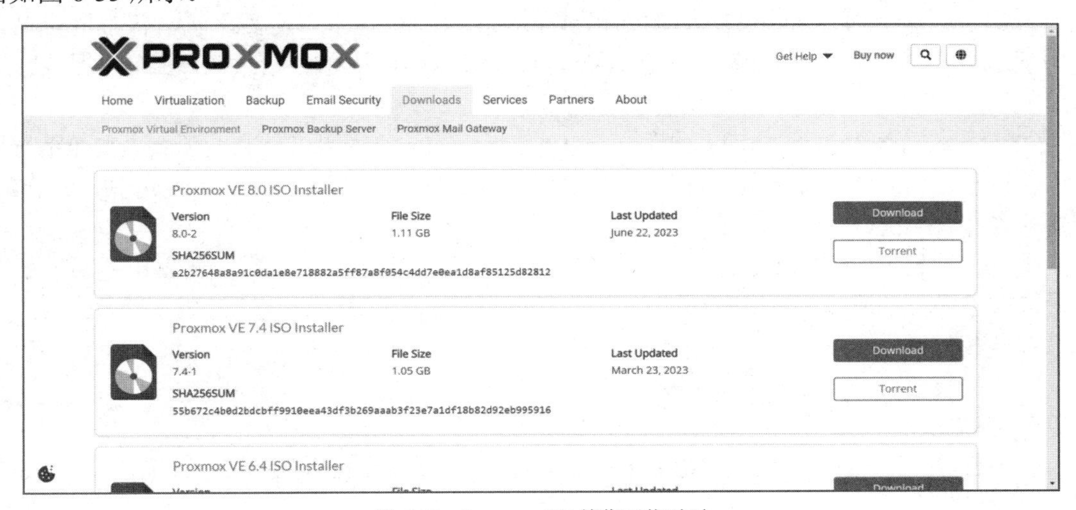

图 6-35 Proxmox VE 镜像下载页面

2. 创建安装媒介

用户可以使用下载的 Proxmox VE 镜像创建安装媒介，可以是 USB 闪存驱动器或光盘。创建安装媒介的工具可以是 Rufus、Etcher 等。确保已下载并准备好安装 ISO 即可。Proxmox VE 镜像如图 6-36 所示。

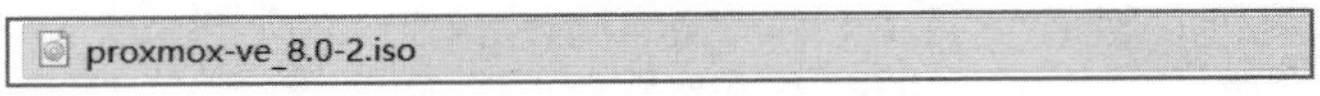

proxmox-ve_8.0-2.iso

图 6-36 Proxmox VE 镜像

3. 重启计算机并进入安装过程

将创建好的安装媒介插入计算机，然后重启计算机。在重启过程中，用户需要根据不同型号物理服务器以不同方式打开启动菜单，选择从安装媒介启动。我们这里使用虚拟机完成 Proxmox VE 的安装。开启虚拟机进入安装向导。

4. 开始安装

（1）进入 Proxmox VE 安装向导后，用户需要同意许可协议。

（2）选择 Proxmox VE 系统安装磁盘，多盘的话这里可以选择多种 RAID 方案，RAID 基于 zfs 软阵列。

（3）选择国家、时区、键盘偏好。

5. 设置 root 密码

设置 Proxmox VE 的 root 密码，root 是 Proxmox VE 的管理员账户，这个密码也是 Linux 系统的密码。

6. 确认网络设置

用户需要确认计算机的网络设置，包括 IP 地址、网关、DNS 等。可以选择自动获取网络设置，也可以手动配置。Hostname（FQDN）可以自定义域名地址，域名不要求是持有的公网域名。

注意事项如下。

① Management Interface 为 Proxmox VE 管理和 WebGUI 管理所需的网络接口，如果是多网络接口此处应按计划选择。网络接口设置虽能更改但操作不谨慎容易造成不必要的麻烦。选定后未来与 Proxmox VE 的通信或 Proxmox VE 与外部设备存储、备份所走的协议均从这个网络接口流出，多网络接口剩下的网络接口可以单独给 VPS 独立使用或一起使用。

② Hostname（FQDN）可以使用 nodes1.localhost.com。如果使用它，那么当前服务器的名称就被定义为 nodes1 且该名称对大小写敏感；如果使用 PVE01.localhost.com，那么当前服务器的名称就为 PVE01。

③ IP 地址信息配置应提前规划好，避免改动。对于运行中的系统，改动 IP 地址不谨慎容易造成不必要的麻烦。

7. 安装

确认安装信息，开始安装。

8. 完成安装

安装可能需要一些时间，安装完成后计算机会自动重启。安装完成后终端界面如图 6-37 所示。

图 6-37　终端界面

9. 访问 Proxmox VE 管理界面

安装完成后，用户可以通过浏览器访问 Proxmox VE 的管理界面。其默认的管理界面地址是 https://IP 地址:8006/。

注意事项如下。

① 默认地址以 https 开头。

② 默认端口为 8006。

首次访问 Proxmox VE 的管理界面时，浏览器一般会弹出安全信任告警，直接忽略继续访问即可，出现此告警的原因主要是 https 访问模式下 SSL 证书是 Proxmox VE 安装时自签名的不受公有机构信任的 SSL 证书。

在首次访问 Proxmox VE 的管理界面时，需要输入管理员用户名和密码来登录管理界面。管理界面如图 6-38 所示。

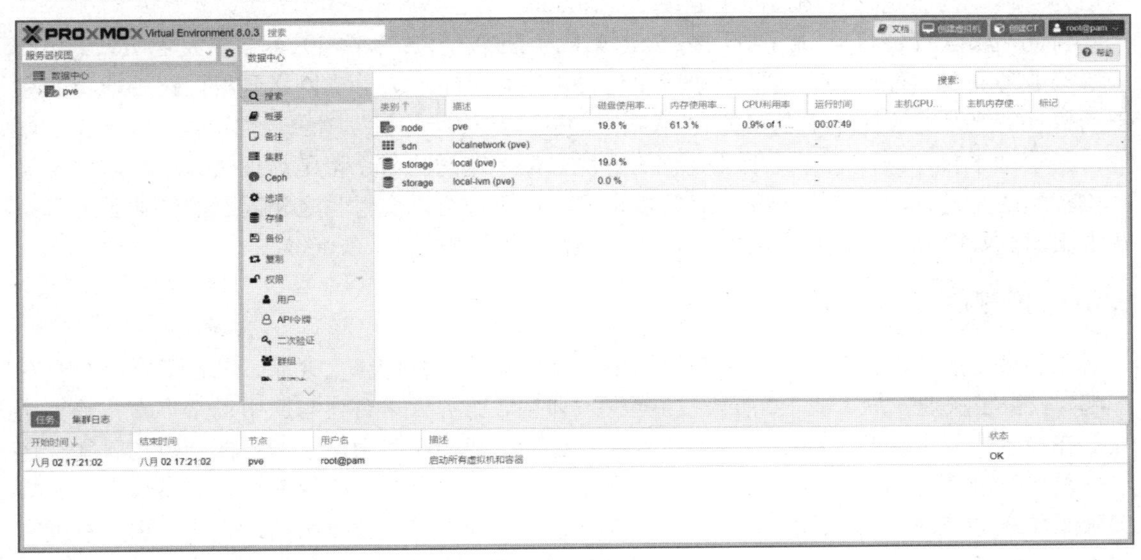

图 6-38　管理界面

以上为 Proxmox VE 的单机安装过程。

接下来可自行练习，尝试完成 Proxmox VE 进阶操作。

（1）高可用性集群：尝试完成 Proxmox VE 集群组建与配置，实现自动故障转移和资源负载均衡，确保虚拟机在节点故障时仍然可用。

（2）Proxmox VE 基本配置：面板 SSL 证书配置，确保以公网访问时的数据传输安全；面板安全设置，为面板用户设置双因素身份验证（Two-Factor Authentication，2FA）二次验证码以增强面板安全性；国内源设置，以便客户机系统的更新操作更快。

（3）存储后端配置：尝试根据不同业务场景设置 Proxmox VE 支持的不同存储后端类型，并学习如何配置本地磁盘、共享存储、网络存储等，以满足不同业务需求。

（4）网络和防火墙设置：尝试设置网络接口、创建网络桥接、配置防火墙规则等，保障虚拟化环境的网络安全和稳定性。

（5）备份和恢复策略：尝试使用 Proxmox VE 的备份工具，并学习如何制定有效的备份策略，以应对潜在的数据丢失问题。

6.6 信服云

从世界范围来看，一场数字革命正席卷而来。

新的经济格局、新的商业模式、新的用户体验，推动着传统企业向生产云化、数字化和自动化转型，同时也加速了云计算、大数据、人工智能等新兴技术的发展。

身居变革时代的深信服（Sangfor），从安全迈入云计算领域，探索云计算产品并一步步走向精品化。

2016 年，深信服在北京正式发布智安全与云 IT 两大子品牌。

2016 年 7 月，深信服正式对外发布了 aCMP 5.7 版本，aCMP（云计算管理平台）与 aSV（服务器虚拟化）、aSAN（存储虚拟化）、aNET（网络虚拟化）、aSEC（安全虚拟化）五大组件融为一体，构成超融合构建的企业级云 aCloud。

自此，深信服云 IT 形成了以网络安全技术为基因，超融合架构为基石的企业级云、桌面云等云业务布局，能够为政府及企事业单位提供从数据中心、分支网络到桌面终端一整套完整的云计算产品、解决方案及服务。“从底层的硬件架构一体机、超融合虚拟化层、云安全服务、云管理平台，深信服都提供了完整的解决方案，这意味着无论是虚拟化改造、软件定义架构转型还是构建属于自己的私有云等需求，深信服都可以交付与之相匹配的专业云计算解决方案。”原深信服云计算首席技术官曹心驰曾表示。

6.6.1 超融合

在软件定义一切的趋势下，超融合以虚拟化为核心，将计算、存储、网络等资源组合在一起，获得了快速发展。从 1.0 阶段发展至 3.0 阶段，服务云平台化与应用场景丰富化趋势明显。在技术层面上，相关核心技术不断升级，超融合架构在适用性、兼容性、数据效率、连续性及可扩展性方面持续快速提升；在用户需求上，超融合在存储快速扩容的情形下，有效突破了传统 IT 架构 I/O 瓶颈，以分布式架构实现线性扩展，方便部署管理，降低用户总拥有成本（Total Cost of Ownership，TCO），成为云计算独具潜力的实现方式。

超融合软件以分布式存储、计算虚拟化、网络虚拟化、安全虚拟化等软件能力为核心，只需部署通用服务器和二/三层交换机，即可通过软件定义的方式完成云基础架构的搭建。

超融合架构（Hyper-Converged Infrastructure，HCI）将计算、网络和存储等资源作为基本组成元素，形成根据系统需求进行选择和预定义的一种技术架构。其具体实现方式一般是在同一套单元节点（x86 服务器）中融入软件虚拟化技术（包括计算、网络、存储、安全等虚拟化技术），而每一套单元节点可以通过网络聚合起来，实现模块化的无缝横向扩展（Scale-Out），构建统一的资源池。深信服基于超融合构建的超融合架构能够替代繁重复杂的传统云基础架构，实现云架构的简化。

HCI 依托超融合技术将数据中心简化为 x86 服务器和交换机 2 种设备，降低了初始投资成本和学习使用设备的成本。通过接入深信服云平台（Sangfor Cloud Platform，SCP）实现平滑扩容，以满足业务高性能的需求。HCI 内置了 P2V 迁移工具，可以实现一键迁移应用上云，提升 IT 的创新效率。HCI 通过持续数据保护（Continuous Data Protection，CDP）技术、数据多副本技术、虚拟机备份技术、应用数据备份、网络行为管理等多项技术保障数据可靠。针对关键应用具备独特优化技术，支撑 Oracle RAC 集群、SQL Server 集群、金蝶、用友和 ERP 类软件关键业务稳定运行，可以满足超高可靠业务需求。内置防火墙、WAF、云杀毒等运行在云平台上的业务应用，使其具备完善的安全防护体系，符合安全等合规要求，能够有效防止数据中心内部的东西向安全威胁。HCI 具备全局的资源管理能力，部署配置“所画即所得”，可降低应用部署时间，减少故障定位和修复时间，无须专门培训即可掌握平台使用方法。

1. 产品架构

深信服超融合架构（如图 6-39 所示）由 2 个部分组成：超融合基础设施、云计算管理平台。在超融合架构之上，用户可以基于自身需求构建业务系统。

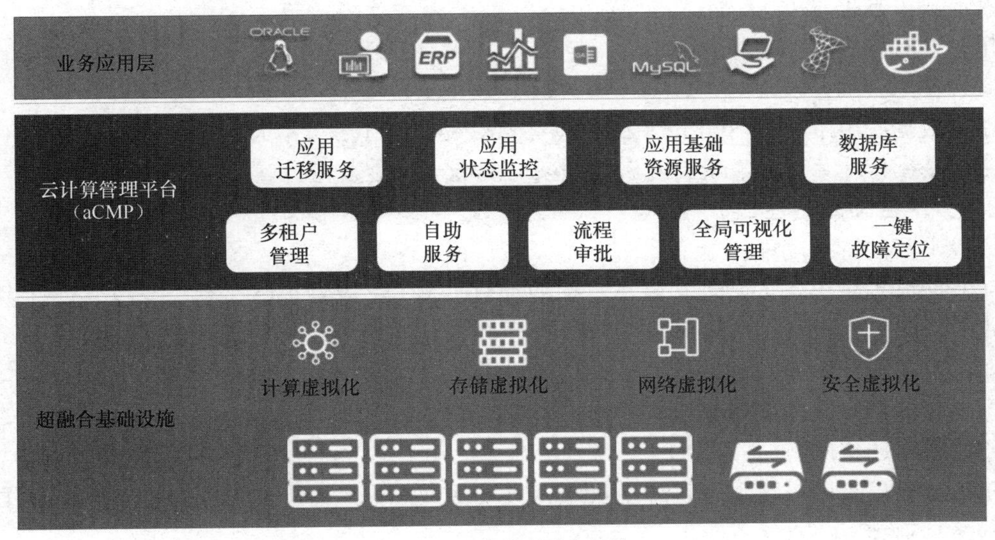

图 6-39 深信服超融合架构

深信服超融合基于超融合架构，以虚拟化技术为核心，利用 aSV、aSAN、aNET、aSEC 等组件，将计算、存储、网络等虚拟资源融合到一台标准 x86 服务器中，形成基准架构单元。并且多套单元设备可以通过网络聚合起来，实现模块化的无缝横向扩展，形成统一的资源池。

SCP 提供对深信服超融合、第三方资源池的管理和资源调配能力；通过自动化运维工具，降低平台运维的难度，减少运营工作量；借助 IT 自服务和流程管理，提升用户 IT 服务的敏捷性和快速响应的能力，从而提高 IT 的管理水平和服务效率；结合云计算管理平台的计量功能，对每个租户使用的 IT 服务和 IT 资源进行细粒度的计量与统计，从而更好地帮助企业和组织核算部门的成本与效益。

HCI 的四大主要组件：aSV、aSAN、aNET 和 aSEC。aSV 为整个 HCI 的内核，是必选的，aNET、aSAN 和 aSEC 可以根据具体的需求三选一或者全选。

aSV 是深信服超融合架构解决方案中的计算虚拟化组件，也是整个超融合架构中的核心组件，计算资源虚拟化技术将通用的 x86 服务器经过 aSV 组件，对最终用户呈现标准的虚拟机。这些虚拟机就像同一个厂家生产的系列化的产品一样，具备系列化的硬件配置，使用相同的驱动程序。

aSAN 是一款自主开发的分布式存储系统，利用虚拟化技术“池化”集群存储卷内通用 x86 服务器中的本地硬盘，实现服务器存储资源的统一整合、管理及调度，最终向上层提供 NFS/iSCSI 存储接口，供虚拟机根据自身的存储需求自由分配并使用资源池中的存储空间。

aNET 是深信服超融合架构解决方案中的网络虚拟化组件，通过 Overlay 的方式来构建大二层和实现业务系统之间的租户隔离，通过 NFV 实现网络中所需各类网络功能资源（包括基础的路由交换、安全以及应用交付等）按需分配和灵活调度，从而实现超融合架构中的网络虚拟化。

aSEC 为深信服的安全虚拟化和 NFV 组件（包含 vAC、vAD、vAF、vSSL VPN、vWOC、vDAS），将深信服现有的网络设备（SSL、WOC、AD、AF、AC、DAS）进行虚拟化，并通过模板形式单独提供。

超融合底层配置信息概括如下。

（1）使用到的开发语言：C、C++、Perl、Python、Go。

（2）数据库/中间件：SQLite、Redis、ZooKeeper、MySQL、Kafka。

（3）基础操作系统：SangforOS。内核：Linux 4.18.0 及以上。

2. 云平台关键特性

（1）丰富的管理功能

SCP 能够提供丰富的管理功能，包括纳管 HCI 集群、VMware 平台，支持软硬件多种授权方式，授权方式灵活，统一对多个 HCI 集群授权，支持多租户管理和自主服务管理；在安全方面，支持租户配置自己的分布式防火墙策略；在容灾方面，SCP 集成了“可靠中心”，能够为用户提供完整的虚拟机级别异地灾备方案。

（2）应用迁移服务

HCI 迁移工具可以将现有物理主机或 VMware 或思杰平台上的 Windows/Linux 操作系统通过网络复制到 HCI 平台上。

（3）异构虚拟化管理

HCI 可添加 VMware vCenter 并对其进行纳管，实现双平台的集中管理。VMware vCenter 和 HCI 之间的虚拟机可以支持双向迁移的实现。

（4）数据库向导式部署

深信服超融合平台上的 Oracle RAC 支持向导式部署（见图 6-40），也支持向导式部署 SQL Server AlwaysOn 集群数据库。

图 6-40　向导式部署

（5）一键检测

一键检测能够识别系统硬件、配置、系统运行情况，快速定位问题位置（如硬件、平台、业务），进行分层检查，提供故障详细解决方案。一键检测界面如图 6-41 所示。

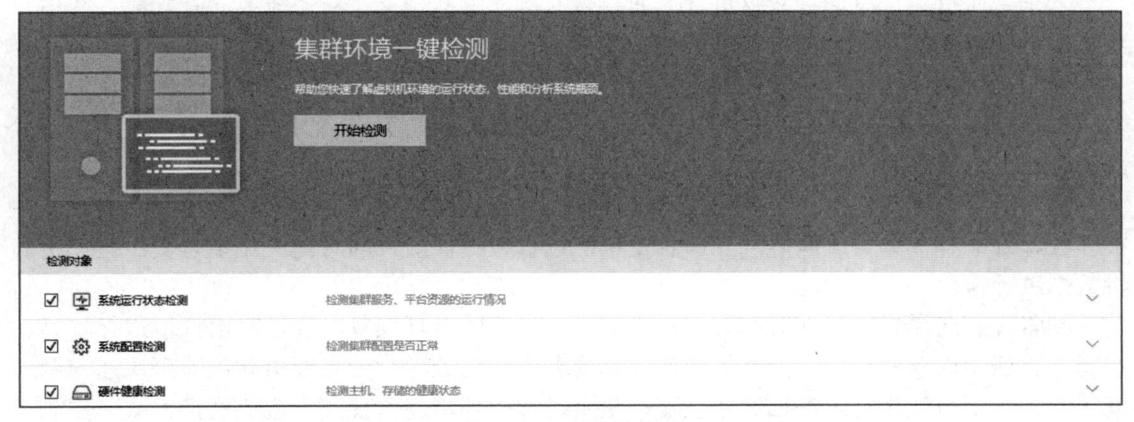

图 6-41　一键检测界面

（6）集群资源调度

集群资源调度是指在特定的场景下会调度集群资源，将虚拟机从 CPU 或者内存利用率比较高的主机迁移到利用率比较低的主机上，将负载过高的主机的利用率降到阈值以下。

（7）全方位监控

监控中心能够全方位监控业务并提前预警，减少业务中断次数与时间，并支持大屏展示，让整个数据中心可视化，更好地支撑关键业务上云；支持监控虚拟机、Oracle、SQL Server、Weblogic 和业务系统。

（8）虚拟机数据保护

虚拟机快照类似于系统还原点，一个虚拟机可以存在多个快照。

虚拟机备份方式支持虚拟机全量备份和增量备份。用户首次虚拟机备份为虚拟机全量备份，备份保留周期内其他备份为增量备份。

CDP 能够记录虚拟机中业务系统对磁盘的每一个 I/O 接口，可以将虚拟机恢复到任意时刻的状态，也可以直接查看并下载某个时刻的文件，对于文件误删、病毒、系统崩溃、数据损坏等故障有十分明显的价值，做到复原点目标（Recovery Point Objective，RPO）接近于 0。

（9）开机扩容

云平台支持虚拟机开机状态扩容已存在的磁盘，避免虚拟机扩容磁盘带来的停机。

（10）批量克隆迁移

云平台支持虚拟机批量克隆，支持集群内批量迁移，支持跨集群批量迁移。

（11）单主机维护

云平台支持单主机设置维护模式，进入维护模式的主机，任务将不会调度到该主机上执行，减少物理主机维护时对业务的影响。

（12）短信告警

云平台支持短信网关方式告警，支持运营商包括联通、移动、电信，支持联通一信通 HTTP 方式短信告警。

（13）涉密级用户安全策略

云平台支持 Syslog 日志上报，支持 UKey 双因子登录，支持 IP+MAC、终端绑定策略。

（14）系统盘替换

云平台支持对已有的系统盘进行健康检查和寿命预测，支持对系统盘的系统配置和用户配置自动备份，支持安全地替换主机的系统盘。

（15）云安全

上线即安全：主机终端防护的自动安装、识别资产、防护策略的自动开启，专业的安全处置固化，人人都是安全专家。

平台数据的绝对保护：全部虚拟机通过定时快照进行天级别的保护；当检测到安全软件被卸载、疑似存在勒索风险时，立即触发快照进行数据保护，同时持久化定时快照避免用病毒数据进行覆盖。

勒索应急向导式恢复：对勒索虚拟机进行向导式的专项恢复，通过对虚拟机进行隔离、快照、验证、恢复、扫描、处置等动作，完成勒索应急处理，无须专家介入即可快速安全地恢复业务，采用连接克隆进行业务验证，整个过程中环境完全独立，避免病毒扩散。

安全事件一键处置：云安全中心提供安全事件从网络隔离、快照兜底，病毒处置的全栈的向导化处置，处置过程保证异常发生最小的 RPO 和 RTO。

病毒查杀：云安全中心平台通过深信服人工智能检测引擎、基因特征检测引擎、行为分析检测引擎、云查杀检测引擎四大检测机制，支持对虚拟机下发病毒扫描任务，发现病毒并进行安全处置。

购买灵活：仅需一个超融合架构，无须复杂的解决方案；授权灵活；处置固化，省去服务费用，减少闭环时间和业务中断时间。

漏洞管理：从云端及时更新漏洞情报，并主动扫描所有资产，展示受影响的资产，节省人工确认的时间和精力；漏洞修复快照兜底，解决客户后顾之忧。

（16）Sangfor CLI

云平台匹配用户习惯，支持 CLI 命令行用于自动化运维。

（17）滚动热升级

深信服超融合架构提供滚动热升级方案，将待升级主机上的虚拟机热迁移至其他主机，然后原地热升级该主机，以滚动的方式实现业务零中断的热升级能力，提高业务的连续性。

深信服超融合架构是基于软件定义数据中心理念的一套完整的解决方案，帮助用户打造极简、随需应变、平滑演进的 IT 新架构，凭借强大的“安全基因”，实现安全设备虚拟化，并集成到超融合系统中，将安全作为第四大基础设施，并依托企业云和桌面云向政府、教育、医疗等重点行业及中小企业提供高性价比、可快速搭建的解决方案。

6.6.2 信服云简介

信服云是深信服旗下的云计算品牌，致力于以领先的技术为用户提供超融合、分布式存储、私有云、桌面云和托管云等产品，以及更简单、更安全的解决方案和服务。托管云是信服云的核心产品之一，也是业界一种全新的云服务方式，主打云服务。信服云架构全景如图 6-42 所示。

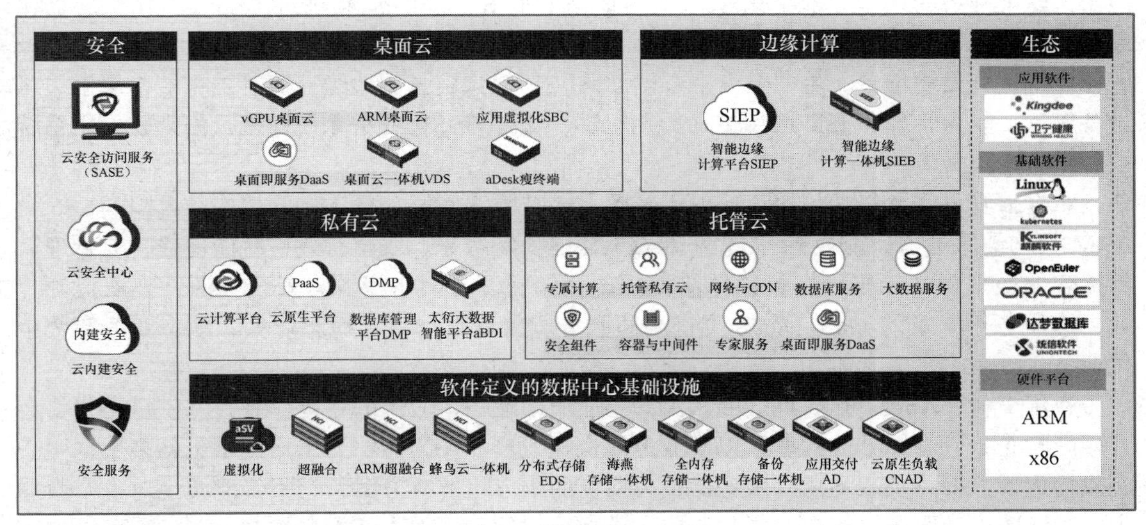

图 6-42 信服云架构全景

6.6.3 信服云产品分类

1. 云基础设施

超融合软件由 aSV、aSAN、aNET、aSEC 组成，搭建在超融合平台之上的云管理平台承载多 HCI 集群的管理运维工作，提供可靠中心、安全中心、监控中心、纳管第三方资源等高级运维功能，具备稳定可靠、性能优异、安全有效、智能便捷的特点。同时，超融合软件原生适配的 x86 和 ARM 底层架构进一步提供向自主创新持续演进的能力，可为数字化转型的各类系统、平台以及数据中心建设提供先进的、软件定义的基础设施方案。

aSV 是拥有自主知识产权的虚拟化平台，通过对硬件资源的池化及虚拟资源的统一管理，搭配 aSAN、aNET、aSEC 组件，可以为用户业务提供稳定可靠、性能卓越、安全有效、智能便捷的虚拟化数据中心服务。广泛兼容 x86 服务器，及飞腾、鲲鹏、海光等多款国产化芯片。产品特点包括虚拟机全生命周期管理、平台高性能、平台高可靠、业务高可靠等。

当下传统数据库运维正面临一系列困境，包括部署上线周期过长，运维管理要求过高，业务保障对人力过于依赖等，为解决这些困境，用户只能寄希望于数据库管理员（Database Administrator，DBA），但过高的雇佣成本让用户难以承受。云数据库服务提供统一的数据库管理平台（Database Management Platform，DMP），针对数据库提供统一的自动化部署、全生命周期管理、数据库高可用、自动化运维、数据安全保护等功能，为用户提供服务化的云数据库能力，极大简化数据库运维管理流程，降低数据库运维门槛，解决数据库运维困境，助力用户专注业务创新。它与信服云结合，为用户提供云数据库即服务（Database as a Service，DBaaS），完善云化整体解决方案。

深信服智能边缘平台（Sangfor Intelligent Edge Platform，SIEP）基于云原生架构，提供全面的云边协同能力，帮助独立软件供应商（Independent Software Vendor，ISV）快速实现业务创新，支持更简单、更安全地开发人工智能物联网（Artifical Intelligence of Things，AIoT）应用，赋能业务实现全面数字化转型；边缘侧面向 ISV 提供高/中/低端边缘一体机，容器化承载 ISV 边缘侧应用，并为应用提供 IoT、AI、网络、安全等边缘 PaaS 层能力支撑，让 ISV 智能化应用开发更简单、更安全；中心侧面向 ISV 提供轻量的边缘计算管理平台，用于边缘设备管理、能力管理和 ISV 应用生命周期管理，支持与 ISV 业务系统对接，作为软件子系统被总体方案集成。

私有云管理平台以深信服自研的国产超融合技术为底座，基于 x86 架构（含国产 x86）、ARM 架构的服务器、交换机等 IT 基础设施构建稳定可靠、安全有效、智能便捷、易管理、易扩容的数据中心云平台，提供计算资源、存储资源、网络资源、安全资源、容器资源、数据库服务等丰富的 IaaS、PaaS 类资源和服务，支撑数据中心稳态业务、敏态业务等数字化业务。

应用交付（Application Deliver，AD），应用即业务，应用的稳定、高效、安全交付将会直接影响企业管理、办公效率，以及业务的快速发展。AD 能够为用户提供包括多数据中心负载均衡、多链路负载均衡、服务器负载均衡的全方位解决方案。它不仅能实现对各个数据中心、链路以及服务器状态的实时监控，还能根据预设规则，将用户的访问请求分配给相应的数据中心、链路以及服务器，进而实现数据流的合理分配，使所有的数据中心、链路和服务器都得到充分利用。AD 还支持与各个云平台对接，满足云场景下租户的自服务负载需求；IPv6 改造方案，可有效攻克“天窗”问题。

互联网和移动金融服务需求日益增长，企业对应用安全性要求越来越高。深信服安全套接字层（Secure Socket Layer，SSL）应用安全网关作为应用层代理设备，提供了兼顾安全性与高性能的业务优化解决方案。深信服 SSL 应用安全网关利用 SSL 卸载技术及负载均衡机制，在保障通信数据安全传输的同时，减少后台应用服务器的性能消耗，并实现服务器集群的冗余、高可用，大幅度提升整个业务应用系统的安全性和稳定性。此外，它借助多重性能优化技术可缩短业务访问的响应等待时间，明显提升用户的业务体验。深信服 SSL 应用安全网关具备国家密码管理局颁发的商用密码产品型号证书，针对公共 SSL 算法的安全隐患问题，原生支持使用中国国家密码管理办公室 SM 系列算法进行 SSL 加密和认证，为企业和单位的敏感业务系统提供更可靠的安全加固，以满足未来的行业合规性要求。

2. 云服务

信服云托管云是深信服推出的一站式云服务，如图 6-43 所示。它以租用的方式为用户提供计算、存储、网络、安全资源和全生命周期的业务托管服务，帮助用户实现数据中心的轻资产运营。信服云托管云具有专属可控、安全有效、贴身服务、生态开放的特点，既具备公有云资源弹性灵活、服务目录丰富、免运维、服务化交付的优势，又具备私有云数据本地化、资源独享、专业运维服务的优势，可以满足用户业务平滑上云、高性能、高安全、免运维等需求。

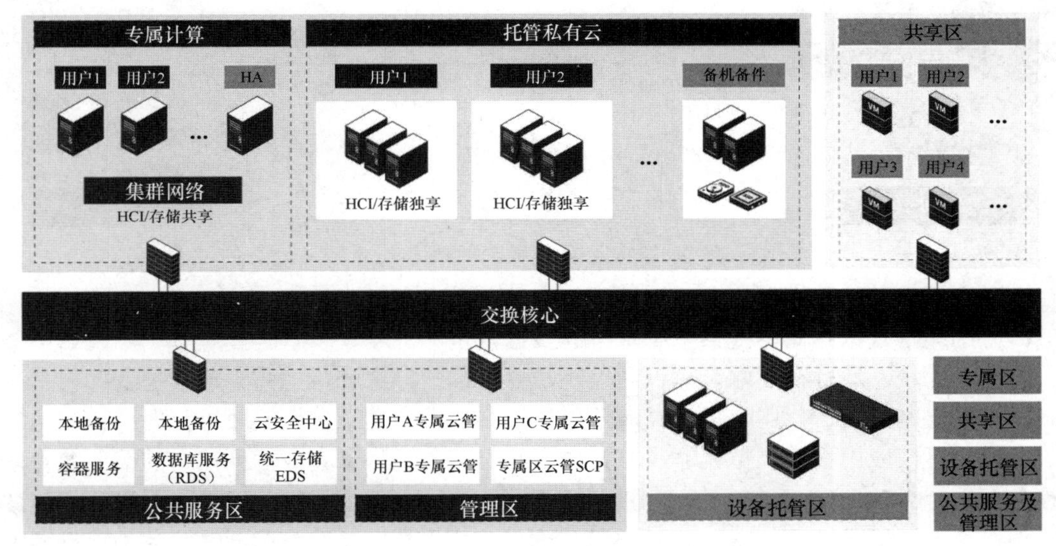

图 6-43 信服云托管云

信服云托管云目前在全国 47 个城市均已建立 T3+级别的数据中心作为托管云节点，把数据中心建在用户“家门口”，让用户无须自建机房，就近选择托管云节点来获得云上的专属资源，这就像是“云超市”。

同架构混合云，深信服未来云业务的理念为“线上线下一朵云”，深信服未来会大力发展云业务，给用户提供全面的云服务，在云上推出智能大脑，为线下的 IT 私有云提供远程监控和专家值守，协助用户解决闭环问题，提高本地数据中心的可靠性；同时建设云端服务中心，为线下私有云用户提供云上的灾备服务、数据库服务、安全防护服务等，把复杂的 IT 运维交给云端专家，把简单高效留给用户。

在数字化转型趋势下，越来越多的企业选择使用云计算技术，将传统业务逐步云化，云上的数据安全、业务保护尤为重要。灾备作为最后一道防线，需要面对逻辑错误、勒索病毒、软硬件故障、运维事故、自然灾害等一系列风险，满足网络安全和信息安全政策要求，其必要性日益凸显。但大部分企业用户受限于技术、成本等因素，无法快速构建完善的灾备保障体系，业务安全面临较高风险。信服云云灾备即服务（Disaster Recovery as a Service，DRaaS）基于成熟先进的超融合灾备技术，可提供数据备份、应用容灾、数据库容灾、容灾演练、应急恢复等能力；借助托管云可快速交付，提供简单便捷、配置灵活、经济高效、安全可靠的云端灾备能力，助力用户实现本地数据中心与托管云云端、托管云上跨区域的容灾备份。

3. 桌面云

深信服桌面虚拟化方案通过虚拟化技术，将原本在传统 PC 本地的桌面、应用和数据全部迁移至数据中心统一承载管理，并在数据中心部署桌面云一体机，以超融合技术将服务器的 CPU、内存、存储资源根据不同用户的需求虚拟成一个个虚拟桌面，通过桌面交付协议将操作系统界面以图像的方式传送到用户的接入设备，为用户提供与 PC 使用方式相同的桌面环境，如图 6-44 所示。

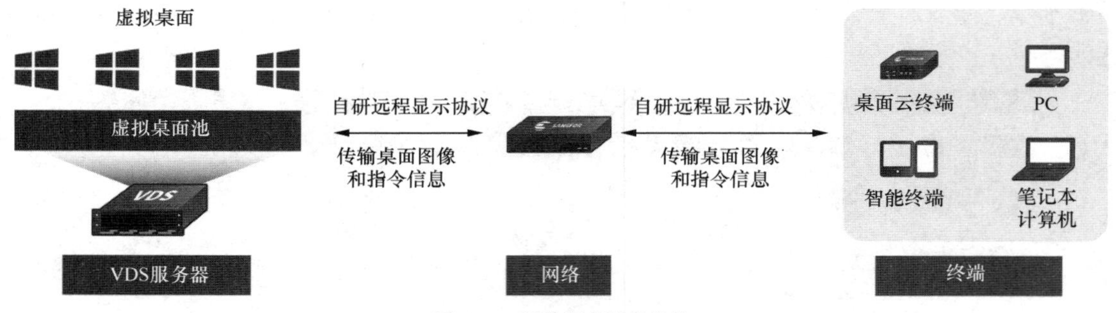

图 6-44 深信服桌面虚拟化

由于虚拟桌面的数据统一在后端服务器存储，可实现以下效果。

（1）终端零数据存储，提供更高水平的数据安全。

（2）桌面统一运行在后端，可以通过统一界面维护，进一步提高管理维护效率。

（3）只要网络可达，用户可随时随地用各种终端设备登录虚拟桌面进行办公。

深信服可信应用程序虚拟化解决方案如图 6-45 所示，将未完成信创改造的信创业务软件运行在云平台 Windows 系统，每个用户对应一台 Windows 虚拟机，以深信服自研的高效编码传输协议，将云端运行在 Windows 系统里面的应用窗口，以及与信创终端的外部设备映射交互传输，让用户可以在一个信创终端无缝切换地使用“已经完成信创升级优化”和“未完成信创升级优化”的应用，助力用户实现信创业务平滑过渡。

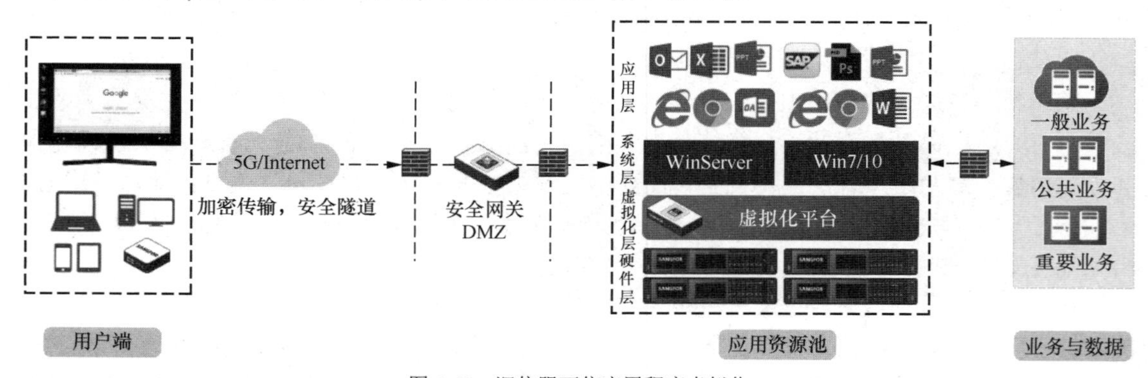

图 6-45 深信服可信应用程序虚拟化

4. 软件定义存储

信服云企业数字化服务（Enterprise Digital Service，EDS）平台提供基于分布式架构的高性能文件存储，使用通用服务器和硬盘组建可横向扩展的存储资源池，通过 NVMe 或 SATA 固态盘构建高性能层，通过大容量机械盘构建大容量层，冷热数据自动智能分层，向应用提供高性能专有用户端、通用互联网文件系统（Common Internet File System，CIFS）、NFS、文件传送协议（File Transfer Protocol，FTP）等多种访问方式。

信服云 EDS 提供海量数据分布式统一存储，面向成长型企业用户提供“生产-办公-备份”一体化存储产品，其性能对标中端存储阵列，总拥有成本降低约为 30%。

本章小结

本章介绍了多个虚拟化产品的实践应用，涵盖 oVirt、Xen Project、VirtualBox、Hyper-V、Proxmox VE 以及信服云等虚拟化平台。这些虚拟化平台在不同的场景中发挥着重要作用，为企业和个人用户提供了强大的虚拟化技术支持。

首先，我们了解了 oVirt 这个开源虚拟化管理平台。oVirt 提供了丰富的功能，包括虚拟机管理、存储管理、网络管理等。它的安装相对简单，适合有一定系统管理经验的用户。oVirt 由于其开源特性也受到了许多企业和个人用户的青睐。

其次，Xen Project 是一种灵活的虚拟化平台，支持在多种操作系统上运行。我们了解了它的架构和功能，虚拟机创建、内存管理以及调度等功能使其成为一个强大的虚拟化解决方案。尽管其安装相对复杂，但其在高性能和可定制性方面的优势吸引了许多专业用户。

VirtualBox 是一款常用的开源虚拟化软件，拥有丰富的功能，如虚拟硬件支持、快照功能等。相较于其他虚拟化产品，它的安装相对简单，适合个人用户或小规模部署。

Hyper-V 是由微软开发的虚拟化技术，集成在 Windows Server 中。了解了 Hyper-V 的功能，如计算环境、灾难恢复和备份等，以及安装与开启 Hyper-V 的方法。对于 Windows Server 用户，Hyper-V 提供了一种简便的虚拟化解决方案。

Proxmox VE 是一款基于 Debian 的轻量化开源虚拟化平台，支持 KVM 和 OpenVZ。Proxmox VE 提供了 Web 界面管理工具，使得虚拟化管理更加简单和便捷。

最后，我们了解了信服云，其中重点介绍了超融合技术。信服云是一家专注于虚拟化技术的企业，其产品分类包括虚拟化平台、虚拟化存储等。超融合为虚拟化带来更高的性能，尤其是便利性，满足了当今企业对高效、灵活的虚拟化解决方案的需求。

通过对本章的学习，读者应该了解了不同虚拟化产品的特点和应用场景，为选择合适的虚拟化方案提供了参考。无论个人用户还是企业用户，通过充分了解各种虚拟化产品的优缺点，可以更好地满足自身的虚拟化需求，提高资源利用率和灵活性，从而更好地适应不断变化的 IT 环境。

本章习题

一、单项选择题

1．下列关于 oVirt 虚拟化管理平台的描述正确的一项是（　　）。

A．商业闭源　　B．oVirt 不及 OpenStack

C．不支持硬件扩展全虚拟化　　D．以 KVM 系统管理程序为基础

2．Xen Project 允许（　　）作为客户操作系统在其上运行。

A．仅 Linux 系统

B．仅 Windows 系统

C．Linux、Windows 和其他常用操作系统

D．仅容器

3．Proxmox VE 支持（　　）类型的虚拟化。

A．仅 KVM 虚拟化　　B．仅容器虚拟化

C．仅 LXC　　D．KVM 虚拟化和容器虚拟化

二、多项选择题

1．oVirt 虚拟化管理软件开源项目的功能包括（　　）。

A．支持虚拟计算、虚拟存储、虚拟网络的统一管理

B．支持虚拟机热迁移

C．支持多集群管理

D．不支持超融合部署架构

2．Xen Project 开源项目的功能包括（　　）。

A．Type2 虚拟机管理程序　　B．支持超大规模云

C．具备先进的安全功能　　D．完美匹配嵌入式系统

3．VirtualBox 虚拟化应用程序的功能包括（　　）。

A．可移植性　　B．全面的硬件支持

C．快照功能　　D．虚拟机组

4．信服云的产品分类包括（　　）。

A．云基础设施　B．云服务　C．桌面云　D．软件定义存储

三、简答题

1．请简要说明 oVirt 虚拟化技术应用场景。

2．Xen Project 的基本组件包括哪些？

3．什么是超融合技术？它有哪些优势？